高频电子线路

许雪梅 编著

清华大学出版社
北京

内 容 简 介

本书着眼于高频无线通信系统的基本原理及其各部分电子线路单元的基本组成原理。分别讨论了串并转换电路的基本规律，重点阐述了电路阻抗、接入系数、电压增益、带宽和品质因数等重要的物理量和单位，探讨了放大器、混频器、振荡器和调制器以及检波器等通信系统中重要的组成单元电路及它们在通信系统中所处的地位和作用，系统介绍了通信系统调制与解调的基本原理、方法与应用，最后概述了无线电软件的基本概念和原理，并概述了其在先进通信系统中的地位和作用。

本书可作为读者学习和掌握高频电子线路的教科书，高等学校理工类专业的研究生和本科生教材，可供科技工作者、教师学习和应用高频电子线路解决实际电路和通信问题时参考。

图书在版编目(CIP)数据

高频电子线路/许雪梅编著. —北京：清华大学出版社，2021.5(2023.7 重印)
ISBN 978-7-302-57603-7

Ⅰ. ①高…　Ⅱ. ①许…　Ⅲ. ①高频－电子电路－教材　Ⅳ. ①TN710.6

中国版本图书馆 CIP 数据核字(2021)第 033788 号

责任编辑：鲁永芳
封面设计：常雪影
责任校对：刘玉霞
责任印制：沈　露

出版发行：清华大学出版社
网　　址：http://www.tup.com.cn，http://www.wqbook.com
地　　址：北京清华大学学研大厦 A 座　　**邮　　编**：100084
社 总 机：010-83470000　　**邮　　购**：010-62786544
投稿与读者服务：010-62776969，c-service@tup.tsinghua.edu.cn
质量反馈：010-62772015，zhiliang@tup.tsinghua.edu.cn
印 装 者：三河市龙大印装有限公司
经　　销：全国新华书店
开　　本：185mm×260mm　　**印　　张**：20.25　　**字　　数**：492 千字
版　　次：2021 年 6 月第 1 版　　**印　　次**：2023 年 7 月第2 次印刷
定　　价：69.00 元

产品编号：090950-01

本书是为了适应快速发展的电子技术，以及教育部发布的对实力雄厚、学科发展具有潜力的高校课程实施"双万计划"大环境下撰写的。中南大学积极响应教育部的方针政策，根据我校学科群和专业特色，对我校的专业、课程体系、课程内容和课时进行了重新布局和调整。我校电子信息科学与技术专业有幸成为国家级"双一流"本科建设专业。借此契机，作者结合自己在高频电子线路方面的教学经验，撰写了适合电子与通信类专业本科教学的高频电子线路教材。

本书参考了很多同行、专家和兄弟院校的高频电子线路类教材，包括张肃文、曾兴雯、王卫东、杜武林、荆震、高如云、陆曼茹、谢嘉奎、张企民、孙万蓉、武秀玲、李纪澄、胡宴如等（在此不一一列举，敬请谅解）二十几位专家、教授和一线教师撰写的高频电子线路、通信和无线电类教材，汇聚大家的智慧，提炼适合电子信息科学与技术专业发展的高频电子线路教学内容。承前启后，前与电路理论、模拟电子技术衔接，后为通信原理、射频电子技术、微波通信作铺垫，形成了从低频电路到高频电路，再到射频电路，最后到现代通信技术的课程链。本书紧紧围绕新修订的电子信息科学与技术专业的课程体系和教学大纲，凸显基础，并针对实际问题加以解决。本书阐述力求论述准确、严谨和通俗易懂；通过图文并茂的形式，夯实基础理论的阐述，用经典例题强化知识重点和难点，最后搭配习题和解答，增强可读性，尽可能做到在梳理知识结构体系的基础上，激励学生阅读的兴趣和学习的动机。本书同样适合其他院校及科研院所电子与通信类专业读者自学。

本书特色如下：

（1）以"夯实电路基础，掌握基本原理，面向集成电路，针对重点难点，典型实例相伴，化解实际问题"为宗旨，强调物理概念和基本原理的描述，立足工程问题，解决实际需求。

（2）教学内容取舍和编排上遵循教学大纲和课时的实际需求，重点突出，文字表达深入浅出，图文并茂，适合自学和初学者入门。

（3）突出高频电子电路中非线性电路的特点、分布式参数的不同和负载特性的变化，由品质因数、带宽、电路设计精髓和系统传输特性贯穿全书的始终，从串联、并联及其组合，到谐振器、振荡器，及其非线性电路频率变换，调制与解调的基本原理及相应的集成电路分析，到实现精确跟踪通信频率的锁相环，最后到无线电软件技术，步步深入，环环相扣，内容紧凑。

全书共 10 章，参考学时数为 64～72 学时。下面介绍本书各章节内容。

第 1 章，主要介绍无线通信系统的基本组成和基本原理，介绍高频电子电路的主要电路单元；特别说明了高频电路中的非线性电路在大容量、大功率、高速率的无线通信系统中所处的主导地位，最后阐明了本书的研究内容和任务。

第 2 章，主要介绍高频电路的基础知识，包括高频电路中的基本元器件、有源器件的特性以及与低频电路特性异同点；以简单的谐振回路为例介绍高频无源网络所具有的阻抗变换、信号选择与滤波、相频转换和移相等功能，对回路中的品质因数、阻抗、幅值、频率、选择性等参数做了详细分析说明，阐述了高频谐振回路是构成高频放大器、振荡器以及各种滤波器的主要部件，振荡回路在电路中可直接作为负载使用。最后对高频回路的几种接入方式进行了详细阐述。

第 3 章，主要介绍高频小信号放大器的几个技术指标，晶体管在小信号激励下的等效电路与参数。讨论了单调谐回路和多调谐回路的原理性电路和等效电路，并计算和分析了各自的电路参数，比较了两种回路中带宽和增益的不同之处，并介绍了几个典型的集成电路谐振放大器。最后探讨了放大器噪声产生来源、表示和计算方法，提出了减小噪声系数的具体措施。

第 4 章，主要介绍高频大功率放大器的组成、工作原理及分析方法。讨论了高频大功率放大器的调制特性、馈电方式、匹配网络构成原理。进一步介绍了实际高频功率放大器电路、调谐匹配网络的设计方法，最后对宽带传输线变压器和功率合成器进行了简要介绍。

第 5 章，主要分析正弦波振荡器的基本原理、LCR 瞬态电路振荡条件、稳频机制，并对三端式振荡器和石英晶体振荡器的相位平衡条件判断准则和具体电路作了重点分析。最后介绍了提高正弦波振荡器频率稳定度的基本措施。负阻振荡器在本书没有介绍，读者可自行参考相关的书籍。

第 6 章，简要介绍非线性电子电路常用的分析方法，如幂级数分析法、时变电路分析法、开关分析法和折线分析法等。无线通信系统一个必不可少的环节就是频率的变换，这就需要通过相应的非线性元件或者非线性电路来实现。重点介绍了频谱线性搬移电路的组成、功能及在不同工作条件下的分析方法。

第 7 章，主要介绍振幅调制和解调的基本原理、基本概念与基本方法。从频域的角度看，振幅调制属于频谱线性搬移电路。讨论了实现普通调幅波的基本电路，并给出双边带、单边带调幅与解调的分析方法和相关电路。

第 8 章，主要介绍角度调制和解调的基本原理、基本概念与基本方法，以及实现频谱非线性搬移电路的基本特性及分析方法，并以实际通信设备电路为例进一步说明了角度调制与解调的原理。

第 9 章，从反馈控制系统的基本原理和数学模型出发，探讨反馈控制的基本方法，以及实现反馈控制的几种基本类型的电路组成、工作原理、性能分析及其应用。由于锁相环技术在现代集成电子电路及通信设备的广泛应用，重点介绍了锁相环和自动功率控制电路的工作原理及其应用。

第 10 章，简要阐述高频电路新技术发展，系统设计技术要点及设计方法。随着无线电通信系统基本带宽的变化、物理层技术的更新、电子通信设备及其技术的发展，高频电路正在朝着宽带化、集成化、单片化、模块化和软件化等方向发展。集成电路(IC)是整个电子信息产业的基础。随着微电子技术和计算机技术的进步，集成化已经成为高频电路发展的一个重要方向。本章内容旨在抛砖引玉，激发读者对集成电路设计的兴趣。

本书由中南大学许雪梅编著。正如前面所述，本书是基于众多专家、教授和一线教师所编写的宝贵教材或参考书籍，作者吸收了宝贵的前人成果和丰富的资料，在此谨向各教材、学习指导书、试题库、视频教学库等素材作者表示衷心的感谢。作者特别感谢中南大学本科生院院长何军教授、物理与电子学院院长孙克辉教授、物理与电子学院电子系主任刘正春教授，以及自动化学院蒋朝辉教授的国家自然科学基金的重大科研仪器研制项目(No. 61927803)的大力支持和帮助。同时感谢清华大学出版社对本书的出版所给予的支持和辛勤付出。感谢邱豪杰、程伟、唐郝源、翟聚才、邱浩涛同学所绘制的部分电路图。感谢我的家人在本书撰写过程中予以的鼓励与无私的奉献。

高频电子线路范围广，牵涉知识面较多，新的集成电路技术和微电技术发展迅速，由于作者水平有限，书中如有错误和不妥之处，恳请广大读者批评指正。

许雪梅

湖南·长沙·中南大学

目录

CONTENTS

第1章 绪论

内容提要

本章主要介绍无线通信系统的基本组成和基本原理，简要阐述无线通信系统的信号特点、时间特性、频谱特性、调制和解调特性，并介绍了高频电子电路的主要电路单元；特别说明了高频电路中的非线性电路在大容量、大功率、高速率的无线通信系统中所处的主导地位，最后阐明了本书的研究内容和任务。本章的教学需要1学时。

1.1 概述

高频电路是通信系统特别是无线通信系统的基础，是无线通信设备的重要组成部分。高频电子电路是在高频范围内实现特定功能的电路，它被广泛应用于通信系统和各种电子设备中。

1.1.1 无线通信系统的组成

无线通信（或称无线电通信）的类型很多，可以根据传输方法、频率范围、用途等分类。不同的无线通信系统，其设备组成和复杂度虽然有较大差异，但它们的基本组成不变，图1.1.1是无线通信系统基本组成的方框图。图中虚线以上部分为发送设备（发射机），虚线以下部分为接收设备（接收机），天线及天线开关为收发共用设备，信道为自由空间，话筒和扬声器属于通信的终端设备，分别为信源和信宿。

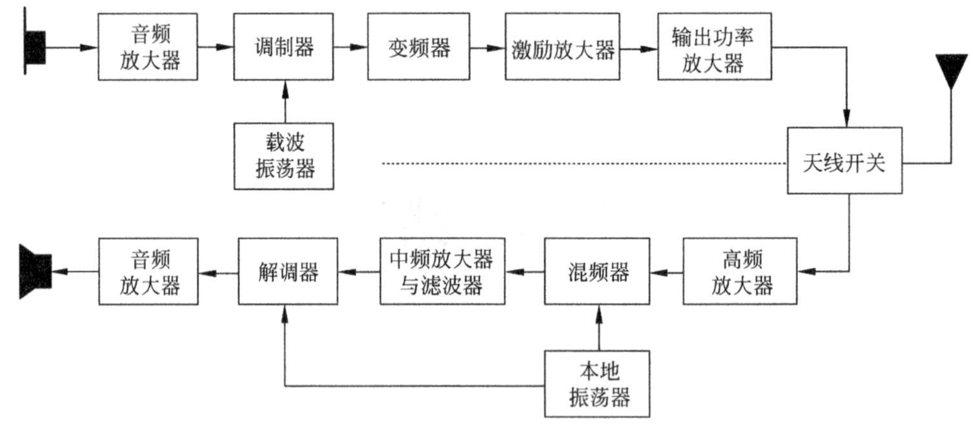

图 1.1.1　无线通信系统的基本组成

发射机和接收机是现代通信系统的核心部件，是为了使基带信号在信道中有效和可靠的传输而设置的。无线通信系统发射部分主要包括三大部分：高频、低频和电源。

高频部分通常由主振级、缓冲级、倍频器、高频放大器、调制与高频功率放大器（简称功放）组成。主振级的主要作用是产生频率稳定的载频信号，缓冲级是为减弱后级对主振级的影响而设置的。有时为了将主振级的频率提高到所需的数值，缓冲级后加一级或若干级倍频器。倍频器后加若干级高频放大器，以逐级提高输出信号的功率。调制级将基带信号变换成适合信道传输特性的频带信号，最后经高频功率放大器放大，使输出信号的功率达到额定的发射功率，再经发射天线辐射出去。

低频部分包括换能器、低频放大器及低频功率放大器。换能器把非电量（如声音、景物等）变换为基带低频信号，通过低频放大器逐级升高，使低频功率放大器输出信号达到高频载波信号调制所需的功率。

无线通信系统接收部分的作用刚好与发射机的相反。在接收端，接收天线将收到的无线电磁波转换为已调波电流，然后将这些信号进行放大和解调。超外差接收机就是由频率固定的中频放大器来完成对接收信号的选择和放大。当信号频率改变时，只要相应地改变本地振荡信号频率即可。

由此可以总结出无线通信系统的基本组成，从中也可看出高频电路的基本内容应该包括高频振荡器、放大器、混频或变频、调制与解调。

1.1.2　无线通信系统的类型

按照无线通信系统中关键部分的不同特性，可分为以下类型。

(1) 按照工作频率或传输手段分类，无线电波的传播大体分为三种：沿地面传播（称为地波）、沿空间直线传播（称为空间波）、依靠电离层传播（称为天波）。所谓工作频率，主要指发射与接收的射频（RF）频率。1.5MHz 以下的电磁波主要沿着地表传播，称为地波。由于大地不是理想的导体，当电磁波沿其传播时，有一部分能量被损耗，频率越高，趋肤效应越严重，损耗越大，所以频率很高的电磁波不宜沿地表传播。1.5～30MHz 的电磁波，主要靠天空中电离层的折射和发射传播，称为天波。电离层主要是由太阳和星际空间的辐射引起大气上层空气电离而形成的。电磁波达到电离层后，一部分能量被吸收，另一部分能量被反射和折射到地面。频率越高，被吸收的能量越少，电磁波穿入电离层越深。当频率超过一定值后，电磁波就会穿透电离层不再返回，频率更高的电磁波不宜用天波传播。30MHz 以上的电磁波主要沿空间直线传播，称为空间波。由于地球表面凹凸不平，传播距离容易受限，可以架高传输天线增大传输距离。射频实际上就是“高频”的广义语，是指适合无线电发射和传播的频率。无线通信的一个发展方向就是开辟更高的频段。

(2) 按照通信方式分类，可分为(全)双工、半双工和单工方式。

(3) 按照调制方式分类，可分为调幅、调频、调相以及混合调制等。

(4) 按照传送消息的类型分类，可分为模拟通信和数字通信，也可以分为话音通信、图像通信、数据通信和多媒体通信等。各种不同类型通信系统的组成和设备的复杂程度都有很大不同。但是组成设备的基本电路及其原理都是相同的，遵从同样的规律。本书将以模拟通信为重点来研究这些基本电路，认识其规律。这些电路和规律完全可以推广应用到其他类型的通信系统。

1.2 信号、频谱与调制

在高频电路中，我们要处理的无线电信号主要有三种：基带(信息源)信号、高频载波信号和已调信号。所谓基带信号，就是没有进行调制之前的原始信号，也称调制信号。

1.2.1 时间特性

一个无线电信号，可以将它表示为电压或电流的时间函数，通常用时域波形或数学表达式来描述。无线电信号的时间特性就是信号随时间变化快慢的特性。信号的时间特性要求传输该信号的电路的时间特性(如时间常数)与之相适应。

1.2.2 频谱特性

对于较复杂的信号(如话音信号、图像信号等)，用频谱分析法表示较为方便。对于周期性信号，可以表示为许多离散的频率分量(各分量间呈谐频关系)，例如图 1.2.1 即图 1.2.2 所示信号的频谱图；对于非周期性信号，可以用傅里叶变换的方法分解为连续谱，信号为连续谱的积分。频谱特性包含幅频特性和相频特性两部分，它们分别反映信号中各个频率分量的振幅和相位的分布情况。任何信号都会占据一定的带宽。从频谱特性上看，带宽就是信号能量主要部分(一般为 90%以上)所占据的频率范围或频带宽度。无线电信号频谱有如下几个特点：一是有限性，由于较高频率上的无线电波的传播特性，无线电业务不能无限地使用更高频段的无线电频率，目前人类对于 3000GHz 以上的频率还无法开发和利用，尽管无线电频率可以根据时间、空间、频率和编码四种方式进行复用，但就某一频段和频率来讲，在一定的区域、一定的时间和一定的条件下其使用是有限的；二是排他性，无线电频谱资源与其他资源具有共同的属性，即排他性，在一定时间、地区和频域内，一旦某个频率被使用，其他设备则不能以相同的技术模式再使用该频率；三是复用性，虽然无线电频率使用具有排他性，但在特定的时间、地区、频域和编码条件下，无线电频率是可以重复使用和利用的，即不同无线电业务和设备可以进行频率复用和共用。

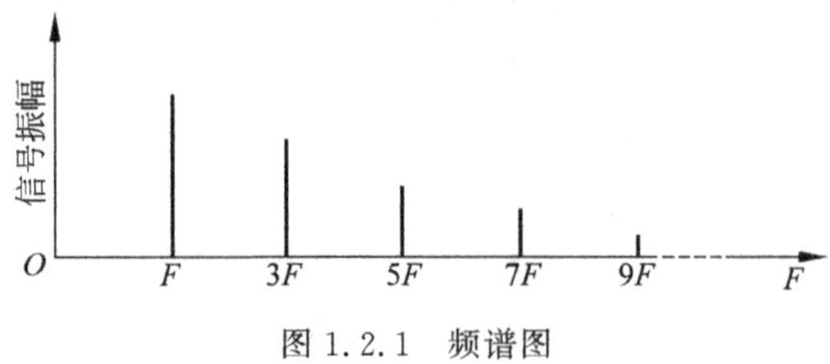

图 1.2.1　频谱图

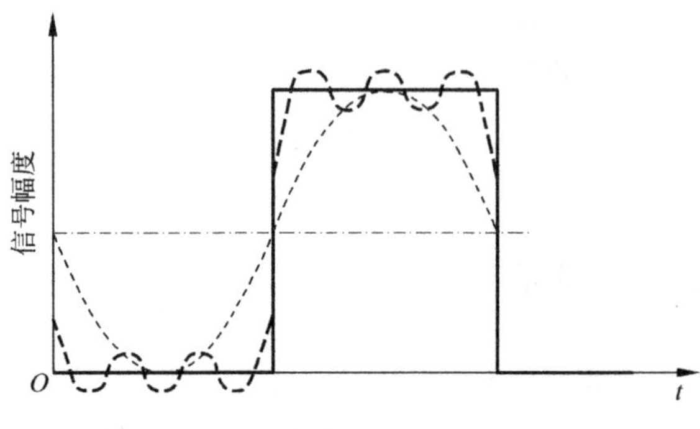

图 1.2.2　信号分解

1.2.3　频率特性

任何信号都具有一定的频率或波长。本书所讲的频率特性是无线电信号的频率或波长。电磁波辐射的波谱很宽，如图 1.2.3 所示。

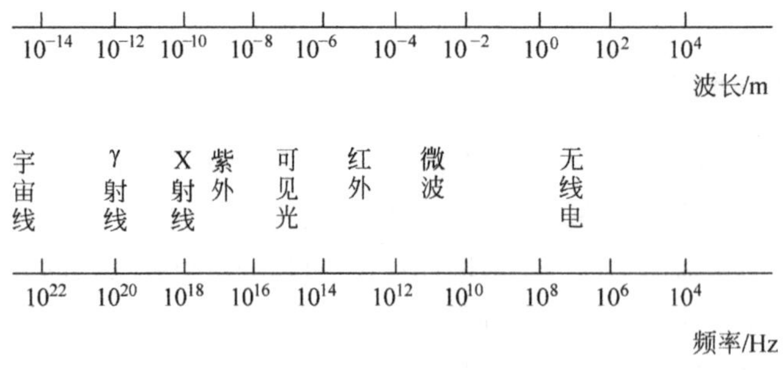

图 1.2.3　电磁波波谱

无线电波只是一种波长比较长的电磁波，占据的频率范围很广。在自由空间中，波长与频率存在以下关系：

$$c = f\lambda \tag{1.2.1}$$

式中，c 为光速，f 和 λ 分别为无线电波的频率和波长。因此，无线电波也可以认为是一种频率相对较低的电磁波。对频率或波长进行分段，分别称为频段或波段。不同频段信号的产生、放大和接收的方法不同，传播的能力和方式也不同，因而它们的分析方法和应用范围也不同。

应当指出的是，不同频段的信号具有不同的分析与实现方法，对于米波以上(含超短波，$\lambda \geqslant 1\text{m}$)的信号通常用集总参数的方法来分析与实现，而对于米波以下($\lambda < 1\text{m}$)的信号，一般应用分布参数的方法来分析与实现，当然，这也是相对的。

1.2.4 传播特性

传播特性指的是无线电信号的传播方式、传播距离、传播特点等。无线电信号的传播特性主要根据其所处的频段或波段来区分。

电磁波从发射天线辐射出去后，不仅电波的能量会扩散，接收机只能收到其中极小的一部分，而且在传播过程中电波的能量会被地面、建筑物或高空的电离层吸收或反射，或者在大气层中产生折射或散射等现象，从而造成到达接收机时的强度也大大衰减。如图 1.2.4 所示，根据无线电波在传播过程所发生的现象，电波的传播方式主要有直射(视距)传播、绕射(地波)传播、折射和反射(天波)传播及散射传播等。决定传播方式和传播特点的关键因素是无线电信号的频率。

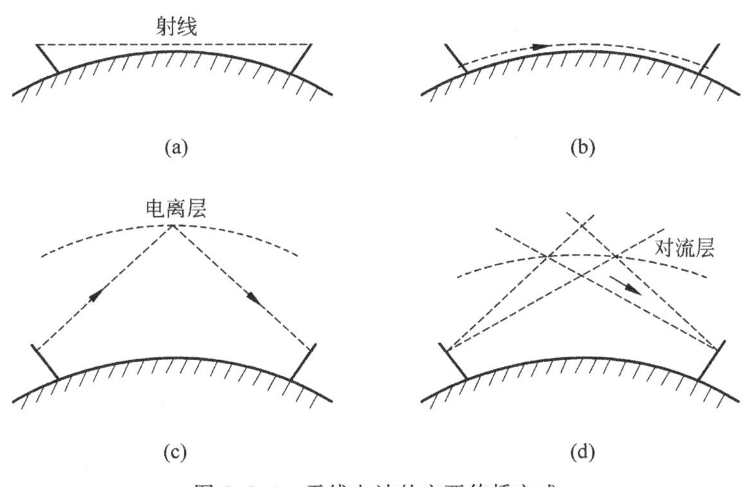

图 1.2.4 无线电波的主要传播方式

(a) 直射传播；(b) 绕射传播；(c) 反射传播；(d) 散射传播

1.2.5 调制特性

无线电传播一般采用高频(射频)的另一个原因是高频适于天线辐射和无线传播。只有当天线的尺寸可以与信号波长相比拟时$\left(\text{发射天线尺寸是发射信号波长的}\frac{1}{10}\sim\frac{1}{4}\right)$，天线的辐射效率才会较高，从而以较小的信号功率传播较远的距离，接收天线也才能有效地接收信号。而一般基带信号的频率很低,根据无线电波的传播速度,与光速相同,$c=3\times10^8$ m/s,可求得基带信号的波长一般非常大。比如话音信号的频率为 0.1～6kHz,假如取 1kHz,则其波长为 300km,需用 30km 的天线,这显然不合乎实际情况。因此,采用调制可以把低频基带信号“装载”到高频载波信号上,从而易于实现电信号的有效传输。而且采用调制可以实现信道的复用。例如不同广播电台的信号之间能同时通过无线信道传播,就因为采用频率复用将话音信号调制在不同的载波频率上传输,从而避免相互之间的干扰。

调制就是用调制信号去控制高频载波的参数,使载波信号的某一个或几个参数(振幅、频率或相位)按照调制信号的规律变化。常见的调制方式有模拟调制和数字调制。用模拟基带信号对高频载波进行的调制称为模拟调制。根据载波受调制参数的不同,调制分为三种基本方式:用基带信号去改变高频载波的振幅,称为振幅调制,简称为调幅,用符号 AM 表示;用基带信号去改变高频载波的相位,称为相位调制,简称调相,用符号 PM 表示;还可以用组合调制方式。

用数字基带信号对高频载波进行的调制称为数字调制。根据数字基带信号控制载波的参数不同,调制分为三种基本方式:用基带信号控制载波振幅,基带为高电平时有高频载波输出,低电平时没有载波输出,这种数字调制称为振幅键控(ASK);用基带信号控制载波相位,基带为高电平时,高频载波起始相位为 O(或为 π),低电平时,高频载波起始相位为 π(或为 O),这种数字调制称为相位键控(PSK,又称相移键控);用基带信号控制载波频率,高电平时频率比低电平时频率变化要快些,这种数字调制称为频率键控(FSK,又称频移键控)。

在实际中,需要采用电子设计自动化(EDA)对高频电路与系统进行分析、仿真和设计,常用的软件有 Multisim、MATLAB、Ansoft designer 等。

在模拟通信系统中解调信号存在失真和干扰时,很难精确恢复为原来的信号。而数字通信系统中,尽管解调信号会有失真和干扰的情况发生,但是因为数字基带信号只有 0 和 1 两个码元,只要在取样判决电路中能正确地判定码元值,就可不失真地重现原数字基带信号。因此,数字通信系统抗干扰、抗噪声能力强,而且有利于计算机进行智能化处理,还可采用软件实现某些电路的功能,更具有灵活性和先进性,现代通信系统尤其是移动通信系统通常采用数字调制技术。

1.3 非线性电子线路的基本概念

含有非线性元器件的电路称为非线性电子线路,它们在通信设备中具有重要的作用,主要用来对输入信号进行处理,以便产生特定波形和频谱的输出信号。非线性电子线路有如下特点:

(1) 能够产生新的频率分量,具有频率变换作用;

(2) 不具有叠加性和均匀性,不适用叠加定理;

(3) 输出响应与器件工作点及输入信号的大小有关。

非线性电子线路按其功能可分为功率放大电路、振荡电路,以及波形和频率变换电路三类。功率放大电路是对输入信号进行高效率的功率放大。为了提高效率,可使放大器件工作在非线性工作状态,如高频谐振功率放大器。振荡电路运用非线性元器件输出某一稳定频率的正弦信号。波形和频率变换电路是对输入信号进行适当处理,以便产生特定波形和频谱的输出信号,调制、解调、混频和倍频等都属于这类电路。

由于非线性器件具有复杂的物理特性,在工程上不必苛求复杂的数学求解,要根据实际情况对器件的数学模型和电路的工作条件进行合理近似,运用工程近似的分析方法获得具有实际意义的结果。非线性电子线路能够实现的功能和所采用的电路形式具有多样性,在学习时应不止满足于具体电路的工作原理,还要洞悉各功能之间的内在联系,实现各功能的基本原理以及由此能够实现的基本电路结构。

1.4 本书的研究内容和任务

本书主要是促使读者对无线通信系统的基本组成做系统的了解,熟悉和掌握高频电子电路的基本组成、基本原理、基本方法和设计技术,进一步了解高频电路新理论、新技术的发展趋势。

主要任务之一,是掌握高频电子电路所研究的基本功能电路:高频小信号放大电路、高频功率放大电路、正弦波振荡电路、调制和解调电路、倍频电路、混频电路等。上述电路除了高频小信号放大电路属于线性电路以外,其余均属于非线性电路。另外,辅助电路,如包括自动增益控制电路、自动频率控制电路和自动相位控制电路(锁相环)在内的反馈控制电路也是高频电子电路研究的重要对象。

主要任务之二,是学习以集总参数为主导思想的高频电子电路的基本组成、工作原理、性能特点和基本工程分析方法。本书重点对典型集成模块进行剖析,融合了集成电路部分设计思想和设计方法,并对软件无线电技术做了简要概述,旨在与现代集成电路和大通信大容量无线通信技术接轨。

参考文献

[1] 高如云,陆曼茹,张企民,等.通信电子线路[M].2版.西安:西安电子科技大学出版社,2002.

[2] 王卫东.高频电子线路[M].北京:电子工业出版社,2009.

[3] 武秀玲,沈伟慈.高频电子线路[M].西安:西安电子科技大学出版社,1995.

[4] 杜武林,李纪澄,曾兴雯.高频电路原理与分析[M].3版.西安:西安电子科技大学出版社,1994.

[5] 谢嘉奎,宣月清,冯军.电子线路(非线性部分)[M].3版.北京:高等教育出版社,1988.

[6] 张肃文,陆兆熊.高频电子电路[M].5版.北京:高等教育出版社,1993.

[7] 胡见堂.固态高频电路[M].北京:国防科技大学出版社,1987.

[8] 杰克·史密斯.现代通信电路[M].叶德福,景虹,厦大平,等译.西安:西安电讯工程学院出版社,1987.

[9] 周子文.模拟乘法器及其应用[M].北京:高等教育出版社,1983.

[10] 沈伟慈.高频电路[M].西安:西安电子科技大学出版社,2000.

[11] 郭梯云,刘增基,王新梅,等.数据传输[M].修订版.北京:人民邮电出版社,1998.

[12] 曾兴雯,刘乃安,陈健.高频电子线路[M].北京:高等教育出版社,2003.

思考题和习题

1.1 画出无线通信发送机和接收机的原理框图，并说出各部分的作用。

1.2 无线通信为什么要用高频信号？高频信号指的是什么？

1.3 无线通信为什么要进行调制？如何进行调制？

1.4 无线电信号的频段或波段是如何划分的？各个频段的传播特性和应用情况如何？

第2章　高频电路基础知识

内 容 提 要

本章主要介绍高频电路的基础知识，包括高频电路中的基本元器件、有源器件的特性以及与低频电路特性的异同点；以简单的谐振回路为例介绍高频无源网络所具有的阻抗变换、信号选择与滤波、相频转换和移相等功能，对回路中的品质因数、阻抗、幅值、频率、选择性等参数做了详细的分析说明，阐述高频谐振回路是构成高频放大器、振荡器以及各种滤波器的主要部件，振荡回路在电路中可直接作为负载使用。最后对高频回路的几种接入方式进行了详细阐述。本章的教学需要6～8学时。

2.1　高频电路中的元器件

2.1.1　高频电路中的元件

高频电路中的元件与在低频电路中的元器件基本相同，无源线性元件包含电阻、电容、电感，有源器件包含二极管、晶体管和集成电路等。但要注意的是，它们在高频条件下，电路中各种元器件由于引线、损耗或工作原理等，其频率特性比较复杂，有时要避免这些复杂的频率特性，但有时又需要加以利用。

1. 高频电阻

(1) 等效电路

如图2.1.1所示，处于高频中的电阻元件包括分布式电容 C_R 和电感 L_R，其中 C_R、L_R

越小，电阻的高频特性越好。

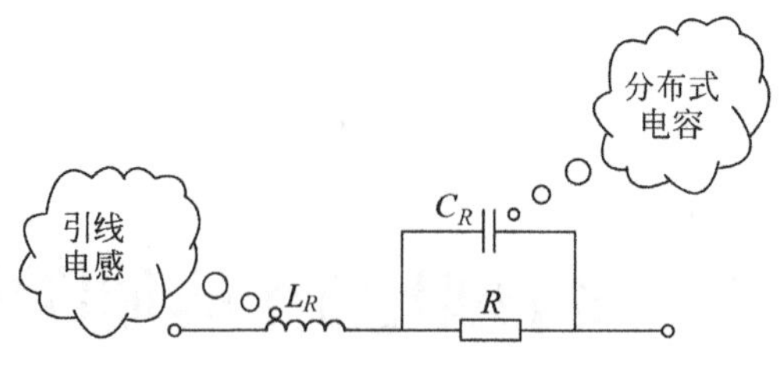

图 2.1.1 高频电阻的等效电路

(2) 常用电阻高频特性比较

金属膜电阻比碳膜电阻的高频特性好，而碳膜电阻比线绕电阻的高频特性好；表面贴装(SMD)电阻比普通电阻的高频特性要好；小尺寸电阻比大尺寸电阻的高频特性要好。

2. 高频电容

高频电路中常使用片状电容和表面贴装电容。

(1) 等效电路

如图 2.1.2 所示，处于高频中的电容元件包括极间绝缘电阻 R_C 和电感 L_C，其中 R_C、L_C 越小，电容的高频特性越好。

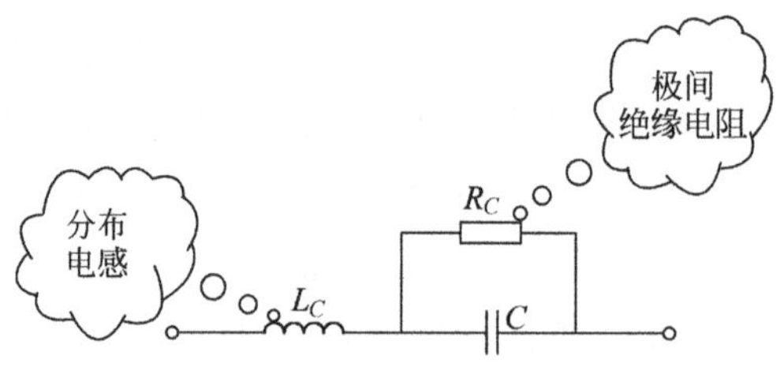

图 2.1.2 高频电容的等效电路

在高频电路中，电容的损耗可以忽略不计，但若到了微波波段，电容中的损耗就必须加以考虑。

(2) 电容器阻抗特性

图 2.1.3 中，f_0 为自身谐振频率(SRF)。$f < f_0$，电容器为正常的电容特性；$f > f_0$，电容器等效为电感。

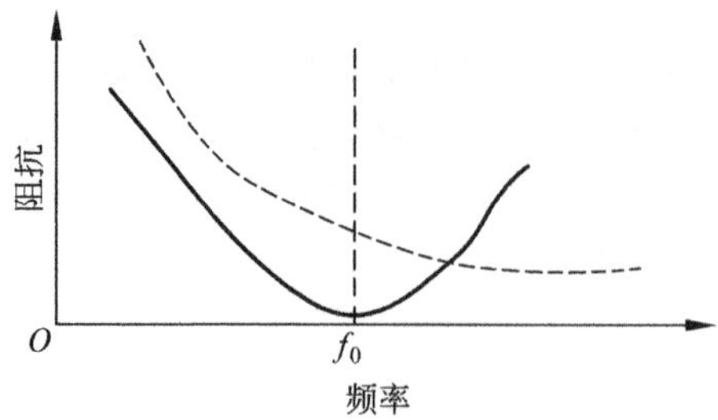

图 2.1.3 电容器的阻抗特性

3. 高频电感

(1) 等效电路

图 2.1.4 是高频电感的等效电路,在极高频率下,分布电容的影响不可忽略,其等效电路如图 2.1.4(a)所示。在分析长波、中波、短波频段电路时,分布电容的影响可忽略,其等效电路如图 2.1.4(b)所示。电感线圈的损耗 r 在高频电路中是不能忽略的。高频电感器有 SRF,如图 2.1.5 所示。

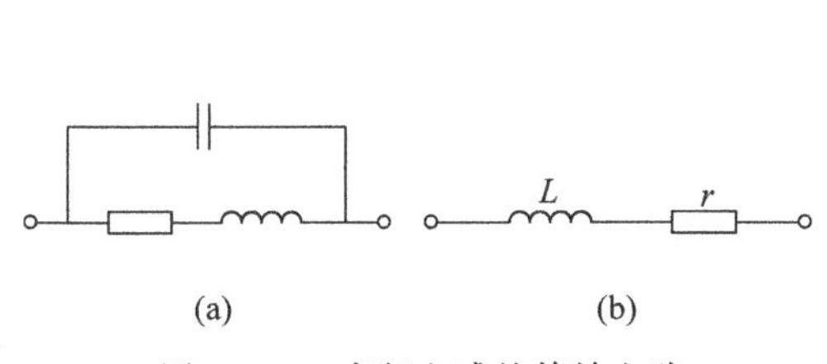

图 2.1.4 高频电感的等效电路

(a) 极高频;(b) 高频、中频、低频

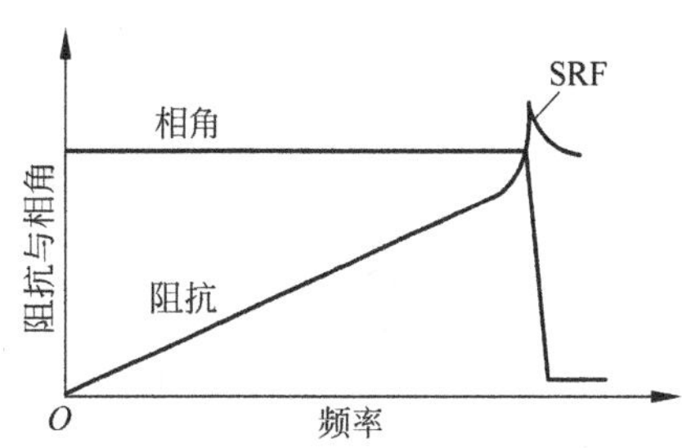

图 2.1.5 高频电感器的 SRF

(2) 如何表示高频电感的损耗性能

这里引入品质因数 Q 的概念。Q 的定义为高频电感器的感抗与其串联损耗电阻之比,即

$$Q=\frac{\omega L}{r} \tag{2.1.1}$$

Q 的广义定义为在高频谐振回路中,反映了谐振状态下储存能量与损耗能量之比。对于电感线圈,Q 值越高,表明该电感器的储能作用越强,损耗越小;对于谐振回路,Q 值越高,表明谐振回路的储能作用越强,损耗越小。这个概念非常重要,它是评估高频电路性能好坏的关键因素之一。后面的小信号放大器、高频功率放大器、振荡器、混频器、调制器、检波器、检波器等电路单元以及集成电路,都要用到这个概念。

高频电感的作用:在高频电路中可作为谐振元件、滤波元件和阻隔元件(RFC)。

2.1.2 高频电路中的有源器件

高频电路中的有源器件有晶体二极管、晶体三极管与场效应管(FET)和集成电路(IC)。它们在电路中的作用是完成信号的放大、非线性变换等功能。

1. 晶体二极管

晶体二极管主要用于检波、调制、解调及混频等非线性变换电路中,工作在低电平。高频中常用二极管有点接触式二极管和表面势垒二极管,极间电容小、工作频率高。另外还有一种变容二极管,其二极管电容随偏置电压变化。

2. 晶体三极管与场效应管

在高频中应用的晶体管主要是双极型晶体三极管和各种场效应管。高频晶体管有高频小功率管和高频功率放大管两大类型。

高频小功率管用作小信号放大,要求增益高和噪声低。它分为双极型小信号放大管和小信号的场效应管两种类型。前者工作频率可达几千兆赫兹,噪声系数为几分贝;后者噪声更低,如砷化镓场效应管,工作频率可达十几千兆赫兹以上。

而高频功率放大管除了有较大增益外,还要有较大的输出功率。如双极型晶体三极管在几百兆赫兹以下频率,其输出功率可达 10～1000W。对于金属氧化物场效应管(MOSFET),在几千兆赫兹的频率上还能输出几瓦功率。

3. 集成电路

高频集成电路的类型和品种比低频集成电路的少得多,主要分为通用型和专用型两种。

(1) 通用型的宽带集成放大器

其工作频率可达 100～200MHz,增益可达 50～60dB,甚至更高。用于高频的晶体管模拟乘法器,工作频率也可达 100MHz 以上。

(2) 专用集成电路(ASIC)

集成电路用途广泛,已经涉及家电、手机、航空航天等很多领域。它包括集成锁相环、集成调频信号解调器、单片集成接收机,以及手机、电视机、工控机、计算机中的专用集成电路等。

2.2 高频电路中的基本电路

2.2.1 高频谐振回路

高频谐振回路是高频电路中应用最广的无源网络,是构成高频放大器、振荡器以及各种滤波器的主要部件。

高频谐振回路需要完成的功能有阻抗变换、信号选择与滤波、相频转换和移相等,并可直接作为负载使用。

下面分简单谐振回路、抽头并联谐振回路和耦合谐振回路三部分讨论。其中简单谐振回路又分为串联谐振回路与并联谐振回路。

简单谐振回路是由电感和电容串联或并联形成的回路,具有谐振特性和频率选择特性。

1) 串联谐振回路基本原理

串联谐振回路适用于信号源内阻很小的情况,分析时用电压源激励比较方便。图 2.2.1(a)是由电感 L、电容 C、电阻 r 和外加电压 $\mathbf{V}_s$ 组成的串联谐振回路,图 2.2.1(b)是谐振时的电流-电压矢量图。此处 r 通常是指电感线圈的损耗,电容的损耗可以忽略。串联谐振回路的阻抗为

$$Z=r+\mathrm{j}\omega L+\frac{1}{\mathrm{j}\omega C}=r+\mathrm{j}\left(\omega L-\frac{1}{\omega C}\right)=R+\mathrm{j}X=|z|\mathrm{e}^{\mathrm{j}\varphi_Z} \tag{2.2.1}$$

式中，$R=r$，$X=\omega L-\dfrac{1}{\omega C}$，$|Z|=\sqrt{R^2+X^2}$，$\varphi_Z=\arctan\dfrac{X}{R}$。

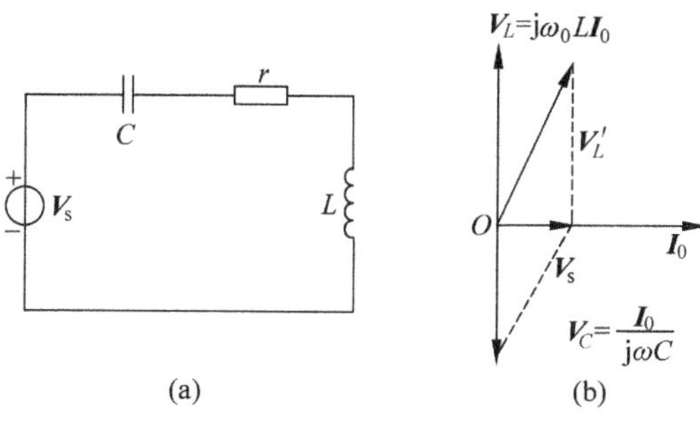

图 2.2.1　串联谐振回路(a)及谐振时电流-电压矢量图(b)

根据电路原理，回路电流为

$$\boldsymbol{I}=\frac{\boldsymbol{V}_s}{Z}=\frac{\boldsymbol{V}_s}{R+\mathrm{j}X} \tag{2.2.2}$$

当电抗 $X=0$ 时，回路电流为

$$\boldsymbol{I}=\frac{\boldsymbol{V}_s}{R}=\frac{\boldsymbol{V}_s}{r} \tag{2.2.3}$$

回路电流与电压 $\boldsymbol{V}_s$ 同相，称为串联回路对外加信号源频率发生串联谐振，即谐振条件为

$$X=\omega_0 L-\frac{1}{\omega_0 C} \tag{2.2.4}$$

因此串联谐振回路的谐振频率为

$$\omega_0=\frac{1}{\sqrt{LC}}\quad 或者\quad f_0=\frac{1}{2\pi\sqrt{LC}} \tag{2.2.5}$$

即当 $\omega=\omega_0$ 时，回路的等效阻抗 $Z=r$ 的模达到最小，且为纯阻；当 $\omega>\omega_0$ 时，回路为感性；当 $\omega<\omega_0$ 时，回路为容性。图 2.2.2(a)表示阻抗特性随工作频率 ω 的变化，图(b)代表阻抗相角 φ_Z 随频率 ω 的变化关系，图(c)代表阻抗模值(或大小)随频率 ω 的变化关系。

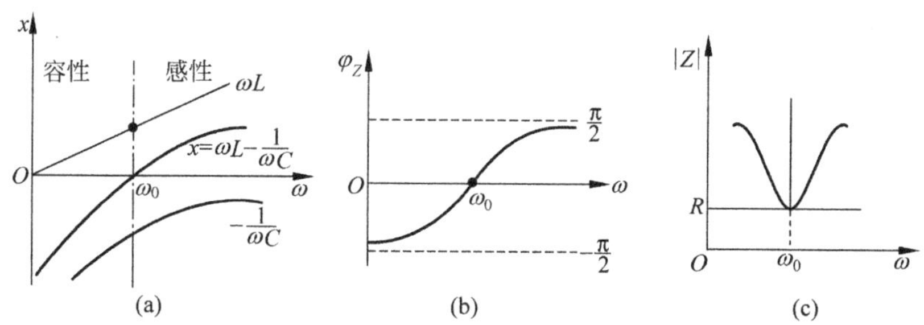

图 2.2.2　串联谐振回路阻抗特性曲线图

谐振回路的品质因数的物理含义是指谐振条件下，回路储存能量与消耗能量之比。串联谐振回路在谐振时的品质因数为

$$Q=\frac{\boldsymbol{I}^2\omega_0 L}{\boldsymbol{I}^2 r}=\frac{\omega_0 L}{r}=\frac{\boldsymbol{I}^2/\omega_0 C}{\boldsymbol{I}^2 r}=\frac{1}{\omega_0 Cr}=\frac{1}{r}\sqrt{\frac{L}{C}}=\frac{\rho}{r} \tag{2.2.6}$$

式中，$\rho=\sqrt{\frac{L}{C}}=\omega_0 L=\frac{1}{\omega_0 C}$，称为回路的特征阻抗，$\rho$ 与回路谐振阻抗的关系为

$$\frac{\rho}{Q}=r \tag{2.2.7}$$

谐振时，电感和电容的电压幅值为

$$V_{L0}\approx V_{C0}=I_0\rho=\frac{V_s}{R}\rho=QV_s \tag{2.2.8}$$

高频电子线路中采用的 Q 值很大，往往为几十到几百，此时电感或电容电压要比 V_s 大几十到几百倍。例如，若 $V_s=100\text{V}$，$Q=100$，则在谐振时，加在 L 或 C 上电压高达 10 000V。因此，在使用电感电容元件时，必须注意耐压问题。

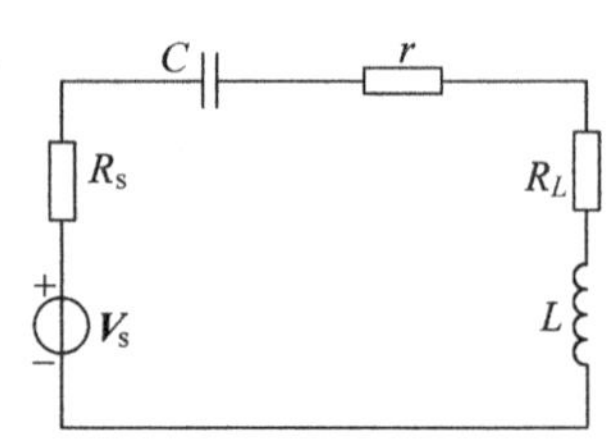

图 2.2.3 考虑电源内阻和负载情况下的串联谐振回路

如图 2.2.3 所示的串联谐振回路，当考虑电源内阻为 R_s 和接负载为 R_L 情况下，回路的品质因数 Q_L 为

$$Q_L=\frac{\omega_0 L}{R+R_s+R_L} \tag{2.2.9}$$

与空载情况相比，回路的品质因数 Q_L 下降。

当电源内阻 R_s 或负载 R_L 越大，Q_L 越小。定义广义失谐量

$$\xi=\frac{\text{失谐时的电抗}}{\text{谐振时的电阻}}=\frac{\omega L-\frac{1}{\omega C}}{R_0}=Q\left(\frac{\omega}{\omega_0}-\frac{\omega_0}{\omega}\right) \tag{2.2.10}$$

当失谐不大时，

$$\xi=2Q\frac{\Delta\omega}{\omega_0} \tag{2.2.11}$$

利用广义失谐，可将串联谐振回路的阻抗表示为

$$Z=R_0(1+\mathrm{j}\xi)=r(1+\mathrm{j}\xi) \tag{2.2.12}$$

通频带的带宽为

$$2\Delta\omega_{0.7}=\frac{\omega_0}{Q}\quad \text{或}\quad 2\Delta f_{0.7}=\frac{f_0}{Q} \tag{2.2.13}$$

回路中电流在频率 ω 与谐振状态 ω_0 时的比值为

$$\frac{I}{I_0}=\frac{R}{R+\mathrm{j}\left(\omega L-\frac{1}{\omega C}\right)}=\frac{1}{1+\mathrm{j}\frac{\omega_0 L}{R}\left(\frac{\omega}{\omega_0}-\frac{\omega_0}{\omega}\right)}=\frac{1}{1+\mathrm{j}Q\left(\frac{\omega}{\omega_0}-\frac{\omega_0}{\omega}\right)} \tag{2.2.14}$$

则相对电流的模值为

$$\frac{I}{I_0}=\frac{1}{\sqrt{1+Q^2\left(\frac{\omega}{\omega_0}-\frac{\omega_0}{\omega}\right)^2}} \tag{2.2.15}$$

图 2.2.4 为串联谐振回路的通频带曲线，又称为选频特性曲线。通频带与回路的 Q 值成反比，Q 值越高，谐振曲线越尖锐，回路的选择性越好，但通频带越窄。R_s 和 R_L 的作用是使回路 Q 值降低，谐振曲线变钝。极限状态下，如果信号源是恒流电源时，R_s 与 V_s 均趋于无限大，但二者之比为定值。此时，电路的 Q 值降为零，谐振曲线组成为一条水平直线，完全失去了对频率的选择性。因此，串联谐振回路适合于低内阻的电源，内阻越低，电路的选择性越好。

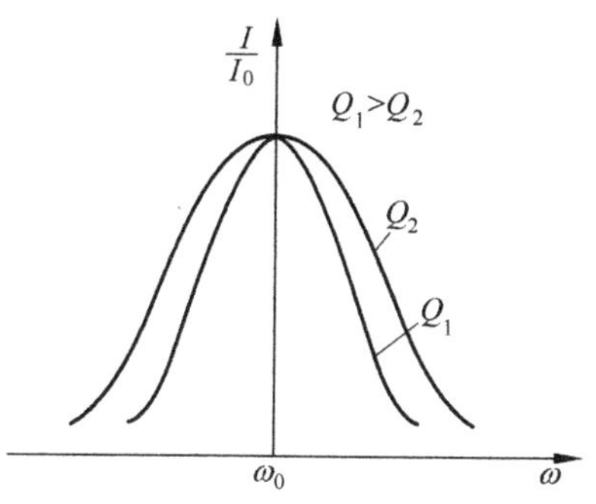

图 2.2.4 串联谐振回路的选频特性曲线

例 2.2.1 设某一串联谐振回路的谐振频率为 900kHz，其回路中 $L=250\mu\text{H}$，$R=10\Omega$。试求其通频带的绝对值和相对值。

解

$$Q=\frac{\omega_0 L}{r}=\frac{2\pi\times 900\times 10^3\times 250\times 10^{-6}}{10}=141 \tag{2.2.16}$$

通频带的绝对值为

$$2\Delta f_{0.7}=\frac{f_0}{Q}=\frac{900}{141}\text{kHz}=6.38\text{kHz} \tag{2.2.17}$$

通频带的相对值为

$$\frac{2\Delta f_{0.7}}{f_0}=\frac{f_0/Q}{f_0}=\frac{1}{Q}=0.007 \tag{2.2.18}$$

例 2.2.2 如果希望回路通频带 $2\Delta f_{0.7}=650\text{kHz}$，设回路的品质因数 $Q=80$，试求所需要的谐振频率。

解

$$f_0=2\Delta f_{0.7}Q=650\times 10^3\times 80\text{Hz}=52\text{MHz} \tag{2.2.19}$$

上面的分析都是基于信号源是理想电源，忽略了信号源内阻及负载对回路的影响。当考虑信号源内阻 R_s 及负载 R_L 对回路的影响时，回路中的品质因数为

$$Q_L=\frac{\omega_0 L}{R+R_s+R_L} \tag{2.2.20}$$

信号源内阻 R_s 及负载 R_L 上升，电路的品质因数 Q_L 也相应下降。

2) 并联谐振回路基本原理

并联谐振回路适用于信号源内阻比较大的情况，分析时用电流源激励比较方便。图 2.2.5 是由电感 L、电容 C、电阻 R 与外加电流源 i_s 组成的并联振荡回路。回路中的总阻抗 Z_p 为

$$Z_p=\frac{(R+\text{j}\omega L)\frac{1}{\text{j}\omega C}}{(R+\text{j}\omega L)+\frac{1}{\text{j}\omega C}} \tag{2.2.21}$$

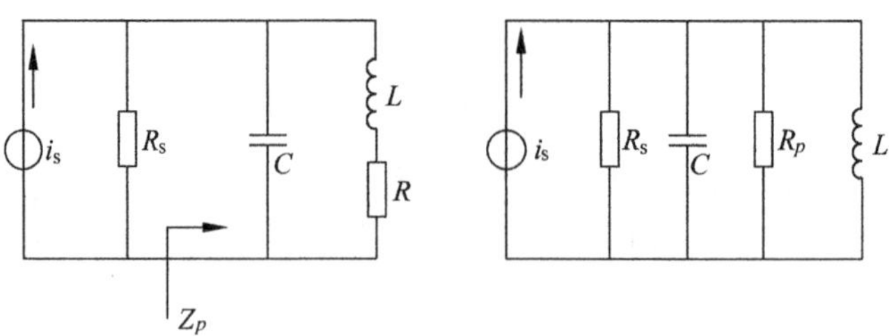

图 2.2.5 并联谐振回路电路原理图

一般 $\omega L \gg R$，所以

$$Z_p \approx \frac{L/C}{R+\mathrm{j}\left(\omega L-\dfrac{1}{\omega C}\right)}=\frac{L/C}{R+\mathrm{j}X} \tag{2.2.22}$$

根据谐振条件，当回路电抗 $X=0$ 时，回路为谐振状态，可求出谐振阻抗为

$$R_p = Z_{p0}=\frac{L}{CR} \tag{2.2.23}$$

此时，阻抗为纯电阻，且取最大值。由于 $X=0$，即 $X=\omega_0 L-\dfrac{1}{\omega_0 C}=0$，所以并联谐振回路的谐振频率为 $\omega_0=\dfrac{1}{\sqrt{LC}}$或者 $f_0=\dfrac{1}{2\pi\sqrt{LC}}$。

再求并联回路中的 Q。根据定义，品质因数等于某段时间内谐振回路中储存能量与消耗能量之比，即

$$Q=\frac{u_i^2/\omega_0 L}{u_i^2/R_p}=\frac{R_p}{\omega_0 L}=\frac{u_i^2\omega_0 C}{u_i^2/R_p}=\omega_0 CR_p \tag{2.2.24}$$

图 2.2.6 代表的是并联回路谐振时的等效电流及其电流-电压矢量图。

(1) 流过 L 的电流是感性电流，它落后于回路两端电压 90°；

(2) 流过 C 的电流是容性电流，它超前于回路两端电压 90°；

(3) 流过 R_p 的电流与回路电压同相。

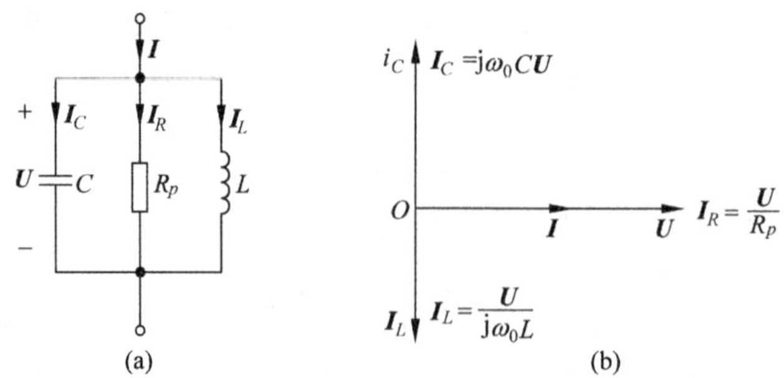

图 2.2.6 并联谐振回路等效电路(a)及其谐振时电流-电压矢量图(b)

谐振时 $\boldsymbol{I}_L$、$\boldsymbol{I}_C$ 与 $\boldsymbol{I}$ 的关系：$\boldsymbol{I}_L=\boldsymbol{I}_C=Q\boldsymbol{I}$，通过电感线圈的电流 $\boldsymbol{I}_L$ 或电容器的电流 $\boldsymbol{I}_C$ 比外部电流 $\boldsymbol{I}$ 大得多。

并联谐振回路的阻抗为

$$Z_p \approx \frac{L/C}{R+\mathrm{j}\left(\omega L-\dfrac{1}{\omega C}\right)}=\frac{R_p}{1+\mathrm{j}Q\left(\dfrac{\omega}{\omega_0}-\dfrac{\omega_0}{\omega}\right)} \approx \frac{R_p}{1+\mathrm{j}\xi}$$

式中，ξ 为广义失谐量，且 $\xi=2Q\dfrac{\Delta\omega}{\omega_0}=2Q\dfrac{\Delta f_0}{f_0}$。

阻抗模值为 $|Z_p|=\dfrac{R_p}{\sqrt{1+\xi^2}}$，阻抗相角为 $\varphi_Z=-\arctan\xi$。

图 2.2.7 与图 2.2.8 分别代表并联谐振回路的阻抗特性曲线和相角特性曲线。并联 LC 回路相频特性分析如下：

(1) $\omega>\omega_0$，$\varphi_Z<0$，回路为容性；

(2) $\omega<\omega_0$，$\varphi_Z>0$，回路为感性；

(3) $\omega=\omega_0$，$\varphi_Z=0$，回路谐振，为纯电阻。

由图 2.2.8 可见，相角特性曲线呈负斜率特性，Q 值越高曲线越陡峭。

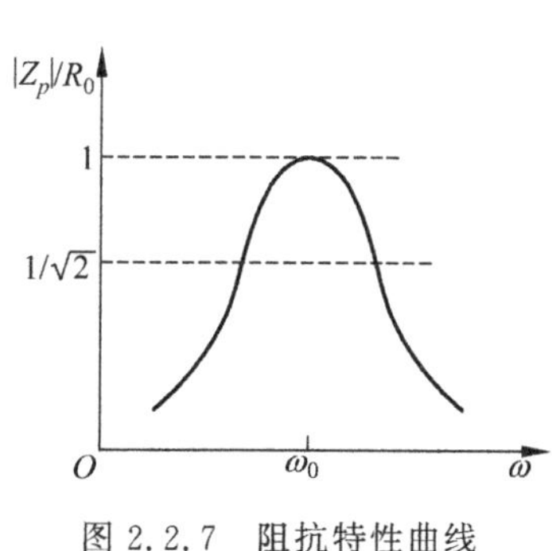

图 2.2.7　阻抗特性曲线

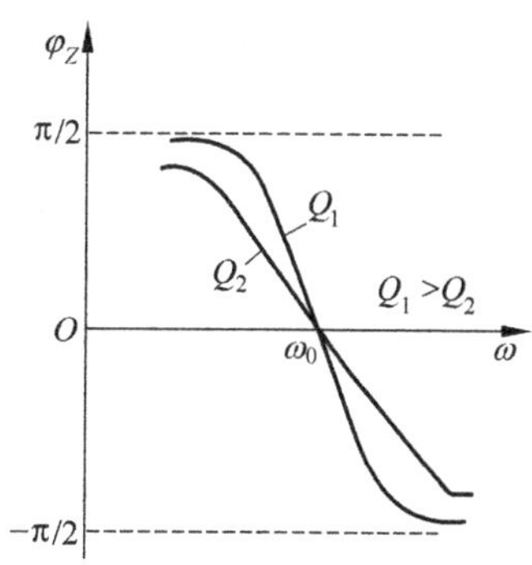

图 2.2.8　相角特性曲线

下面分析信号源内阻 R_s 及负载 R_L 对回路的影响。图 2.2.9 是加负载状态下并联谐振回路的等效电路图。

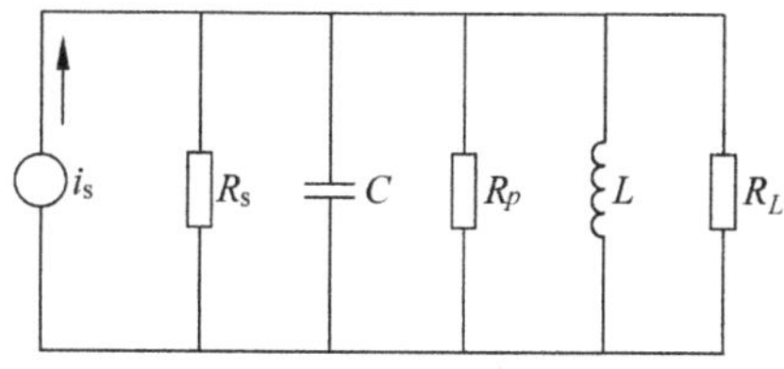

图 2.2.9　加负载状态下并联谐振回路的等效电路图

有载 Q 值，

$$Q_L=\frac{R_s /\!/ R_p /\!/ R_L}{\omega_0 L} \tag{2.2.25}$$

空载 Q 值，

$$Q_0=\frac{R_p}{\omega_0 L} \tag{2.2.26}$$

并联谐振状态下，有载 Q 值要小于空载 Q 值，当信号源内阻 R_s 及负载 R_L 下降时，回路中的品质因数 Q_L 下降。

从上述分析得出一个重要结论：**为保证回路有优良的频率选择性，确保电路获得较高 Q 值，串联谐振回路适用于 R_s 很小（恒压源）和 R_L 不大的电路；并联谐振回路适用于 R_s 很大（恒流源）和 R_L 也较大的电路。**

例 2.2.3 某晶体管的输出阻抗有几千欧至几十千欧，是采用串联谐振回路还是并联谐振回路比较好？

解 谐振回路若串入串联回路中，将使回路 Q 值大大减小，回路将失去选频作用。因此采用并联谐振回路比较妥当。并联谐振回路的通频带 $B_{0.707}$，又称为 3dB 通频带，或半功率点通频带，是指阻抗幅频特性下降为中心频率 $\frac{1}{\sqrt{2}}$ 时对应的频率范围。进一步计算并联谐振回路的阻抗模值为

$$|Z_p|=\frac{R_p}{\sqrt{1+\xi^2}} \quad 或 \quad \frac{|Z_p|}{R_p}=\frac{1}{\sqrt{1+\xi^2}}=\frac{1}{\sqrt{2}} \tag{2.2.27}$$

此时 $\xi=1$，由

$$\xi=2Q\frac{\Delta\omega}{\omega_0}=2Q\frac{\Delta f_0}{f_0} \tag{2.2.28}$$

得到通频带 $B_{0.707}$ 为

$$B_{0.707}=\frac{f_0}{Q} \tag{2.2.29}$$

在此再介绍一个衡量谐振回路幅频特性的参数——矩形系数 $K_{r0.1}$，它代表谐振回路幅频特性接近矩形的程度。定义矩形系数

$$K_{r0.1}=\frac{B_{0.1}}{B_{0.707}} \tag{2.2.30}$$

图 2.2.10(a)是并联谐振回路通频带特性曲线，图 2.2.10(b)是并联谐振回路矩形系数示意图。当幅频特性是理想矩形时，$K_{r0.1}=1$；并联谐振回路的矩形系数 $K_{r0.1}>10$。所以单谐振回路的选择性很差。图 2.2.11 是并联谐振回路品质因数对通频带和矩形系数的影响。回路的 Q 越高，谐振曲线越尖锐，回路的 $B_{0.707}$ 越窄，但其 $K_{r0.1}$ 并不改变。简单并联谐振回路中，品质因数 Q 不能同时兼顾回路的通频带和回路的频率选择性。

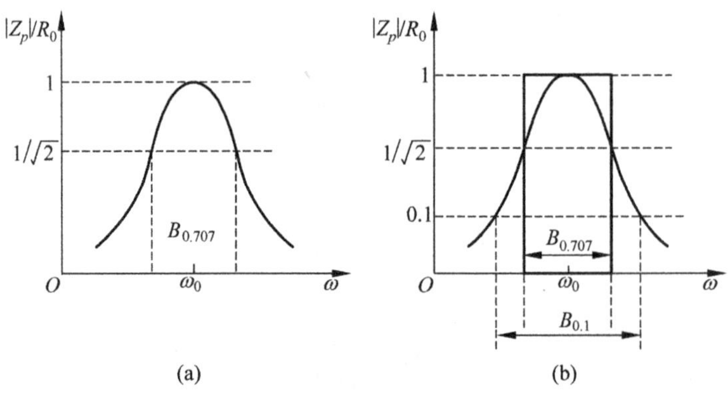

图 2.2.10 并联谐振回路通频带特性曲线(a)和矩形系数示意图(b)

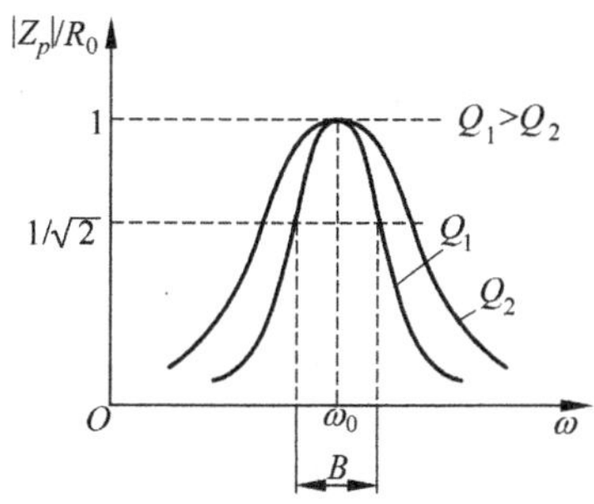

图 2.2.11 并联谐振回路品质因数对通频带和矩形系数的影响

以上分析进一步说明，为获得优良选择性，信号源内阻低时，应采用串联谐振回路，而信号源内阻高时，应采用并联谐振回路。

例 2.2.4 设某一收音机的中频放大器，其中心频率 $f_0=600\text{kHz}$，$B_{0.707}=7\text{kHz}$，回路电容 $C=10\text{pF}$，试计算回路电感和 Q_L 值。若电感线圈的 $Q_0=100$，问：求回路上应并联多大的电阻才能满足要求？

解 由 $f_0=\dfrac{1}{2\pi\sqrt{LC}}$，得

$$L=\frac{1}{(2\pi f_0)^2C}=\frac{1}{4\pi^2\times 600^2\times 10^6\times 10\times 10^{-12}}\text{H}\approx 7\text{mH}$$

由 $B_{0.707}=\dfrac{f_0}{Q_L}=\dfrac{600\times 10^3}{Q_L}$，所以 $Q_L=85.7$。

$$R_p=\frac{Q_0}{\omega_0 C}=\frac{100}{2\pi\times 600\times 10^3\times 10\times 10^{-12}}\Omega=2.65\text{M}\Omega$$

$$Q_L=\frac{R_p/\!/R_L}{\omega_0 L},\quad R_p/\!/R_L=Q_L\omega_0 L=2\pi\times 600\times 10^3\times 7\times 10^{-3}\times 85.7\Omega=2.26\text{M}\Omega$$

$$\frac{1}{R_L}=\frac{1}{R_p/\!/R_L}-\frac{1}{R_p}=\left(\frac{1}{2.26}-\frac{1}{2.56}\right)\times 10^{-6}\text{S}=0.05\times 10^{-6}\text{S},\quad R_L=20\text{M}\Omega$$

答：回路电感为 7mH，有载品质因数为 85.7，这时需要并联 20MΩ 的电阻。

2.2.2 抽头并联谐振回路

激励源或负载与回路电感或电容部分连接的并联谐振回路，称为抽头并联谐振回路。为什么在通信系统中通常安放电容、电感抽头？如图 2.2.12(a)所示，全部接入时，回路中的谐振频率为

$$f_0=\frac{1}{2\pi\sqrt{L(C+C_{ce})}}\tag{2.2.31}$$

C_{ce} 不稳定使得 f_0 不稳定，而部分接入可以达到减少电容不稳定造成的影响。

由于在实际电路中的并联回路受到激励源内阻 R_s、负载电阻 R_L、激励源等效电容 C_s 和负载电容 C_L 的影响，R_s 和 R_L 使 Q_L 下降，选择性变差；C_s 及 C_L 影响回路的谐振频

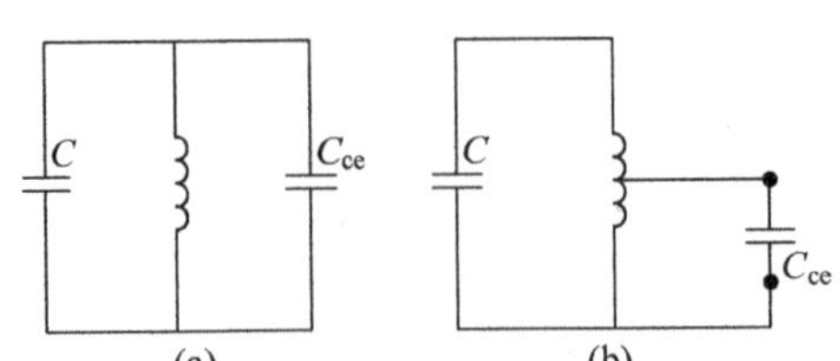

图 2.2.12　全部接入(a)和电感抽头并联(b)谐振回路

率；R_s、R_L 一般不相等，即电路工作状态通常处于失配情形；当 R_s 与 R_L 相差较大时，负载上得到的功率很小。为了减少这些影响，通常采用部分接入。

图 2.2.13 代表常见部分接入的几种形式，其中(a)和(b)为电感抽头并联谐振回路，(c)和(d)为电容抽头并联谐振回路。

接入系数 p（或称抽头系数）定义为与外电路相连的那部分电抗与本回路参与分压的同性质总电抗之比。在如图 2.2.13(a)、(b)所示的电感抽头并联谐振回路中，N_1 代表与外电路相连的线圈的匝数，N 代表线圈的总匝数，则电感抽头式接入系数为

$$p=\frac{U}{U_{\mathrm{T}}}=\frac{N_1}{N} \tag{2.2.32}$$

在如图 2.2.13(c)、(d)所示的电容抽头并联谐振回路中，接入系数为

$$p=\frac{U}{U_{\mathrm{T}}}=\frac{C_1}{C_1+C_2} \tag{2.2.33}$$

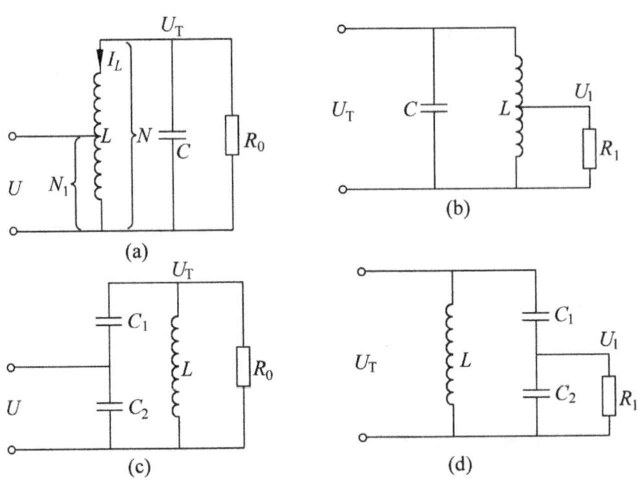

图 2.2.13　电感抽头并联谐振回路(a)、(b)及电容抽头并联谐振回路(c)、(d)

(1) 阻抗折算方法

如果要把部分接入阻抗值换算成全部接入，此时需要把接入阻抗进行折算，**折算的方法是采用功率不变的原理**。

图 2.2.14(a)为电阻部分接入并联谐振回路的等效电路图，图(b)为输入回路中电阻转化为全部接入并联谐振回路的等效电路图。根据部分接入和转化为整体接入前后的电路输入功率相等的原理，有

$$\frac{U_{\mathrm{T}}^2}{2R_{i\mathrm{T}}}=\frac{U^2}{2R_i},\quad R_{i\mathrm{T}}=\frac{1}{p^2}R_i \tag{2.2.34}$$

式中，$p=N_1/N$。从以上分析我们可以得出，电阻从低端向高端折合，阻值变大，是原来的 $1/p^2$ 倍。

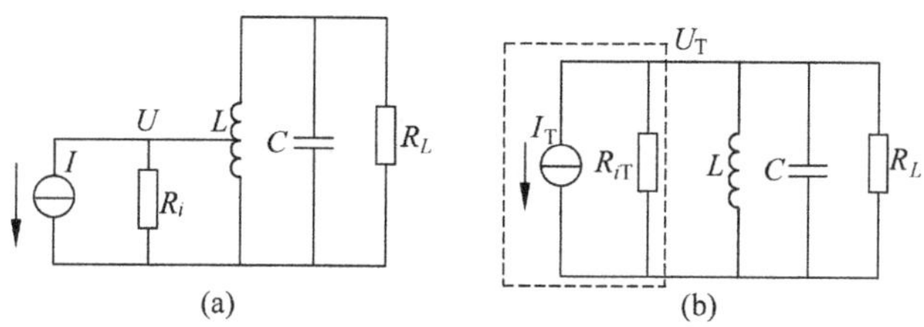

图 2.2.14 阻抗折算原理图

(a) 输入回路电阻部分接入并联谐振回路；(b) 输入回路电阻转化为全部接入并联谐振回路

(2) 电容折算方法

如图 2.2.15 所示的电路图中，其中图(a)是负载回路部分接入并联谐振回路等效电路图；图(b)是负载回路转化为全部接入后的并联谐振回路等效电路图。

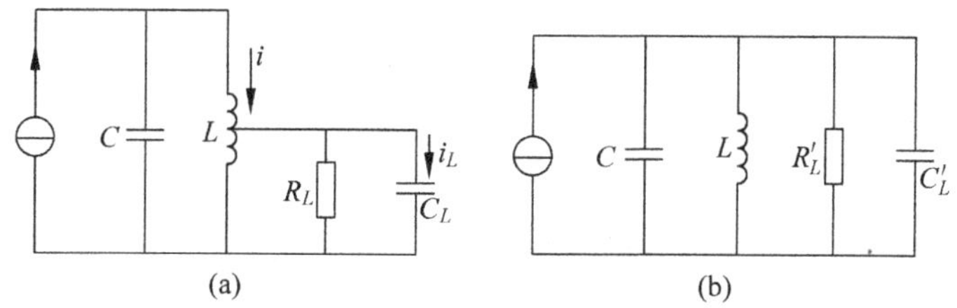

图 2.2.15 电容折算原理图

(a) 负载回路部分接入并联谐振回路；(b) 负载回路转化为全部接入后的并联谐振回路

采用等效变换前后功率相等的原理，可以得到 $R_L'=\frac{1}{p^2}R_L$。当 $R_L\gg\frac{1}{\omega C_L}$，流过电感线圈 L 的电流几乎和 C_L 的电流相等，于是 $i\approx i_L$，得 $C_L'=p^2C_L$。从部分接入到整体接入，将负载阻抗值进行折算，折算后电阻变大，电容变小，但都是阻抗变大，对回路的影响较小。

(3) 信号源折算方法

首先分析如图 2.2.16 所示的电压源折算方法。接入系数 $p=\frac{U}{U_\mathrm{T}}$，则 $U_\mathrm{T}=\frac{U}{p}$，电压源由低端向高端折合，电压变大，是原来的 $1/p$ 倍。

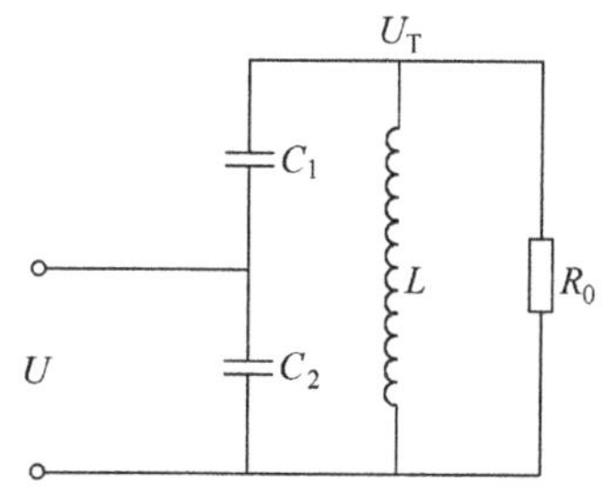

图 2.2.16 电压源部分接入电路原理图

如图 2.2.17 所示的电流源折算方法，由部分接入转化为整体接入前后功率相等的原则，有 $U_\mathrm{T}I_\mathrm{T}=UI$，则 $I_\mathrm{T}=pI$。电流源由低端向高端折合，电流变小，是原来的 p 倍。

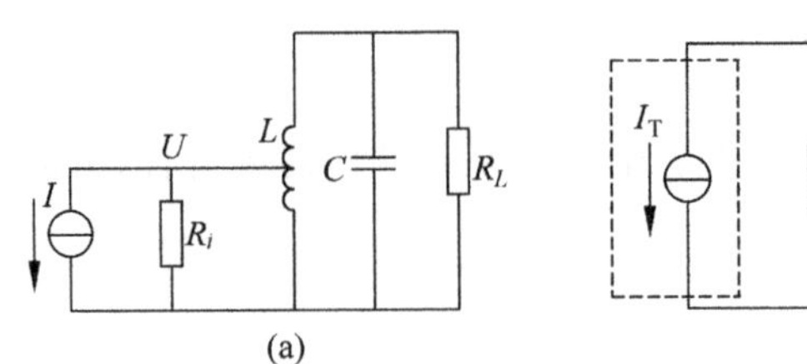

图 2.2.17 电流源折算原理图

(a) 电流源部分接入；(b) 电流源转化为全部接入

2.2.3 串联、并联阻抗的等效互换

所谓等效互换，是指在一定的工作频率下，不管电路内部电路组成如何，从端口看上去，两段导纳和电阻是相等的，如图 2.2.18 所示。要实现串联、并联电路等效互换，即

$$R_s+jX_s=\left(\frac{1}{R_p}+\frac{1}{jX_p}\right)^{-1} \tag{2.2.35}$$

要使等式(2.2.35)成立，则等式两边实部、虚部相等，所以

$$\begin{cases} R_p=\dfrac{R_s^2+X_s^2}{R_s}=R_s(1+Q^2) \\ X_p=\dfrac{R_s^2+X_s^2}{X_s}=X_s\left(1+\dfrac{1}{Q^2}\right) \end{cases} \tag{2.2.36}$$

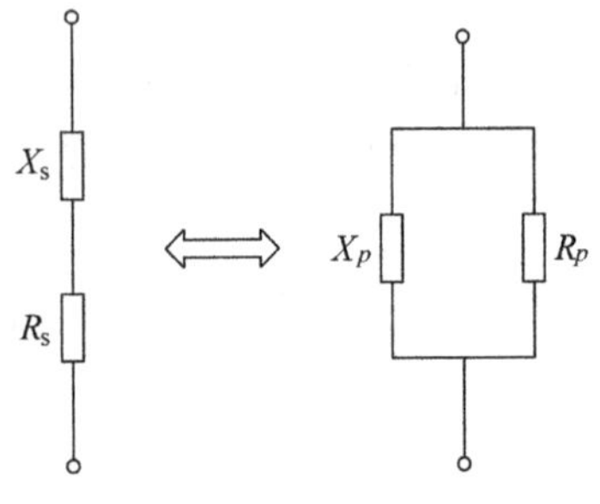

图 2.2.18 串联、并联等效电路互换

或

$$\begin{cases} R_s=\dfrac{X_p^2}{R_p^2+X_p^2}R_p=\dfrac{R_p}{1+Q^2} \\ X_s=\dfrac{R_p^2}{R_p^2+X_p^2}X_p=\dfrac{1}{1+\dfrac{1}{Q^2}}X_p \end{cases} \tag{2.2.37}$$

式中，$Q=\dfrac{|X_s|}{R_s}=\dfrac{R_p}{|X_p|}\gg1$，所以 $X_s\approx X_p$。转换前后电抗值 X_s 和 X_p 相差很小，但转换前后并联电阻 R_p 大于串联电阻 R_s。

2.2.4 耦合回路

耦合回路是指两个或两个以上电路所形成的一个网络(图 2.2.19)，两个电路之间必须有公共阻抗存在，公共阻抗可以是电阻、电感、电容或它们之间的组合。在耦合回路中接有激励信号源的回路称为初级回路，与负载相接的回路称为次级回路。

为了说明回路的耦合程度，常用耦合系数 k 表示，它的定义是：耦合回路的公共阻抗绝对值与初次级回路中同性质的电抗或电阻的几何中项之比，即

$$k=\frac{|X_{12}|}{\sqrt{X_{11}X_{22}}} \tag{2.2.38}$$

式中，X_{12} 为耦合元件电抗，X_{11} 和 X_{22} 分别为初级和次级回路中与 X_{12} 同性质的总电抗，耦合系数即

$$k=\frac{|M|}{\sqrt{X_{11}X_{22}}} \tag{2.2.39}$$

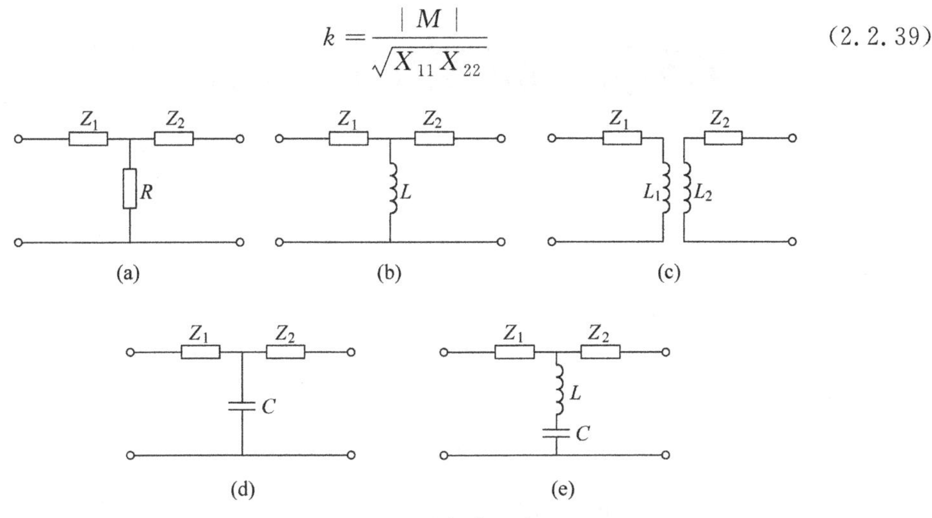

图 2.2.19 几种耦合电路

(a) 电阻耦合；(b) 电感耦合；(c) 互感耦合；(d) 电容耦合；(e) 电容与电感的互耦合

参考文献

[1] 张肃文，陆兆熊. 高频电子电路[M]. 5 版. 北京：高等教育出版社，1993.
[2] 曾兴雯，刘乃安，陈健. 高频电子线路[M]. 北京：高等教育出版社，2003.

思考题和习题

2.1 对于收音机的中频放大器，其中心频率 $f_0=465\text{kHz}$，$B_{0.707}=8\text{kHz}$，回路电容 $C=200\text{pF}$，试计算回路电感和 Q_L 值。若电感线圈的 $Q_0=100$，求：在回路上应并联多大的电阻才能满足要求？

2.2 如图所示波段内调谐用的并联振荡回路，可变电容 C 的变化范围为 12～260pF，C_{ce} 为微调电容，要求此回路的调谐范围为 535～1605kHz，求回路电感 L 和 C_{ce} 的值，并要求 C 的最大值和最小值分别与波段的最低频率和最高频率对应。

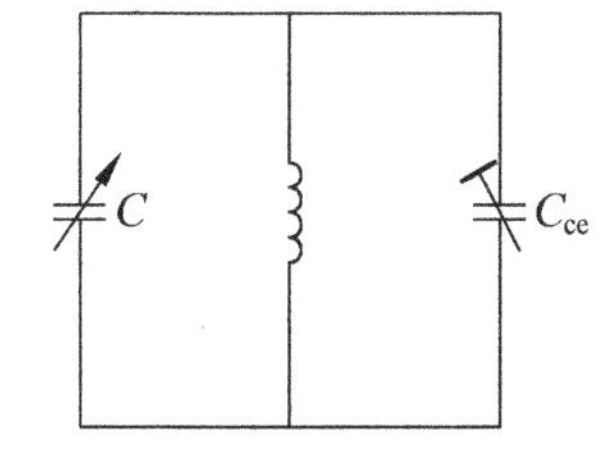

思考题和习题 2.2 图

2.3 试比较串联谐振回路和并联谐振回路的品质因数、幅频特性、带宽、谐振频率、阻抗特性等的异同点。

第3章　高频小信号放大器

内容提要

本章主要介绍高频小信号放大器的几个技术指标，晶体管在小信号激励下的等效电路与参数。讨论单调谐回路和多调谐回路的原理性电路和等效电路，并计算和分析各自的电路参数，比较两种回路中带宽和增益的不同之处，并介绍几个典型的集成电路谐振放大器。最后探讨放大器噪声的产生来源、表示和计算方法，提出减小噪声系数的具体措施。本章的教学需要7～9学时。

3.1　概述

高频放大器和低频放大器的主要区别是，二者的工作频率范围和所通过的频带宽度不同，所采用的负载也不同。低频放大器的工作频率低，但整个工作频带宽度很宽，如20～20 000Hz，高低频率的极限相差达1000倍，所以低频电路负载采用无调谐负载，如电阻、有铁芯的变压器等。高频放大器的中心频率一般在几百千赫兹到几百兆赫兹，但所需通过的频率范围（频带宽度）和中心频率相比相对较小，通常采用选频网络组成谐振放大器或非谐振放大器。普通调幅无线电广播所占带宽应为9kHz，电视信号的带宽为6MHz左右。本书所讲的高频电子电路所在的频段范围是300kHz～300MHz，如图3.1.1所示。

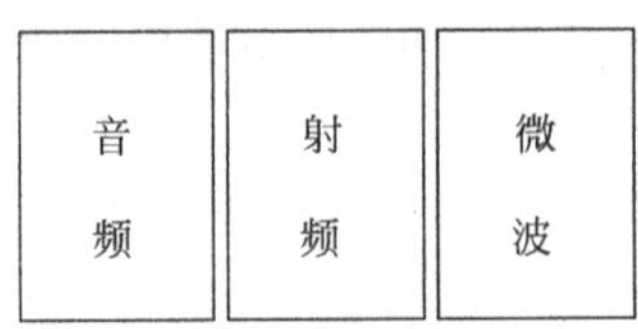

图3.1.1　高频电子电路频段范围示意图

谐振放大器采用谐振回路（如串联、并联谐振回路及耦合回路）作负载的放大器。根据谐振回路的特性，谐振放大器对于靠近谐振频率的信号有较大的增益；对于远离谐振频率的信号，增益迅速下降。所以，谐振放大器不仅有放大作用，而且也起着滤波或选频作用。在如图3.1.2所示接收机原理框图中，高频放大器和中频放大器都属于谐振放大器。前者的调谐回路需对外来不同的信号频率进行调谐，后者的调谐回路的谐振频率固定不变。

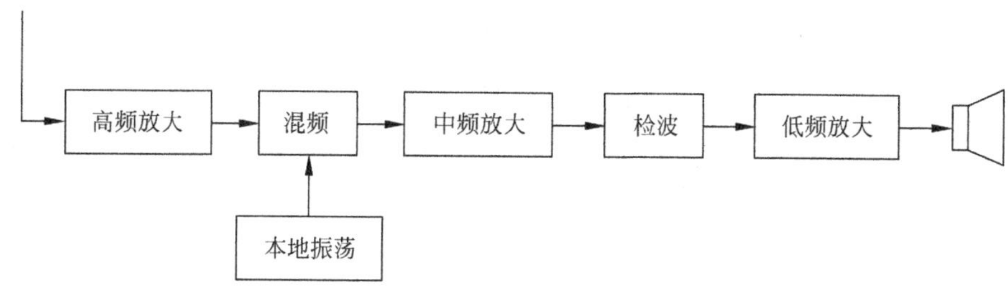

图3.1.2　超外差式接收机原理框图

由各种滤波器（LC集中选择性滤波器、石英晶体滤波器、表面声波滤波器、陶瓷滤波器等）和阻容滤波器组成非调谐的各种窄带和宽带放大器，具有结构简单、性能优异、集成化的优点，并得到了广泛应用。

对高频小信号放大器来说，由于信号小，可认为它工作在晶体管（场效应管）的线性范围内。允许把晶体管看成线性元件，可用有源线性四端口网络来分析。高频小信号放大器的主要质量指标包括增益、通频带、选择性和稳定性。

(1) 增益

增益（放大系数）指输出电压 V_o（或功率 P_o）与输入电压 V_i（或功率 P_i）之比。

电压增益：

$$A_v = \frac{V_o}{V_i}$$

功率增益：

$$A_P = \frac{P_o}{P_i}$$

用分贝表示

$$A_v = 20\lg \frac{V_o}{V_i}$$

$$A_P = 10\lg \frac{P_o}{P_i}$$

(2) 通频带

通频带也称为3dB带宽，指放大电路的电压增益比中心频率 f_0 处的增益下降3dB时的上、下限频率之间的频带，用 $B_{0.7}$ 表示，如图3.1.3所示。

$$\frac{A_v(f_i)}{A_{vo}(f_0)} = \frac{1}{\sqrt{2}} \quad (i=1,2), \quad B_{0.7} = f_2 - f_1 \tag{3.1.1}$$

$B_{0.7}$ 取决于负载回路 Q 及形式；且随级数的增加，带宽越来越窄。同时用途不同，信号带宽也不同，中波广播带宽为6～8kHz，电视信号电视信号为6MHz。

(3) 选择性

从各种不同频率信号的总和(有用的和有害的)中选出有用信号,抑制干扰信号的能力称为放大器的选择性。选择性常采用矩形系数和抑制比来表示。

① 矩形系数:表示与理想滤波特性的接近程度。

$$K_{r0.1}=\frac{2\Delta f_{0.1}}{2\Delta f_{0.7}},\quad K_{r0.01}=\frac{2\Delta f_{0.01}}{2\Delta f_{0.7}} \tag{3.1.2}$$

式中,$\Delta f_{0.1}$ 或 $\Delta f_{0.01}$ 为放大电路增益下降到最大值的 0.1 或 0.01 时失谐偏离 f_0 的宽度。图 3.1.4 为矩形系数计算示意图。理想情况下,选频特性应为矩形,即 $K_{r0.1}=1$。

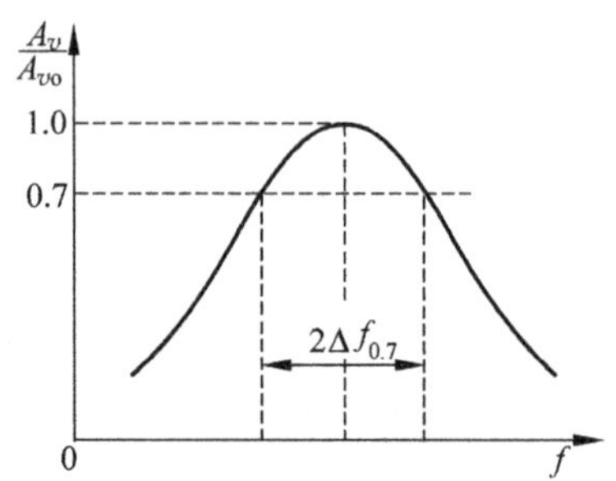

图 3.1.3 电压幅频特性曲线计算通频带示意图

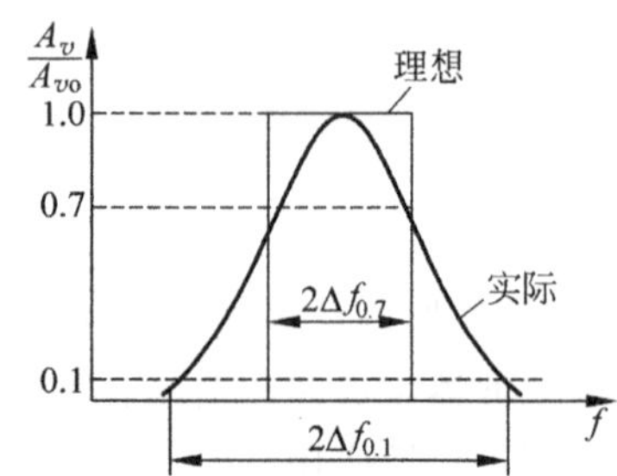

图 3.1.4 矩形系数计算示意图

② 抑制比:表示对某个干扰信号 f_n 的抑制能力,用 d_n 表示。

$$d_n=\frac{A_{vo}}{A_{vn}} \tag{3.1.3}$$

d_n 越大表明电路的选择性越好。图 3.1.5 为噪声抑制比计算示意图。

(4) 工作稳定性

指放大器的工作状态(直流偏置)、晶体管参数、电路元件参数等发生可能的变化时,放大器的稳定特性。

不稳定状态的极端情况是放大器自激(主要由晶体管内反馈引起),使放大器完全不能工作。图 3.1.6 是基本共射极放大电路,为了提高电路稳定性,抑制放大器的自激,可加入适当的偏置电阻,图 3.1.7 为稳 Q 共射极放大电路示意图。

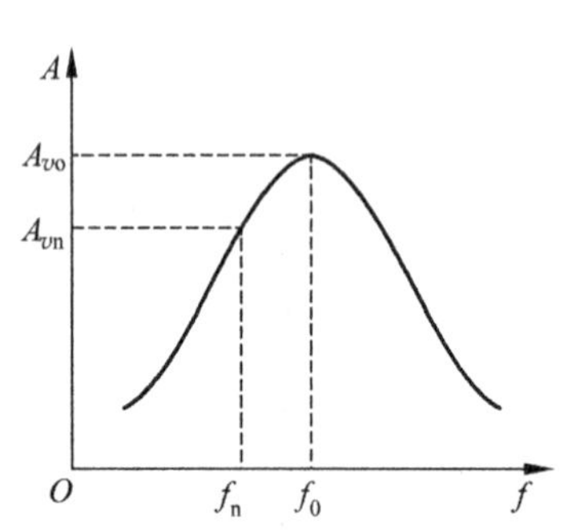

图 3.1.5 噪声抑制比计算示意图

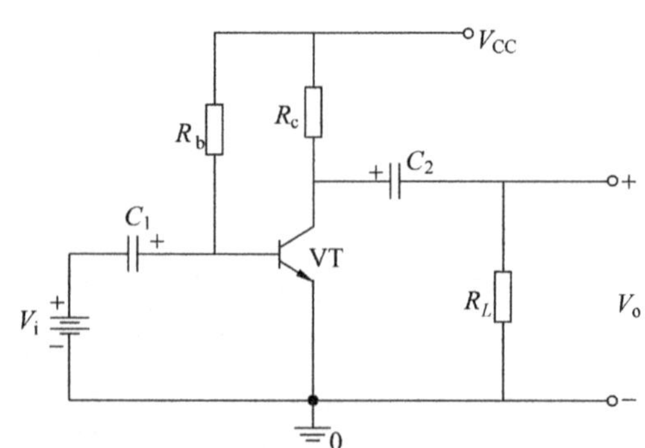

图 3.1.6 基本共射极放大电路

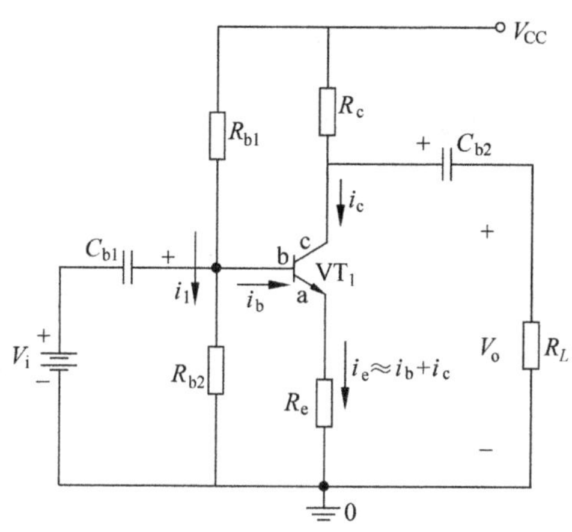

图 3.1.7 稳 Q 共射极放大电路

3.2 晶体管高频小信号等效电路与参数

3.2.1 形式等效电路

形式等效电路又称为网络参数等效电路，是将晶体管等效为有源线性四端网络，其优点在于导出的表达式具有普遍意义，分析电路比较方便。缺点是网络参数与频率有关。晶体管等效电路及其 y 参数等效电路分别如图 3.2.1 和图 3.2.2 所示，设输入电压为 $\boldsymbol{V}_1$ 和输出电压为 $\boldsymbol{V}_2$，根据四端口网络原理，输入电流 $\boldsymbol{I}_1$ 和输出电流 $\boldsymbol{I}_2$ 为

$$\boldsymbol{I}_1 = y_i \boldsymbol{V}_1 + y_r \boldsymbol{V}_2 \tag{3.2.1}$$

$$\boldsymbol{I}_2 = y_f \boldsymbol{V}_1 + y_o \boldsymbol{V}_2 \tag{3.2.2}$$

式中，

$y_i = \left.\dfrac{\boldsymbol{I}_1}{\boldsymbol{V}_1}\right|_{\boldsymbol{V}_2=0}$，称为输出短路时的输入导纳；

$y_r = \left.\dfrac{\boldsymbol{I}_1}{\boldsymbol{V}_2}\right|_{\boldsymbol{V}_1=0}$，称为输入短路时的反向传输导纳；

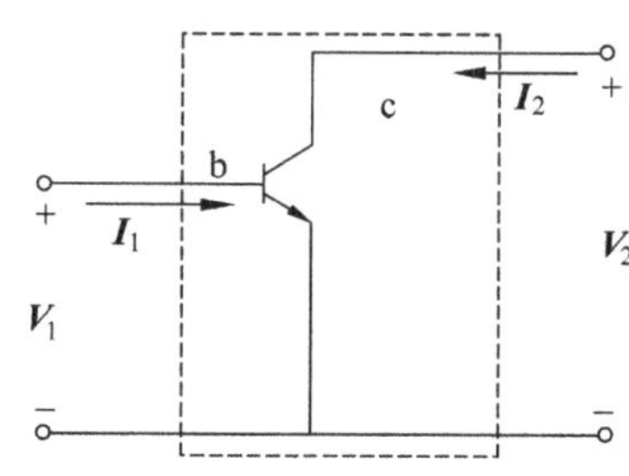

图 3.2.1 晶体管等效电路

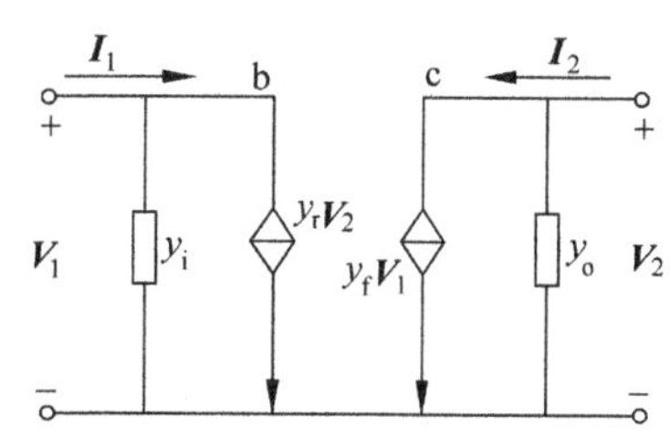

图 3.2.2 y 参数等效电路

$y_f = \left.\dfrac{\boldsymbol{I}_2}{\boldsymbol{V}_1}\right|_{\boldsymbol{V}_2=0}$，称为输出短路时的正向传输导纳；

$y_o = \left.\dfrac{\boldsymbol{I}_2}{\boldsymbol{V}_2}\right|_{\boldsymbol{V}_1=0}$，称为输入短路时的输出导纳。

1. 放大器输入导纳 Y_i

放大器输入导纳 Y_i，指的是输出电流源短路、电压源开路时的晶体管输入导纳，如图 3.2.3 所示。根据晶体管共发射极 y 参数等效电路，可得到下列组合方程：

$$\begin{cases} \boldsymbol{I}_1 = y_{ie}\boldsymbol{V}_1 + y_{re}\boldsymbol{V}_2 \\ \boldsymbol{I}_2 = y_{fe}\boldsymbol{V}_1 + y_{ce}\boldsymbol{V}_2 \\ \boldsymbol{I}_2 = -Y_L\boldsymbol{V}_2 \end{cases} \tag{3.2.3}$$

式中，各 y 参数第二个角标 e 表示该电路是共发射极电路参数，若为共基极或共集电极电路，则第二个角标用 b 或 c 表示。因此，可计算放大器输入导纳

$$Y_i = y_{ie} - \frac{y_{re}y_{fe}}{y_{oe} + Y_L} \tag{3.2.4}$$

上式说明输入导纳 Y_i 与负载导纳 Y_L 有关，这反映了晶体管的内部反馈，这是由反向传输导纳 y_{re} 引起的。

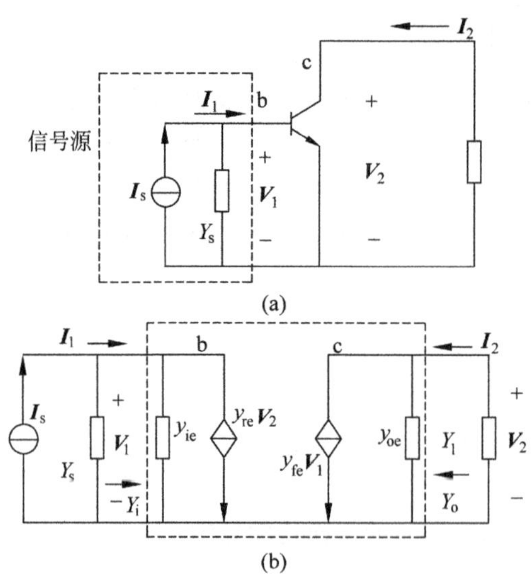

图 3.2.3 晶体管放大器(a)及其 y 参数等效电路(b)

2. 放大器输出导纳 Y_o

求输出导纳时，将信号电流源开路，或电压源短路，则有

$$\begin{cases} \boldsymbol{I}_1 = y_{ie}\boldsymbol{V}_1 + y_{re}\boldsymbol{V}_2 \\ \boldsymbol{I}_2 = y_{fe}\boldsymbol{V}_1 + y_{ce}\boldsymbol{V}_2 \\ \boldsymbol{I}_1 = -Y_s\boldsymbol{V}_1\,(\boldsymbol{I}_s = 0) \end{cases} \tag{3.2.5}$$

$$A_v=\frac{V_2}{V_1}=-\frac{y_{fe}}{y_{oe}+Y_L} \tag{3.2.6}$$

$$Y_o=y_{oe}-\frac{y_{re}y_{fe}}{y_{ie}+Y_s}$$

上式说明输出导纳 Y_o 与负载导纳 Y_s 有关，这反映了晶体管的内部反馈，这也是由反向传输导纳 y_{re} 引起的。

y(导纳)参数的缺点：随频率变化，物理含义不明显。因此，还要寻求另外一种混合 π 等效电路。

3.2.2 混合π等效电路

1. 混合 π 等效电路图

若能把晶体管内部的复杂关系用集中元件 RLC 表示，则每一元件与晶体管内发生的某种物理过程具有明显的关系，这种物理模拟的方法得到的等效电路称为混合 π 等效电路。

如图 3.2.4 所示，$r_{bb'}$是基极体电阻，$r_{b'e}$ 是基极与射极间电阻，$C_{b'c}$ 和 $r_{bb'}$ 的存在对晶体管的高频运用不利，$C_{b'c}$ 将输出的交流电压反馈一部分到输入级的基极，可能引起放大器的自激。$r_{bb'}$ 在共基电路中引起高频负反馈，降低晶体管的电流放大系数。所以要求 $r_{bb'}$ 和 $C_{b'c}$ 尽量小。$C_{b'e}(C_\mu)$是发射结电容，$g_mV_{b'e}$ 表示晶体管放大作用的等效受控电流源，g_m 为微变跨导。$g_m=\beta_0/r_{b'e}=I_c/26$，$I_c$ 的单位为 mA。$r_{bb'}=25\Omega$，$r_{b'c}=1\text{M}\Omega$，$r_{b'e}=150\Omega$，$r_{ce}=100\text{k}\Omega$，$g_m=50\text{mS}$，$C_{b'e}=500\text{pF}$，$C_{b'e}=5\text{pF}$。混合 π 等效电路的优点是各个元件在很宽的频率范围内都保持常数，缺点是分析电路不够方便。

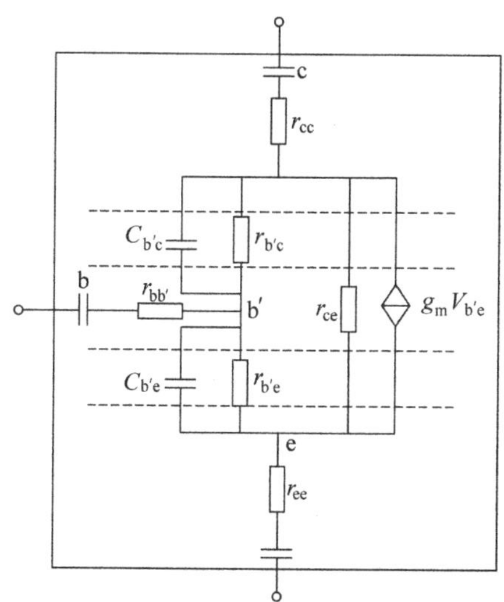

图 3.2.4 混合 π 等效电路

2. 等效电路参数的转换

当晶体管直流工作点确定后，混合等效电路中元件的参数就确定了。有些参数可查手册，有些参数可根据手册上的值直接计算出来。对于小信号放大器，可以采用 y 参数等效电路作为分析基础。图 3.2.4 可转换为图 3.2.5 所示的电路图。从 $\boldsymbol{I}_b$ 看过去，有

$$\boldsymbol{I}_b = y_{b'e}\boldsymbol{V}_{b'e} + y_{b'c}\boldsymbol{V}_{b'c} \tag{3.2.7}$$

$$\boldsymbol{I}_b = (\boldsymbol{V}_{be} - \boldsymbol{V}_{b's})/r_{b'b} \tag{3.2.8}$$

$$\boldsymbol{V}_{b'c} = \boldsymbol{V}_{be} - \boldsymbol{V}_{c'e} \tag{3.2.9}$$

$$\mathbf{0} = -\frac{1}{r_{b'b}}\boldsymbol{V}_{be} + \left(\frac{1}{r_{b'b}} + y_{b'e} + y_{b'c}\right)\boldsymbol{V}_{b'c} - y_{b'c}\boldsymbol{V}_{ce} \tag{3.2.10}$$

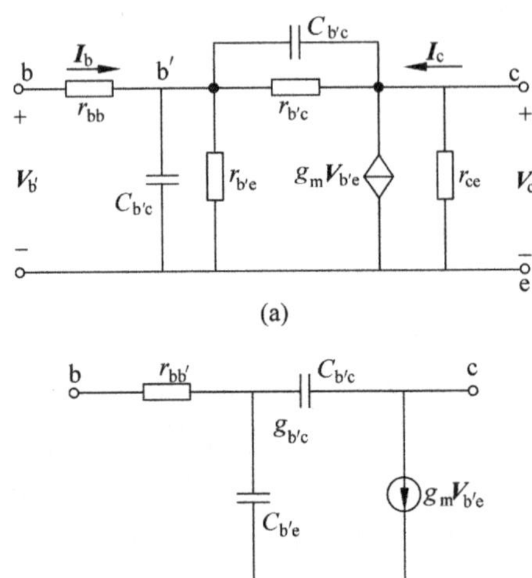

图 3.2.5　混合 π 等效电路

(a) 混合 π 等效电路参数分布图；(b) 简化后混合 π 等效电路

从 $\boldsymbol{I}_c$ 看过去，有

$$I_c = g_m V_{b'e} - y_{b'c}V_{b'e} + (g_{ce} + y_{b'c})V_{ce} \tag{3.2.11}$$

$$I_c = g_m V_{b'e} + y_{b'c}(V_{ce} - V_{b'e}) + g_{ce}V_{ce} \tag{3.2.12}$$

式中，

$$y_{b'e} = g_{b'e} + j\omega C_{b'e} \tag{3.2.13}$$

$$y_{b'c} = g_{b'c} + j\omega C_{b'c} \tag{3.2.14}$$

$$\boldsymbol{I}_b = \frac{y_{b'e} + y_{b'c}}{1 + r_{b'b}(y_{b'e} + y_{b'c})}\boldsymbol{V}_{b'} - \frac{y_{b'c}}{1 + r_{b'b}(y_{b'e} + y_{b'c})}\boldsymbol{V}_c \tag{3.2.15}$$

$$\boldsymbol{I}_c = \frac{g_m - y_{b'c}}{1 + r_{b'b}(y_{b'e} + y_{b'c})}\boldsymbol{V}_{b'} + \left[g_{ce} + y_{b'c} + \frac{y_{b'c}y_{b'b}(g_m - y_{b'e})}{1 + r_{b'b}(y_{b'e} + y_{b'c})}\right]\boldsymbol{V}_c \tag{3.2.16}$$

当 $g_m \gg y_{b'c}$，$y_{b'e} \gg y_{b'c}$，$g_{ce} \gg g_{bc}$ 时，

$$y_i = y_{ie} \cong \frac{y_{b'e}}{1 + r_{b'b}y_{b'e}} = \frac{g_{b'e} + j\omega C_{b'e}}{(1 + r_{b'b}g_{b'e}) + j\omega r_{b'b}C_{b'e}} \tag{3.2.17}$$

$$y_r = y_{re} \cong -\frac{y_{b'c}}{1+r_{b'b}y_{b'e}} = -\frac{g_{b'c}+j\omega C_{b'c}}{(1+r_{b'b}g_{b'e})+j\omega r_{b'b}C_{b'e}} \tag{3.2.18}$$

$$y_f = y_{fe} \cong \frac{g_m}{1+r_{b'b}y_{b'e}} = \frac{g_m}{(1+r_{b'b}g_{b'e})+j\omega r_{b'b}C_{b'e}} \tag{3.2.19}$$

$$\begin{aligned} y_o = y_{oe} &\cong g_{ce} + y_{b'c} + \frac{y_{b'c}r_{b'b}g_m}{1+r_{b'b}y_{b'e}} \\ &= g_{ce} + j\omega C_{b'c} + r_{b'b}g_m \frac{g_{b'c}+j\omega C_{b'c}}{(1+r_{b'b}g_{b'e})+jE\omega r_{b'b}C_{b'e}} \end{aligned} \tag{3.2.20}$$

式中，$r_{b'e}$是基射极间电阻，可表示为 $r_{b'e}=\frac{26\beta_0}{I_E}$，$g_m$ 称为晶体管的跨导，$g_m=\frac{\beta_0}{r_{b'e}}=\frac{I_C}{26}$，其中 I_E 和 I_C 分别为直流工作状态下发射极和集电极电流，单位为 mA。

晶体管参数满足下列条件时，

$$\frac{1}{\omega C_{b'e}} \ll r_{b'e} \quad 或 \quad f \gg f_\beta$$

$$r_{bb'} \ll \frac{1}{\omega(C_{b'e}+C_{b'c})}$$

$$f \ll f_T \approx \frac{g_m}{2\pi(C_{b'e}+C_{b'c})}$$

晶体管 y 参数可简化为

$$y_{ie} = \left.\frac{\boldsymbol{I}_1}{\boldsymbol{V}_1}\right|_{V_2=0} = g_{ie} + j\omega C_{ie}$$

$$y_{oe} = \left.\frac{\boldsymbol{I}_2}{\boldsymbol{V}_2}\right|_{V_1=0} = g_{oe} + j\omega C_{oe}$$

$$y_{fe} = \left.\frac{\boldsymbol{I}_2}{\boldsymbol{V}_1}\right|_{V_2=0} \approx \frac{g_m}{1+j\omega(C_{b'e}+C_{b'c})r_{bb'}}$$

$$y_{re} = \left.\frac{\boldsymbol{I}_1}{\boldsymbol{V}_2}\right|_{V_1=0} \approx \frac{j\omega C_{b'c}}{-1+j\omega C_{b'e}r_{bb'}}$$

所以晶体管的 y 参数等效电路可以画成如图 3.2.6 所示，同时 y 参数可以简化成下列形式：

$$y_{ie} \approx g_{b'e} + j\omega(C_{b'e}+C_{b'c})$$

$$y_{oe} \approx g_{ce} + j\omega C_{b'c}$$

$$y_{fe} \approx g_m, \quad y_{re} = -j\omega C_{b'c}$$

3. 晶体管的高频参数

(1) 截止频率：β 下降到低频值 β_0 的$\frac{1}{\sqrt{2}}$时所对应的频率，见图 3.2.7。

$$\beta = \frac{\beta_0}{1+j\frac{f}{f_\beta}}, \quad |\beta| = \frac{\beta_0}{\sqrt{1+\left(\frac{f}{f_\beta}\right)^2}} \tag{3.2.21}$$

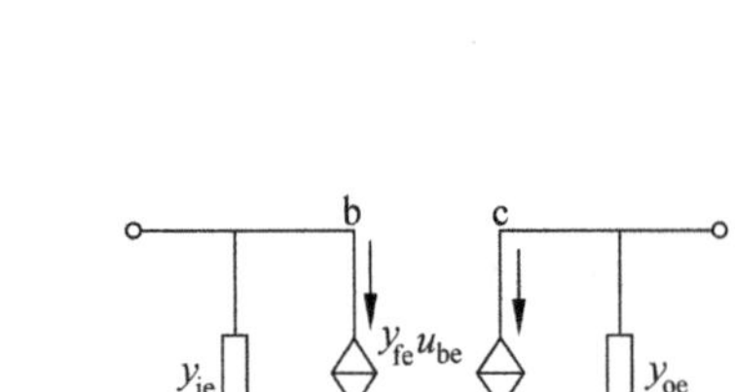

图 3.2.6　晶体管 y 参数等效电路

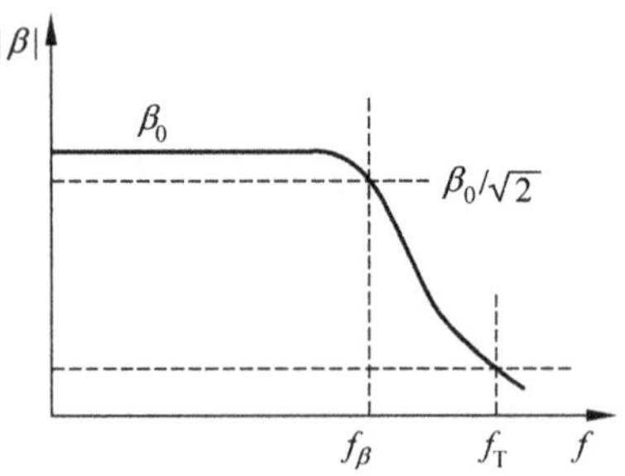

图 3.2.7　β 截止频率和特征频率

(2) 特征频率：$\beta=1$ 时所对应的频率。

$$f_T=f_\beta\sqrt{\beta_0^2-1} \tag{3.2.22}$$

通常 $\beta\gg1$，$f_T\approx\beta_0 f_\beta$。

当 $f>f_T$ 时，共发射极接法的晶体管将不再有电流放大的能力，但仍可能有电压增益，而功率增益还可能大于 1。

$$|\beta|=\frac{\beta_0}{\sqrt{1+\left(\frac{f}{f_\beta}\right)^2}}\approx\frac{f_T/f_\beta}{f/f_\beta}=\frac{f_T}{f} \tag{3.2.23}$$

即 $\beta\cdot f\approx f_T$，可以粗略计算在某工作频率 $f\gg f_\beta$ 时的电流放大系数。

4. 最高振荡频率 f_{max}

晶体管的功率增益 $A_P=1$ 时的最高工作频率。$f\geqslant f_{max}$ 时，$A_P<1$，晶体管已经不能得到功率放大。由于晶体管输出功率恰好等于其输入功率是保证它作为自激振荡器的必要条件，所以也不能使晶体管产生振荡。为使电路工作稳定，且有一定的功率增益，晶体管的实际工作频率应等于最高振荡频率的 1/4～1/3。三个频率参数的关系为 $f_{max}>f_T>f_\beta$。

3.2.3　单调谐回路谐振放大器

图 3.2.8(a)为单调谐回路谐振放大器原理性电路，为了突出要讨论的问题，图中忽略了实际电路中所必须加载的偏置电路和滤波电路等。图中 LC 单回路构成的集电极负载，调谐于放大器的中心频率。LC 回路与本级集电极电路的连接采用自耦变压器形式，与下级负载 Y_L 的连接采用变压器耦合。采用这种自耦变压器-变压器耦合形式，可以减弱本级输出导纳与下级晶体管输入导纳 Y_L 对 LC 回路的影响，适当选择初次级回路的匝数比，可以使负载导纳与晶体管的输出导纳相匹配，以获得最大的功率增益。图 3.2.8(b)代表 y 参数等效电路，$\boldsymbol{I}_{01}=y_{fe}\boldsymbol{V}_{i1}$ 代表晶体管放大作用的等效电流源，g_{01} 和 C_{01} 分别代表晶体管输出电导与输出电容，$G_P=1/R_P$ 代表回路本身的损耗，$Y_L=g_{i2}+j\omega C_{i2}$ 代表负载导纳，通常也是下一级的输入导纳。因此，小信号放大器是等效电流源与线性网络的组合，可用线性网络理论求解。下面分析介绍整个求解的过程。

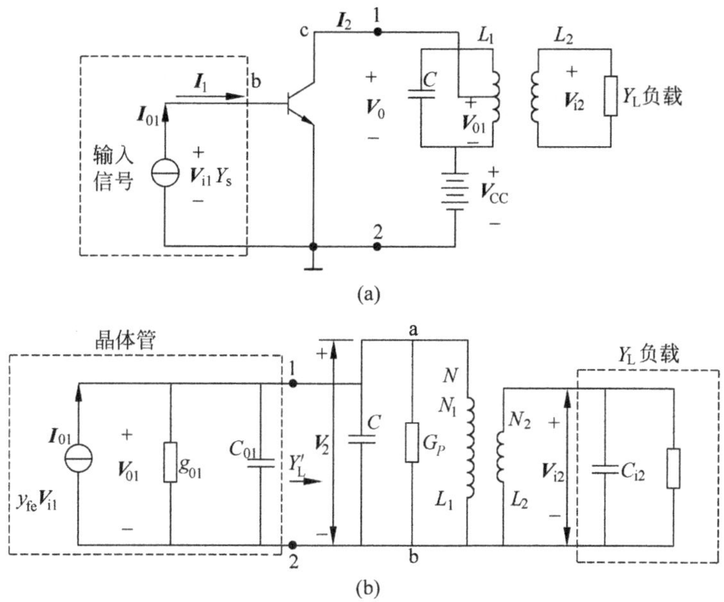

图 3.2.8 单调谐回路谐振放大器的原理性电路(a)和等效电路(b)

1. 等效电路分析方法

1）多级分单级

前级放大器是本级放大器的信号源,后级放大器是本级放大器的负载。

2）静态分析

画出直流等效电路,简化规则为：交流输入信号为零；所有电容开路,所有电感短路。R_{b1}、R_{b2}、R_e 为偏置电阻,提供静态工作点。

3）动态分析

(1) 画出交流等效电路,简化规则为：有交流输入信号,所有直流量为零；所有大电容短路；所有大电感开路。谐振回路中 L、C 要保留下来。

(2) 交流小信号等效电路图如图 3.2.8(b)所示。

负载和回路之间采用变压器耦合,接入系数为

$$p_1=\frac{v_{54}}{v_{31}}=\frac{N_1}{N} \tag{3.2.24}$$

晶体管集、射回路与振荡回路之间采用抽头接入,接入系数为

$$p_2=\frac{v_{21}}{v_{31}}=\frac{N_2}{N} \tag{3.2.25}$$

出于分析的方便,假定晶体管不存在内反馈,即 $y_{re}=0$。其中,

$$y_{ie}=g_{ie1}+\mathrm{j}\omega C_{ie1} \tag{3.2.26}$$

$$y_{oe}=g_{oe1}+\mathrm{j}\omega C_{oe1} \tag{3.2.27}$$

$$Y_L=g_{ie2}+\mathrm{j}\omega C_{ie2} \tag{3.2.28}$$

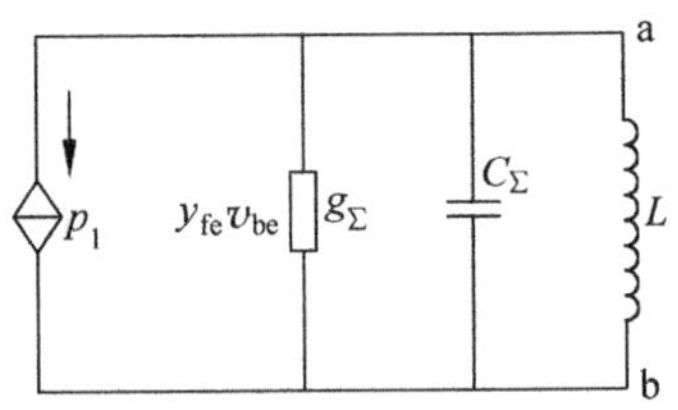

图 3.2.9 折合到 LC 谐振回路的交流小信号等效电路

2. 电压增益

把晶体管集电极回路和负载折合到振荡回路两端，如图 3.2.9 所示，得到

$$\begin{cases} g_\Sigma = g_p + p_1^2 g_{oe1} + p_2^2 g_{ie2} \\ C_\Sigma = C + p_1^2 C_{oe1} + p_2^2 C_{ie2} \end{cases} \tag{3.2.29}$$

式中，$y_{oe} = g_{oe1} + j\omega C_{oe1}$，$y_L = g_{ie2} + j\omega C_{ie2}$。

因为

$$A_v = \frac{v_o}{v_i} = \frac{p_2 v_{31}}{v_{be}} \tag{3.2.30}$$

$$v_o = v_{54} = p_2 v_{31} \tag{3.2.31}$$

$$v_{31} = -\frac{p_1 y_{fe} v_{be}}{g_\Sigma + j\omega C_\Sigma + \dfrac{1}{j\omega L}} \tag{3.2.32}$$

式中，

$$A_v = -\frac{p_1 p_2 y_{fe}}{g_\Sigma + j\omega C_\Sigma + \dfrac{1}{j\omega L}} = -\frac{p_1 p_2 y_{fe}}{g_\Sigma \left(1 + Q_L \dfrac{2\Delta f}{f_0}\right)} \tag{3.2.33}$$

谐振时，

$$A_{vo} = -\frac{p_1 p_2 y_{fe}}{g_\Sigma} = -\frac{p_1 p_2 y_{fe}}{g_p + p_1^2 g_{oe1} + p_2^2 g_{ie2}} \tag{3.2.34}$$

式(3.2.34)说明电压增益振幅与晶体管参数、负载电导、回路谐振电导和接入系数有关：①为了增大 A_{vo}，应选取$|y_{fe}|$大，g_{oe} 小的晶体管；②为了增大 A_{vo}，要求负载电导小，如果负载是下一级放大器，则要求其 g_{ie} 小；③回路谐振电导 g_{oe} 越小，A_{vo} 越大，而 g_{oe} 取决于回路空载品质因数 Q_0，与 Q_0 成反比；④A_{vo} 与接入系数 p_1、p_2 有关，但不是单调递增或单调递减关系，由于 p_1、p_2 还会影响回路有载品质因数 Q_L，而 Q_L 又将影响通频带，所以 p_1、p_2 的选择应全面考虑，应选取最佳值。

3. 功率增益

整个收、发机系统的功率增益是其一项重要性能指标，因此需要考虑高频小信号放大器的功率增益水平。由于在非谐振点上计算功率十分复杂，且一般用处不大，故主要讨论谐振时的功率增益。

$A_{Po} = \dfrac{P_o}{P_i}$(谐振时)，$P_o$ 为输出端 R_L 上获得的功率，P_i 为放大器的输入功率。并且 $P_o = V_o^2 g_{ie2}$，$P_i = V_i^2 g_{ie1}$。

g_{ie1} 是本级晶体管的输入电导，g_{ie2} 是下级晶体管的输入电导。所以

$$A_{Po} = \frac{P_o}{P_i} = \left(\frac{V_o}{V_i}\right)^2 \frac{g_{ie2}}{g_{ie1}} = \frac{p_1^2 p_2^2 \mid y_{fe} \mid^2}{g_\Sigma} \frac{g_{ie2}}{g_{ie1}} \tag{3.2.35}$$

(1) 如果设 LC 调谐回路自身元件无损耗,且输出回路传输匹配,即

$$\begin{cases} g_{\mathrm{p}}=0 \\ p_1^2 g_{\mathrm{oe1}}=p_2^2 g_{\mathrm{ie2}} \end{cases} \tag{3.2.36}$$

则可得最大功率增益为

$$(A_{P\mathrm{o}})_{\max}=\frac{p_1^2 p_2^2 \mid y_{\mathrm{fe}} \mid^2}{(p_1^2 g_{\mathrm{oe1}}+p_1^2 g_{\mathrm{ie2}})^2}\cdot\frac{g_{\mathrm{ie2}}}{g_{\mathrm{oe1}}}=\frac{p_1^2 p_2^2 \mid y_{\mathrm{fe}} \mid^2 g_{\mathrm{ie2}}}{4 g_{\mathrm{oe1}} g_{\mathrm{ie2}}+p_1^2 g_{\mathrm{oe1}}+p_2^2 g_{\mathrm{ie2}}}=\frac{\mid y_{\mathrm{fe}} \mid^2}{4 g_{\mathrm{oe1}} g_{\mathrm{ie2}}} \tag{3.2.37}$$

(2) 如果 LC 调谐回路存在自身损耗,且输出回路传输匹配,即

$$\begin{cases} g_{\mathrm{p}} \neq 0 \\ p_1^2 g_{\mathrm{oe1}}=p_2^2 g_{\mathrm{ie2}} \end{cases} \tag{3.2.38}$$

则可得最大功率增益为

$$(A_{P\mathrm{o}})'_{\max}=\frac{\mid y_{\mathrm{fe}} \mid^2}{4 g_{\mathrm{ie1}} g_{\mathrm{oe1}}}\left(1-\frac{Q_L}{Q_0}\right)^2=\left(1-\frac{Q_L}{Q_0}\right)^2 (G_{P\mathrm{o}})_{\max} \tag{3.2.39}$$

式中,$\dfrac{1}{\left(1-\dfrac{Q_L}{Q_0}\right)^2}$称为回路的插入损耗,而且

$$\begin{cases} Q_L=\dfrac{\omega_0 C_\Sigma}{g_\Sigma}=\dfrac{1}{\omega_0 L g_\Sigma}, & \text{有载 } Q \text{ 值} \\ Q_0=\dfrac{1}{\omega_0 L g_{\mathrm{p}}}, & \text{空载 } Q \text{ 值} \end{cases}$$

4. 通频带与选择性

通过分析放大器幅频特性来揭示其通频带与选择性。

$$A_v=-\frac{p_1 p_2 y_{\mathrm{fe}}}{g_\Sigma\left(1+\mathrm{j} Q_L \dfrac{2\Delta f}{f_0}\right)}, \quad A_{v\mathrm{o}}=-\frac{p_1 p_2 y_{\mathrm{fe}}}{g_\Sigma} \tag{3.2.40}$$

1) 通频带

由式(3.2.41),可计算某一频率电压增益与谐振时电压增益之比,即幅频特性

$$\frac{A_v}{A_{v\mathrm{o}}}=\frac{1}{\sqrt{1+\left(Q_L \dfrac{2\Delta f}{f_0}\right)^2}} \tag{3.2.41}$$

如果$\dfrac{A_v}{A_{v\mathrm{o}}}=\dfrac{1}{\sqrt{2}}$,则$\dfrac{2 Q_L \Delta f_{0.7}}{f_0}=1$,所对应的带宽为

$$2\Delta f_{0.7}=\frac{f_0}{Q_L} \tag{3.2.42}$$

可见 Q_L 越高,通频带越窄,所以

$$2\Delta\omega_{0.7}=\frac{\omega_0}{Q_L}=\frac{\omega_0}{\dfrac{\omega_0 C_\Sigma}{g_\Sigma}}=\frac{g_\Sigma}{C_\Sigma} \tag{3.2.43}$$

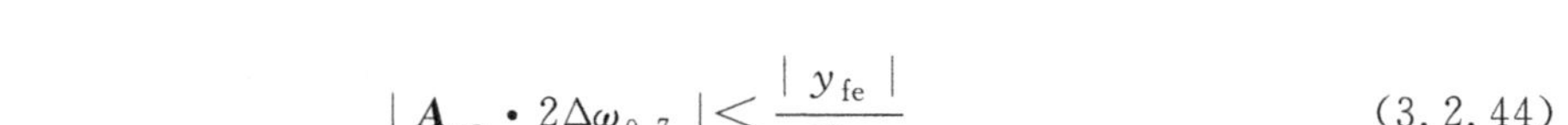

$$|\boldsymbol{A}_{vo} \cdot 2\Delta\omega_{0.7}| < \frac{|y_{fe}|}{C_{\Sigma}} \tag{3.2.44}$$

带宽增益积为一常数，带宽和增益为一对矛盾。

2）选择性（矩形系数）

根据式(3.2.44)，得到幅频特性为

$$\frac{A_v}{A_{vo}} = \frac{1}{\sqrt{1+Q_L^2\left(\frac{\omega}{\omega_0}-\frac{\omega_0}{\omega}\right)^2}} \approx \frac{1}{\sqrt{1+Q_L\left(\frac{2\Delta\omega}{\omega_0}\right)^2}} \tag{3.2.45}$$

令

$$\frac{1}{\sqrt{1+\left(Q_L\ \frac{2\Delta\omega_{0.1}}{\omega_0}\right)^2}} = 0.1$$

则可得到某一频率对应的电压增益幅值与谐振时的电压增益最大幅值之比为 0.1 时，对应的带宽为

$$2\Delta\omega_{0.1} = \sqrt{10^2-1}\ \frac{\omega_0}{Q_L} = \sqrt{10^2-1} \cdot 2\Delta\omega_{0.7} \tag{3.2.46}$$

此时，矩形系数之比为

$$K_{r0.1} = \frac{2\Delta f_{0.1}}{2\Delta f_{0.7}} = \frac{2\Delta\omega_{0.1}}{2\Delta\omega_{0.7}} = \sqrt{10^2-1} \gg 1 \tag{3.2.47}$$

图 3.2.10 是实际和理想幅频特性示意图，从计算结果分析得出，不论其 Q 值为多大，其谐振曲线和理想的矩形均相差甚远。

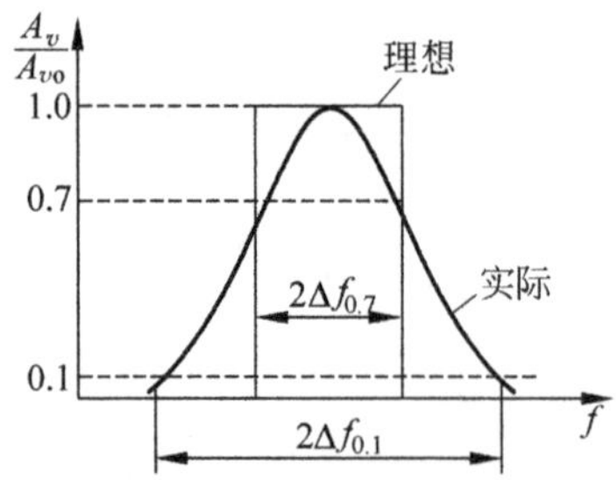

图 3.2.10 实际和理想幅频特性示意图

5. 级间耦合网络

图 3.2.11 为单调谐回路的级间耦合网络形式。图(a)、(b)、(d)是电感耦合回路，图(c)是电容耦合回路。图(a)～(c)适用于共发射极电路，它们的特点是调谐回路通过降压形式接入后级的晶体管，使后级晶体管低输入电阻和前级的高输入电阻相匹配。前级晶体管可以用线圈抽头方式接入回路，也可以直接跨在回路两端。图(d)是并联-串联耦合方式电路，主要用于输入电阻很低的共基极电路，因为这时输入电阻太小，用前面的办法因次级匝数太少，没办法实现，所以次级用串联谐振电路更有利。

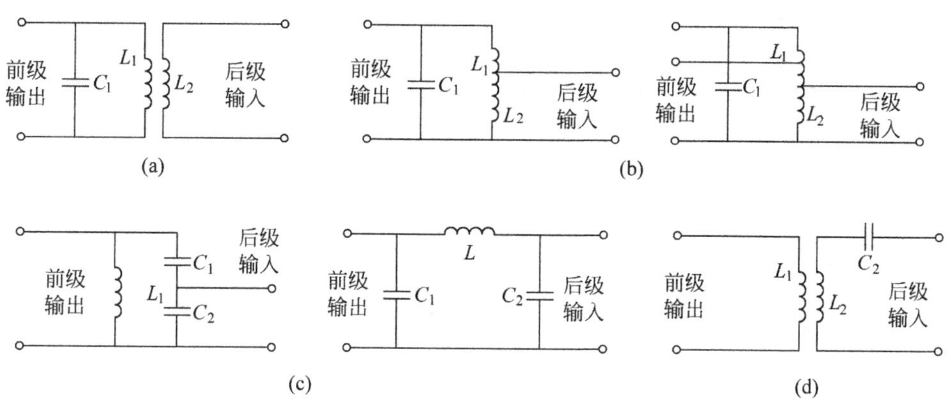

图 3.2.11 单调谐回路的级间耦合网络形式

(a) 变压器式；(b) 自耦变压器式；(c) 电容分压式；(d) 并联-串联式

例 3.2.1 如图 3.2.12 所示的单调谐小信号谐振放大电路的原理性电路，$f_0=10.7\text{MHz}$，$B_{0.7}=500\text{kHz}$，$|A_{vo}|=100$，晶体管参数为 $|A_{vo}|=100$，$y_{ie}=(2+\text{j}0.5)\text{mS}$，$y_{fe}=(20-\text{j}5)\text{mS}$，$y_{oe}=(20+\text{j}40)\text{mS}$。如果回路空载品质因数 $Q_0=100$，试计算谐振回路的 L、C、R。

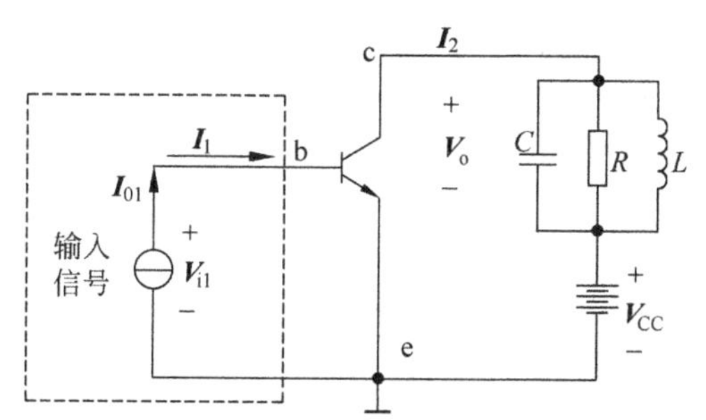

图 3.2.12 单调谐小信号谐振放大电路的原理性电路

解 根据电路图可画出放大器的高频等效电路，如图 3.2.13 所示。设 g_{eo} 代表不考虑电阻 R 时，电感 L 和电容 C 构成的谐振回路的空载导纳。

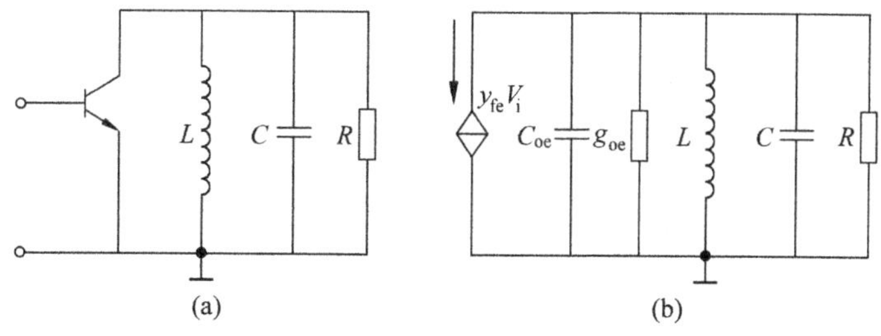

图 3.2.13 原理电路图(a)和等效电路图(b)

$$g_{oe}=20\text{mS}$$

$$C_{oe}=\frac{40\times 10^{-6}}{2\pi\times 10.7\times 10^{6}}\text{pF}=0.59\text{pF}$$

$$|y_{fe}|=\sqrt{20^2+5^2}\text{ mS}=20.6\text{mS}$$

$$|A_{vo}|=100=\frac{|y_{fe}|}{g_{\Sigma}}$$

$$g_{\Sigma}=\frac{|y_{fe}|}{|A_{vo}|}=\frac{20.6\times 10^{-3}}{100}\text{S}=0.206\text{mS}$$

$$B_{0.7}=\frac{f_0}{Q_e}$$

$$Q_e=\frac{f_0}{B_{0.7}}=\frac{10.7}{0.5}=21.4$$

$$Q_e=\frac{1}{\omega_0 L g_{\Sigma}}$$

$$L=\frac{1}{\omega_0 g_{\Sigma} Q_e}=\frac{1}{2\pi\times 10.7\times 10^{6}\times 0.206\times 10^{-3}\times 21.4}\text{H}=3.37\mu\text{H}$$

$$C_{\Sigma}=\frac{1}{(2\pi f_0)^2 L}=\frac{1}{(2\pi\times 10.7\times 10^{6})^2\times 3.37\times 10^{-6}}\text{F}=65.65\text{pF}$$

$$g_{eo}=\frac{1}{2\pi f_0 L Q_0}=\frac{1}{2\pi\times 10.7\times 10^{6}\times 3.37\times 10^{-6}\times 100}\text{S}=44.14\mu\text{S}$$

$$C=C_{\Sigma}-C_{oe}=65.65-0.59=65.06\text{pF}$$

$$R=\frac{1}{g_{\Sigma}-g_{oe}-g_{eo}}=\frac{1}{206\times 10^{-6}-20\times 10^{-6}-44.14\times 10^{-6}}\Omega=7.05\text{k}\Omega$$

3.3 多级单调谐回路谐振放大器

若单级放大器的增益不能满足要求，就要采用多级放大器。如图 3.3.1 所示，假如放大器有 n 级，各级的电压增益为 A_{v1}、A_{v2}、…、A_{vn}。总增益 A_v 是各增益的乘积，即

$$\boldsymbol{A}_v(\text{j}\omega)=\frac{\boldsymbol{V}_o(\text{j}\omega)}{\boldsymbol{V}_i(\text{j}\omega)}=A_{v1}(\text{j}\omega)\cdot A_{v2}(\text{j}\omega)\cdot\cdots\cdot A_{vn}\tag{3.3.1}$$

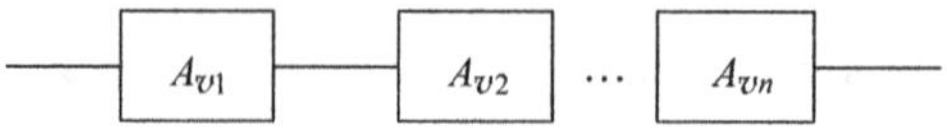

A_{v1} — A_{v2} … A_{vn}

图 3.3.1 多级放大器连接示意图

如果各级放大器是由完全相同的单级放大器所组成，则

$$\boldsymbol{A}_v=\boldsymbol{A}_{v1}\cdot\boldsymbol{A}_{v2}\cdot\cdots\cdot\boldsymbol{A}_{vn}=(\boldsymbol{A}_{v1})^n\tag{3.3.2}$$

$$\boldsymbol{A}_{v1}=-\frac{p_1p_2y_{fe}}{g_\Sigma}\cdot\frac{1}{1+\mathrm{j}Q_L\left(\frac{\omega}{\omega_0}-\frac{\omega_0}{\omega}\right)} \tag{3.3.3}$$

1. 增益

n 级放大器的增益为

$$\boldsymbol{A}_v=\left(-\frac{p_1p_2y_{fe}}{g_\Sigma}\right)^n\cdot\left[\frac{1}{1+\mathrm{j}Q_L\left(\frac{\omega}{\omega_0}-\frac{\omega_0}{\omega}\right)}\right]^n \tag{3.3.4}$$

谐振时的电压增益为

$$\boldsymbol{A}_{vo}=\left(-\frac{p_1p_2y_{fe}}{g_\Sigma}\right)^n \tag{3.3.5}$$

2. 通频带

首先计算放大器幅频特性，将 n 级放大器某一工作频率对应的增益除以谐振时的增益就得到幅值-频率关系式

$$\frac{A_v}{A_{vo}}=\frac{1}{\left[1+Q_L^2\left(\frac{\omega}{\omega_0}-\frac{\omega_0^2}{\omega}\right)\right]^{\frac{n}{2}}}\approx\frac{1}{\left[1+\left(Q_L\frac{2\Delta\omega}{\omega_0}\right)^2\right]^{\frac{n}{2}}}=\frac{1}{\sqrt{2}} \tag{3.3.6}$$

n 级放大器的通频带

$$2\Delta\omega_{0.7}=\sqrt{2^{\frac{1}{n}}-1}\,\frac{\omega_0}{Q_L}=\sqrt{2^{\frac{1}{n}}-1}\,(2\Delta\omega_{0.7})_{\text{单级}} \tag{3.3.7}$$

3. 选择性(矩形系数)

$$\frac{A_v}{A_{vo}}=\frac{1}{\left[1+Q_L^2\left(\frac{\omega}{\omega_0}-\frac{\omega_0^2}{\omega}\right)\right]^{\frac{n}{2}}}\approx\frac{1}{\left[1+\left(Q_L\frac{2\Delta\omega}{\omega_0}\right)^2\right]^{\frac{n}{2}}}=\frac{1}{10} \tag{3.3.8}$$

$$2\Delta\omega_{0.1}=\sqrt{10^{\frac{2}{n}}-1}\,\frac{\omega_0}{Q_L} \tag{3.3.9}$$

$$K_{r0.1}=\frac{2\Delta f_{0.1}}{2\Delta f_{0.7}}=\frac{2\Delta\omega_{0.1}}{2\Delta\omega_{0.7}}=\frac{\sqrt{10^{\frac{2}{n}}-1}}{\sqrt{2^{\frac{1}{n}}-1}} \tag{3.3.10}$$

当级数 n 增加时，放大器的矩形系数有所改善，但这种改善是有限度的。

例 3.3.1 若 $f_0=900\text{MHz}$，所需通频带为 45MHz，则在单级($n=1$)时，所需回路 $Q_L=\frac{f_0}{2\Delta f_{0.7}}=\frac{900}{45}=20$；$n=2$ 时，所需 $Q_L=\sqrt{2^{\frac{1}{2}}-1}\times\frac{900}{45}=12.9$；$n=3$ 时，所需 $Q_L=\sqrt{2^{\frac{1}{3}}-1}\times\frac{900}{45}=10.2$；$n=4$ 时，所需 $Q_L=\sqrt{2^{\frac{1}{4}}-1}\times\frac{900}{45}=8.7$。

n 越大，每级回路所需的 Q_L 值越低。当通频带一定时，n 越大，每级所能通过的频带越宽。如在本例中，多级通频带$(2\Delta f_{0.7})_n=45\text{MHz}$不变，计算不同级次单级通频带大小。

则当 $n=2$ 时，单级通频带应为 $2\Delta f_{0.7}=\dfrac{(2\Delta f_{0.7})_n}{\sqrt{2^{\frac{1}{2}}-1}}=\dfrac{45}{0.414}\text{MHz}=108.7\text{MHz}$；

$n=3$ 时，单级通频带应为 $2\Delta f_{0.7}=\dfrac{(2\Delta f_{0.7})_n}{\sqrt{2^{\frac{1}{3}}-1}}=\dfrac{45}{0.26}\text{MHz}=173\text{MHz}$。

当电路参数给定时，$2\Delta f_{0.7}$ 越大，Q_L 值越低，单级增益越低。加宽通频带是以降低增益为代价的。

由式(3.3.10)可列出 $K_{r0.1}$ 与 n 的关系，见表 3.3.1。

表 3.3.1 $K_{r0.1}$ 与 n 的关系

n	1	2	3	4	5	6	7	8	9	10	∞
$K_{r0.1}$	9.95	4.8	3.75	3.4	3.2	3.1	3.0	2.94	2.92	2.9	2.56

由表 3.3.1 可见，当级数 n 增加时，放大器的矩形系数有所改善。但是，这种改善是有限度的。级数越多，$K_{r0.1}$ 的变化越缓慢，即使级数无限加大，$K_{r0.1}$ 也只有 2.56，离理想的矩形($K_{r0.1}=1$)还有很大的距离。

因此，单调谐回路放大器的选择性较差，增益和通频带的矛盾比较突出，为了解决此问题和改善选择性，可采用双调谐回路谐振放大器和参差调谐放大器。

3.4 双调谐回路谐振放大器

单调谐回路放大器的选择性较差，增益和通频带的矛盾比较突出，为此，可采用双调谐回路谐振放大器。

下面对双调谐回路频率特性进行分析，图 3.4.1 为双调谐回路放大器及其等效电路。

在实际应用中，初级和次级回路都调谐到同一中心频率。为了方便分析，假设两个回路元件参数都相同，晶体管的输入和输出导纳分别为 g_{oe}、g_{ie}，电感 $L_1=L_2=L$，初级和次级回路接入系数分别为 p_1、p_2，初级和次级回路总电容 $C_1+p_1^2C_{oe}\approx C_2+p_2^2C_{ie}\approx C$，折合到初级和次级回路的导纳 $p_1^2g_{oe}\approx p_2^2g_{ie}=g$，回路谐振角频率 $\omega_1=\omega_2=\omega_0=\dfrac{1}{\sqrt{LC}}$，初级和次级回路有载品质因数 $Q_{L_1}=Q_{L_2}\approx\dfrac{1}{g\omega_0L}=\dfrac{\omega_0C}{g}$，耦合系数 $\eta=\dfrac{\omega M}{g}$，广义失谐量 $\xi=\dfrac{\omega_0c}{g}\left(\dfrac{\omega}{\omega_0}-\dfrac{\omega_0}{\omega}\right)$。

$$p_1y_{fe}\boldsymbol{V}_i=\boldsymbol{V}_1g+\boldsymbol{V}_1\mathrm{j}\omega C+\boldsymbol{V}_1\frac{1}{\mathrm{j}\omega L}-\frac{\boldsymbol{V}_o}{p_2\mathrm{j}\omega M}\tag{3.4.1}$$

$$0=\frac{\boldsymbol{V}_o}{p_2}g+\frac{\boldsymbol{V}_o}{p_2}\mathrm{j}\omega C+\frac{\boldsymbol{V}_o}{p_2}\frac{1}{\mathrm{j}\omega L}-\frac{\boldsymbol{V}_1}{\mathrm{j}\omega M}\tag{3.4.2}$$

结合式(3.4.1)和式(3.4.2)，可计算得到电压增益：

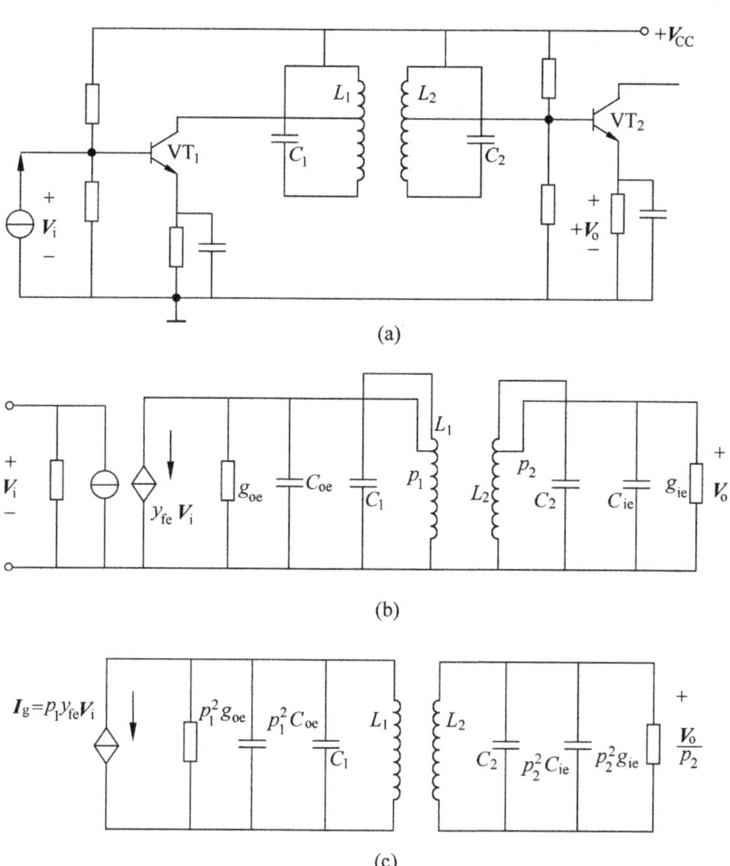

图 3.4.1　双调谐回路放大器及其等效电路

(a) 原理性电路；(b) 部分接入等效电路；(c) 整体接入等效电路

$$\boldsymbol{A}_v=\frac{\boldsymbol{V}_o}{\boldsymbol{V}_i}=\frac{\mathrm{j}\eta p_1p_2y_{fe}}{g\sqrt{(1-\xi^2+\eta^2)^2+4\xi^2}} \tag{3.4.3}$$

$$|\boldsymbol{A}_v|=\frac{\eta p_1p_2y_{fe}}{g\sqrt{(1-\xi^2+\eta^2)^2+4\xi^2}} \tag{3.4.4}$$

$$\boldsymbol{A}_{vo}=\frac{\mathrm{j}\eta p_1p_2y_{fe}}{g(1+\eta^2)} \tag{3.4.5}$$

$$|\boldsymbol{A}_{vo}|=\frac{\eta p_1p_2|y_{fe}|}{g(1+\eta^2)} \tag{3.4.6}$$

(1) $\eta<1$,谐振曲线在 f_0 处出现峰值,

$$|\boldsymbol{A}_{vo}|=\frac{\eta p_1p_2|y_{fe}|}{(1+\eta^2)g} \tag{3.4.7}$$

(2) $\eta=1$, $|\boldsymbol{A}_{vo}|=\dfrac{p_1p_2|y_{fe}|}{2g}$,谐振曲线平坦; $\dfrac{A_v}{A_{vo}}=\dfrac{2}{\sqrt{4+\xi^4}}=\dfrac{1}{\sqrt{2}}$。

$$\xi=Q_L\frac{2\Delta f_{0.7}}{f_0},\quad 2\Delta f_{0.7}=\sqrt{2}\frac{f_0}{Q_L} \tag{3.4.8}$$

所以，双耦合通频带是单耦合通频带的$\sqrt{2}$倍。

(3) $\eta>1$，出现双峰，

$$\xi=\pm\sqrt{\eta^{2}-1}, \quad |\boldsymbol{A}_{vo}|=\frac{p_1 p_2 |y_{fe}|}{2g} \tag{3.4.9}$$

由双调谐回路频率特性的分析，可知

$$2\Delta f_{0.7(单调)}=\frac{f_0}{Q_L} \tag{3.4.10}$$

$$2\Delta f_{0.7(双调)}=\sqrt{2}\frac{f_0}{Q_L}>2\Delta f_{0.7(单调)} \tag{3.4.11}$$

$$K_{r0.1(单调)}=\sqrt{10^2-1} \tag{3.4.12}$$

$$K_{r0.1(双调)}=\sqrt[4]{10^2-1}<K_{r0.1(单调)} \tag{3.4.13}$$

图 3.4.2 画出了不同 η 双调谐回路放大器的谐振曲线。可见，相对单调谐回路，采用双调谐回路可改善选择性和提高带宽。

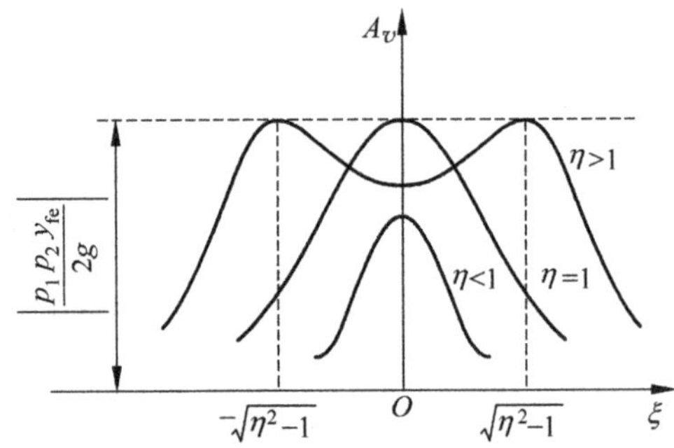

图 3.4.2 不同 η 双调谐回路放大器的谐振曲线

3.5 谐振放大器的稳定性与稳定措施

3.5.1 谐振放大器的稳定性

以上分析时，假定 $y_{re}=0$，即输出电路对输入端没有影响，放大器工作于稳定状态。本节讨论内反馈 y_{re} 对谐振放大器稳定性的影响。

1. 自激振荡的产生

以输入导纳的影响为例讨论自激振荡的产生。如果放大电路输入端也接有谐振回路(或前级放大器的输出谐振回路)，图 3.5.1 为放大器的等效输入端回路，那么输入导纳 Y_i 并联在放大器输入端回路后(假定耦合方式是全部接入)，

$$Y_i=y_{ie}-\frac{y_{re}y_{fe}}{y_{oe}+Y'_L}=y_{ie}+Y_F \tag{3.5.1}$$

实际电路中，$y_{ie}=g_{ie1}+j\omega C_{ie1}$，$Y_F=g_F+jb_F$。式中，$g_F$ 和 b_F 分别为电导部分和电纳部分。它们除与 y_{fe}、y_{re}、y_{oe} 和 Y'_L 有关外，还是频率的函数，随着频率的不同而发生变化。图 3.5.2 表示反馈电导 g_F 随频率变化的关系曲线。g_F 改变回路的等效品质因数 Q_L，后者引起回路的失谐，这些都会影响放大器的增益、通频带和选择性，甚至使谐振曲线产生畸变。

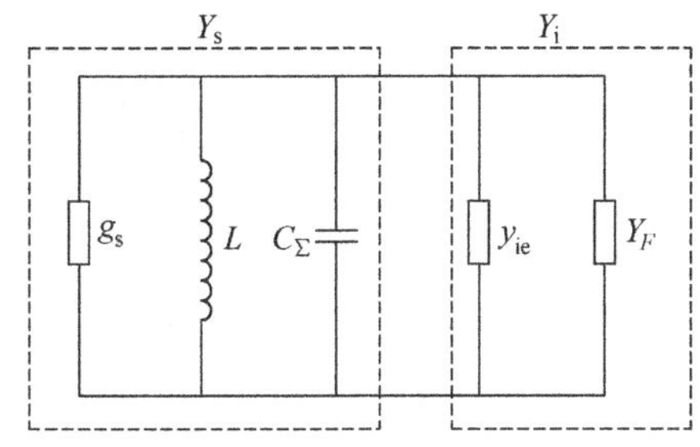

图 3.5.1　放大器等效输入端回路

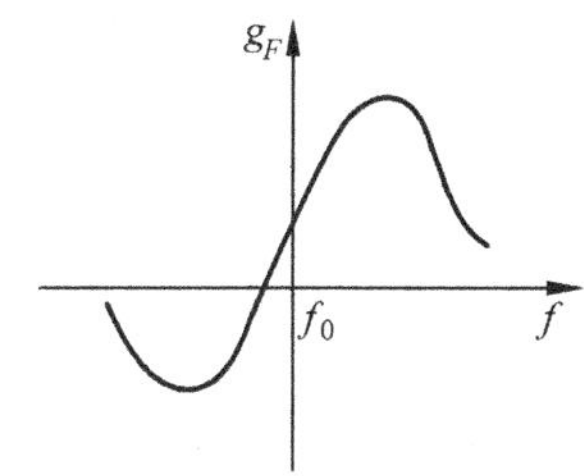

图 3.5.2　反馈电导 g_F 随频率变化的关系曲线

2. 自激产生的原因

如果反馈电导为负值，使回路的总电导减小，Q_L 增加，通频带减小，增益也随损耗的减小而增加。这可理解为负电导 g_F 提供回路能量，出现正反馈。g_F 的幅值越大，这种影响越严重。如果反馈到输入端的电导 g_F 的负值恰好抵消了回路原有的电导 g_s+g_{ie1} 的正值，那么 $g_\Sigma=g_s+g_{ie1}+g_F=0$ 可能存在，即发生自激振荡现象，使放大器不稳定。

3. 自激产生的条件

这里还是讨论输入导纳引起放大器自激振荡的条件。当总导纳 $Y_s+Y_i=0$，表示放大器的反馈能量抵消了回路损耗的能量，且电纳部分也恰好抵消时，放大器产生自激。所以，放大器产生自激的条件为

$$Y_s+Y_i=Y_s+y_{ie}-\frac{y_{fe}y_{re}}{y_{oe}+Y_L} \tag{3.5.2}$$

即

$$\frac{(Y_s+y_{ie})(y_{oe}+Y_L)}{y_{fe}y_{re}}=1 \tag{3.5.3}$$

令

$$Y_1=Y_s+y_{ie}=|Y_s+y_{ie}|e^{j\Phi_1},\quad Y_2=Y_L+y_{oe}=|Y_L+y_{oe}|e^{j\Phi_2} \tag{3.5.4}$$

自激条件分为幅值和相位两个条件。

(1) 相位条件

$$\Phi_1+\Phi_2=\varphi_{fe}+\varphi_{re}\pm 2n\pi \tag{3.5.5}$$

(2) 幅值条件

$$\frac{|Y_s+y_{ie}||y_{oe}+Y'_L|}{|y_{fe}||y_{re}|}=1 \tag{3.5.6}$$

不发生自激的条件：

$$g_{\Sigma}=g_s+g_{ie}+g_F>0 \tag{3.5.7}$$

$$g_{\Sigma}=g_s+g_{ie}+g_F=|Y_s+y_{ie}|\cos\Phi_1-\left|\frac{y_{fe}y_{re}}{y_{oe}+Y'_L}\right|\cos\Phi_2>0 \tag{3.5.8}$$

稳定系数：

$$S=\frac{|Y_s+y_{ie}||y_{oe}+Y'_L|}{|y_{fe}||y_{re}|}=\frac{(g_s+g_{ie})(g_L+g_{oe})}{|y_{fe}||y_{re}|\cos\Phi_1\cos\Phi_2} \tag{3.5.9}$$

如果 $S=1$，放大器可能产生自激振荡；如果 $S\gg1$，放大器不会产生自激振荡。S 越大，放大器离开自激状态就越远，工作越稳定。

4. 稳定性分析

根据上面分析，放大器稳定的条件为

$$S=\frac{(g_s+g_{ie})(g_L+g_{oe})}{|y_{fe}||y_{re}|\cos\Phi_1\cos\Phi_2}>1 \tag{3.5.10}$$

假设放大器输入与输出回路相同，

$$Y_s+y_{ie}=Y_L+y_{oe} \tag{3.5.11}$$

即 $g_s+g_{ie}=g_L+g_{oe}=g$；$\Phi_1=\Phi_2=\Phi$，则稳定系数为

$$S=\frac{(g_s+g_{ie})(g_L+g_{oe})}{|y_{fe}||y_{re}|\cos^2\Phi}=\frac{g^2}{|y_{fe}||y_{re}|\cos^2\dfrac{\varphi_{fe}+\varphi_{re}}{2}}$$

$$=\frac{2g^2}{|y_{fe}||y_{re}|[1+\cos(\varphi_{fe}+\varphi_{re})]}$$

实际上，由于工作频率 $f\ll f_T$，$y_{fe}\approx g_m$，因此 $\varphi_{fe}\approx0$。并假定 $g_s+g_{ie}=g_L+g_{oe}=g$，稳定系数为

$$S=\frac{2g^2}{|y_{fe}|\omega C_{re}} \tag{3.5.12}$$

考虑全部接入，即 $p_1=p_2=1$，$A_{vo}=-\dfrac{y_{fe}}{g_{\Sigma}}$，$g_{\Sigma}=g$，放大器的电压增益为

$$A_{vo}=\sqrt{\frac{2|y_{fe}|}{S\omega_0C_{re}}} \tag{3.5.13}$$

式(3.5.13)说明增益和稳定性为一对矛盾，通常选 $S=5\sim10$。取 $S=5$，得到

$$(A_{vo})_S=\sqrt{\frac{|y_{fe}|}{2.5\omega_0C_{re}}} \tag{3.5.14}$$

3.5.2 单向化(中和法、失配法)

如图 3.5.3 所示，由于晶体管内存在 y_{re} 的反馈，所以它是一个“双向元件”。作为放大器工作时，y_{re} 的反馈作用可能引起放大器工作的不稳定。消除 y_{re} 的反馈，变“双向元件”为“单向元件”，这个过程称为单向化。图 3.5.4 代表放大器的单向作用。

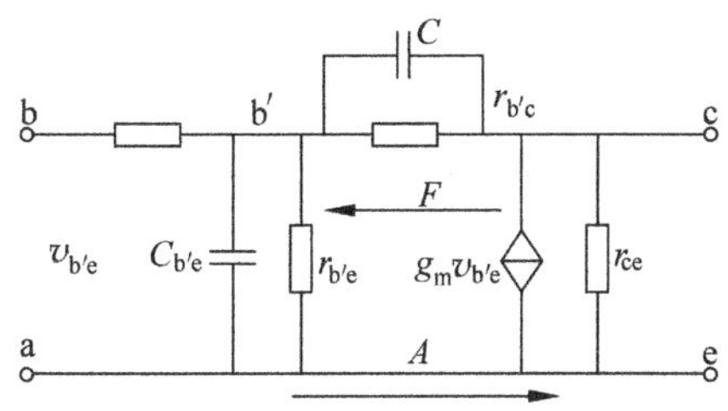

图 3.5.3 放大器的双向作用

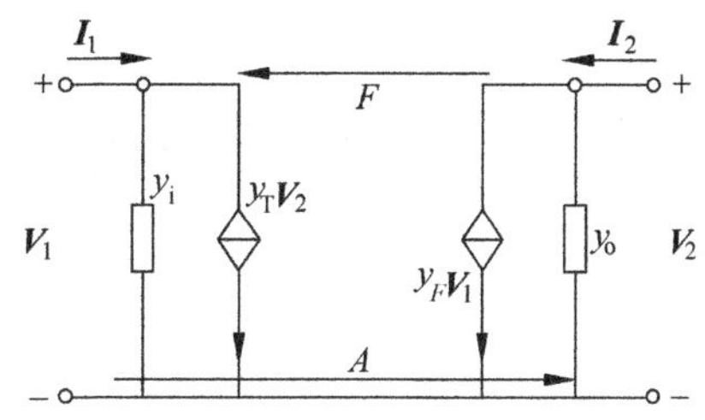

图 3.5.4 放大器的单向作用

1）不发生自激的条件

避免自激的最简单做法是在回路两端并接电阻，即增加损耗，这就是失配法。如果把负载导纳 Y_L' 取得比晶体管 y_{oe} 大得多，即 $Y_L' \gg y_{oe}$，那么输入导纳

$$Y_i = y_{ie} - \frac{y_{fe} y_{re}}{y_{oe} + Y_L} = y_{ie} + Y_F \approx y_{ie} \tag{3.5.15}$$

如果把信号源导纳 Y_s 取得比晶体管 y_{ie} 大得多，则输出导纳为

$$Y_o = \left.\frac{\boldsymbol{I}_c}{\boldsymbol{V}_c}\right|_{\boldsymbol{I}_s=0} = y_{oe} - \frac{y_{fe} y_{re}}{y_{ie} + Y_s} \approx y_{oe} \tag{3.5.16}$$

因此，所谓“失配”是指，信号源内阻不与晶体管输入阻抗匹配；晶体管输出端负载阻抗不与本级晶体管的输出阻抗匹配。

2）稳定系数

$$S = \frac{|Y_s + g_{ie}|\,|Y_L' + y_{oe}|}{|y_{fe}|\,|y_{re}|} > 1 \tag{3.5.17}$$

可知，当 $Y_s \gg y_{ie}$ 和 $Y_L' \gg y_{oe}$，稳定系数 S 大大增加。

$$(A_{vo})_S = \sqrt{\frac{|y_{fe}|}{2.5\omega_0 C_{re}}} \tag{3.5.18}$$

$$A_{vo} = -\frac{p_1 p_2 y_{fe}}{g_\Sigma} = -\frac{p_1 p_2 y_{fe}}{g_p + p_1^2 g_{oe1} + p_2^2 g_{ie2}} \tag{3.5.19}$$

但同时，增益必须减小。实际上，增益随 g_L 增加而减小。

3）典型电路

失配法的典型电路是共射-共基级联放大器，其交流等效电路如图 3.5.5 所示。图中由两个晶体管组成级联电路，前一级是共射电路，后一级是共基电路。由于共基电路的特点是输入阻抗很低（输入导纳很大）和输出阻抗很高（输出导纳很小），当它和共射电路连接时，相当于共射放大器的负载导纳很大。在 $Y_L' \gg y_{oe}$ 时，$Y_i \approx y_{ie}$，即晶体管内部的影响相应地减弱，甚至可以不考虑内部反馈的影响，因此，放大器的稳定性就得到提高。所以共射-共基级联放大器的稳定性比一般共射放大器的稳定性高得多。共射极在负载导纳很大的情况下，虽然电压增益很小，但电流增益仍很大，而共基极虽然电流增益接近 1，但电压增益却较大，因此级联后功率增益较大。

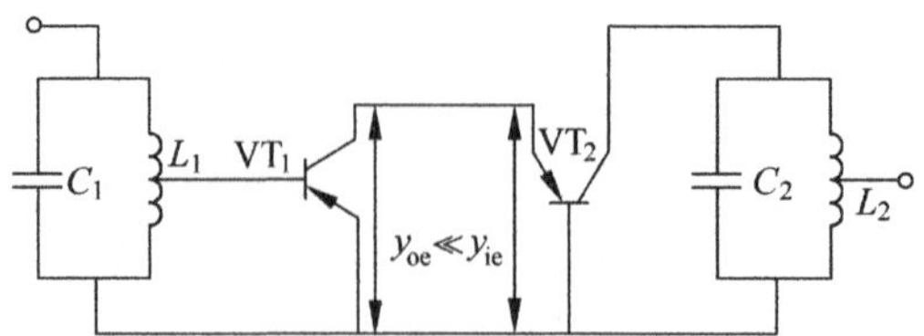

图 3.5.5　共射-共基级联放大器的交流等效电路

3.6　谐振放大器的常用电路和集成电路谐振放大器

图 3.6.1 为国产某调幅通信机接收部分所采用的二级中频放大器电路。第一级中频放大器由晶体管 VT_1 和 VT_2 组成共射-共基级联电路，电源电路采用串馈供电，R_6、R_{10}、R_{11} 为两个管子的偏置电阻，R_7 为负反馈电阻，用来控制和调整中放增益，R_8 为发射极温度稳定电阻。R_{12}、C_6 构成本级中放的去耦电路，防止中频信号电流通过公共电源引起不必要的反馈。变压器 Tr_1 和电容 C_7、C_8 组成单调谐回路。

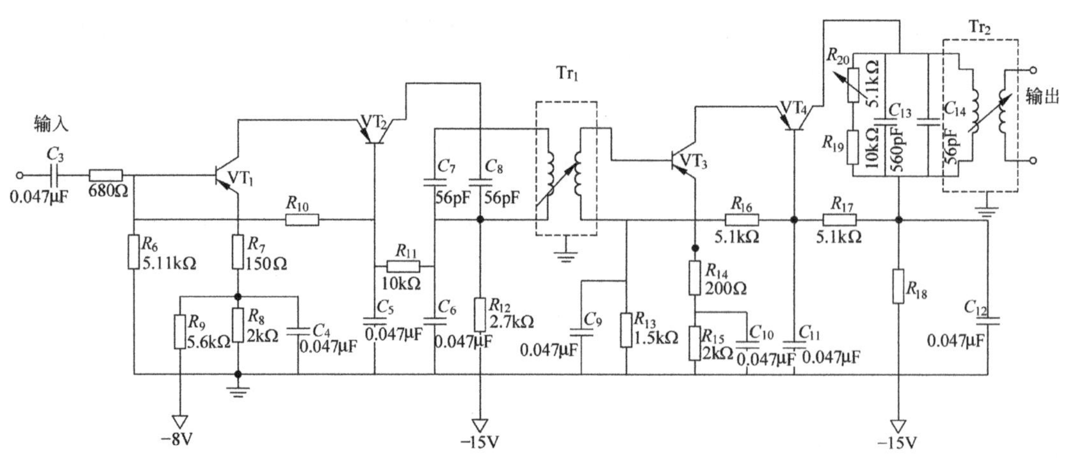

图 3.6.1　二级共射-共基级联中频放大电路

C_4、C_5 为中频旁路电容器。人工增益控制电压通过 R_9 加至 VT_1 的发射极，改变控制电压(−8V)即可改变本级的直流工作状态，达到增益控制的目的。耦合电容 C_3 至 VT_1 的基极之间加接的 680Ω 电阻用于防止可能产生的寄生振荡，这要根据具体情况设定。

第二级中频放大器由晶体管 VT_3 和 VT_4 组成共射-共基级联电路，基本上和第一级中频放大器相同，仅回路上多了并联电阻，即 R_{19} 和 R_{20} 的串联值。电阻 R_{19} 和热敏电阻 R_{20} 串联后作低温补偿，使低温时灵敏度不降低。在调整合适的情况下，应该保持两个管子的管压降接近相等。这时能充分发挥两个管子的作用，使放大器达到最佳的直流工作状态。

除了上述谐振回路式放大器外，还有非谐振回路式放大器，即由 3.1 节所述满足选择性和通频带要求的各种滤波器，以及满足放大量的线性放大器组成。采用这种形式有如下优点。

(1) 将选择性回路集中在一起，有利于微型化。例如，采用石英晶体滤波器和线性集成电路放大器后，体积能够做得很小，提高放大器的稳定性。

(2) 稳定性好。对多级谐振放大器而言，因为晶体管的输出和输入阻抗随温度变化较大，所以温度变化时会引起各级谐振曲线形状的变化，影响了总的选择性和通频带。在更换晶体管时也是如此。但集中滤波器仅接在放大器的某一级，因此晶体管的影响很小，提高了放大器的稳定性。

(3) 电性能好。通常将集中滤波器接在放大器组成的低信号电平处(例如在接收机的混频和中频之间)。这样可使噪声和干扰首先受到大幅度地衰减，提高信号噪声比。多级调谐放大器是做不到这一点的。另外，若与多级谐振放大器采用相同的回路数(指 LC 集中滤波器)，各回路线圈的品质因数 Q 也相同时，集中滤波器的矩形系数更接近于 1，选择性更好。这是由于晶体管的影响很小，所以有效品质因数 Q_L 变化不大。

(4) 便于大量生产。集中滤波器作为一个整体，可单独进行生产和调试，大大缩短了整机生产周期。

如图 3.6.2 所示为国产某通信机中放级采用的窄带差接桥型石英晶体滤波器电路。晶体管 VT 为中放级；R_1、R_2、R_3 和 C_1、C_2 组成直流偏置；R_4、C_3 组成去耦电路。J_T、C_N、L_1、L_2 组成滤波电路。J_T 为石英晶体；C_N 为调节电容器，改变电容量可改变电桥平衡点位置，从而改变通带；L_1、L_2 为调谐回路的对称线圈；L_3 组成第二调谐回路。J_T、C_N、L_1、L_2 组成如图 3.6.3 所示的电桥。

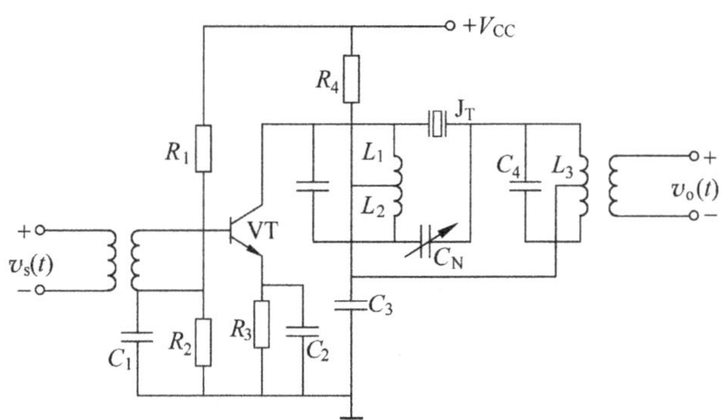

图 3.6.2 窄带石英晶体滤波器电路

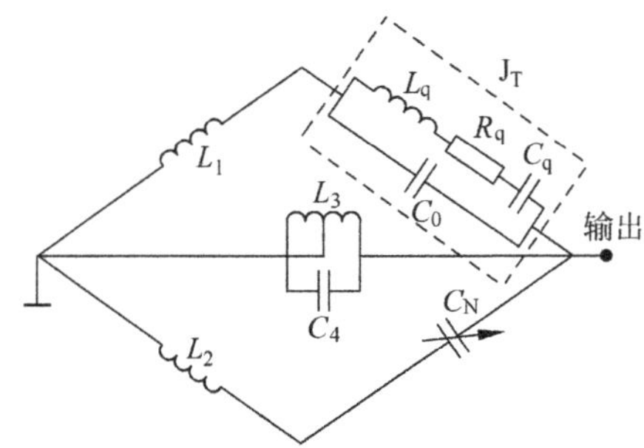

图 3.6.3 窄带石英晶体滤波器等效电桥

当调节 C_N 使 $C_N=C_0$ 时(C_0 为石英晶体的静电容)，C_0 的作用被平衡，放大器的输出取决于石英晶体的串联谐振特性。当 $C_N>C_0$ 时，必然在低于 ω_q 的某个频率上晶体所呈

现的容抗等于 C_N 的容抗。这时电桥平衡，无输出。当 $C_N<C_0$ 时，必然在高于 ω_p 的某个频率上晶体所呈现的容抗等于 C_N 的容抗。这时电桥平衡，无输出。因此，调节 C_N 可改变通带宽度，亦可使电桥平衡点对准干扰信号频率，这样，电桥就对干扰信号衰减最大。

L_3 组成第二调谐回路，其线圈抽头是可变的，改变抽头(即改变 p^2)可改变等效阻抗的大小，它一方面起着阻抗匹配的作用；另一方面也可适当改变通带，由它影响等效品质因数 Q_L 的值。

图 3.6.4 为国产单片调频调幅收音机集成块的调幅调频中频放大器。由于直接耦合差分电路可以克服零点漂移，级联时可以省略大容量隔直流电容，且有好的频率特性，所以在实现较大规模的集成电路时，差分电路用得较多。ULN-2204 集成块的中频放大器，就是五级差分电路直接级联而成的。前四级差分放大(VT_1、VT_2、VT_3、VT_4、VT_5、VT_6、VT_7、VT_8)都是以电阻作负载的共集-共基放大电路，它们保证了高频工作时的稳定性；末级差分放大是采用恒流管 VT_{11} 的共集-共基放大对管(VT_9 和 VT_{10})。

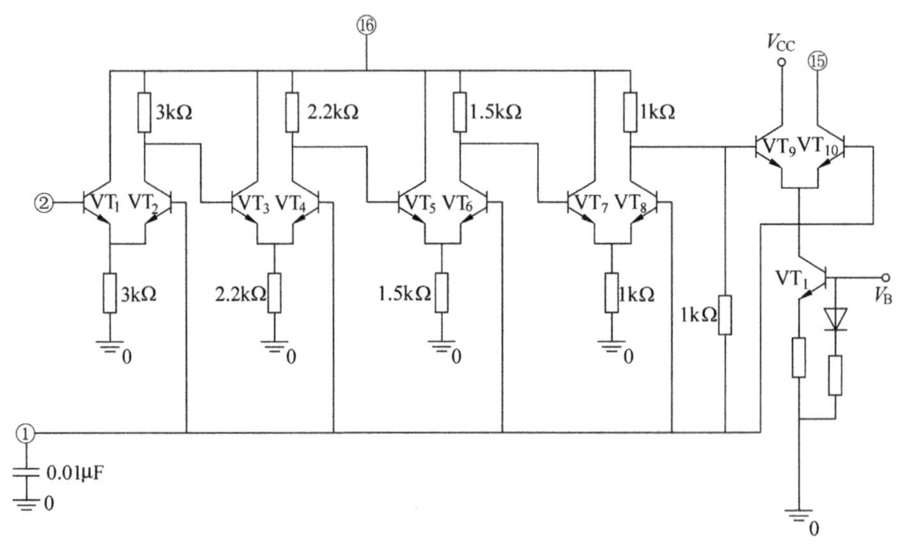

图 3.6.4 ULN-2204 集成块的中频放大器部分

从调频或调幅变频器输出的各变频分量中，经过集中选择性滤波器，选出调频中频信号(10.7MHz)或调幅中频信号(465kHz)，接到放大器的输入端②和①。经放大后，在 VT_{10} 输出端再用集中选择性滤波器作负载并经鉴频或检波检出音频信号。放大器的各级直流电源接图中的⑯。V_{CC} 和 V_B 分别由集成电路中的控制电路及稳压电路供给。

图 3.6.5 为电视接收机图像中频放大器和自动增益控制(automatic gain control，AGC)集成块(HA1144)中的图像中频放大器部分。图像中频放大器由两级放大器组成，VT_9～VT_{14} 和 VT_{16} 构成第一级中频放大器，VT_{16} 为电流源和 AGC 受控级。其中 VT_9、VT_{11} 和 VT_{10}、VT_{12} 构成共集-共射组合管的差分放大电路。采用这种组合管可以提高放大器的输入阻抗，以减少调谐器(高频头)的负载。

由于电容 $2C_{28}$ 把信号旁路接地，所以中频信号为单端输入，经⑫管脚送至 VT_9 的基极，信号经差分对 VT_{11} 和 VT_{12} 放大后，分别由它们的集电极输送到引线①和⑭脚。$2L_6$ 与第一中放级的输出和第二级图像中频放大器的输入电容以及外接的 12pF 构成低 Q 带通

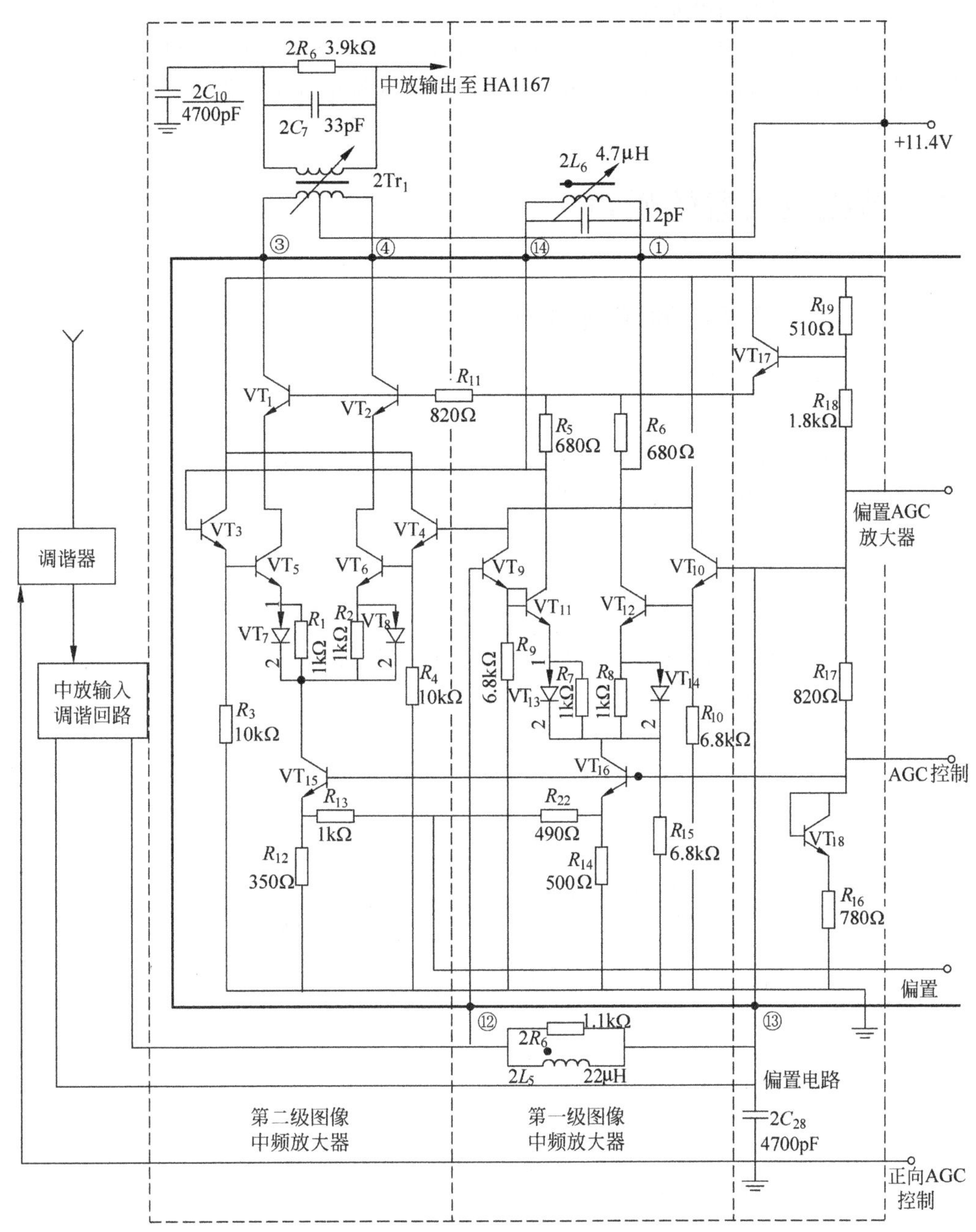

图 3.6.5 电视接收机图像中频放大器和集成电路 HA1144 的图像中频放大器部分

谐振回路。$VT_1 \sim VT_6$ 和 VT_{15} 构成第二中放级。VT_{15} 为电流源，VT_3 和 VT_4 构成对称的射极跟随输入级。VT_5、VT_6 以及 VT_1、VT_2 构成差分式共射共基电路。③和④两端为第二中放级的输出，接平衡式耦合变压器 $2Tr_1$ 的初级。第二中放级为双端输入和双端输出的变型差分电路。变压器 $2Tr_1$ 的次级一端通过 $2C_{10}$ 接底板，即由双端变为单端输出，然后接至集成块 HA1167（由第三级图像中频放大器、视频检波、消隐、自动杂波抑制、同步分离和 AGC 电压检波电路组成)。

另外,VT_{11}、VT_{12} 和 VT_5、VT_6 都加有自动增益控制。VT_{17}、VT_{18} 和 VT_{33}(在集成块另外部分)以及电阻 R_{16}、R_{17}、R_{18} 和 R_{19} 构成内稳压电源和偏置网络。

3.7 谐振放大器的噪声

3.7.1 内部噪声的源与特点

放大器的内部噪声主要是由电路中的电阻、谐振回路和电子器件内部所具有的带电微粒无规则运动所产生的。

这种无规则运动具有起伏噪声的性质,是一种随机过程,即在同一时间(0~T)内,这一次观察和下一次观察会得出不同的结果。

随机过程的特征通常用它的平均值、均方值、频谱或功率谱来描述。

1. 起伏噪声电压的平均值

如图 3.7.1 所示,设 $v_{\text{n}}(t)$为起伏噪声电压,起伏噪声的平均值为 $\bar{v}_{\text{n}}$,它代表 $v_{\text{n}}(t)$的直流分量,$\bar{v}_{\text{n}}$ 可表示为

$$\bar{v}_{\text{n}}=\lim \frac{1}{T}\int_0^T v_{\text{n}}(t)\,\mathrm{d}t \tag{3.7.1}$$

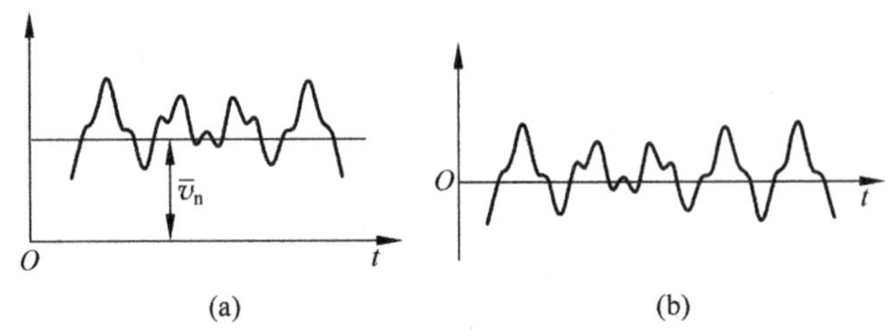

图 3.7.1 起伏噪声电压的平均值

(a) 平均值为 $\bar{v}_{\text{n}}$;(b) 平均值为零

2. 起伏噪声电压的均方值

设噪声的起伏强度为 $\Delta v_{\text{n}}(t)=v_{\text{n}}(t)-\bar{v}_{\text{n}}$,$\Delta v_{\text{n}}(t)$是随机的,有时正、有时负,长时间的 $\Delta v_{\text{n}}(t)$的平均值为零。将 $\Delta v_{\text{n}}(t)$平方后取其平均值,称为起伏噪声电压的均方值或方差,以$\overline{\Delta v_{\text{n}}^2}$ 表示,即

$$\overline{\Delta v_{\text{n}}^2}=\overline{(v_{\text{n}}(t)-\bar{v}_n)^2}=\lim_{T\to\infty}\int_0^T[\Delta v_{\text{n}}(t)]^2\,\mathrm{d}t \tag{3.7.2}$$

3. 非周期噪声电压的频谱

起伏噪声电压是一种随机过程,其对应频谱也是随机过程,没有确定的描述。设电子器

件工作频率随时间的变化为 $f(t)$，对于一个脉冲宽度为 τ，振幅为 1 的单个噪声矩形脉冲，振幅频谱密度为

$$|F(\omega)|=\tau\frac{\sin(\omega\tau/2)}{\omega\tau/2}=\frac{1}{\pi f}\sin\pi ft \tag{3.7.3}$$

由于电阻和电子器件所产生的单个脉冲宽度 τ 极小，在整个无线电频率 f 范围内，τ 远小于信号周期 T，$T=1/f$，因此 $\pi f\tau=\pi\tau/T\ll1$，$\sin\pi\tau\approx\pi\tau$，式(3.7.3)转化为 $|F(\omega)|\approx\tau$，表示单个噪声脉冲电压的振幅频谱密度 $|F(\omega)|$ 在整个无线电频率范围内是均匀的。

4. 起伏噪声的功率谱

起伏噪声的功率谱表示为

$$\overline{\Delta v_{\mathrm{n}}^{2}(t)}=\lim_{T\to\infty}P=\lim_{T\to\infty}\int_{0}^{T}v_{\mathrm{n}}^{2}(t)\mathrm{d}t=\int_{0}^{\infty}S(f)\mathrm{d}f \tag{3.7.4}$$

式中，$S(f)$ 称为噪声功率谱密度，$s(f)=4kTR$，单位为 W/Hz。由于起伏噪声的频谱在极宽的频带内具有均匀的功率谱密度，起伏噪声也称为白噪声。白噪声是指在某一个频率范围内 $S(f)$ 保持常数。

3.7.2 电阻热噪声

电阻中的带电微粒(自由电子)在一定温度下，受到热激发后，在导体内部作大小和方向都无规则的热运动。

若以 $S(f)$ 表示电阻的热噪声的功率谱密度，根据电阻热运动理论和实践证明 $S(f)=4kTR$。由于功率谱密度表示单位频带内的噪声电压均方值，故噪声电压均方值为 $\overline{v_{\mathrm{n}}^{2}}=4kTR\Delta f_{\mathrm{n}}$，噪声电流均方值为 $\overline{i_{\mathrm{n}}^{2}}=4kTG\Delta f_{\mathrm{n}}$。以上各式中，$k$ 为玻耳兹曼常量，T 为电阻的绝对温度，Δf_{n} 为电路的等效噪声带宽，R(或 G)为 Δf_{n} 内的电阻(或电导)值。把电阻 R 看作一个噪声电压源或电流源与一个理想无噪声的电阻串联(或并联)，图 3.7.2 为电阻的噪声等效电路。

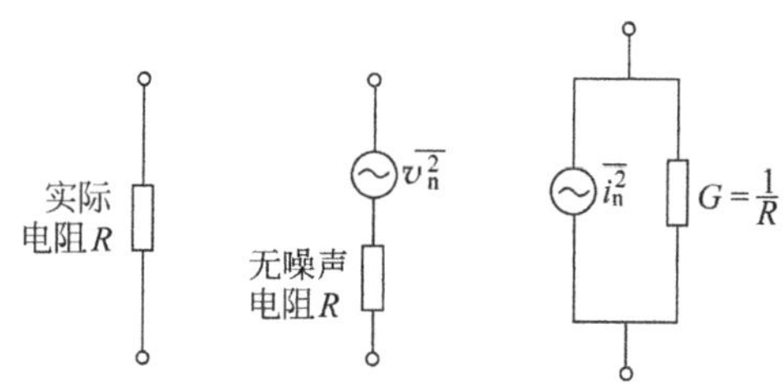

图 3.7.2 电阻的噪声等效电路

3.7.3 天线热噪声

天线等效电路由辐射电阻 R_{A} 和电抗 X_{A} 组成，$Z_{\mathrm{A}}=R_{\mathrm{A}}+\mathrm{j}X_{\mathrm{A}}$。热平衡状态下，噪声电压的均方值 $\overline{v_{\mathrm{n}}^{2}}=4kT_{\mathrm{A}}R_{\mathrm{A}}\Delta f$，$T_{\mathrm{A}}$ 为天线等效噪声温度。若天线无方向性，且处于绝对温度为 T 的无界限均匀介质中，则 $\overline{v_{\mathrm{n}}^{2}}=4kTR\Delta f$。

3.7.4 晶体管的噪声

晶体管的噪声主要有热噪声、散粒噪声、分配噪声和 $1/f$ 噪声。晶体管工作在高频且

为共基极电路时,噪声等效电路如图 3.7.3 所示。

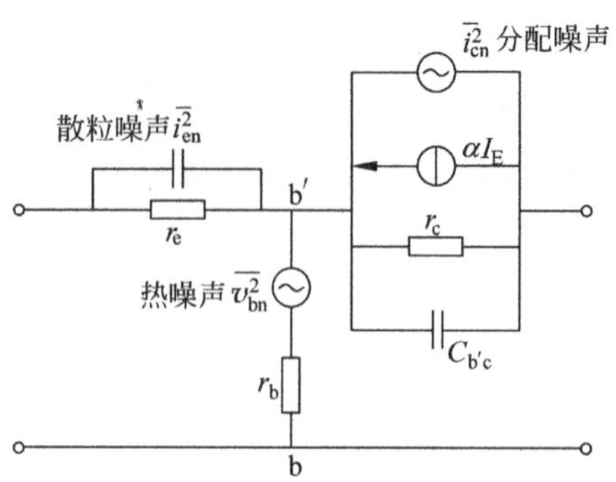

图 3.7.3 包括噪声电流与电压源的 T 型等效电路

图中,$r_c=r_{b'c}$,$r_e=r_{b'e}(1-\alpha_0)$,$r_b=r_{bb'}$,$g_m=\dfrac{\alpha_0}{r_e}$,$\alpha_0$ 相当于零频率的共基极状态的电流放大系数。在基极中的噪声源是 r_b 中的热噪声,其噪声均方值为

$$\overline{v_{bn}^2}=4kTr_b\Delta f_n \tag{3.7.5}$$

发射极臂中的噪声电流源表示载流子不规则运动所引起的散粒噪声,其值为

$$\overline{i_{en}^2}=2qI_E\Delta f_n \tag{3.7.6}$$

式中,q 是电子电荷,I_E 是发射极直流电流。在集电极中的噪声电流表示少数载流子复合不规则所引起的分配噪声,其值为

$$\overline{i_{cn}^2}=2qI_c\left(1-\frac{|\alpha|^2}{\alpha_0}\right)\Delta f_n \tag{3.7.7}$$

式中,α 为共基极状态的电流放大系数,α_0 是相应于零频率的 α 值,I_c 是集电极直流电流,单位为 A。晶体管基极臂是热噪声,发射极臂是散粒噪声,集电极臂是分配噪声。

3.8 噪声的表示和计算方法

1. 噪声系数

放大器的输出噪声功率 P_{no} 由两部分组成:一部分是 $P_{no1}=P_{ni}\cdot A_P$,其中 $A_P=P_{so}/P_{si}$,为放大器的功率增益,P_{so} 与 P_{si} 分别为信号源输入功率和输出功率;P_{no2} 为放大器本身产生的噪声在输出端呈现的噪声功率。因此,$P_{no}=P_{no1}+P_{no2}$。噪声系数定义为放大器的总噪声与输入端的噪声之比。

$$F_n=\frac{P_{no}}{P_{no1}}=1+\frac{P_{no2}}{P_{no1}} \tag{3.8.1}$$

因此,$F_n>1$,F_n 越大,表示放大器本身产生的噪声越大。

为了计算和测量的方便,噪声系数也可以用额定功率和额定功率增益的关系来定义。额定功率是指信号源所能提供的最大增益。额定功率大小为

$$P'_{si}=\frac{V_s^2}{4R_s} \tag{3.8.2}$$

输入端的噪声功率大小为

$$P'_{ni}=\frac{\overline{v_n^2}}{4R_s}=kT\Delta f_n \tag{3.8.3}$$

其中，噪声电压均方值为 $\overline{v_n^2}=4kTR_s\Delta f_n$。

2. 噪声温度

如图 3.8.1 所示的放大器线性四端口网络，额定功率增益是指放大器(或线性四端网络)的输入端和输出端分别匹配时，即 $R_s=R_i$，$R_o=R_L$ 的功率增益，即

$$A_{PH}=\frac{P'_{so}}{P'_{si}} \tag{3.8.4}$$

当放大器不匹配时，仍然存在额定功率增益。因此，噪声系数 F_n 也可以定义为

$$F_n=\frac{P'_{si}/P'_{ni}}{P'_{so}/P'_{no}} \tag{3.8.5}$$

综合式(3.8.3)～式(3.8.5)，得到

$$F_n=\frac{P'_{no}}{kT\Delta f_n A_{PH}} \tag{3.8.6}$$

上述四端网络中表示放大器内部噪声的另一种方法是将内部噪声折算到输入端，放大器本身则被认为是没有噪声的理想器件。

$$P'_{ni}=kT\Delta f_n,\quad P''_{ni}=kT_i\Delta f_n \tag{3.8.7}$$

$$F_n=\frac{P_{no}}{P_{no1}}=1+\frac{P_{no2}}{P_{no1}}=1+\frac{kT_i\Delta f_n}{kT\Delta f_n}=1+\frac{T_i}{T} \tag{3.8.8}$$

$$P_{no2}=A_{PH2}P_{no1}+A_{PH2}kT\Delta f_n(F_{n2}-1) \tag{3.8.9}$$

式中，T_i 为噪声温度，且 $T_i=(F_n-1)T$。

3. 多级放大器的噪声系数

图 3.8.2 为二级级联放大器示意图。每一级额定功率增益和噪声系数分别为 A_{PH1}、F_{n1} 和 A_{PH2}、F_{n2}，通频带均为 Δf_n。放大器的噪声系数定义为

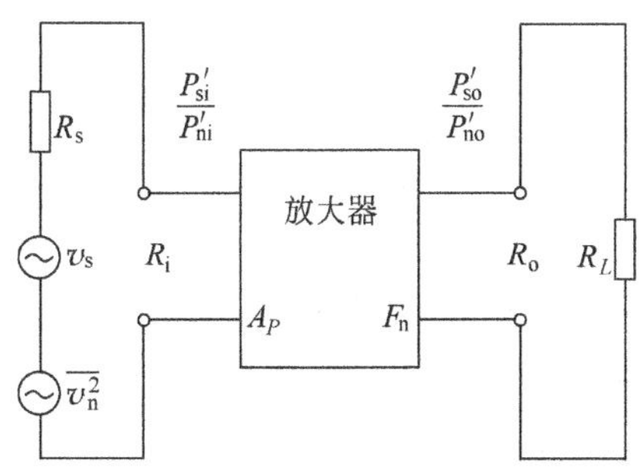

图 3.8.1　表示额定功率和噪声系数定义的电路

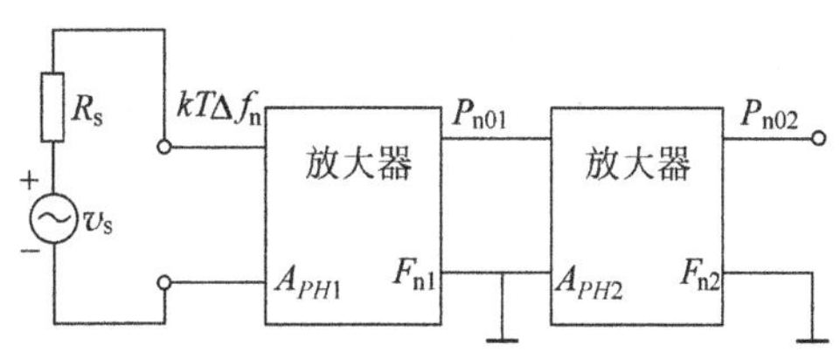

图 3.8.2　二级级联放大器示意图

$$F_n = 1 + \frac{\text{放大器自身的噪声功率}}{\text{放大的信号源噪声功率}}$$

$$= 1 + \frac{P_n}{A_{PH} k T \Delta f_n} \tag{3.8.10}$$

$$F_1 = \frac{P_{no1}}{A_{PH1} k T \Delta f} \tag{3.8.11}$$

$$F_{1,2} = \frac{P_{no2}}{A_{PH1} A_{PH2} k T \Delta f} = F_{n1} + \frac{(F_{n2} - 1)}{A_{PH1}} \tag{3.8.12}$$

采用同样的方法，可以求得 n 级级联放大器的噪声系数为

$$(F_n)_{1,2,\cdots,n} = F_{n1} + \frac{(F_{n2} - 1)}{A_{PH1}} + \frac{(F_{n3} - 1)}{A_{PH1} \cdot A_{PH2}} + \cdots + \frac{(F_{nn} - 1)}{A_{PH1} \cdot A_{PH2} \cdot \cdots \cdot A_{PHn-1}} \tag{3.8.13}$$

可见，多级放大器总的噪声系数主要取决于前面一、二级，最关键的是第一级，不仅要求它的噪声系数低，而且要求它的额定功率增益尽可能高。

4. 灵敏度

当系统的输出信噪比(P_{so}/P_{no})给定时，有效输入信号功率 P'_{si}称为系统灵敏度，与之相对应的输入电压称为最小可检测信号。

5. 等效噪声频带宽度

设四端口网络的电压传输系数为 $A(f)$，输入端的噪声功率谱密度为 $S_i(f)$，则输出端的噪声功率谱密度为 $S_o(f) = A^2(f) S_i(f)$。定义等效噪声频带宽度 Δf_n 为噪声功率相等时所对应的噪声频带宽度。可以推导出 Δf_n 的表达式为

$$\frac{\int_0^f A^2(f) \mathrm{d}f}{A^2(f_0)} \mathrm{d}f = \Delta f_n \tag{3.8.14}$$

6. 减小噪声系数的措施

根据上面讨论的结果，可提出以下几点减小噪声系数的措施：一是选用低噪声元器件。对晶体管而言，尽可能选择内电阻和噪声系数比较小的晶体管；还可以采用场效应管作放大器和混频器，因为场效应管的噪声水平低，尤其是砷化镓(GaAs)金属半导体场效应管，它的噪声系数可低到 0.5～1dB。

二是正确选择晶体管放大级的直流工作点。晶体管的静态电流的变化会对噪声系数产生一定影响。当参数选择合适时，满足最佳条件，可使噪声达到最小值。

三是选择合适的信号源内阻 R_s。信号源内阻 R_s 的变化也会影响噪声系数。晶体管共射和共基电路在高频工作时，最佳内阻为几十到三四百欧姆，频率更高，最佳内阻更小。较低频，最佳内阻在 500～2000Ω，它和共发射极输入电阻相近，可用共发射极放大器，在获得最小噪声系数的同时，能获得最大功率增益。在较高频工作时，最佳内阻和共基极放大器的输入电阻相近，可用共基极放大器，使最佳内阻和输入电阻相等，获得最小噪声系数和最

大功率增益。

四是选择合适的工作带宽。接收机或放大器的带宽增加，内部噪声增大，因此必须选择合适的带宽，既能满足信号通过时对失真的要求，又可避免信噪比下降。

五是选用合适的放大电路。可以选择本章介绍的共射-共基级联放大器、共源-共栅级联放大器，其都是优良的高稳定和低噪声电路。

参考文献

[1] 荆震. 高稳定晶体振荡器[M]. 北京：国防工业出版社，1975.

[2] 高如云，陆曼茹，张企民，等. 通信电子线路[M]. 2 版. 西安：西安电子科技大学出版社，2002.

[3] SMITH D C. High frequency measurements and noise in electronic circuits[M]. Amsterdam: Kluwer Academic Pub. ,1992.

[4] CARSON S. High frequency amplifiers[M]. New York: John Wiley & Sons, Inc. ,1976.

思考题和习题

3.1 为什么高频小信号放大器要考虑阻抗匹配问题？小信号放大器的主要质量指标有哪些？设计时遇到的主要问题是什么？如何解决？晶体管高频小信号放大器为什么采用共发射极电路？

3.2 某晶体管在 $V_{CE}=10V$，$I_E=1mA$ 时的 $f_T=250MHz$，且 $r_{bb'}=70\Omega$，$C_{b'c}=3pF$，$\beta_0=40$。求该管在频率为 $f=10MHz$ 共射电路的 y 参数。

3.3 有一放大器的功率增益为 15dB，带宽为 100MHz，噪声系数为 3dB。若将其连接到等效噪声温度为 800K 的解调器前端，则整个系统的噪声系数和等效噪声温度为多少？

3.4 接收机带宽为 3kHz，输入阻抗为 50Ω，噪声系数为 6dB，将总衰减为 4dB 的电缆连接到天线。假设各接口均匹配，为了使接收机输出信噪比为 10dB，则最小输入信号应为多大？

3.5 如图所示一电容抽头的并联振荡回路，谐振频率为 1MHz，$C_1=400pF$，$C_2=100pF$，求回路的电感 L。若 $Q_0=100$，$R_L=2k\Omega$，求回路有载品质因素 Q_L。

3.6 如图所示噪声产生电路，其中 VD 为硅管。已知直流电压 $U=10V$，$R=20k\Omega$，$C=100pF$，求等效噪声带宽 B_n 和输出噪声电压均方值。

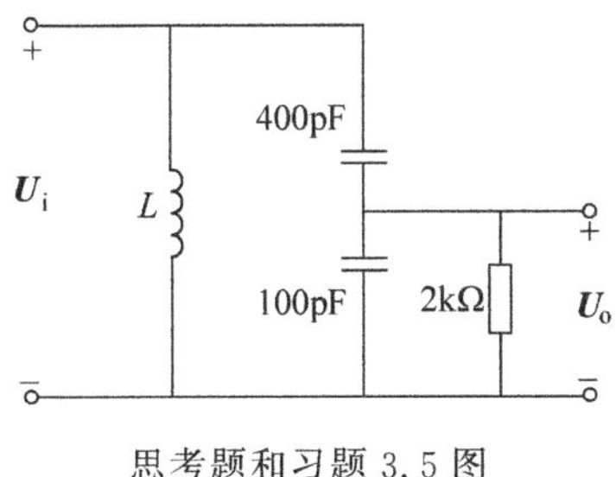

思考题和习题 3.5 图

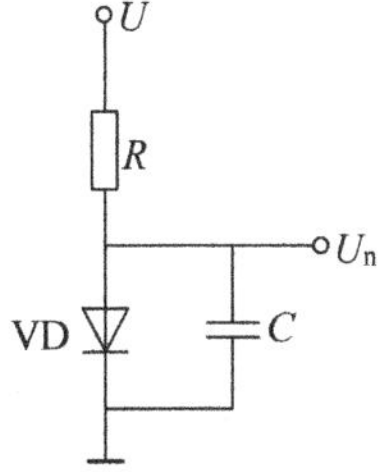

思考题和习题 3.6 图

3.7 接收机等效噪声带宽近似为信号带宽，约 50kHz，输出信噪比为 12dB，要求接收机的灵敏度为 1pW，问：接收机的噪声系数应为多大？

3.8 证明如图所示并联谐振回路的等效噪声带宽为：$\Delta f_{\mathrm{n}}=\dfrac{\pi f_0}{2Q}$。

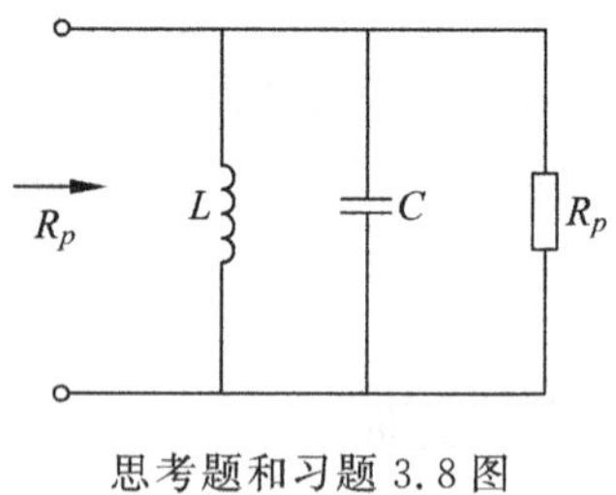

思考题和习题 3.8 图

3.9 当接收机线性极输出端的信号功率对噪声功率的比值超过 40dB 时，接收机会输出满意的结果。该接收机输入级的噪声系数是 12dB，损耗为 7dB，下一级的噪声系数为 2dB，并具有较高的增益。若输入信号对噪声功率的比为 1×10^5，问：这样的接收机构成是否满足要求，需要前置放大器吗？前置放大器增益为 20dB，则其噪声系数是多少？

3.10 为什么晶体管在高频工作时要考虑单向化问题，而在低频工作时则可不考虑？使高频晶体管稳定工作的要素有哪些？

第4章 高频谐振功率放大器

内容提要

本章主要介绍高频大功率放大器的组成、工作原理及分析方法，讨论高频大功率放大器调制特性、馈电方式、匹配网络构成原理，进一步介绍实际高频功率放大器电路、调谐匹配网络的设计方法，最后对宽带传输线变压器和功率合成器进行简要介绍。本章的教学需要8～10学时。

4.1 高频谐振功率放大器的工作原理

高频谐振功率放大器用于各种无线电发送设备中，对高频载波或高频已调波进行功率放大。它包含窄带高频功率放大器和宽带高频功率放大器，前者以谐振回路为负载，所以又称谐振功率放大器；后者采用非选频性负载，如传输线变压器或其他宽带匹配电路。电路系统中采用放大器的目的是使电信号能够有效地进行远距离传输，其特点是频率高、信号强度大、工作于非线性区。工作状态分为以下三种：甲类、乙类、甲乙类、丙类，开关型，特殊技术型。

4.1.1 基本电路构成

高频谐振功率放大器的基本电路由BJT、LC谐振回路和馈电电源组成，如图4.1.1所示，该电路有如下特点。

(1) NPN高频大功率晶体管，有较高的特征频率f_T；常采用平面工艺制造，集电极直接与散热片连接，能承受高电压和大电流，需要1～2V大信号激励。

(2) 改变直流偏置电压U_{BB}可以改变放大器的工作类型，如基极偏置电路为晶体管发射结提供负偏压，常使电路工作在丙类(C)状态。

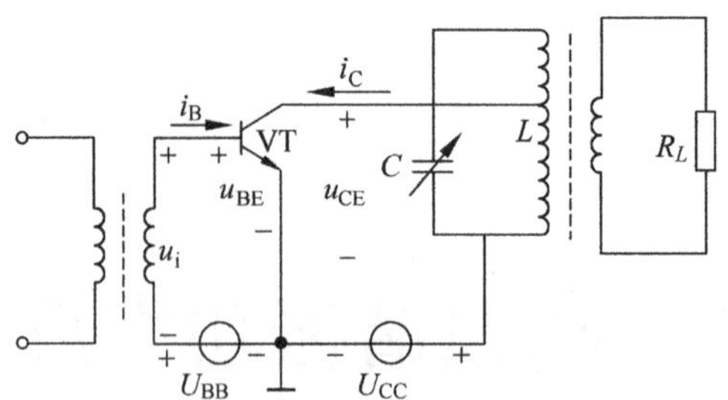

图 4.1.1 高频谐振功率放大器的基本电路构成原理图

(3) 输出端的负载回路也为 LC 调谐回路，要求既能完成调谐选频功能，又能实现放大器输出端与负载的匹配。

(4) 发射结在一个周期内只有部分时间导通，i_B、i_C 均为一系列高频脉冲。

(5) 谐振回路作负载可以滤除高频脉冲电流 i_C 中的谐波分量，并实现阻抗匹配。

4.1.2 工作原理及性能指标

1. 特性曲线折线分析化

在分析放大器静态输入、输出和转移特性时，为了使问题分析简化，采用特性曲线折线法，如图 4.1.2 所示。其简化要点如下：忽略高频效应——按照低频特性分析；忽略基区宽变效应——输出特性水平、平行、等间隔；忽略管子结电容、载流子基区渡越时间；忽略穿透电流——截止区 $I_{CEO}=0$；忽略高频效应——按照低频特性分析。

理论分析与计算只是为电路参数的选择与调整提供依据与指导，实际电路工作时需要调整。

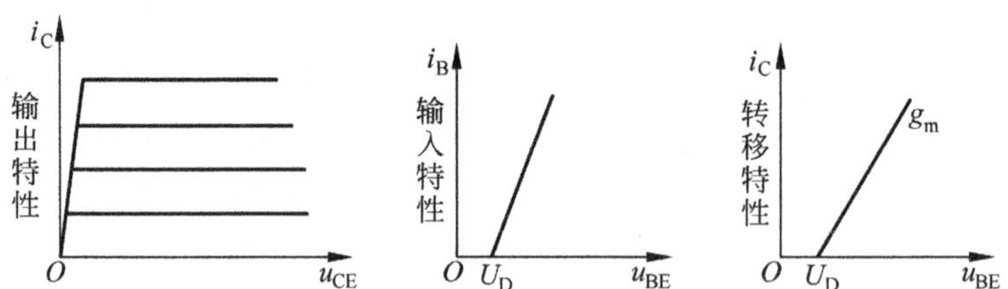

图 4.1.2 高频谐振放大器的静态输入、输出与转移特性分析

2. 各极电流、电压波形

图 4.1.3 中，输入电压为

$$U_i = U_{im}\cos\omega t \tag{4.1.1}$$

发射结电压为

$$U_{BE} = -U_{BB} + U_{im}\cos\omega t \tag{4.1.2}$$

由图 4.1.3 可见，i_B 和 i_C 随时间变化的波形都是余弦脉冲，定义 θ 为导通角，三极管只在 $(-\theta,\theta)$ 内导通。当 $\theta<90°$ 时，功率放大器工作于丙类状态，且满足

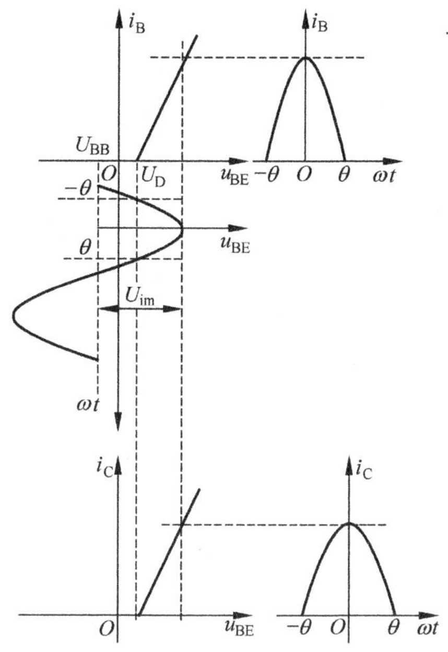

图 4.1.3　高频谐振放大器的各极电流电压波形

$$\cos\theta = \frac{U_D + U_{BB}}{U_{im}} \tag{4.1.3}$$

U_{BB}、U_{im} 和 U_D 决定 θ，且 U_{im} 越小或 U_{BB} 绝对值越大，θ 越小。

将 i_C 余弦脉冲展开为傅里叶级数：

$$i_C = I_{C0} + I_{C1}\cos\omega t + I_{C2}\cos 2\omega t + \cdots \tag{4.1.4}$$

当 i_C 流过 LC 谐振回路时，在回路两端产生电压 U_C。由于谐振回路的选频特性，U_C 中只有基波分量幅度最大，其他频率的信号电压幅度较小可以忽略。设 R_e 为并联回路谐振时的等效负载电阻，包括 BJT 的输出电导和等效的 R_L。

$$U_C = U_{C1m}\cos\omega t = I_{C1m}\cos\omega t \cdot R_e \tag{4.1.5}$$

集电极输出电压为

$$u_{CE} = U_{CC} - u_C = U_{CC} - U_{C1m}\cos\omega t \tag{4.1.6}$$

如果振荡回路的 $\omega_0 = n\omega$，则在回路两端可得到频率为 $n\omega$ 的电压为 $u_o = U_m\cos n\omega t$，相当于实现了对输入信号的 n 倍频。

由图 4.1.4 可见，放大器工作于丙类状态时，集电极电流 i_C 只在 $2n\pi - \theta_c < \omega t < 2n\pi + \theta_c$ 内流通，形成了余弦脉冲电流；工作在丙类，且导通角小于 90°。余弦脉冲电流依靠 LC 谐振回路的选频作用，滤除直流及各次谐波，输出电压仍然是不失真的余弦波。在此时间内 u_{CE} 处于较小值，且在 i_C 达最大值时，u_{CE} 为最小值。在其余时间 u_{CE} 处于较大值，而 i_C 却为零。$i_{C1} = I_{C1m}\cos\omega t$，为电流基频分量。其波形为余弦波形，与基波电压 $u_C = U_{C1m}\cos\omega t = I_{C1m}\cos\omega t \cdot R_e$ 同相，其输出波形是完整的余弦波形。

i_C 余弦脉冲的分解为

$$i_C = I_{C0} + I_{C1}\cos\omega t + I_{C2}\cos 2\omega t + \cdots \tag{4.1.7}$$

$$i_C = I_M\cos\omega t - I_M\cos\theta \tag{4.1.8}$$

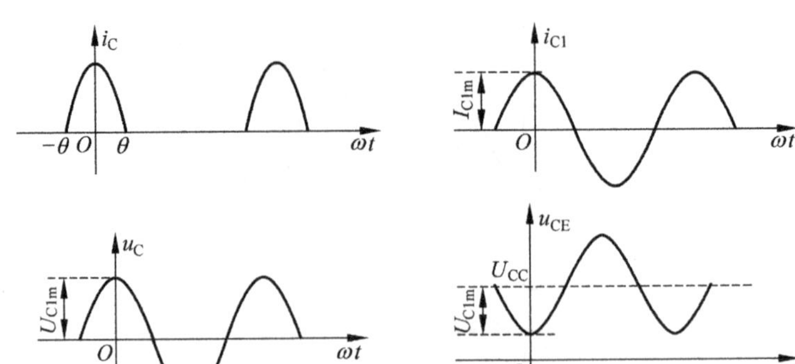

图 4.1.4　各极电流电压波形及其按照傅里叶级数展开基频波形

$$i_C = i_{Cmax}\frac{\cos\omega t - \cos\theta}{1-\cos\theta} \quad (i_C \geqslant 0) \tag{4.1.9}$$

图 4.1.5 说明了集电极 i_C 波形为余弦脉冲,其形状完全取决于脉冲高度 i_{Cmax} 与流通角 θ_C。由 i_C 余弦脉冲傅里叶级数展开式 $i_C = I_{C0} + I_{C1}\cos\omega t + I_{C2}\cos 2\omega t + \cdots$,在区间$[-\theta,\theta]$各次谐波分量的振幅为

$$I_{C0} = \frac{1}{2\pi}\int_{-\pi}^{\pi} i_C \mathrm{d}(\omega t) = i_{Cmax}\alpha_0(\theta) \tag{4.1.10}$$

$$I_{C1m} = \frac{1}{2\pi}\int_{-\pi}^{\pi} i_C \cos(\omega t)\mathrm{d}(\omega t) = i_{Cmax}\alpha_1(\theta) \tag{4.1.11}$$

$$\vdots$$

$$I_{Cnm} = \frac{1}{2\pi}\int_{-\pi}^{\pi} i_C \cos(n\omega t)\mathrm{d}(\omega t) = i_{Cmax}\alpha_n(\theta) \tag{4.1.12}$$

式中,$\alpha_0(\theta),\alpha_1(\theta),\cdots,\alpha_n(\theta)$为谐波分解系数;另定义 $\gamma_1 = I_{C1m}/I_{C0} = \alpha_1(\theta)/\alpha_0(\theta)$为波形系数,随 θ 减小而增大。

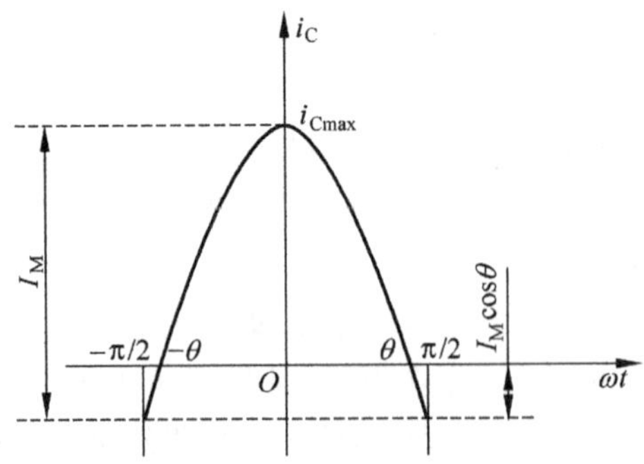

图 4.1.5　集电极电流波形

由图 4.1.6 可看出,$\theta=120°$时,$\alpha_1(\theta)$最大,若从提高输出功率考虑应选 $\theta=120°$,但这时放大器工作于甲乙类状态,但此时,波形系数 γ_1 的值较小,转换效率低。

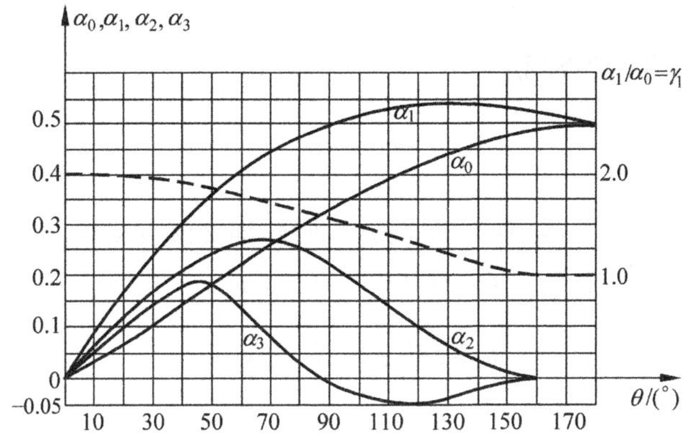

图 4.1.6 γ_1 与 α 之间的关系曲线

3. 高频功率放大器中的能量关系与效率

(1) 集电极输出功率

$$P_o = \frac{1}{2} I_{C1m} U_{C1m} = \frac{1}{2} I_{C1m}^2 R_e = \frac{1}{2} \frac{U_{C1m}^2}{R_e} \tag{4.1.13}$$

(2) 集电极电源提供功率

$$P_e = I_{C0} U_{CC} \tag{4.1.14}$$

(3) 集电极损耗功率

$$P_c = P_E - P_o \tag{4.1.15}$$

(4) 集电极效率

$$\eta = \frac{P_o}{P_E} = \frac{I_{C1m} U_{C1m}}{2 I_{C0} U_{CC}} = \frac{1}{2} \gamma_1 \xi \tag{4.1.16}$$

式中，$\xi = \dfrac{U_{C1m}}{U_{CC}}$，为集电极电压利用系数。

(5) θ 对效率的影响

电压利用系数 $\xi = U_{C1m}/U_{CC} < 1$，$\xi \leqslant 1$，γ_1 随 θ 而变化；乙类功率放大器：$\theta = \pi/2$，$\gamma_1 = \pi/2$，$\eta_{max} = \pi/4 = 78.5\%$；丙类功率放大器：$\theta < \pi/2$，减小 θ，γ_1 提高，η_c 提高；但是 θ 很小时，γ_1 提高不多，输出功率却降低很多。实际工作中，θ 选取应兼顾功率和效率，故 θ 通常选 70°左右。

(6) 放大器的激励功率

$$P_i = \frac{1}{2} I_{C1m} U_{im} \tag{4.1.17}$$

(7) 功率放大倍数

$$A_P = \frac{P_o}{P_i} \tag{4.1.18}$$

4.1.3 工作状态分析

1. 动态特性分析

i_C、u_{BE} 和 u_{CE} 的关系曲线,称为动态特性曲线,即交流负载线。

$$\begin{cases} U_{BE}=U_{BB}+U_{im}\cos\omega t \\ u_{CE}=U_{CC}-U_{C1m}\cos\omega t \end{cases} \tag{4.1.19}$$

三点法作图:

(1) $\omega t=0, u_{BE}=U_{BB}+U_{im}, u_{CE}=U_{CC}-U_{C1m}$,得到 C 点。

(2) $\omega t=\pi/2, u_{BE}=U_{BB}, u_{CE}=U_{CC}$,得到 B 点。直线 BC 与横轴交于 A 点。

(3) $\omega t=\pi, u_{BE}=U_{BB}-U_{im}<0, i_C=0, u_{CE}=U_{CC}+U_{C1m}$,得到 D 点。折线 CAD 即谐振功率放大器的动态特性曲线。

根据图 4.1.7 再求动态负载 R_L。R_L 为动态特性曲线斜率的倒数:

$$R_L=\frac{U_{C1m}}{I_M} \tag{4.1.20}$$

将 $I_M=\dfrac{i_{Cmax}}{1-\cos\theta}, U_{C1m}=I_{C1m}R_e$ 代入上式,得

$$R_L=\frac{I_{C1m}\cdot R_e(1-\cos\theta)}{i_{Cmax}}I=\alpha_1(\theta)\cdot R_e(1-\cos\theta) \tag{4.1.21}$$

上式表明,丙类功率放大器的动态电阻由等效负载电阻(R_e)和导通角(θ)共同决定。

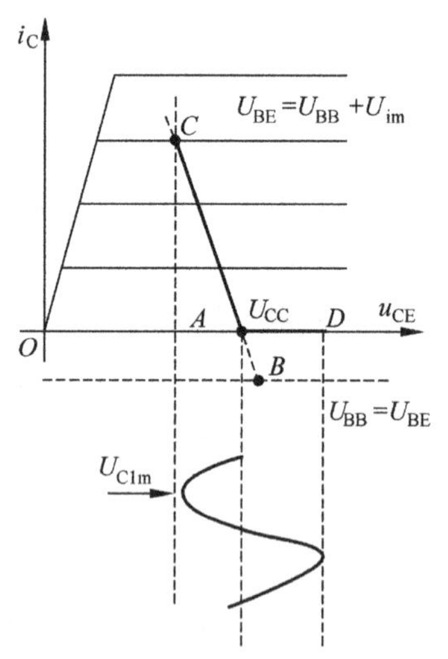

图 4.1.7 谐振功率放大器的动态特性曲线

2. 高频谐振功率放大器的工作状态

在放大器中,根据晶体管的导通角 θ 大小,将放大器分为甲类、甲乙类、乙类和丙类等工作状态。而在丙类谐振放大器中还可根据晶体管是否进入饱和区,将其分为欠压、临界和过压工作状态。如图 4.1.8 所示,工作状态根据 $u_{BE}=u_{BEmax}, u_{CE}=u_{CEmin}$ 时,动态特性上瞬时工作点 C 的位置确定。C 点在输出特性放大区和饱和区的临界点为临界状态;C 点在输出特性放大区为欠压状态;C 点在输出特性饱和区为过压状态。

在欠压和临界状态,i_C 是相同的余弦脉冲,但临界状态 U_{C1m} 大;在过压状态,i_C 中间凹陷,U_{C1m} 较临界状态略有增大。

下面比较三种工作状态。

(1) 临界状态:P_1 最大,η 较高,最佳工作状态(对应最佳负载 R_{Lcr}),主要用于发射机末级。

(2) 过压状态:η 较高(弱过压状态 η 最高),负载阻抗变化时,U_{C1} 基本不变,用于发射

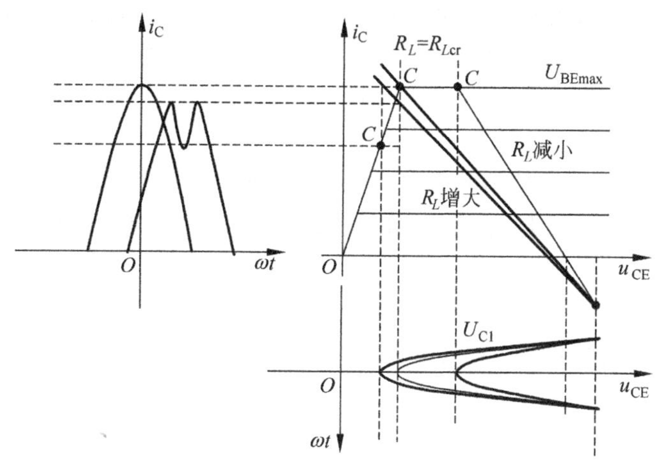

图 4.1.8 功率放大器的工作状态示意图

机中间级。

(3) 欠压状态：P_1 较小，η 较低，P_C 大，输出电压不够稳定，很少采用，基极调幅电路工作于此状态。

如图 4.1.9 所示，对应于临界状态的动态特性曲线 CAD，则有

$$i_{Cmax}=g_C u_{CEmin}=g_C(U_{CC}-U_{C1m}) \tag{4.1.22}$$

根据转移特性，又有

$$\begin{cases} i_{Cmax}=g_m(u_{BEmax}-U_D)=g_m(U_{BB}+U_{im}-U_D) \\ \cos\theta=\dfrac{U_D-U_{BB}}{U_{im}} \end{cases} \Rightarrow i_{Cmax}=g_m U_{im}(1-\cos\theta) \tag{4.1.23}$$

这样，利用三极管的特性参数 g_C 和 g_m 就可以求解功率放大器的相应指标。

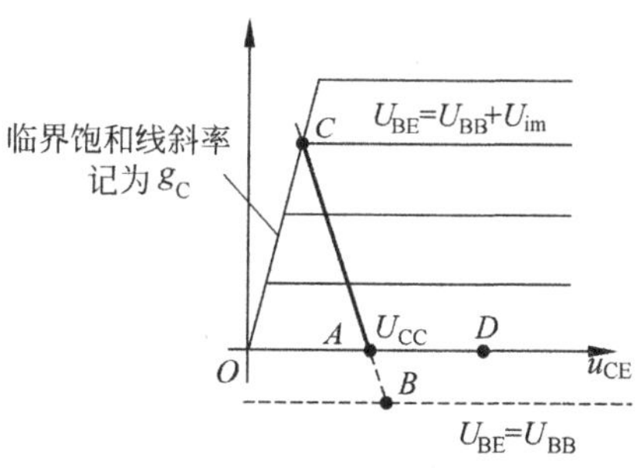

图 4.1.9 临界状态的动态特性曲线图

4.1.4 谐振功率放大器的外部特性

当激励源(U_{im})、负载(R_L)或直流电源(U_{BB}、U_{CC})发生变化时，都会影响到功率放大器的工作状态，改变输出功率与效率；另一方面可以通过调整这些外部参量来改变功率放大

器的性能。将外部参量变化时对功率放大器工作状态及性能指标的影响称为外部特性，包括负载特性参数 R_L 的影响，放大特性参数 U_{im} 的影响，调制特性参数 U_{BB}、U_{CC} 的影响。

1. 负载特性

当 U_{BB}、U_{CC} 及 U_{im} 固定时，$i_C(I_{C0}、I_{C1})$都确定；R_L 直接影响输出电压振幅，如图 4.1.10 所示，随着 R_L 增大，U_{C1} 增大，电路从欠压状态到临界状态再到过压状态。

2. 调制特性

(1) 集电极调制特性：U_{CC} 对电路状态的影响。

U_{BB}、U_{im} 不变，则 u_{BEmax}、θ 不变；R_L 不变，则动态特性斜率不变；U_{CC} 改变，引起动态特性平移。如图 4.1.11 所示，减小 U_{CC}，放大器的工作状态经历欠压、临界和过压三种状态。如图 4.1.12 所示，在过压区，输出电压振幅 U_{C1} 与 U_{CC} 近似呈线性关系：用一输入信号(调制信号)代替 U_{CC}，可完成振幅调制，即集电极调幅。

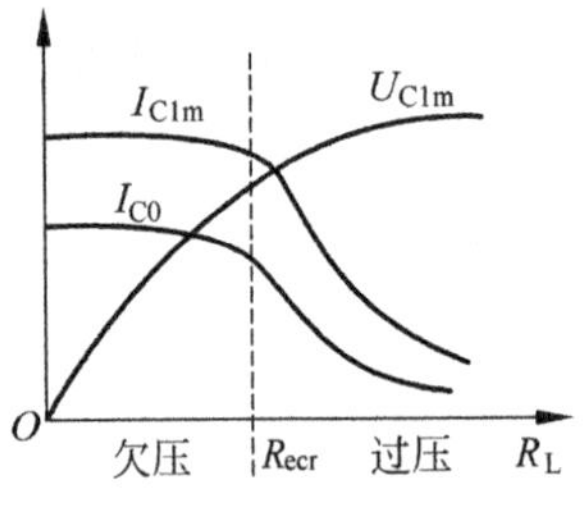

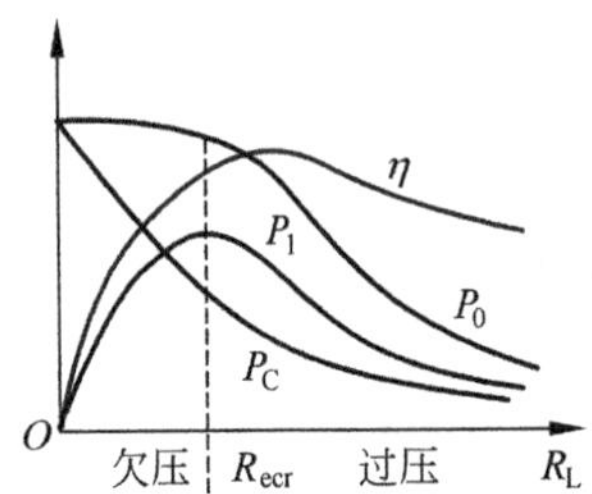

图 4.1.10 负载特性对电路状态影响

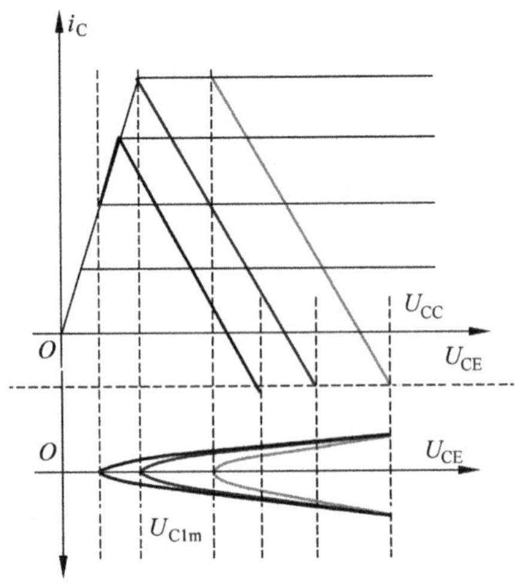

图 4.1.11 集电极调制特性对动态特性曲线影响

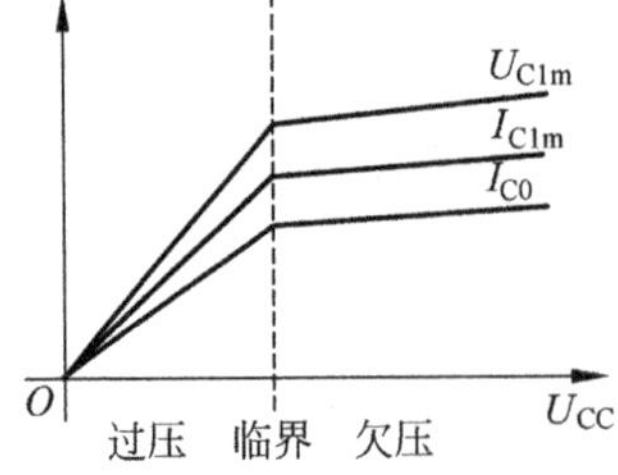

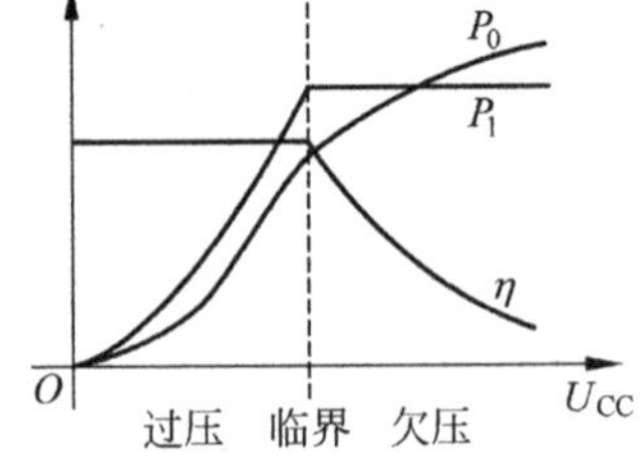

图 4.1.12 集电极调制特性对放大器参数的影响

(2) 基极调制特性：U_{BB} 对电路状态的影响。

如图 4.1.13 所示，增大 U_{BB}，放大器的工作状态经历欠压、临界和过压三种状态。如

图 4.1.14 所示，在欠压区，输出电压振幅 U_{C1m} 与 U_{BB} 近似呈线性关系，因此，运用一输入信号（调制信号）代替 U_{BB}，可完成振幅调制，即基极调幅。

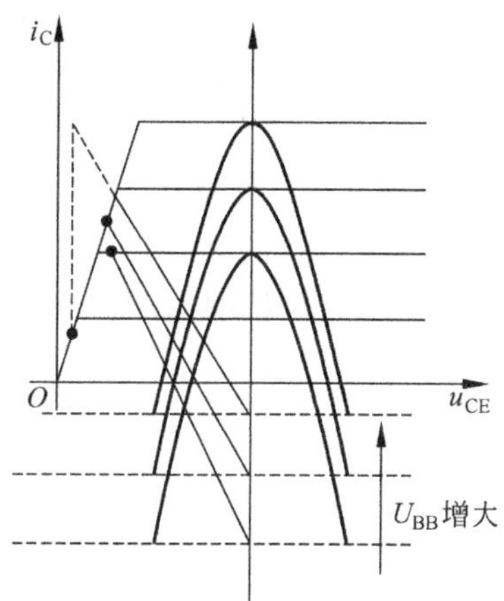

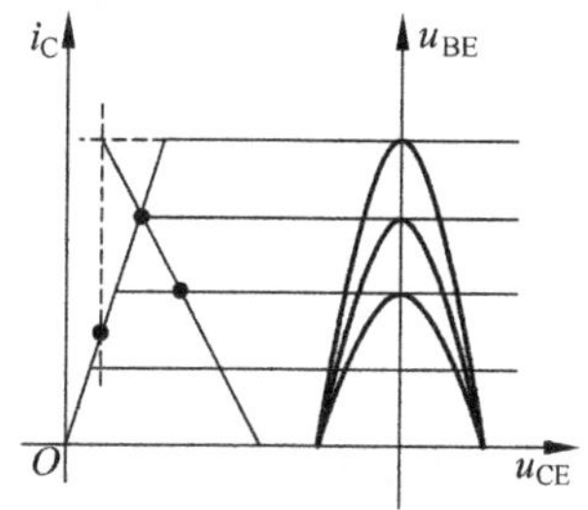

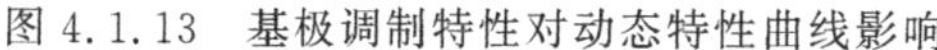

图 4.1.13 基极调制特性对动态特性曲线影响

图 4.1.14 基极调制特性对放大器参数的影响

3. 放大特性

当 U_{im} 增大时，以 $\theta=90°$为例，如图 4.1.15 所示，放大器的工作状态经历了欠压、临界和过压三种状态。

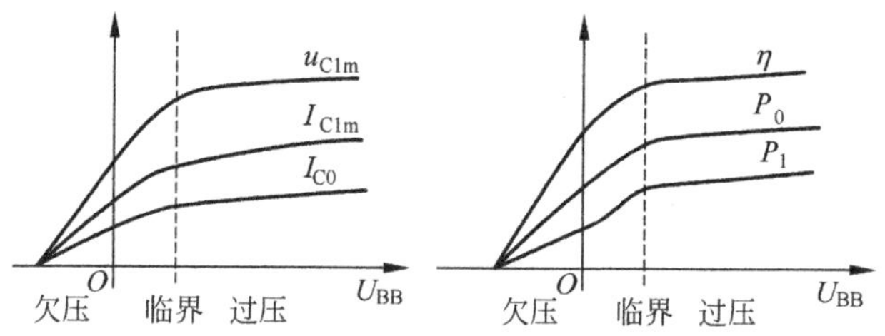

图 4.1.15 放大特性对工作状态影响

放大特性对放大器参数的影响如图 4.1.16 所示。在欠压区，输出电压振幅 U_{C1m} 与输入电压振幅 U_{im} 近似呈线性关系，可以实现对振幅变化信号的线性放大。在过压区，输出电压振幅 U_{C1m} 近似呈现恒压特性，可以实现对振幅变化信号的限幅。

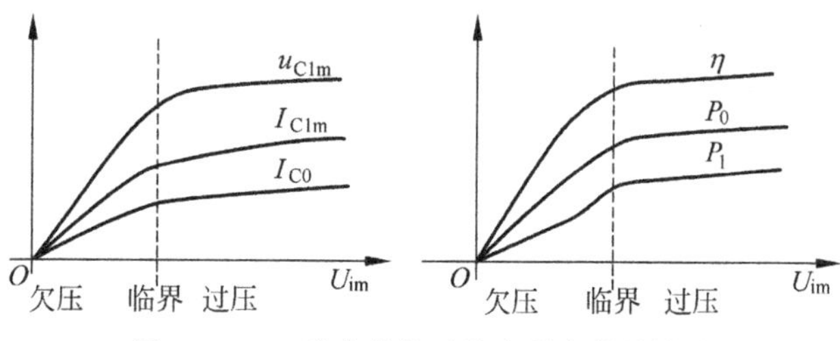

图 4.1.16 放大特性对放大器参数的影响

4. 外部特性在电路调试过程中的应用

本节以实际的例题说明如何根据外部特性实现对电路的调试。

例 4.1.1 一丙类谐振功率放大器，设计工作在临界状态，若发现实际电路的 P_o 和 η 均未达到要求，应如何进行调整？

分析：P_o 未达要求，说明工作于欠压或过压状态；若增大 R_e 能使 P_o 增大，由负载特性知该功率放大器处于欠压状态。

答：可以通过调整这些参数使 P_o 和 η 均达到实际要求，增大 R_e、U_{BB} 和 U_{im}。

另，判断工作状态也可以通过改变 U_{CC}、U_{BB} 和 U_{im} 来完成。注意：减小 U_{CC}，U_{im} 也减小，输出功率减小。

4.2 高频功率放大器的实际电路

高频功率放大器的实际电路是由高频功率放大器的实际馈电线路和各种不同用途的高频功率放大器的输入端和输出端的匹配电路组成的。

集电极馈电和基极馈电是馈电电源的两种连接方式，前者有串联馈电（三极管、负载回路和直流电源串联）和并联馈电（三部分并联）连接方式；基极馈电也有串联馈电和并联馈电两种连接方式。

馈电电源连接的基本原则是：使交流和直流信号有各自正常的通路，相互间的影响尽可能小，且要减小不必要的功率损耗。

4.2.1 直流馈电电路

1. 集电极馈电

集电极串联和并联两种馈电电路原理图及其对应的直流、交流等效电路图分别如图 4.2.1 与图 4.2.2 所示。其中放大器输出电压满足关系式 $u_{CE}=U_{CC}-U_{cm}\cos\omega t$。串联馈电电路分布电容影响小；但 LC 处于直流高电位上，网络元件安装不方便。并联馈电电路 LC 处于直流地电位上，网络元件安装方便；但分布参数直接影响网络的调谐。

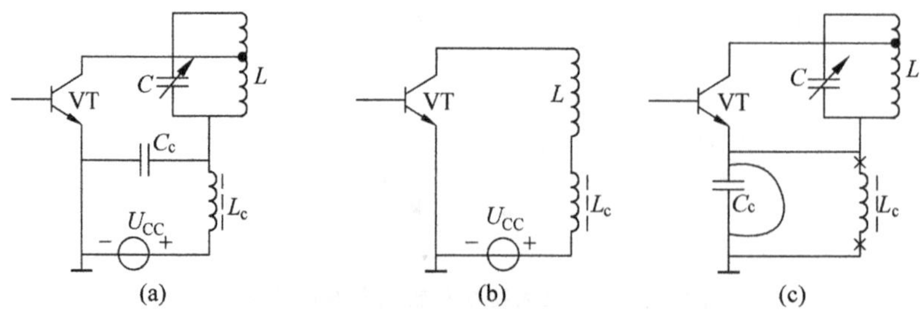

图 4.2.1 集电极串联馈电电路及其交流、直流等效电路图

(a) 串联馈电电路；(b) 直流通路；(c) 交流通路

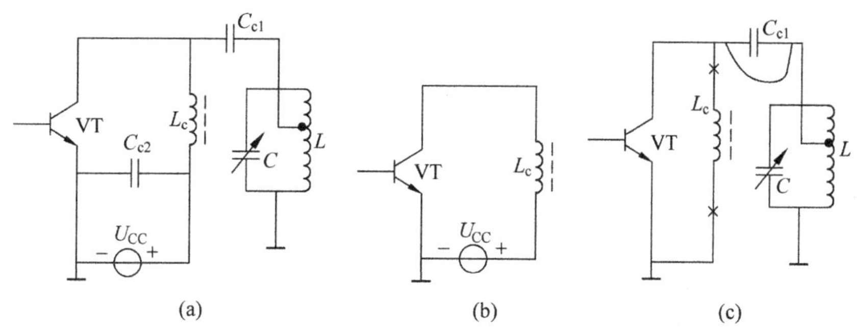

图 4.2.2 集电极并联馈电电路及其交流、直流等效电路图

(a) 并联馈电电路；(b) 直流通路；(c) 交流通路

2. 基极馈电

基极馈电电路包含串联馈电电路和并联馈电电路，其相应原理图如图 4.2.3(a)，(b)所示。其中放大器输出电压满足关系式 $u_{BB}=U_{BB}+U_{im}\cos\omega t$。丙类功率放大器的基极偏置电压 U_{BB} 为负偏压，实际电路中常采用自给偏压的方法来产生 U_{BB} 从而省去一个直流源，其相应原理如图 4.2.3(c)所示。采用此方法的优点是能自动维持放大器的稳定性，有利于稳定输出电压，但对于要求具有线性放大特性的放大器来说则不利。

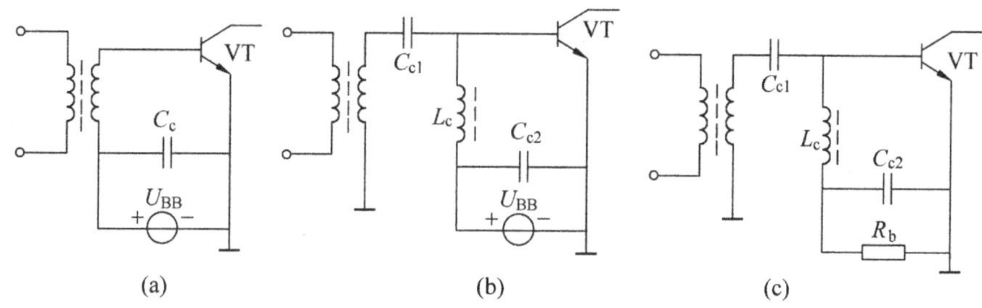

图 4.2.3 几种基极馈电电路

(a) 串联馈电电路；(b) 并联馈电电路；(c) 自给偏压电路

4.2.2 输出匹配网络

1. 匹配网络概述

图 4.2.4 是匹配网络连接示意图。匹配网络的作用：①在输入端，实现信号源输出阻抗与放大器输入阻抗的匹配，以获得最大的激励功率；②在输出端，将外界的负载电阻 R_L 变换为放大器所需的最佳负载电阻 R_e，以保证输出功率最大，③抑制工作频率范围以外的不需要频率，具有较好的滤波能力；④使传输效率尽可能高，损耗尽可能小。

匹配网络实现方法：依靠中间 LC 回路实现网络匹配。匹配网络连接方式有 L 型、Π 型和 T 型三种。

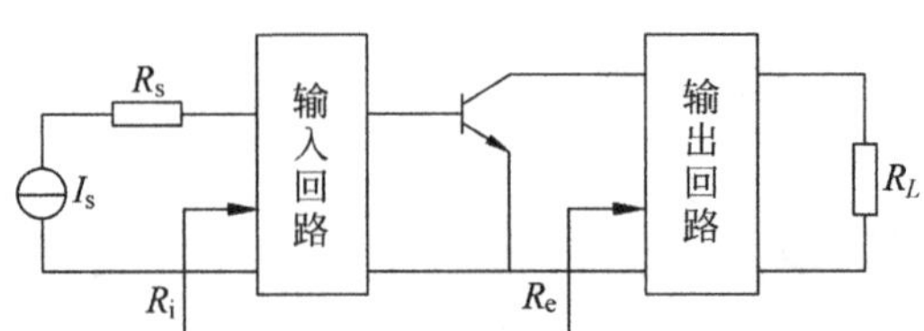

图 4.2.4 匹配网络连接示意图

2. 三种不同形式的匹配网络

由于 LC 元件功耗较小，可以高效传输功率，同时对频率有良好的选择特性，因此由 LC 网络匹配而成的 L 型、Π 型和 T 型网络，具有窄带性质。

(1) L 型网络

图 4.2.5(a)中，当 $R_e>R_L$，求得 $Q=\sqrt{\frac{R_e}{R_L}-1}$，$R_e=R_L(1+Q^2)$，$|X_p|=\frac{R_e}{Q}$，$|X_s|=Q\cdot R_L$。在负载电阻 R_L 大于高频功率要求的最佳负载阻抗时，采用 L 型网络，通过调整 Q 值，使网络阻抗匹配。

图(b)中，当 $R_e<R_L$，求得 $Q=\sqrt{\frac{R_L}{R_e}-1}$，$R_e=\frac{R_L}{1+Q^2}$，$|X_s|=Q\cdot R_e$，$|X_p|=\frac{R_L}{Q}$。在负载电阻 R_L 小于高频功率要求的最佳负载阻抗时，采用 L-Π 型网络，通过调整 Q 值，使网络阻抗匹配。

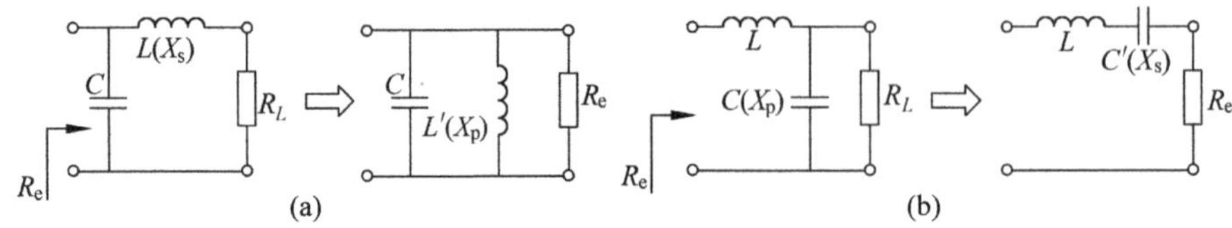

图 4.2.5 L 型网络串联、并联等效电路互换

(2) Π 型和 T 型网络

Π 型网络由两个面对面的 L 型网络组成(图 4.2.6(a))；T 型网络(图 4.2.6(b))是指三个电抗元件结成“T”型结构的匹配电路。Π 型网络的两个 L 型网络的串联臂的电抗是异性质的。上述匹配电路的作用在于，使负载阻抗成为放大器所要的最佳负载电阻，保证放大管传输到负载的功率最大。抑制工作频率以外的频带信号，起到滤波的作用。匹配网络具有一定的通频带，当已调波通过网络时，不至于导致波形失真。

4.2.3 高频功率放大器的实际电路

运用上述网络匹配方法，采用不同的馈电电路，可以构成高频功率放大器的各种实用电路。图 4.2.7 是工作频率为 50MHz 的晶体管谐振功率放大电路，它向 50Ω 外接负载提供

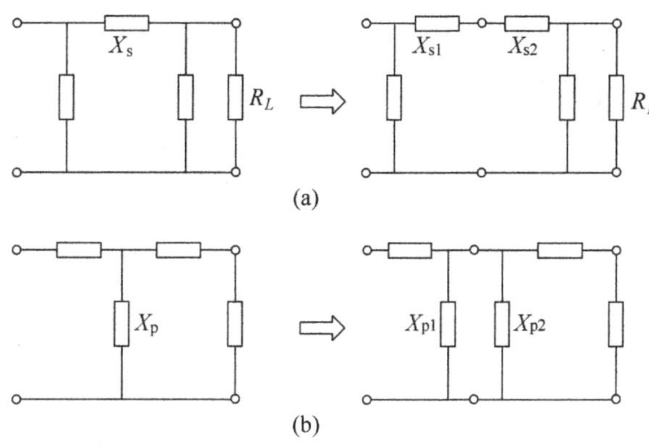

图 4.2.6 Π型和T型网络

(a) Π型网络；(b) T型网络

25W 功率，功率增益达到了 7dB，这个放大电路基极采用零偏，集电极采用串馈，并由 L_c、L_2、C_3 和 C_4 组成Π型网络。

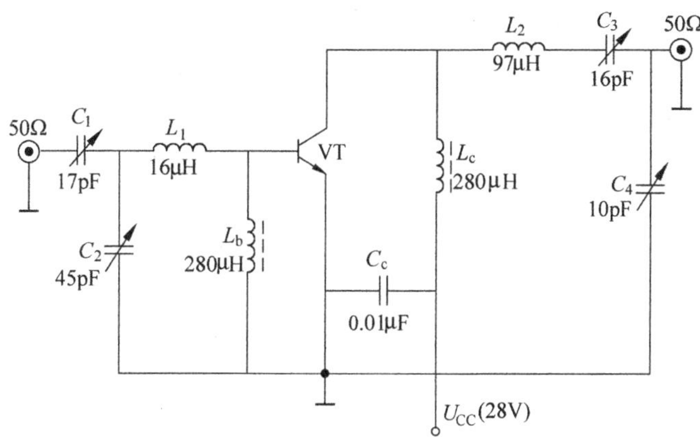

图 4.2.7 功率放大器实际电路

4.3 丁类高频功率放大器简介

在丙类高频功率放大器中，提高集电极效率是靠减小集电极电流的导通角实现的，但这同时会减小输出功率。丁类功率放大器的晶体管工作于开关状态，管子导通时进入饱和区，器件内阻接近于零，截止时电流为零，这样可以使集电极功率损耗大为减小，效率大大提高。丁类功率放大器分为电流开关型和电压开关型两种。下面以电压开关型电路为例，简要说明丁类功率放大器的工作原理。

如图 4.3.1 所示，两个同型的三极管 VT_1、VT_2 串联，输入变压器 VT_1、VT_2 提供相位相反的驱动电压，使两管交替饱和导通，A 点处的电压为方波，振幅为

$$U_{Lm}=U_{CC}-2U_{CEs} \tag{4.3.1}$$

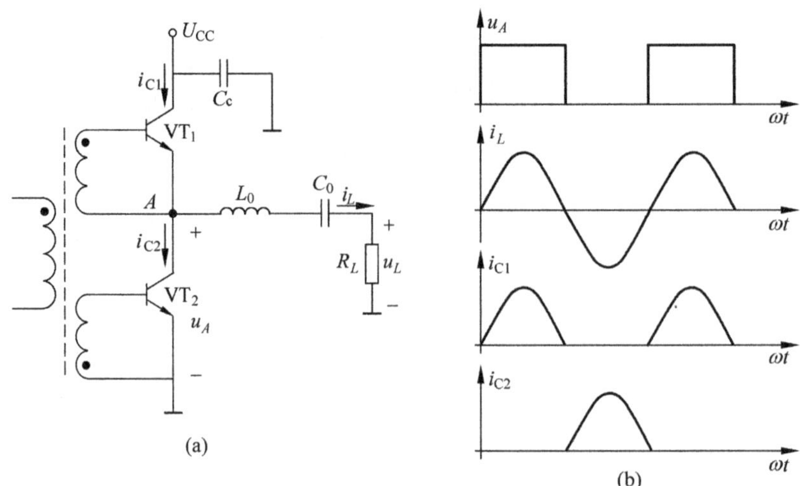

图 4.3.1　丁类功率放大器实际电路和波形图

(a) 实际电路；(b) 电压、电流波形图

相应的电流、电压波形如图 4.3.1(b)所示。负载电阻 R_L 与 L_0、C_0 构成高 Q 串联谐振回路，当它调谐于输入信号频率时，在负载上得到电压 u_A 的基波分量，实现高频放大的目的。

R_L 上基波电压振幅：

$$U_{Lm}=\frac{2}{\pi}U_{CC}-2U_{CEs} \tag{4.3.2}$$

基波电流振幅：

$$I_{Lm}=\frac{U_{Lm}}{R_L} \tag{4.3.3}$$

输出功率：

$$P_o=\frac{1}{2}\frac{U_{Lm}^2}{R_L} \tag{4.3.4}$$

通过电源的平均电流分量：

$$I_{C0}=I_{Lm}\alpha_0(90°)=\frac{I_{Lm}}{\pi} \tag{4.3.5}$$

电源供给功率：

$$P_e=U_{CC}I_{C0} \tag{4.3.6}$$

效率：

$$\eta_C=\frac{P_o}{P_E}=\frac{U_{CC}-2U_{CEs}}{U_{CC}} \tag{4.3.7}$$

理想情况下，两管集电极损耗均为零，效率可达 100%。若考虑饱和压降不为零，饱和压降越小，转换效率就越高。实际工作中，三极管在饱和、截止之间的转换需要一定的时间，u_A 不是理想方波，而是存在着上升沿和下降沿，转换期间存在一定的电压和电流，使管耗增加，效率降低，所以应选择开关时间短的高频开关三极管或无电荷存储效应的 VMOS(v-groove metal-oxide semiconductor)场效应管，并减小电路中的分布电容。

4.4 宽带功率放大器

在多通道通信系统及频段通信系统中，需要采用宽带高频功率放大器，它以非调谐的宽带网络作输出匹配网络，要求在很宽的波段范围内对信号进行尽可能一致的线性放大。由于宽带放大器没有选频作用，一般只工作于非线性失真较小的甲类或甲乙类，所以宽带放大器的效率一般不高(约 20%)。对宽带放大器的主要要求是：通频带要宽，失真要小，放大倍数要大。

4.4.1 传输线变压器

1. 传输线变压器简介

传输线主要是指用来传输高频信号的双导线、同轴线，将传输线绕制在高磁导率、低损耗的磁环上就构成传输线变压器。因此它兼有传输线和高频变压器两者的特点，相应地，有两种工作方式：传输线方式和变压器方式，如图 4.4.1 所示。

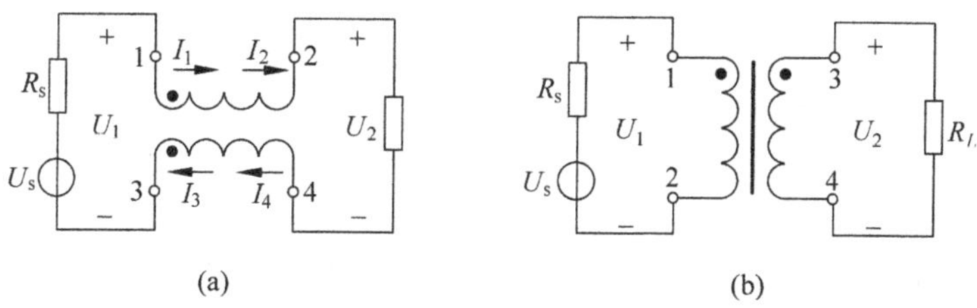

图 4.4.1 传输线工作方式和变压器工作方式电路原理图

(a) 传输线方式；(b) 变压器方式

传输线等效电路如图 4.4.2 所示，低频工作时，传输线就是两根普通连接线。高频工作时，由于分布电感和线间分布电容的影响，能量是通过分布电容中的电场能量和分布电感中的磁场能量不断相互转换而传送到负载的。以 L_0 和 C_0 表示单位长度传输线的电感和电容，传输线的特性阻抗是一个与频率无关的电阻。

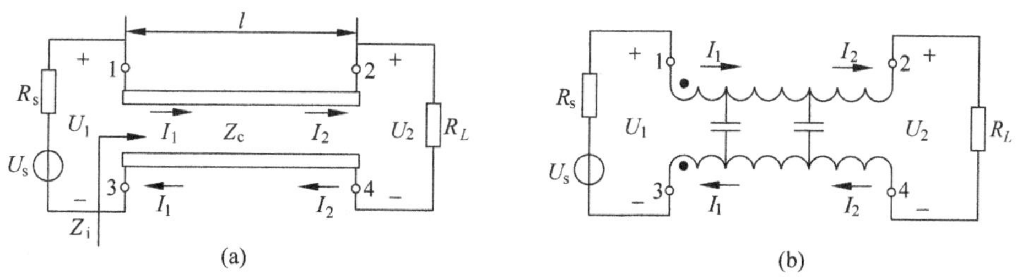

图 4.4.2 传输线等效电路图

(a) 普通连接线示意图；(b) 传输线等效图

$$Z_{c}=\sqrt{\frac{L_{0}}{C_{0}}} \tag{4.4.1}$$

传输线特性阻抗仅取决于导线的结构与两线间的介质，与其传输的信号电平无关。常用的宽带匹配网络是传输线变压器。

2. 传输线变压器的应用

(1) 高频倒相器

如图 4.4.3(a)所示，端点 2、3 相连并接地，1、3 端加高频电压 U_1，负载上得到的电压 U_L 与 U_1 反相。

(2) 不平衡、平衡变换器

如图 4.4.3(b)所示，信号源一端接地，称为"不平衡"，转换后的负载上两电压大小相等、方向相反，称为平衡输出。

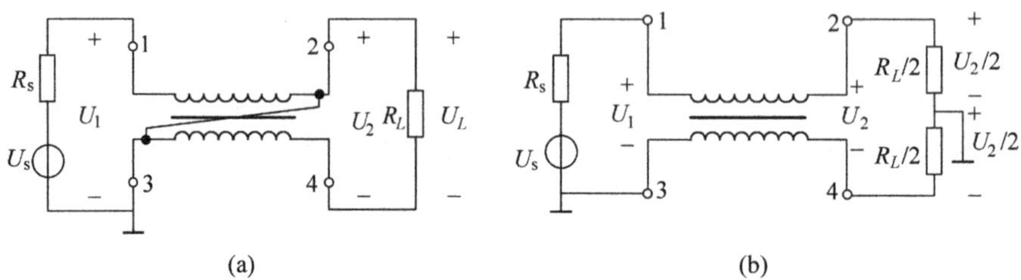

图 4.4.3　高频倒相器和平衡、不平衡变换器电路原理图

(a)高频倒相器；(b) 平衡、不平衡变换器

(3) 阻抗变换器

图 4.4.4(a)构成的是 1∶4 阻抗变换器，1、4 端相连，线圈两端电压相等 $U_2=U_1$，则负载电压 $U_L=2U_1$，负载电流为 I，则输入端阻抗为

$$R_{i}=\frac{U_{1}}{2I}=\frac{\frac{1}{2}U_{L}}{2I}=\frac{1}{4}R_{L} \tag{4.4.2}$$

若将 2、3 端相连，4 端接地，则可构成 4∶1 的阻抗变换，如图 4.4.4(b)所示。利用上述原理还可构成 1∶9，1∶16，…，1∶$(n+1)^2$ 的传输线变压器。若将上述电路的输入端、输出端互换(即信号源与负载互换)，相应变为 4∶1，9∶1，…的传输线变压器，工作原理是相同的。

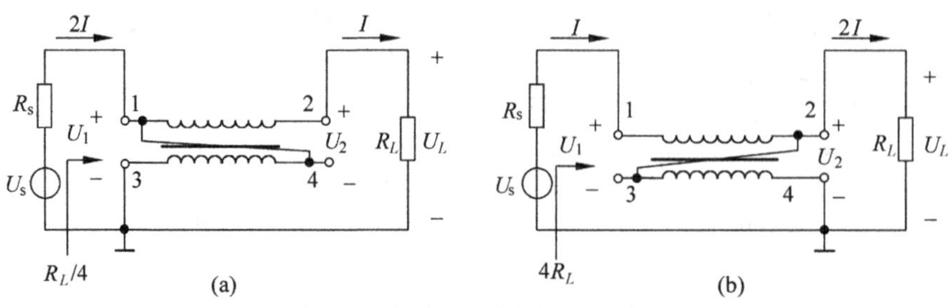

图 4.4.4　(a)1∶4 阻抗变换器和(b)4∶1 的阻抗变换器

3. 宽带功率放大电路实例

宽频带变压器耦合放大电路(图 4.4.5)，工作频率在 150kHz～30MHz。图中 T_1、T_2、T_3 都是宽带传输线变压器，T_1 与 T_2 串接是为了实现阻抗变换，将 VT_1 的低输入阻抗变换为 VT_2 所需要的高负载阻抗。为改善放大器性能，每级都加了电压负反馈支路；为避免寄生耦合，每级的集电极电源都加有电容滤波。未采用调谐回路，放大器应工作于甲类状态。

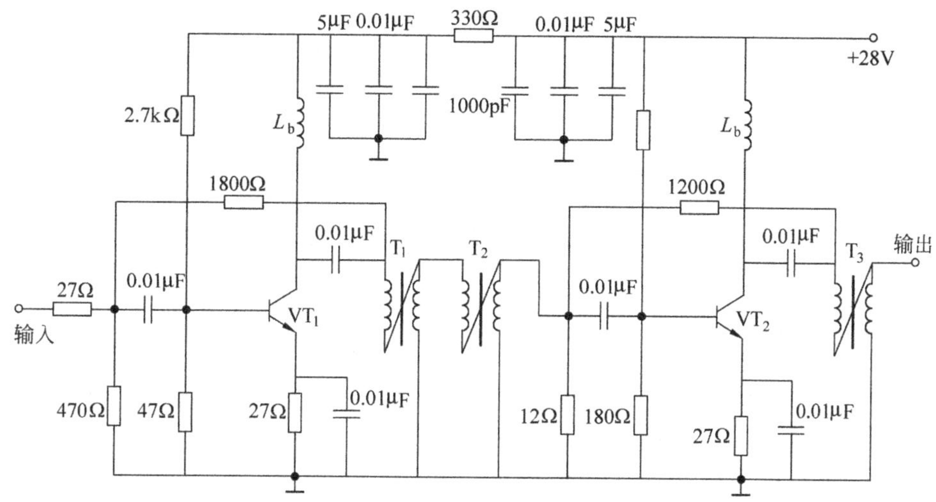

图 4.4.5　宽频带变压器耦合放大电路原理图

4.4.2　宽带功率合成技术

1. 功率合成器的组成

在高频功率放大器中，当需要的输出功率超过单个电子器件所能输出的功率时，可以将多个电子器件的输出功率叠加起来，这就是功率合成技术。

图 4.4.6 是一个输出功率为 35W 的功率合成器的组成框图，三角形代表功率放大器，菱形代表功率分配或合成网络。

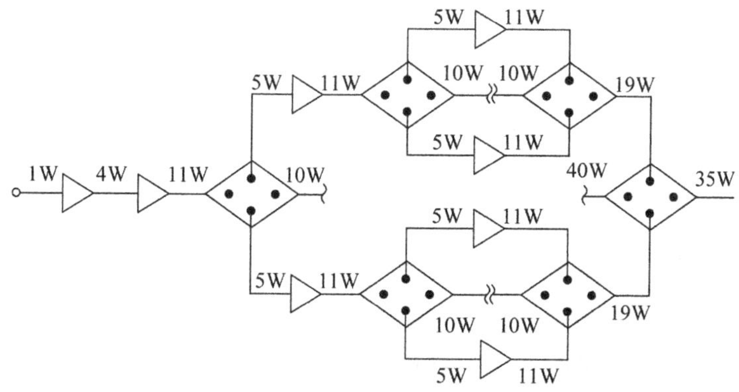

图 4.4.6　输出功率为 35W 的功率合成器组成框图

利用 1∶4 传输线变压器组成的 T 混合网络,可以实现功率合成与分配的功能,其基本电路如图 4.4.7(a)所示。混合网络有 A、B、C、D 四个端点,为了满足网络匹配的条件,取 $R_A=R_B=Z_C=R$,$R_C=Z_C/2=R/2$,$R_D=2Z_C=2R$,其中 Z_C 是传输线变压器的特性阻抗。在此基础上,利用 A、B、C、D 四个端点适当连接,可以实现功率合成与功率分配,图 4.4.7(b)为变压器形式的等效电路。

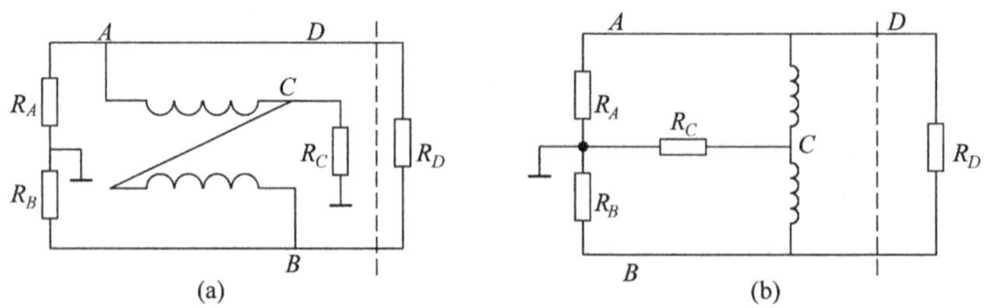

图 4.4.7　由 1∶4 传输线变压器组成的 T 混合网络电路原理图

2. 功率合成与分配单元

如图 4.4.8 所示,将 A、B 两端点分别接入两个功率放大器的输出端,若两个输出电压为

$$U_{s1}=-U_{s2}=U_s \tag{4.4.3}$$

两电压大小相等、极性相反。在 A 点,$I=I_1+I_2$;在 B 点,$I_2=I_1+I$;故 $I_2=I$,$I_1=0$。所以 C 端无输出,而 D 点的输出功率为:$P_D=I\times 2U=P_A+P_B=2P_A$。实现了功率合成,称为反相合成。若两个输出电压为 $U_{s1}=U_{s2}=U_s$。经过类似分析,可以得到 $P_C=I\times 2U=P_A+P_B=2P_A$,称为同相合成。

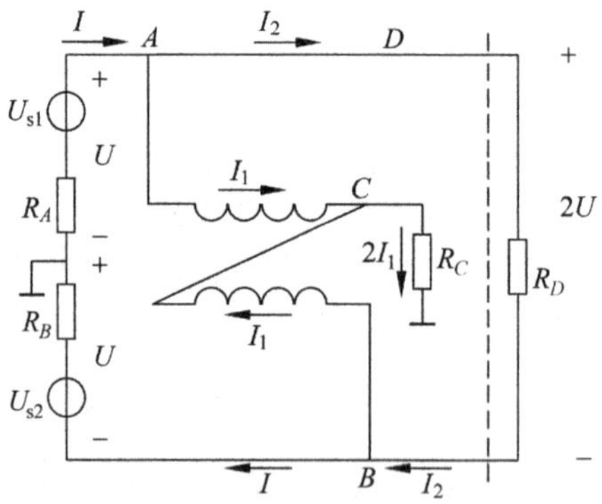

图 4.4.8　功率合成器电路原理图

将功率合成器输入输出位置交换,即可得到功率分配器,如图 4.4.9 所示。

3. 功率合成电路实例

图 4.4.10 是一个反相(推挽)功率合成器的典型电路,它是一个输出功率为 75W、带宽为 30～75MHz 的放大电路的一部分。图中 T_2 与 T_5 为起混合网络作用的 1∶4 传输线变

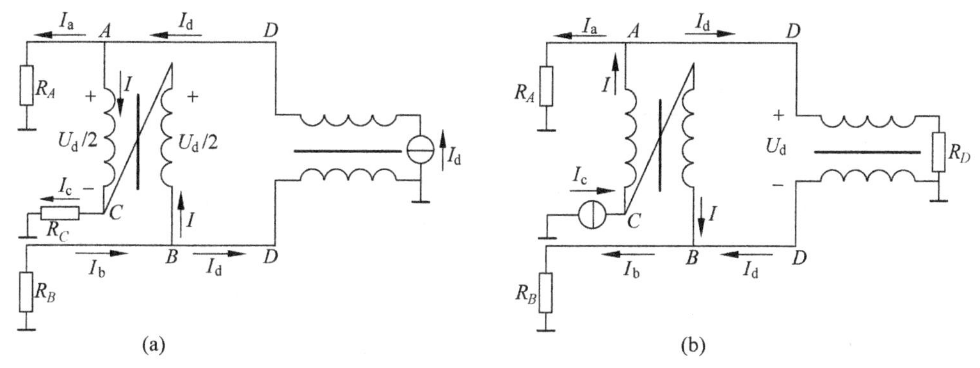

图 4.4.9 功率分配器电路原理图

压器，混合网络各端仍用 A、B、C、D 来标明；T_1 与 T_6 为起平衡-不平衡转换作用的 1∶1 传输线变压器；T_3 与 T_4 为 4∶1 阻抗变换器，它的作用是完成阻抗匹配。图中已标明阻抗值。

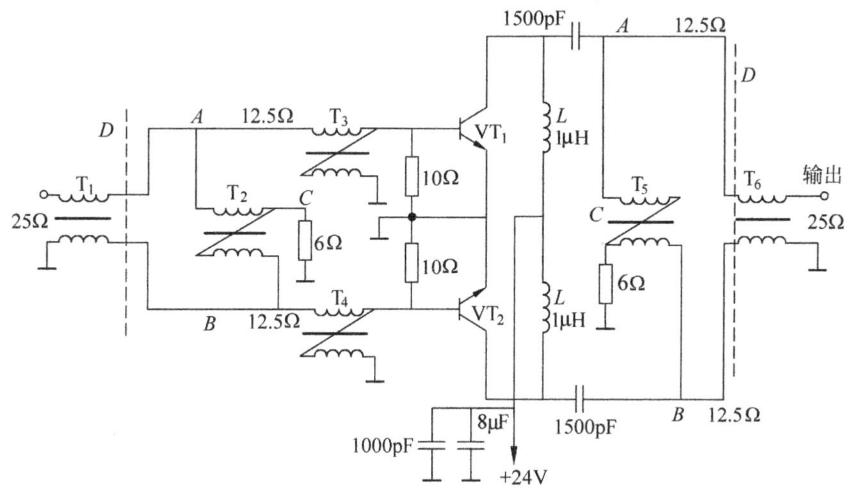

图 4.4.10 反相功率合成器电路原理图

图 4.4.11 是一个典型的同相功率合成器电路。图中，T_1 为同相功率分配网络，T_6 为同相功率合成网络，T_2、T_3 与 T_4、T_5 分别是 4∶1 与 1∶4 阻抗变换器，各处的特性阻抗均已在图中注明。晶体管发射极接入的电阻用以产生负反馈，提高输入阻抗。各基极串联的电阻可提高输入电阻，并防止寄生振荡。D 端所接的电阻是 T_1 与 T_6 的假负载电阻。

反相功率合成器的优点是：输出没有偶次谐波，输入电阻比单边时高，因而引线电感的影响减小。在同相功率合成器中，由于偶次谐波在输出端是相加的，因此输出中有偶次谐波存在。

总结本章的主要内容。高频功率放大器的主要作用是放大高频信号，以高效率输出大功率。为了提高效率，高频谐振功率放大器多工作在丙类状态，而且一般采用选频网络作负载，完成阻抗匹配和滤波的功能，不同于纯电阻负载的情况。丙类高频谐振功率放大器中功率放大器管的导通角小于 90°，所以输出电流为脉冲电流，但是利用了选频网络的滤波作用，可以得到正弦电压输出。当放大器处于临界状态，动态特性曲线达到临界饱和线，输出

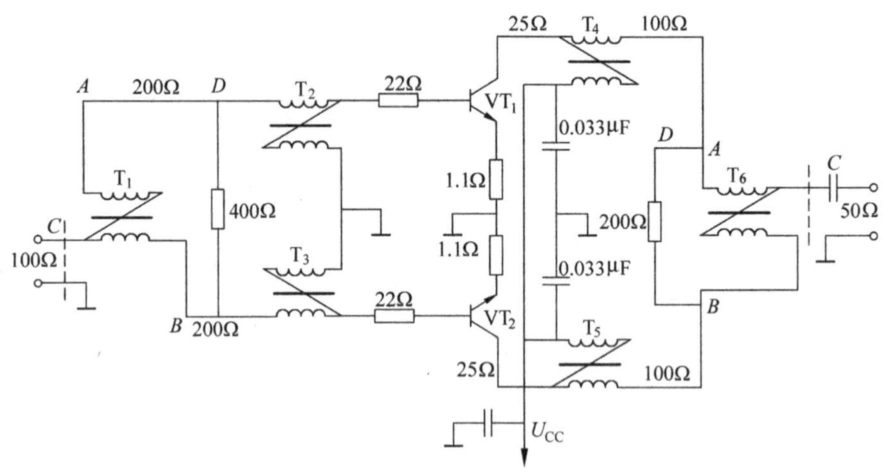

图 4.4.11 同相功率合成器电路原理图

电压幅度大，输出功率和效率高，集电极功率损耗小，是谐振功率放大器理想的工作状态。丙类谐振功率放大器的外部特性，主要是指外部参数对谐振功率放大器的工作状态和性能所造成的影响：仅负载 R_e 变化对功率放大器工作状态和性能的影响，R_e 增大，工作状态由欠压经临界向过压变化；仅激励电压幅度 U_{im} 变化对功率放大器工作状态和性能的影响，U_{im} 增大，工作状态由欠压经临界向过压变化。工作在欠压区，对输入信号可实现线性放大；仅基极偏置电压 U_{BB} 变化对功率放大器工作状态和性能的影响，U_{BB} 增大，工作状态由欠压经临界向过压变化，工作在欠压区，可实现基极调幅；仅集电极偏置电压 U_{CC} 变化对功率放大器工作状态和性能的影响，U_{CC} 减小，工作状态由欠压经临界向过压变化，工作在过压区，可实现集电极调幅。

参考文献

[1] 荆震. 高稳定晶体振荡器[M]. 北京：国防工业出版社，1975.

[2] 高如云，陆曼茹，张企民，等. 通信电子线路[M]. 2 版. 西安：西安电子科技大学出版社，2002.

[3] 武秀玲，沈伟慈. 高频电子线路[M]. 西安：西安电子科技大学出版社，1995.

[4] 杜武林，李纪澄，曾兴雯. 高频电路原理与分析[M]. 3 版. 西安：西安电子科技大学出版社，1994.

[5] 谢嘉奎，宣月清，冯军. 电子线路(非线性部分)[M]. 3 版. 北京：高等教育出版社，1988.

[6] 张肃文，陆兆熊. 高频电子电路[M]. 5 版. 北京：高等教育出版社，1993.

思考题和习题

4.1 晶体管放大器工作在临界状态，$\eta_C=70\%$，$V_{CC}=12V$，$V_{cm}=10.8V$，回路有效电流值 $I_k=2A$，回路电阻 $R=1\Omega$。试求 θ_C、I_{cm1} 与 P_C。

4.2 设计一个电压开关型丁类放大器，在 2～30MHz 波段内向 50Ω 负载输送 4W 功率。设 $V_{CC}=42V$，$V_{CE(sat)}=1V$，$\beta=15$。

4.3　某一晶体管谐振功率放大器，设已知 $V_{CC}=24V$，$I_{C0}=250mA$，$P_o=4W$，电压利用系数 $\xi=1$。试求 R_P、η_C、θ_C 与 I_{cm1}。

4.4　功率管的最大输出功率是否仅受其极限参数限制？为什么？

4.5　一功率放大器要求输出功率 $P_o=1000W$，当集电极效率 η_C 由 40%提高到 70%时，试问：直流电源提供的直流功率 P_D 和功率管耗散功率 P_C 各减小多少？

4.6　如图所示为某低频功率晶体管的输出特性曲线，已知 $V_{CC}=5V$，试求下列条件下的 P_L、P_D、η_C（运用图解法）：(1)$R_L=10\Omega$，Q 点在负载线中点，充分激励；(2)$R_L=5\Omega$，I_{BQ} 同(1)值，$I_{cm}=I_{CQ}$；(3)$R_L=5\Omega$，Q 点在负载线中点，激励同(1)值；(4)$R_L=5\Omega$，Q 点在负载线中点，充分激励。

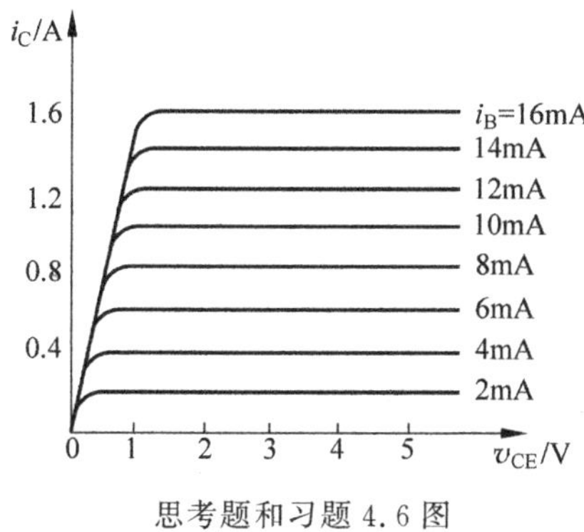

思考题和习题 4.6 图

4.7　如图所示，图(a)为变压器耦合甲类功率放大电路，图(b)为功率管的理想化输出特性曲线。已知 $R_L=8\Omega$，设变压器是理想的，R_E 上的直流压降可忽略，试运用图解法求解：(1)$V_{CC}=15V$，$R_L'=50\Omega$，在负载匹配时，求相应的 n、P_{Lmax}、η_C；(2)保持①中 V_{CC}、I_{bm} 不变，将 I_{CQ} 增加一倍，求 P_L 值；(3)保持(1)中 I_{CQ}、R_L'、I_{bm} 不变，将 V_{CC} 增加一倍，求 P_L 值；(4)将(3)中 I_{bm} 增加一倍，试分析工作状态。

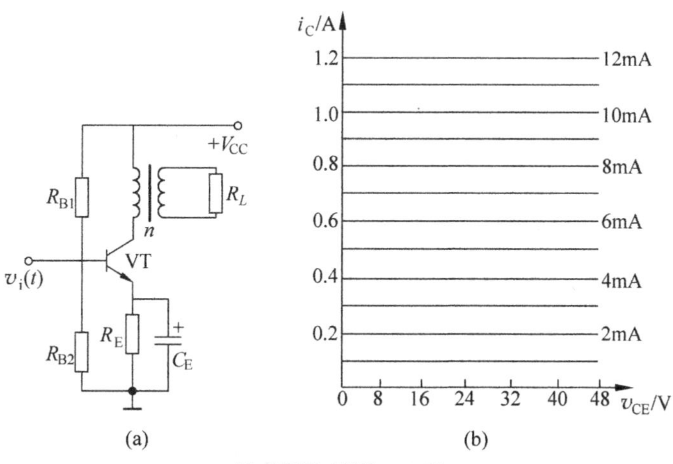

思考题和习题 4.7 图

4.8 单管甲类变压器耦合和乙类变压器耦合推挽功率放大器采用相同的功率管3DD303、相同的电源电压 V_{CC} 和负载 R_L，且甲类放大器的 R'_L 等于匹配值，设 $V_{CE(sat)}=0$，$I_{CEO}=0$，R_E 忽略不计。(1)已知 $V_{CC}=30V$，放大器的 $i_{Cmax}=2A$，$R_L=8\Omega$，输入充分激励，试作交流负载线，并比较两放大器的 P_{omax}、P_{Cmax}、η_C、R'_L、n；(2)功率管的极限参数 $P_{CM}=30W$，$I_{CM}=3A$，$V_{(BR)CEO}=60V$，试求充分利用功率管时两放大器的最大输出功率 P_{omax}。

4.9 试按下列要求画单电源互补推挽功率放大器电路：(1)互补功率管为复合管；(2)推动级采用自举电路；(3)引入末级过流保护电路；(4)采用二极管偏置电路。

4.10 如图所示两级乙类功率放大器电路，其中，VT_1、VT_2 工作于乙类，试指出 VT_4、R_2、R_3 的作用。当输入端加上激励信号时产生的负载电流为 $i_L = 2\sin\omega t$(A)，$V_{CC}=20V$。试计算：(1)当 $R_L=8\Omega$ 时的输出功率 P_L；(2)每管的管耗 P_C；(3)输出级的效率 η_C。设 R_5、R_6 电阻不计。

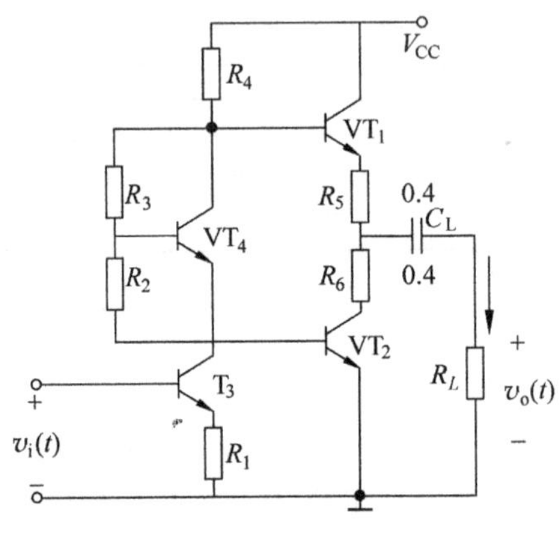

思考题和习题 4.10 图

第5章　正弦波振荡器

内容提要

本章主要分析正弦波振荡器的基本原理、LCR瞬态电路振荡条件、稳频机制，并对三端式振荡器和石英晶体振荡器的相位平衡条件判断准则和具体电路作重点分析。最后介绍提高正弦波振荡器频率稳定度的基本措施。负阻振荡器在本书没有介绍，读者可自行参考相关的书籍。本章的教学需要10学时，压控振荡器和集成振荡器可做简单介绍，RC振荡器不在课堂介绍，作为学生自学或选修的内容。

5.1　概述

振荡器是不需要外加激励信号，自身将直流电能转换为交流电能的装置，它的用途很广，是无线电发送的“心脏”，也是超外差式接收机的主要部分。各种电子测试仪器如信号发生器、手机、数字式频率计等，其核心部件都离不开正弦波振荡器。无线电信号产生的初期采用火花发射机、电弧发生器等振荡器。目前电子管、晶体管等器件与RLC等元件组成的振荡器则完全取代了以往产生振荡的方法。它有以下优点：能将直流电能直接转化为交流电能，不需要机械能的转换；产生的是等幅振荡，不是阻尼振荡，而火花发射机等产生的是阻尼振荡；使用方便，灵活性大，功率可从毫瓦到几百千瓦，工作频率则可从极低频率至微波波段。

正弦波振荡器按照工作原理可分为反馈式振荡器与负阻式振荡器两大类。反馈式振荡器是在放大器电路中加入正反馈，当正反馈足够大时，放大器产生振荡，变成振荡器。这里的放大器没有外加激励信号，是由正反馈信号提供能量。负阻式振荡器则是由一个呈现负阻振荡特性的有源器件直接与谐振回路相接，产生振荡。

电子振荡器的输出波形可以是正弦波，也可以是非正弦波，视电子器件的工作状态及所用的电路元件组合方式而定。本章只讨论正弦波振荡器。振荡器通常工作于丙类，它的工作状态是非线性的。严格的分析应该采用非线性理论，但很困难。所以，通常用甲类线性工作来分析，但可以获得与实际工作近似的情况，易于理解。由于大部分的振荡器都是用 LC 回路来产生振荡的，所以，首先研究 LC 回路怎么产生振荡的。

5.2 LCR 回路中的瞬变现象

如图 5.2.1 所示的 LCR 自由振荡电路，假设开关 S 先置于 1 的位置，使电容 C 最初充电到电压 V，然后将 S 转换到 2 的位置，C 上的电荷即经过 L、R 放电。由基尔霍夫定律可得

$$L\frac{\mathrm{d}i}{\mathrm{d}t}+Ri+\frac{1}{C}\int i\,\mathrm{d}t=0 \tag{5.2.1}$$

$$\frac{\mathrm{d}^2 i}{\mathrm{d}t^2}+2\delta\frac{\mathrm{d}i}{\mathrm{d}t}+\omega_0^2 i=0 \tag{5.2.2}$$

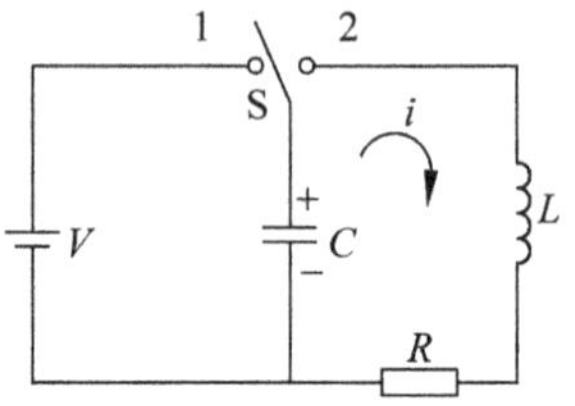

图 5.2.1 LCR 自由振荡电路

式中，$\delta=\dfrac{R}{2L}$称为回路的衰减系数；$\omega_0=\dfrac{1}{\sqrt{LC}}$称为回路的固有角频率。$t=0$ 时，$i=0$，$L\left(\dfrac{\mathrm{d}i}{\mathrm{d}t}\right)_{t=0}=V$，得到它的解为

$$i=\frac{-V}{2L\sqrt{\delta^2-\omega_0^2}}\mathrm{e}^{-\delta t}\left(\mathrm{e}^{\sqrt{(\delta^2-\omega_0^2)}\,t}-\mathrm{e}^{-\sqrt{(\delta^2-\omega_0^2)}\,t}\right) \tag{5.2.3}$$

负号的物理意义说明放电电流的方向正好与充电相反。

(1) 针对式(5.2.1)的二阶线性微分方程，利用 MATLAB 进行求解，程序如下：

```
syms i t V R C L;
w0 = 1/sqrt(L * C);
p = R/(2 * L);
i = dsolve('D2i + 2 * p * Di + w0^2 * i','i(0) = 0','L * Di(0) = V','t')
```

运行结果和式(5.2.3)相同：

```
i = (V * exp( - t * (p - ((p + w0) * (p - w0))^(1/2))))/(2 * L * ((p + w0) * (p - w0))^(1/2)) -
(V * exp( - t * (p + ((p + w0) * (p - w0))^(1/2))))/(2 * L * ((p + w0) * (p - w0))^(1/2))
```

(2) 结果讨论。

根据 δ^2 和 ω_0^2 的大小关系可分为三种情况。

(a) 当 $\delta^2>\omega_0^2$ 时，

$$i=\frac{-V}{L\sqrt{\delta^2-\omega_0^2}}\mathrm{e}^{-\delta t}\sinh\left(\sqrt{\delta^2-\omega_0^2}\,t\right) \tag{5.2.4}$$

利用 MATLAB 画出该曲线：

```
clear;clc
t = 0:0.01:6 * pi;
V = 10;L = 500 * 10^(-3);C = 1000 * 10^(-3);R = 2;
p = R/(2 * L);fprintf('p = %f\n',p);
w0 = 1/sqrt(L * C);fprintf('w0 = %f\n',w0);
w = sqrt(p^2 - w0^2);fprintf('w = %f\n',w);
i = (-V)./(L. * sqrt(p^2 - w0^2)). * exp(-p. * t). * sinh(sqrt(p^2 - w0^2). * t);
plot(t,i);
axis([0,4,-5,0]);
xlabel('时间 t');ylabel('电流 i');legend('p^2 > w0^2');
```

运行结果如图 5.2.2 所示。它说明,由于过阻尼状态,此时 R 太大,无法产生振荡。

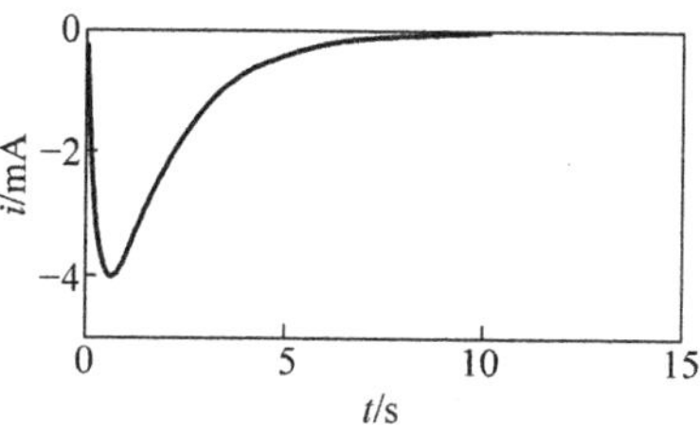

图 5.2.2 $\delta^2>\omega_0^2$ 时的电流变化曲线

(b) 当 $\delta^2=\omega_0^2$ 时,振荡电路中电流为

$$i=\frac{-V}{L}te^{-\delta t} \tag{5.2.5}$$

```
clear;clc
t = 0:0.01:6 * pi;
V = 5;L = 500 * 10^(-3);C = 500 * 10^(-3);R =
2 * sqrt(L/C);
p = R/(2 * L);fprintf('p = %f\n',p);
w0 = 1/sqrt(L * C);fprintf('w0 = %f\n',w0);
w = sqrt(w0^2 - p^2);fprintf('w = %f\n',w);
i = (-V)./L. * t. * exp(-p. * t);
plot(t,i);
axis([0,3,-3,0]);
xlabel('时间 t');ylabel('电流 i');legend('p^2 = w0^2');
```

运行结果如图 5.2.3 所示。电流随时间仍然是不振荡的,此时称为临界阻尼。只要 R 在减小,就会产生某些振荡行为。

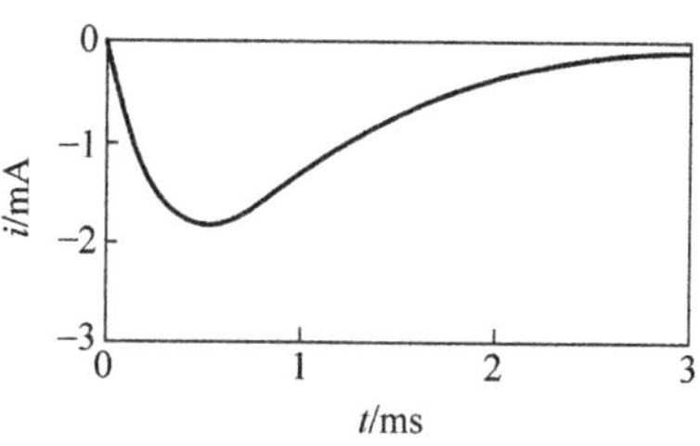

图 5.2.3 $\delta^2<\omega_0^2$ 时的电流变化曲线

(c) 当 $\delta^2<\omega_0^2$ 时,

$$i=\frac{-V}{\omega L}e^{-\delta t}\sin\omega t \tag{5.2.6}$$

根据 δ 的大小又可以分为以下三种情况:

A. $\delta>0$

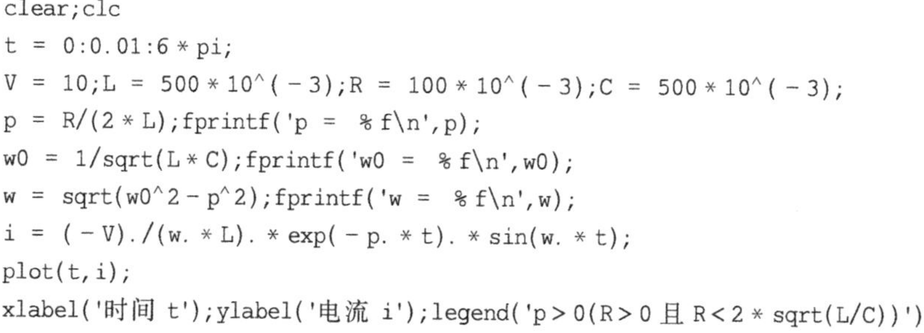

```
clear;clc
t = 0:0.01:6 * pi;
V = 10;L = 500 * 10^(-3);R = 100 * 10^(-3);C = 500 * 10^(-3);
p = R/(2 * L);fprintf('p = %f\n',p);
w0 = 1/sqrt(L * C);fprintf('w0 = %f\n',w0);
w = sqrt(w0^2 - p^2);fprintf('w = %f\n',w);
i = (-V)./(w. * L). * exp(-p. * t). * sin(w. * t);
plot(t,i);
xlabel('时间 t');ylabel('电流 i');legend('p > 0(R > 0 且 R < 2 * sqrt(L/C))');
```

运行结果如图 5.2.4 所示。它表示在正电阻时,电流产生的衰减振荡波形。

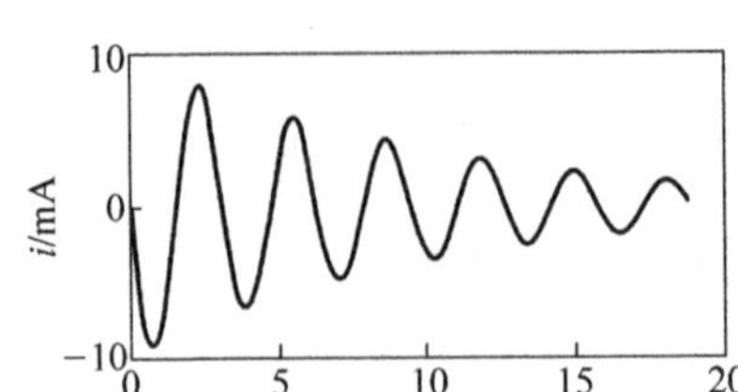

图 5.2.4 $\delta>0\left(R>0, \text{且} R<2\sqrt{\frac{L}{C}}\right)$时的电流变化曲线(衰减振荡)

B. $\delta=0$

```
clear;clc
t = 0:0.01:6 * pi;
V = 10;L = 500 * 10^( - 3);R = 0;C = 500 * 10^( - 3);
p = R/(2 * L);fprintf('p = %f\n',p);
w0 = 1/sqrt(L * C);fprintf('w0 = %f\n',w0);
w = sqrt(w0^2 - p^2);fprintf('w = %f\n',w);
i = ( - V)./(w. * L). * exp( - p. * t). * sin(w. * t);
plot(t,i);
xlabel('时间 t');ylabel('电流 i');legend('p = 0(R = 0)');
```

运行结果如图 5.2.5 所示，当 R 降到零时，振荡振幅保持不变，即产生等幅振荡。为了获得等幅振荡，必须设法使 LC 回路中电阻等于零。由于 LC 回路本身是正电阻的，必须引入负电阻，将回路最后的正电阻完全抵消，以获得等幅振荡。后面章节我们会学习到在电路中引入正反馈，相当于一个负电阻。另一种方法是利用有源器件本身的负阻特性，使之抵消 LC 回路的正电阻。因此，负阻振荡器与反馈振荡器两种概念是统一的。从数学模型上来说，负阻的概念比正反馈的概念更具有普遍性。

C. $\delta<0$

```
clear;clc
t = 0:0.01:6 * pi;
V = 10;L = 500 * 10^( - 3);R = - 100 * 10^( - 3);C = 500 * 10^( - 3);
p = R/(2 * L);fprintf('p = %f\n',p);
w0 = 1/sqrt(L * C);fprintf('w0 = %f\n',w0);
w = sqrt(w0^2 - p^2);fprintf('w = %f\n',w);
i = ( - V)./(w. * L). * exp( - p. * t). * sin(w. * t);
plot(t,i);
xlabel('时间 t');ylabel('电流 i');legend('p < 0(R < 0)');
```

运行结果如图 5.2.6 所示。

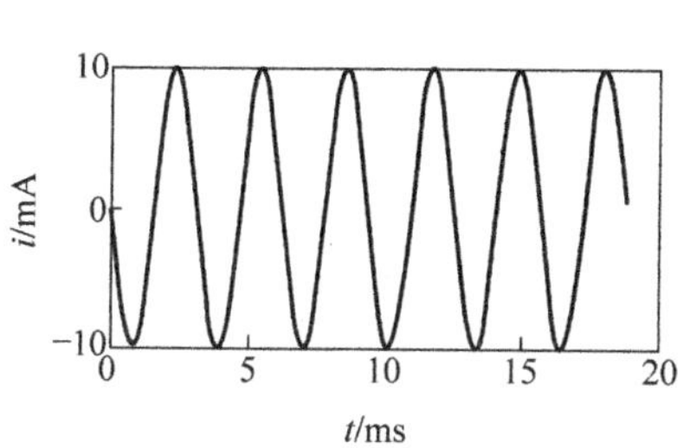

图 5.2.5 $\delta=0(R=0)$时的电流变化曲线(等幅振荡)

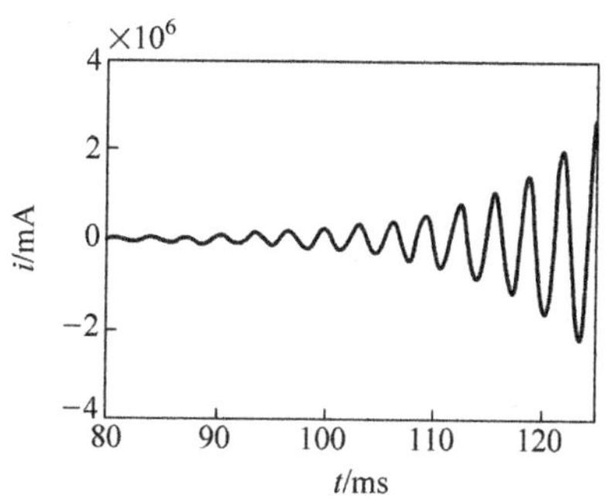

图 5.2.6 $\delta<0(R<0)$时的电流变化曲线(增幅振荡)

当 R 为负阻时,振荡振幅将随时间而增长,得到如图 5.2.6 所示的增幅振荡波形。如果 R 的负值不变,则振幅将继续无限制增大,但实际上是不可能的。因为一个振荡器开始振荡时,回路的等效串联电阻为负值(由有源器件供给电阻),随着振荡振幅的增长,有源器件的工作状态逐渐改变,负电阻的绝对值逐渐减小。最后负电阻与回路本身的正电阻正好互相抵消时,整个串联等效电阻变为零。它的振荡频率则取决于电路参数 L、R、C 的值。

如果回路中有电阻存在,但并不太大时,则电流每循环一次,即损失一部分功率,因而振荡振幅越来越小,成为衰减振荡。当电阻增至某一临界值时,电容器第一次放电即被电阻耗去全部电能,因此回路不能产生振荡,电流变化如图 5.2.4 所示。电阻再增大时,回路更不能产生振荡,电流变化如图 5.2.2 和图 5.2.3 所示。实际上,回路中总是有电阻存在的,因此,为了维持回路产生等幅振荡,就必须不断地在正确的时间补充回路电阻所耗去的电能,这就需要采用有源器件与正反馈电路来完成这一任务。

5.3 LCR 振荡器的基本工作原理

从上面对 LC 振荡回路的分析可得出构成一个振荡器必须具备下列三个条件。

(1) 一套振荡回路,包含两个或两个以上储能元件。在这两个元件中,当一个释放能量时,另一个就接收能量。释放和接收能量往返进行,其频率取决于元件的数值。

(2) 一个能量来源,可以补充由振荡回路所产生的能量损失。在晶体管振荡器中,这能量就是直流电源 V_{CC}。

(3) 一个控制设备,可以使电源功率在正确的时刻补充电路的能量损失,以维持等幅振荡。这是由有源器件(电子管、晶体管或集成块)和正反馈电路完成的。

以如图 5.3.1 所示的调集型振荡电路为例,说明振荡器的工作原理。图 5.3.1(a)是实际电路,图中的 LC 回路既是振荡回路,又与 L_1、M 等组成晶体管的正反馈电路,完成控制作用。R_{b1}、R_{b2} 与 R_c 分别为基极偏置和发射极偏置电阻,C_b 与 C_e 为旁路与隔直电容。为了完成正反馈作用,L 和 L_1 的同名端分别接到 c 和 e 端。如果接错了,就不能产生振荡。

假设振荡器在线性工作区,且工作频率不高,则可将图 5.3.1(a)画成图(b)所示的 h 参

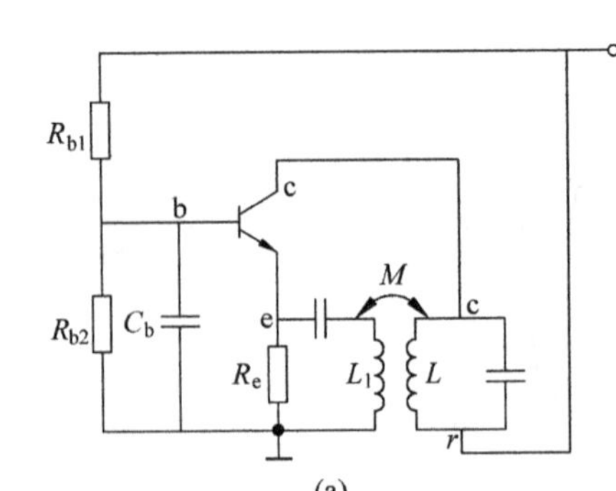

(a)

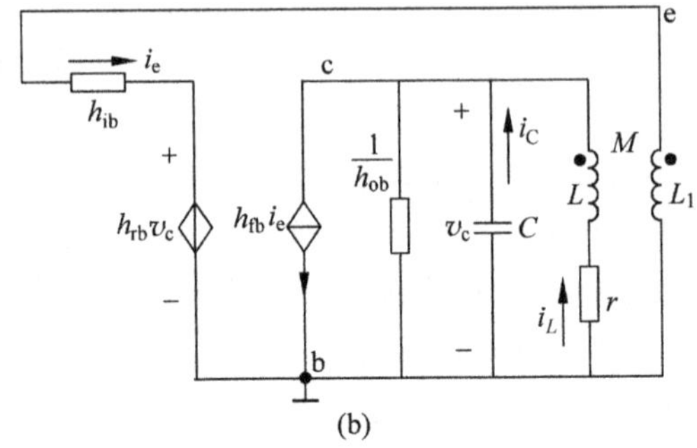

(b)

图 5.3.1 互感耦合调集振荡器

(a) 实际电路；(b) 等效电路

数等效电路。图中，r 为回路损耗电阻。由图可列出下列方程组：

$$\frac{h_{fb}i_e}{h_{ob}}=i\frac{1}{h_{ob}}+L\frac{d_{i_L}}{dt}+i_L r \tag{5.3.1}$$

$$i=i_L+i_C \tag{5.3.2}$$

$$i_e h_{ib}=h_{rb}v_C+M\frac{d_{i_L}}{dt} \tag{5.3.3}$$

$$v_C=i_L r+L\frac{d_{i_L}}{dt}=\frac{1}{C}\int i_C dt \tag{5.3.4}$$

由上列方程组消去 i、i_C、v_C，可得

$$\frac{di_L^2}{dt^2}+\frac{1}{h_{ib}LC}(Crh_{ib}+L\Delta h_b-h_{fb}M)\frac{di_L}{dt}+\frac{1}{LC}\left(\frac{\Delta h_b}{h_{ib}}r+1\right)i_L=0 \tag{5.3.5}$$

式中，

$$\Delta h_b=h_{ob}h_{ib}-h_{fb}h_{rb} \tag{5.3.6}$$

$$2\delta=\frac{1}{h_{ib}LC}(Crh_{ib}+L\Delta h_b-h_{fb}M) \tag{5.3.7}$$

$$h_{fb}=\frac{rh_{ib}C+L\Delta h_b}{M} \tag{5.3.8}$$

$$\omega=\sqrt{\frac{1}{LC}\left(\frac{\Delta h_b r}{h_{ib}}+1\right)}\approx\sqrt{\frac{1}{LC}}\quad(\text{当 } r \text{ 很小时}) \tag{5.3.9}$$

$(-h_{fb}M)$可看成是由互感 M 与晶体管的正反馈作用所产生的负电阻成分，显然，M 与 h_{fb} 越大，越容易起振。

反馈振荡器是目前应用最多的振荡器，它是建立在放大和反馈基础上的。实际上反馈振荡器是不需要通过开关转换由外加信号激励产生输出信号的，它是把反馈电压作为输入信号，以维持一定的输出电压的闭环正反馈系统。

5.4　反馈式振荡器的工作原理

本节主要阐述反馈式振荡器的平衡条件与起振过程。反馈式振荡器的起振波形示意图如图 5.4.1 所示。

图 5.4.1　振荡器起振波形示意图

如图 5.4.2 所示，当接通电源时，回路内的各种电扰动信号经选频网络选频后，将其中某一频率的信号反馈到输入端，再经放大→反馈→放大→反馈的循环，该信号的幅度不断增大，振荡由小到大建立起来。随着信号振幅的增大，放大器将进入非线性状态，增益下降，当反馈电压正好等于输入电压时，振荡幅度不再增大进入平衡状态。为维持等幅振荡，所需满足条件如下：

由 $\boldsymbol{V}_o=A\boldsymbol{V}_i$，$\boldsymbol{V}_f=\boldsymbol{F}\boldsymbol{V}_o$ 和 $\boldsymbol{V}_f=\boldsymbol{V}_i$，可得

$$\boldsymbol{V}_f=\boldsymbol{AFV}_i,\quad \boldsymbol{AF}=1 \tag{5.4.1}$$

所以维持等幅振荡的条件有

$$|\boldsymbol{AF}|=1 \tag{5.4.2}$$

$$\varphi_A+\varphi_F=2n\pi \quad (n=0,1,2,\cdots) \tag{5.4.3}$$

例题 5.4.1　求出图 5.4.3 调集振荡器的振荡条件和振荡频率。反馈网络是由 L、C、M 和 L_1 组成。

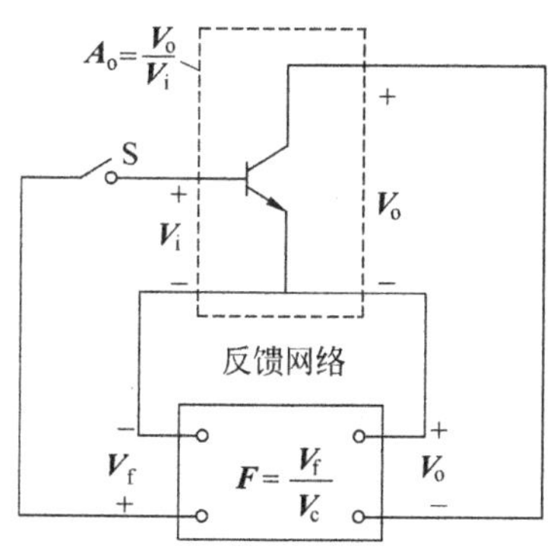

图 5.4.2　反馈振荡器方框图

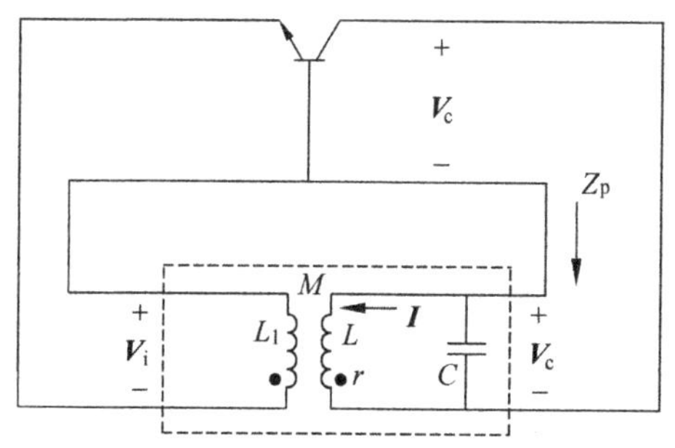

图 5.4.3　调集振荡器的交流等效电路

解　由放大电路理论可知，无反馈时共基放大器的电压增益为

$$\boldsymbol{A}_o=\frac{h_{fb}Z_p}{h_{ib}+\Delta h_bZ_p} \tag{5.4.4}$$

谐振回路的输出电压为

$$\boldsymbol{V}_{\mathrm{c}}=\boldsymbol{I}(r+\mathrm{j}\omega L) \tag{5.4.5}$$

L_1 两端的感应(反馈)电压为

$$\boldsymbol{V}_{\mathrm{i}}=\mathrm{j}\omega \boldsymbol{I} \tag{5.4.6}$$

因此,反馈系数为

$$\boldsymbol{F}=\frac{\boldsymbol{V}_{\mathrm{i}}}{\boldsymbol{V}_{\mathrm{c}}}=\frac{\mathrm{j}\omega M}{r+\mathrm{j}\omega L} \tag{5.4.7}$$

将 $\boldsymbol{A}_{\mathrm{o}}$ 与 $\boldsymbol{F}$ 代入振荡条件,并注意到

$$Z_{\mathrm{p}}=\frac{\frac{1}{\mathrm{j}\omega C}(r+\mathrm{j}\omega L)}{r+\mathrm{j}\left(\omega L-\frac{1}{\omega C}\right)} \tag{5.4.8}$$

由 $\boldsymbol{AF}=1$,得到

$$1-\frac{\mathrm{j}\omega M h_{\mathrm{fb}}}{h_{\mathrm{ib}}(1-\omega^2 LC+\mathrm{j}\omega rC)+\Delta h_{\mathrm{b}}(r+\mathrm{j}\omega L)}=0 \tag{5.4.9}$$

由式(5.4.9)的虚数项等于零,得到

$$h_{\mathrm{ib}} r\omega C+\Delta h_{\mathrm{b}}\omega L-\omega M h_{\mathrm{fb}}=0 \tag{5.4.10}$$

$$h_{\mathrm{fb}}=\frac{h_{\mathrm{ib}} rC+\Delta h_{\mathrm{b}} L}{M} \tag{5.4.11}$$

由式(5.4.9)的实数项等于零,得到

$$h_{\mathrm{ib}}(1-\omega^2 LC)+\Delta h_{\mathrm{b}} r=0 \tag{5.4.12}$$

$$\omega=\sqrt{\frac{1}{LC}\left(\frac{\Delta h_{\mathrm{b}} r}{h_{\mathrm{ib}}}+1\right)} \tag{5.4.13}$$

由此可知,无论是由瞬变的观点,还是由正反馈的观点,所得到的振荡条件都是一样的。一般,我们采用正反馈的观点来分析。

5.5 振荡器的平衡与稳定条件

振荡电路是单口网络,无需输入信号就能起振,起振的信号源来自于何处?起振信号来自于自身直流电能转换为交流电能的振荡电路。初始信号中,满足相位平衡条件的某一频率 ω_0 的信号应该被保留,成为等幅振荡输出信号,这是交流信号从无到有的过程。然而,一般初始信号很微弱,很容易被干扰信号所淹没,不能形成一定幅度的输出信号。因此,起振阶段要求

$$|\boldsymbol{AF}|>1 \tag{5.5.1}$$

$$\varphi_A+\varphi_F=2n\pi \quad (n=0,1,2,\cdots) \tag{5.5.2}$$

当输出信号幅值增加到一定程度时,就要限制它继续增加。稳幅的作用是,当输出信号幅值达到一定程度时,使振幅平衡条件从 $AF>1$ 到 $AF=1$,是个由增加到稳定的过程。上面分析的是保证振荡器由弱到强地建立起振荡的起振条件,下面分析保证振荡器进入平衡状态、产生等幅振荡的平衡条件。稳定条件也分为振幅稳定与相位稳定两种。

5.5.1 振幅平衡的稳定条件

保证外界因素变化时振幅相对稳定，就是要保证当振幅变化时，AF 的大小朝反方向变化。假定由于某种因素使振幅增大超过了 V_{omQ}，这时 $A<\frac{1}{F}$，即出现 $AF<1$ 的情况；于是振幅就自动衰减而回到 V_{omQ}。反之，当某种因素使振幅小于 V_{omQ}，这时 $A>\frac{1}{F}$，即出现 $AF>1$ 的情况，于是振幅就自动增强，从而又回到 V_{omQ}。

因此，Q 点是稳定平衡点。形成稳定平衡的根本原因是什么呢？关键在于在平衡点附近，放大倍数随振幅的变化特性具有负的斜率，即振幅稳定条件为

$$\left.\frac{\partial A}{\partial V_{om}}\right|_{V_{om}=V_{omQ}}<0 \tag{5.5.3}$$

式(5.5.3)表示平衡点的振幅稳定条件。它说明在反馈型振荡器中，放大器的放大倍数随振荡幅度的增强而下降，振幅才能处于稳定平衡状态。工作于非线性状态的有源器件(晶体管、电子管等)正好具有这一性能，因而它们具有稳定振幅的功能。一般只要偏置电路和反馈网络设计正确，即 $A=f_1(V_{om})$ 曲线是一条单调下降曲线，且与 $\frac{1}{F}=f_2(V_{om})$ 曲线仅有一点相交，如图 5.5.1 所示。开始起振时，$A_oF>1$，振荡处于增幅振荡状态，振荡幅度从小到大，直到到达 Q 点为止。这就是软自激状态，它的特点是不需外加激励，振荡便可以自激。如果晶体管的静态工作点取得很低，甚至为反向偏置，而且反馈系数 F 又较小时，可能会出现如图 5.5.2 所示的另一种振荡形式。这时 $A=f_1(V_{om})$ 曲线不是一条单调下降曲线，而是先随 V_{om} 的增大而上升，达到最大值后，又随 V_{om} 的增大而下降。因此，它与 $\frac{1}{F}=f_2(V_{om})$ 曲线有两个交点 B 与 Q。这两点都是平衡点。其中平衡点 Q 满足 $\left.\frac{\partial A}{\partial V_{om}}\right|_{V_{om}=V_{omQ}}<0$ 的条件，是稳定平衡点。平衡点 B 则与上述情况相反，因为在此点 $\left.\frac{\partial A}{\partial V_{om}}\right|_{V_{om}=V_{om_Q}}>0$，当振荡幅度稍大于 V_{omB} 时，如图 5.5.2 所示，在开始起振时，$AF>1$，振荡处于增幅振荡状态，振幅越来越大。反之，振幅稍低于 V_{omB}，则 $AF<1$，又称为减幅振荡，因此振幅将继续衰减下去，直到停振为止。所以 B 点的平衡状态是不稳定的。由于在 $V_{om}<V_{omB}$ 的区间，振荡始终是衰减的。因此，这种振荡器不能自行起振，除非在起振时外加一个大于 V_{omB} 的冲击信号，使其冲过 B 信号才能起振的现象，称为硬自激。一般情况下都是使振荡电路工作于软自激状态，避免硬自激。

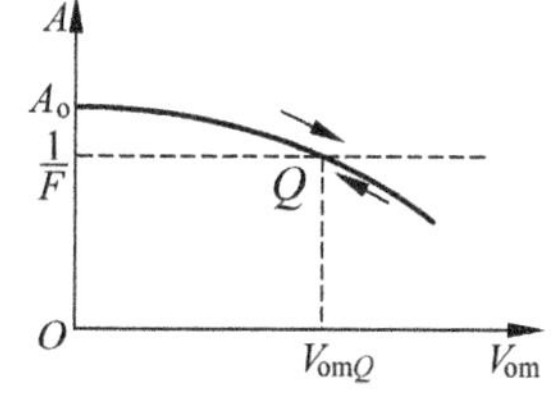

图 5.5.1 软自激的振荡特性

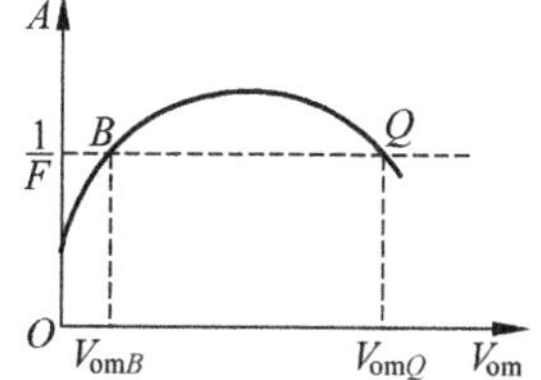

图 5.5.2 硬自激的振荡特性

5.5.2 相位平衡的稳定条件

相位平衡的稳定条件是指相位平衡条件遭到破坏时，相位平衡能重新建立，且仍能保持相对稳定的振荡频率。当外部扰动引起频率上升时，相位也会随之增加，为了达到相位平衡的条件，必须有一种使频率下降的机制，也就是相位对频率的一阶导数小于零。

$$\frac{\partial(\varphi_Y+\varphi_Z+\varphi_F)}{\partial\omega}\cong\frac{\partial\varphi_Z}{\partial\omega}<0 \tag{5.5.4}$$

$$\boldsymbol{A}_v=\boldsymbol{A}_{vo}\frac{1}{1+\mathrm{j}Q_L\left(\frac{\omega}{\omega_0}-\frac{\omega_0}{\omega}\right)}<0 \tag{5.5.5}$$

$$\varphi=-\arctan Q\left(\frac{\omega}{\omega_0}-\frac{\omega_0}{\omega}\right) \tag{5.5.6}$$

图 5.5.3 是以角频率 ω 为横坐标、φ_Z 为纵坐标的并联谐振回路相频特性曲线。当相位平衡时有 $\varphi_Z=-(\varphi_Y+\varphi_F)=-\varphi_{YF}$ 相位关系。一般情况下，振荡器存在一定的正向传输导纳相角 φ_Y 和反馈系数 φ_F。假定两个相角的代数和为图中所示的 φ_{YF}，则只有工作频率为 ω_c 时，相位平衡条件才能满足。若由于外界某种因素使得振荡器相位发生变化，如图 5.3.3 中，φ_{YF} 增加到 φ'_{YF}，从而破坏了原来工作于 ω_c 频率的平衡条件，使 ω_c 升高，谐振回路就会产生负的相角增量 $-\Delta\varphi_Z$。当 $-\Delta\varphi_Z=\Delta\varphi_{YF}$ 时，相位重新满足 $\sum\varphi=0$ 的条件，振荡器在 ω'_c 的频率上再一次达到平衡。但是新的平衡点 $\omega'_c=\omega_c+\Delta\omega_c$ 还是偏离原来的稳定平衡点一个 $\Delta\omega_c$，显然，这是为了抵消 $\Delta\varphi_{YF}$ 出现的必然现象。为了减小振荡频率的变化，一方面尽可能减小 $\Delta\varphi_{YF}$，也就是减小 φ_Y 和 φ_F 对外界因素影响的敏感值；另一方面，提高相频特性曲线斜率绝对值 $\left|\frac{\partial\varphi}{\partial\omega}\right|$，这可通过提高回路的 Q 值来实现。另外，尽可能使 φ_{YF} 趋近于零，即振荡回路工作于谐振状态，有利于振荡频率的稳定。

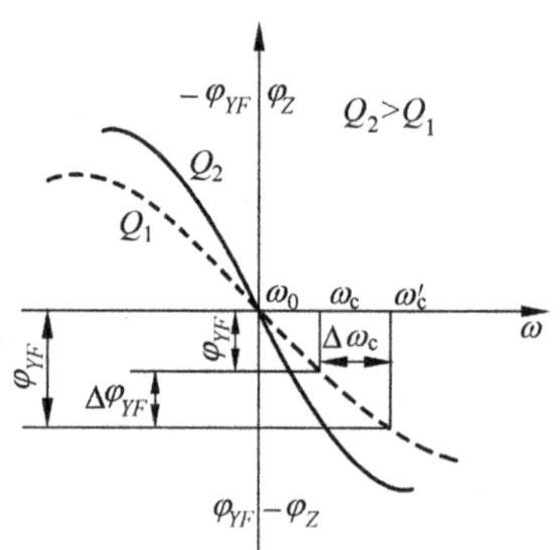

图 5.5.3 并联谐振回路的相频特性曲线

5.6 LC 振荡器

5.6.1 LC 振荡器的组成原则

LC 振荡器的基本电路就是通常所说的三端式(又称三点式)振荡器，即 LC 回路的三个端点与晶体管的三个电极分别连接而成的电路，如图 5.6.1 所示。根据谐振回路的性质，谐振时回路应呈纯电阻性，因而有

$$X_1+X_2+X_3=0 \tag{5.6.1}$$

一般情况下，回路 Q 值很高，因此回路电流远大于晶体管的基极电流 $\boldsymbol{I}_b$、集电极电流 $\boldsymbol{I}_c$ 以及发射极电流 $\boldsymbol{I}_e$，故由图 5.6.1 有

$$\boldsymbol{U}_b = jX_2\boldsymbol{I}, \quad \boldsymbol{U}_c = -jX_1\boldsymbol{I} \tag{5.6.2}$$

因为 $\boldsymbol{U}_b$ 与 $\boldsymbol{U}_c$ 的极性相反，所以 X_1 和 X_2 应为同性质的电抗元件。

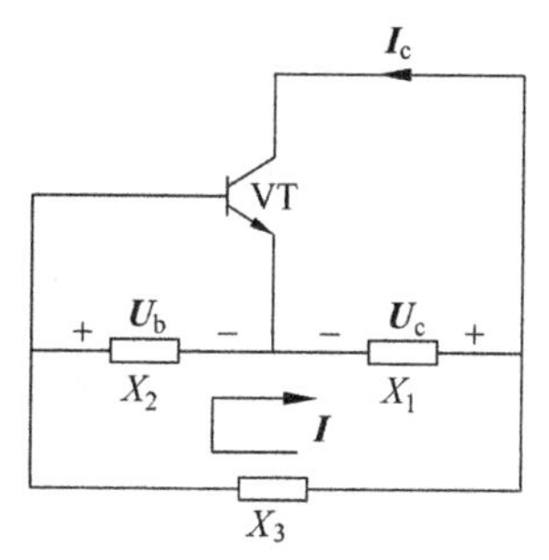

图 5.6.1　三端式振荡器电路原理图

三端式振荡器有两种基本电路，如图 5.6.2 所示。图 5.6.2(a)中 C_1 和 C_2 为容性，L_3 为感性，满足三端式振荡器的组成原则，反馈网络是由电容元件完成的，称为电容反馈振荡器，也称为考毕兹(Colpitts)振荡器。图 5.6.2(b)中 L_1 和 L_2 为感性，C_3 为容性，满足三端式振荡器的组成原则，反馈网络是由电感元件完成的，称为电感反馈振荡器。下面以几个典型的电路为例分析这两种振荡器的振荡频率、起振条件和反馈系数。

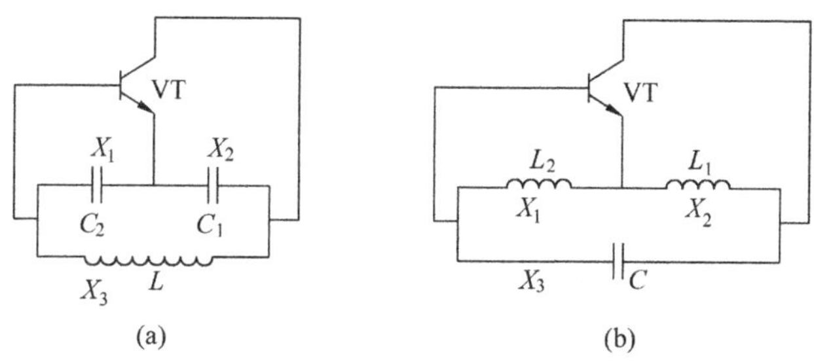

图 5.6.2　两种基本的三端式振荡器

(a) 电容反馈振荡器；(b) 电感反馈振荡器

5.6.2　电容反馈振荡器

图 5.6.3(a)是一电容反馈振荡器的实际电路，图(b)是其交流等效电路。图 5.6.3 电路的振荡频率为

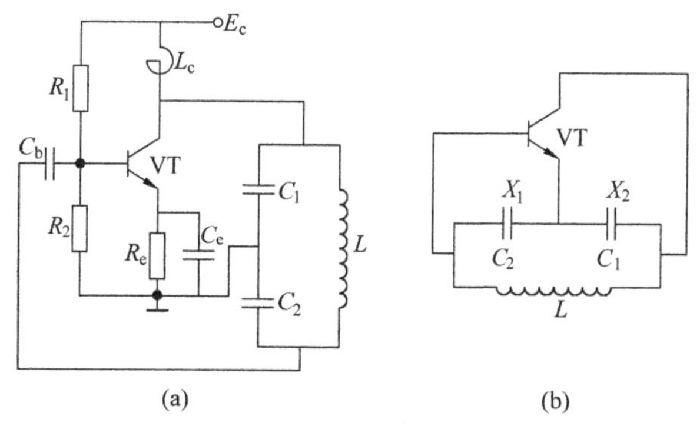

图 5.6.3　电容反馈振荡器

(a) 实际电路；(b) 交流等效电路

$$\omega_1=\sqrt{\frac{1}{LC}+\frac{g_{ie}(g_{oe}+g'_L)}{C_1C_2}} \tag{5.6.3}$$

回路的总电容 C 为

$$C=\frac{C_1C_2}{C_1+C_2} \tag{5.6.4}$$

当不考虑 g_{ie} 的影响时,振荡器谐振频率为

$$\omega_1=\omega_2=\sqrt{\frac{1}{LC}} \tag{5.6.5}$$

反馈系数 $F(j\omega)$的大小为

$$K_p=|F(j\omega)|=\frac{U_b}{U_c}=\frac{\frac{1}{\omega C_2}}{\frac{1}{\omega C_1}}=\frac{C_1}{C_2} \tag{5.6.6}$$

将 g_{ie} 折算到放大器输出端，有

$$g'_{ie}=\left(\frac{U_b}{U_c}\right)^2 g_{ie}=K_F^2 g_{ie} \tag{5.6.7}$$

因此，放大器总的负载电导 g_L 为

$$g_L=K_F^2 g_{ie}+g_{oe}+g'_L \tag{5.6.8}$$

则由振荡器的振幅起振条件 $Y_f R_L F'>1$，可以得到

$$g_m\geqslant(g_{oe}+g'_L)\frac{1}{K_F}+g_{ie}K_F \tag{5.6.9}$$

5.6.3 电感反馈振荡器

图 5.6.4(a)是一电感反馈振荡器的实际电路,图(b)是其交流等效电路。同电容反馈振荡器的分析一样，振荡器的振荡频率可以用回路的谐振频率近似表示,即

$$\omega_1=\omega_2=\sqrt{\frac{1}{LC}} \tag{5.6.10}$$

式(5.6.10)中的 L 为回路的总电感,且

$$L=L_1+L_2+2M \tag{5.6.11}$$

由相位平衡条件分析,振荡器的振荡频率表达式为

$$\omega_1=\sqrt{\frac{1}{LC+g_{ie}(g_{oe}+g'_L)(L_1L_2-M^2)}} \tag{5.6.12}$$

工程上在计算反馈系数时不考虑 g_{ie} 的影响,反馈系数的大小为

$$K_F=|G(j\omega)|\approx\frac{L_2+M}{L_1+M} \tag{5.6.13}$$

由起振条件分析,同样可得起振时的 g_m 应满足

$$g_m\geqslant(g_{oe}+g'_L)\frac{1}{K_F}+g_{ie}K_F \tag{5.6.14}$$

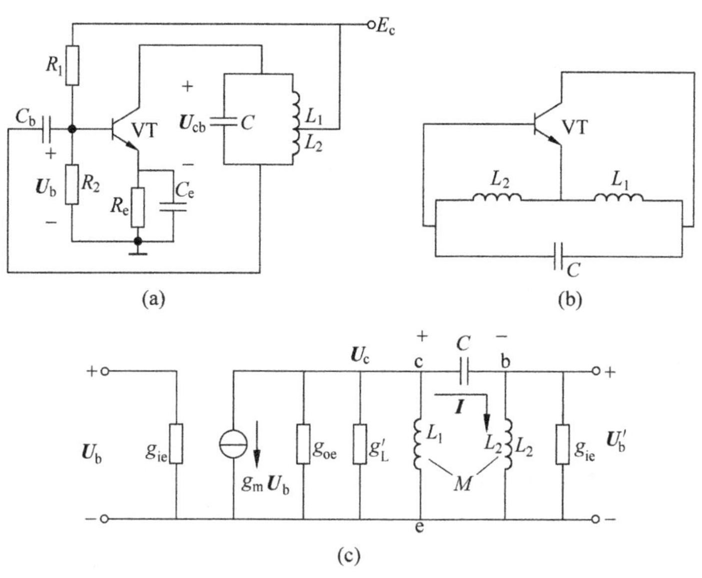

图 5.6.4 电感反馈振荡器

(a) 实际电路；(b) 交流等效电路；(c) 高频等效电路

5.6.4 两种改进型电容反馈振荡器

1) 克拉泼振荡器

图 5.6.5 是克拉泼振荡器的实际电路和交流等效电路。

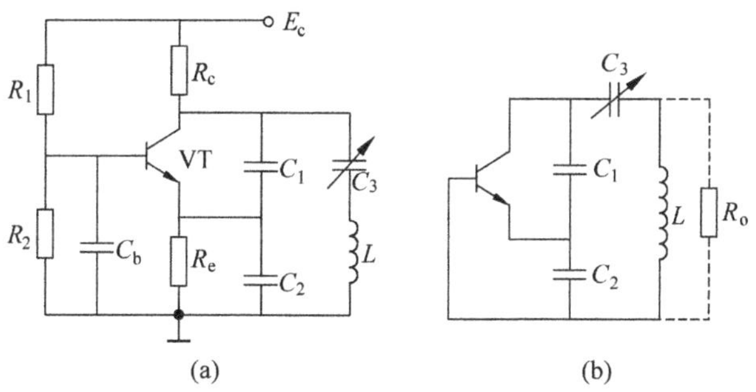

图 5.6.5 克拉泼振荡器的实际电路(a)和交流等效电路(b)

这种电路频率稳定性比较高。图中 $C_1 \gg C_3$，$C_2 \gg C_3$，C_b 为基极耦合电容，C_3 为可变电容，它的作用是把 L 与 C_1、C_2 隔开，使反馈系数仅取决于 C_1 与 C_2 的比值，振荡频率基本上由 C_3 和 L 决定。因此，C_3 减弱了晶体管与振荡回路之间的耦合，使折算到回路的有源器件的参数减小，提高了频率稳定度。C_3 越小，则频率稳定度越好，但起振也越困难。所以，C_3 也不能无限制减小。

回路的总电容为

$$\frac{1}{C}=\frac{1}{C_1}+\frac{1}{C_2}+\frac{1}{C_3}\overset{C_3 \leqslant C_1 \cdot C_2}{\approx}\frac{1}{C_3} \tag{5.6.15}$$

$$p=\frac{C}{C_1}\approx\frac{C_3}{C_1} \tag{5.6.16}$$

$$R_L=p^2R_0\approx\left(\frac{C_3}{C_1}\right)^2R_0 \tag{5.6.17}$$

$$\omega_1\approx\omega_2=\sqrt{\frac{1}{LC}}\approx\sqrt{\frac{1}{LC_3}} \tag{5.6.18}$$

$$K_F=\frac{C_1}{C_2} \tag{5.6.19}$$

2）西勒振荡器

图 5.6.6 是西勒振荡器的实际电路和交流等效电路，它是另一种改进型的电容三端式振荡器。它的主要特点，就是与电感 L 并联一可变电容 C_4，电容 C_1、C_2 和 C_3 的取值原则与克拉泼振荡电路相同。改变 C_1 调节频率时不影响反馈系数，其输出波形好、工作频率高，适用于宽波段、频率可调的场合。

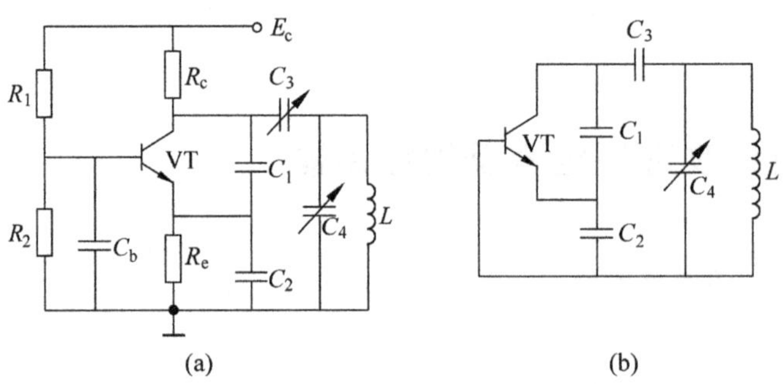

图 5.6.6　西勒振荡器的实际电路(a)和交流等效电路(b)

回路的总电容为

$$C=\frac{1}{\frac{1}{C_1}+\frac{1}{C_2}+\frac{1}{C_3}}+C_4\approx C_3+C_4 \tag{5.6.20}$$

振荡器的振荡频率为

$$\omega_1\approx\omega_2=\sqrt{\frac{1}{LC}}\approx\sqrt{\frac{1}{L(C_3+C_4)}} \tag{5.6.21}$$

反馈系数为

$$K_F=\frac{C_1}{C_2} \tag{5.6.22}$$

5.6.5　反馈振荡器基本组成部分和实例分析

从上面的讨论可知，要使反馈振荡器能够产生持续的等幅振荡，必须满足振荡的起振条件、平衡条件和稳定条件，它们是缺一不可的。因此，反馈型正弦波振荡器应该包括放大电路、正反馈网络、选频网络(选择满足相位平衡条件的一个频率，经常与反馈网络合二为一)和稳幅环节。

例 5.6.1 振荡线路-互感耦合振荡器。图 5.6.7 是 LC 振荡器的实际电路，图中反馈网络由 L 和 L_1 间的互感 M 担任，因而称为互感耦合式的反馈振荡器，或称为变压器耦合振荡器。设振荡器的工作频率等于回路谐振频率，当基极加有信号 u_b 时，由三极管中的电流流向关系可知集电极输出电压 u_c 与输入电压 u_b 反相，根据图中两线圈上所标的同名端，判断出反馈线圈 L_1 端的电压 u'_b 与 u_c 反相，故 u'_b 与 u_b 同相，该反馈为正反馈。因此，只要电路设计合理，在工作时满足 $u'_b=u_b$ 条件，在输出端就会有正弦波输出。互感耦合反馈振荡器的正反馈是由互感耦合振荡回路中的同名端来保证的。

例 5.6.2 电容三端式振荡器如图 5.6.8 所示。已知晶体管静态工作点电流 $I_{EQ}=0.8\text{mA}$，晶体管 $g_{ie}=0.8\text{mS}$，$g_{oe}=0.004\text{mS}$，谐振回路的 $C_1=100\text{pF}$，$C_2=360\text{pF}$，$L=12\mu\text{H}$，空载 $Q=70$，集电极电阻 $R_c=4.3\text{k}\Omega$，$R_b=R_{b1}/\!/R_{b2}=7.7\text{k}\Omega$。试求振荡器的振荡频率，并验证电路是否满足振幅起振条件。

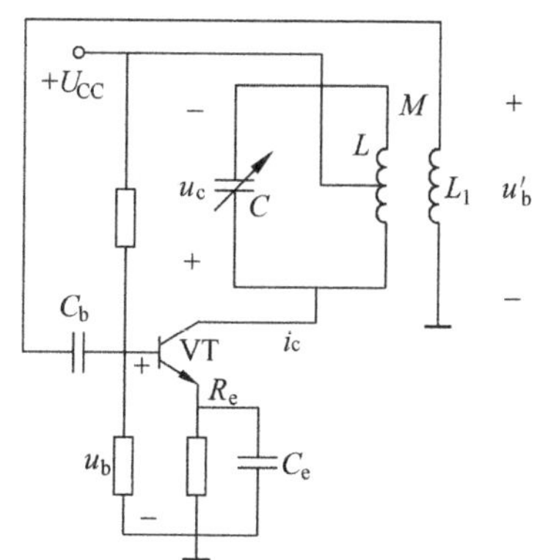

图 5.6.7 互感耦合振荡器

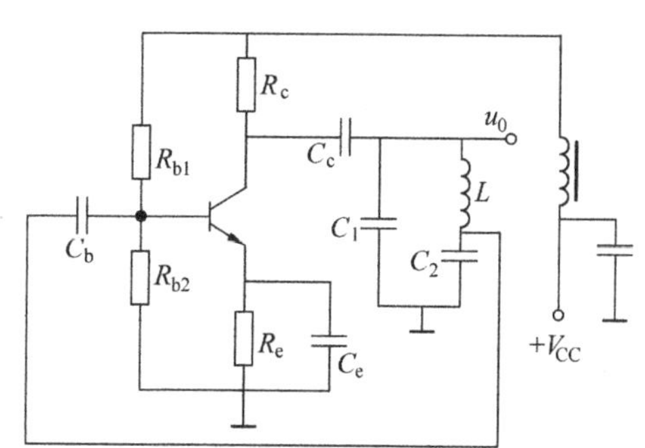

图 5.6.8 电容三端式振荡器电路原理图

解 先作出振荡电路起振时开环小信号等效电路，如图 5.5.9 所示。略去晶体管内反馈的影响 $y_{re}=0$，同时略去正向导纳的相移，将 y_{fe} 用 g_m 表示(同时也略去了相移的影响)，C_{ie} 与 C_{oe} 均比 C_1、C_2 小得多，也略去它们的影响。则该系统的总电容和振荡频率分别为

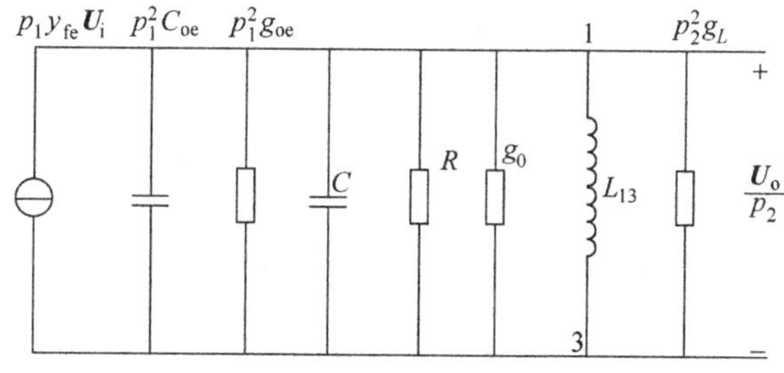

图 5.6.9 电容三端式振荡器等效电路图

$$C=\frac{C_1C_2}{C_1+C_2}=\frac{100\times 360}{100+360}\text{pF}=78.3\text{pF} \tag{5.6.23}$$

$$f=\frac{1}{2\pi\sqrt{LC}}=\frac{1}{2\times 3.14\times\sqrt{12\times 10^{-6}\times 78.3\times 10^{-12}}}\text{Hz}=5.2\text{MHz} \tag{5.6.24}$$

电压增益为

$$\boldsymbol{A}=\frac{\boldsymbol{V}_\text{o}}{\boldsymbol{V}_\text{i}}=\frac{-g_\text{m}\boldsymbol{V}_\text{i}/G_\text{e}}{\boldsymbol{V}_\text{i}}=-g_\text{m}G_\text{e} \tag{5.6.25}$$

$$G_\text{e}=g_\text{oe}+g_\text{c}+g'_\text{p}+g'_\text{ie} \tag{5.6.26}$$

$$g_\text{c}=\frac{1}{R_\text{c}}=\frac{1}{4.3\times 10^3}\text{S}=23.3\times 10^{-5}\text{S} \tag{5.6.27}$$

$$\begin{aligned}g'_\text{p}&=\left(\frac{C_1+C_2}{C_2}\right)^2 g_\text{p}=\left(\frac{C_1+C_2}{C_2}\right)^2\frac{1}{Q\sqrt{\dfrac{L}{C}}}\\&=\left(\frac{100+360}{360}\right)^2\times\frac{1}{70\times\sqrt{\dfrac{12\times 10^{-6}}{78.3\times 10^{-12}}}}\text{S}=5.96\times 10^{-5}\text{S}\end{aligned} \tag{5.6.28}$$

$$g'_\text{ie}=\left(\frac{C_1}{C_2}\right)^2\left(g_\text{ie}+\frac{1}{R_\text{b}}\right)=\left(\frac{100}{360}\right)\times\left(0.8\times 10^{-3}+\frac{1}{7.7\times 10^3}\right)\text{S}=7.2\times 10^{-5}\text{S} \tag{5.6.29}$$

$$\begin{aligned}G_\text{e}&=g_\text{oe}+g_\text{c}+g'_\text{p}+g'_\text{ie}=4\times 10^{-5}\text{S}+23.3\times 10^{-5}\text{S}+5.96\times 10^{-5}\text{S}+7.2\times 10^{-5}\text{S}\\&=40.5\times 10^{-5}\text{S}\end{aligned} \tag{5.6.30}$$

$$F\approx-\frac{C_1}{C_2}=-\frac{100}{360}=-\frac{5}{18} \tag{5.6.31}$$

环路增益为

$$AF\approx\frac{g_\text{m}}{G_\text{e}}\frac{C_1}{C_2}=\frac{I_\text{EQ}/V_\text{T}}{G_\text{e}}\frac{C_1}{C_2}=\frac{0.8/26}{40.5\times 10^{-5}}\times\frac{5}{18}=21>1 \tag{5.6.32}$$

满足起振条件。

5.6.6 LC振荡器的设计要点

1）振荡器电路选择

LC振荡器一般工作在几百千赫兹至几百兆赫兹范围。振荡器线路主要根据工作的频率范围及波段宽度来选择。在短波范围，电感反馈振荡器、电容反馈振荡器都可以采用。在中波、短波收音机中，为简化电路常用变压器反馈振荡器作本地振荡器。

2）晶体管选择

从稳频的角度出发，应选择 f_T 较高的晶体管，这样晶体管内部相移较小。通常选择 $f_\text{T}>(3\sim10)f_{1\max}$。同时希望电流放大系数 β 大些，这样既容易振荡，也便于减小晶体管和回路之间的耦合。

3）直流馈电线路的选择

为保证振荡器起振的振幅条件，起始工作点应设置在线性放大区；从稳频出发，稳定状态应在截止区，而不应在饱和区，否则回路的有载品质因数 Q_L 将降低。所以，通常应将晶体管的静态偏置点设置在小电流区，电路应采用自偏压。

4）振荡回路元件选择

从稳频出发，振荡回路中电容 C 应尽可能大，但 C 过大，不利于波段工作。电感 L 也应尽可能大，但 L 大后，体积大，分布电容大；L 过小，回路的品质因数过小，因此应合理地选择回路的 C、L。在短波范围，C 一般取几十至几百皮法，L 一般取 0.1 至几十微亨。

5）反馈回路元件选择

由前述可知，为了保证振荡器有一定的稳定振幅以及容易起振，在静态工作点通常应选择在

$$Y_f R_L F' = 3 \sim 5 \tag{5.6.33}$$

当静态工作点确定后，Y_f 的值就一定，对于小功率晶体管可以近似为

$$Y_f = g_m = \frac{I_{cQ}}{26\text{mV}} \tag{5.6.34}$$

反馈系数的大小应在下列范围选择：

$$F = 0.1 \sim 0.5 \tag{5.6.35}$$

5.7 石英晶体振荡器

石英晶体振荡器是利用石英晶体谐振器作滤波元件构成的振荡器，其振荡频率由石英晶体谐振器决定。与 LC 谐振回路相比，石英晶体谐振器具有很高的标准性和极高的品质因数，因此石英晶体振荡器具有较高的频率稳定度，采用高精度和稳频措施后，石英晶体振荡器可以达到 $10^{-4} \sim 10^{-9}$ 的频率稳定度。

5.7.1 石英晶体振荡器基本组成

石英晶体振荡器由谐振器、电容和放大器组成，如图 5.7.1 所示。石英晶体振荡器中的放大器至少由一个驱动设备、偏置电阻，并且可能包含其他限制带宽、阻抗匹配和增益控制的元件组成。反馈网络由石英晶体谐振器和其他元件（比如用来调谐的可变电容等）组成。

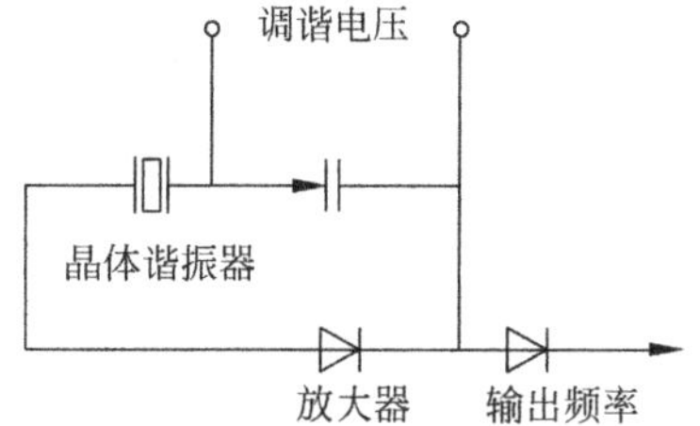

图 5.7.1　石英晶体振荡器的基本组成元件

图 5.7.2 是石英晶体振荡器的内部结构，它是由石英片、电极和管座组成。图 5.7.3 是石英晶体振荡器的等效电路。C_0 代表静态电容和支架引线的分布电容之和；L_{q1}、C_{q1}、r_{q1} 代表晶体基频等效电路；L_{q3}、C_{q3}、r_{q3} 代表晶体三次泛音等效电路。

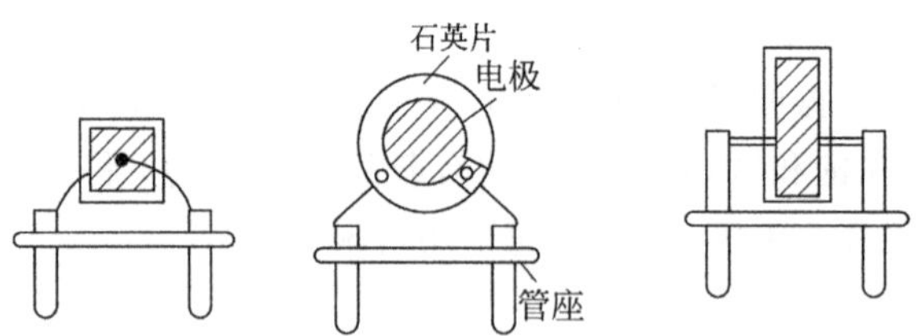

图 5.7.2 石晶体振荡器的内部结构

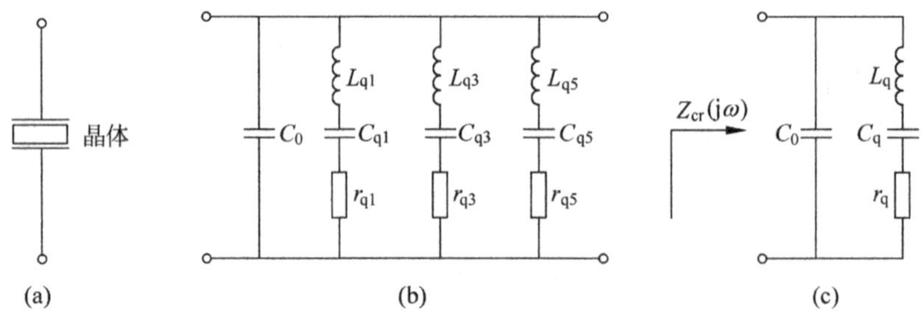

图 5.7.3 石英晶体振荡器的等效电路

根据输入信号的频率不同，石英晶体振荡器具有串联谐振特性和并联谐振特性：

(1) 等效为串联谐振时的串联谐振频率为

$$f_s = \frac{1}{2\pi\sqrt{L_q C_q}} \tag{5.7.1}$$

(2) 等效为并联谐振时的并联谐振频率为

$$f_p = \frac{1}{2\pi\sqrt{L_q \dfrac{C_0 C_q}{C_0 + C_q}}} = f_s\sqrt{1 + \frac{C_q}{C_0}} \tag{5.7.2}$$

(3) 晶体的电抗频率特性曲线如图 5.7.4 所示。

工作频率小于 f_s 为容性，在 f_s和 f_p之间为感性，大于 f_p为容性。

石英晶体产品(图 5.7.5)的标称频率 f_N 是指石英晶体两端并接 30pF 电容(高频晶体)。

$$f_N = f_q\left(1 + \frac{C_q}{2(C_L + C_0)}\right) \tag{5.7.3}$$

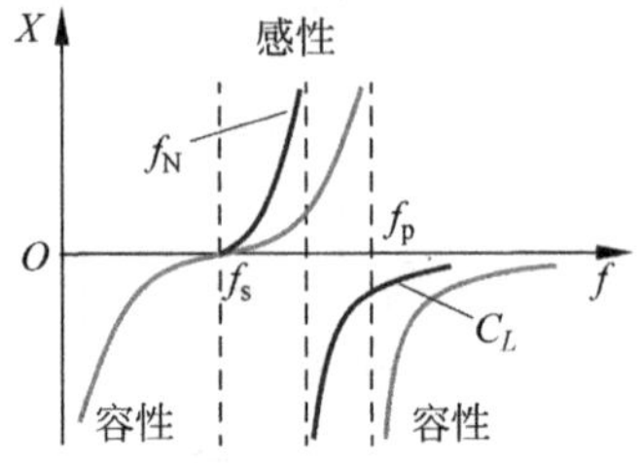

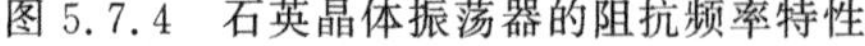
图 5.7.4 石英晶体振荡器的阻抗频率特性

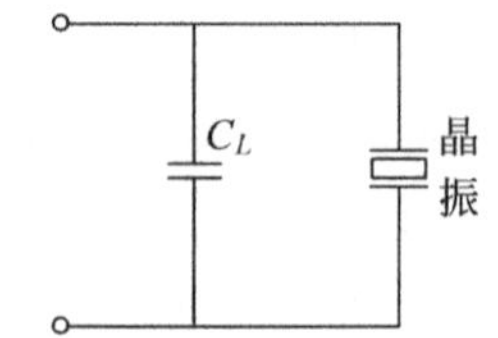

图 5.7.5 石英晶体的标称产品示意图

1) 串联型晶体振荡器

串联型晶体振荡器的基本原理是：晶体所在的正反馈支路发生串联谐振，使正反馈最强而满足振荡。图 5.7.6(a)中的石英晶体和负载电容发生串联谐振。图 5.7.6(b)中的石英晶体作为短路元件串联在正反馈支路上，晶体工作于串联谐振点 f_s 上。

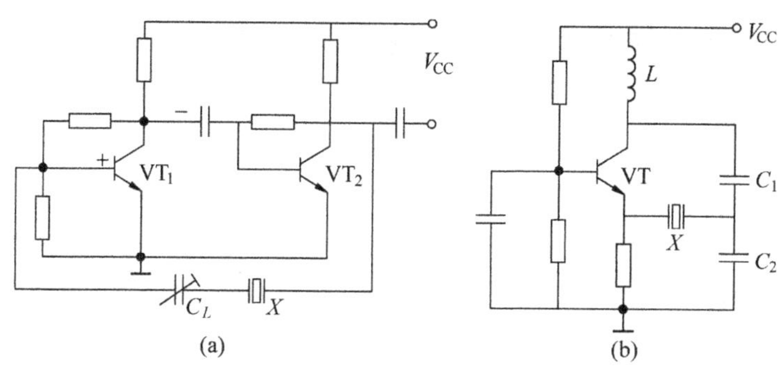

图 5.7.6 两种串联型晶体振荡器

(a) 晶体和负载串联构成的振荡器；(b) 石英晶体作为短路元件构成的振荡器

2) 并联型晶体振荡器

将石英晶体作为等效电感元件作用在三点式电路中，这类振荡器称为并联谐振型晶体振荡器。图 5.7.7(a)代表改进前后的皮尔斯振荡器，石英晶片并接在基极和集电极之间。密西振荡器的石英晶体并接在基极和发射极之间，如图 5.7.7(b)所示。并联型晶体振荡器的晶体一般工作在 f_s 和 f_p 之间，在电路中等效一特殊电感。也有石英晶体接在晶体管集电极与发射极之间，这种电路不常用。

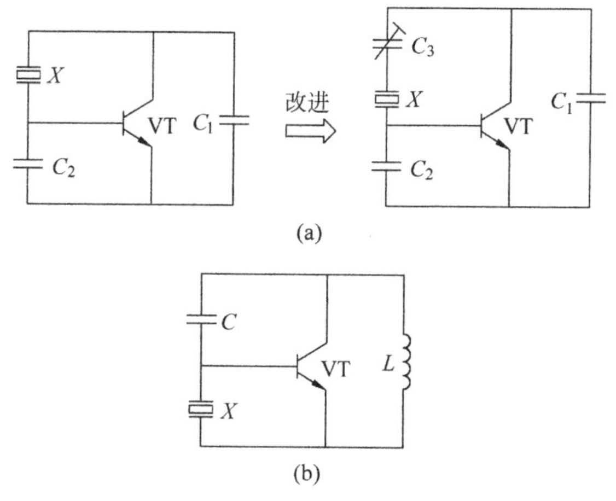

图 5.7.7 两种并联型晶体振荡器

(a) 皮尔斯振荡器；(b) 密西振荡器

3) 泛音晶体振荡器

泛音晶体振荡器是利用晶体的泛音振动(泛音晶体)来实现的，有串联型和并联型两种。图 5.7.8 为并联型的泛音晶体振荡器。设晶体的基频为 1MHz，为了获得五次(5MHz)泛音振荡，LC 谐振频率在 3～5MHz。对于五次泛音频率，LC 呈容性，电路满足振荡条件，可以振荡。而对于基频和三次泛音，LC 呈感性，电路不符合三点式组成原则，不能振荡。

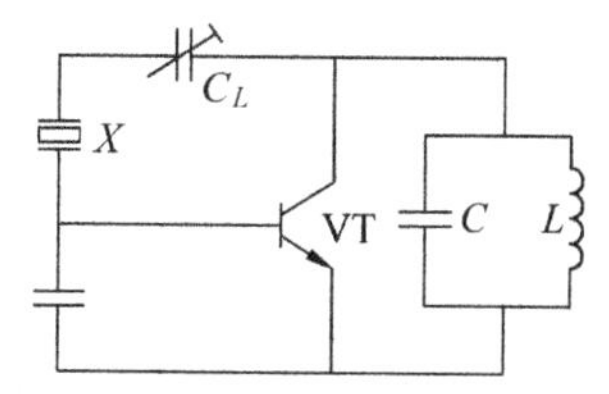

图 5.7.8 并联型泛音晶体振荡器

5.7.2 石英晶体振荡器的特性及其分类

1）石英晶体振荡器的特点

（1）在振荡频率上，闭合回路的相移为 $2n\pi$。

（2）当开始加电时，电路中唯一的信号是噪声。满足振荡相位条件的频率噪声分量以增大的幅度在回路中传输，增大的速率由附加分量，即小信号、回路增益和晶体网络带宽决定。

（3）幅度继续增大，直到放大器增益因有源器件（自限幅）的非线性而减小或者由于某自动电平控制而被减小。

（4）在稳定状态下，闭合回路的增益为1。

2）振荡与稳定度

（1）如果产生相位波动 $\Delta\phi$，频率必然产生频移 Δf，以维持 $2n\pi$ 的相位条件。

（2）对于串联谐振振荡器，$\frac{\Delta f}{f}=-\frac{\Delta\phi}{2Q_L}$，$Q_L$ 是网络中晶体的负载 Q 值。"相位斜率" $\frac{\Delta\phi}{\Delta f}$ 靠近串联谐振频率，且与 Q_L 成正比。

（3）大多数振荡器工作在"并联谐振"上，$\frac{\Delta X}{\Delta f}$ 代表电抗与频率斜率的关系，即"逆电容"是与晶体器件的动态电容 C_q 成反比的。

（4）相对于振荡回路中的相位（电抗）波动的最高频率稳定度来说，相位斜率（或电抗斜率）必须最大，即 C_q 应当最小，而 Q_q 应当最大。石英晶体器件具有高 Q_q 值和高的逆电容，Q_q 与 C_q 之间关系为

$$Q_q=\frac{1}{r_q\sqrt{L_q/C_q}} \tag{5.7.4}$$

Q_q 可达几万到几百万，决定振荡器元件的基本频率（或频率稳定度）。石英晶体谐振器与有源器件的接入系数为

$$n=\frac{C_q}{C_q+C_0}\ll 1 \tag{5.7.5}$$

n 为 $10^{-3}\sim10^{-4}$。这大大减少了有源器件的极间电容等参数和外电路中不稳定因素对石英晶体的影响，使石英晶体振荡器的频率振荡基本不受外界因素影响。

3）石英晶体振荡器分类

如图5.7.9所示，以频率温度特性来分类的三种晶体振荡器是：

（1）晶体振荡器（XO），这种振荡器没有能够降低晶体频率温度特性的器件（也称为密封式晶体振荡器（PXO））。

（2）温度补偿晶体振荡器（TCXO），温度传感器（热敏电阻）的输出信号产生校正电压，加在晶体网络中的变容二极管上。电抗的变化用以补偿晶体的频率温度特性。TCXO 频率稳定特性比 XO 改善了20倍左右。

（3）恒温控制晶体振荡器（OCXO），晶体和其他温度敏感元件均装在稳定的恒温槽中，

而恒温槽被调整到频率随温度的变化斜率为零的温度上。OCXO 能够在晶体频率随温度变化的范围内提供 1000 倍以上的改善。

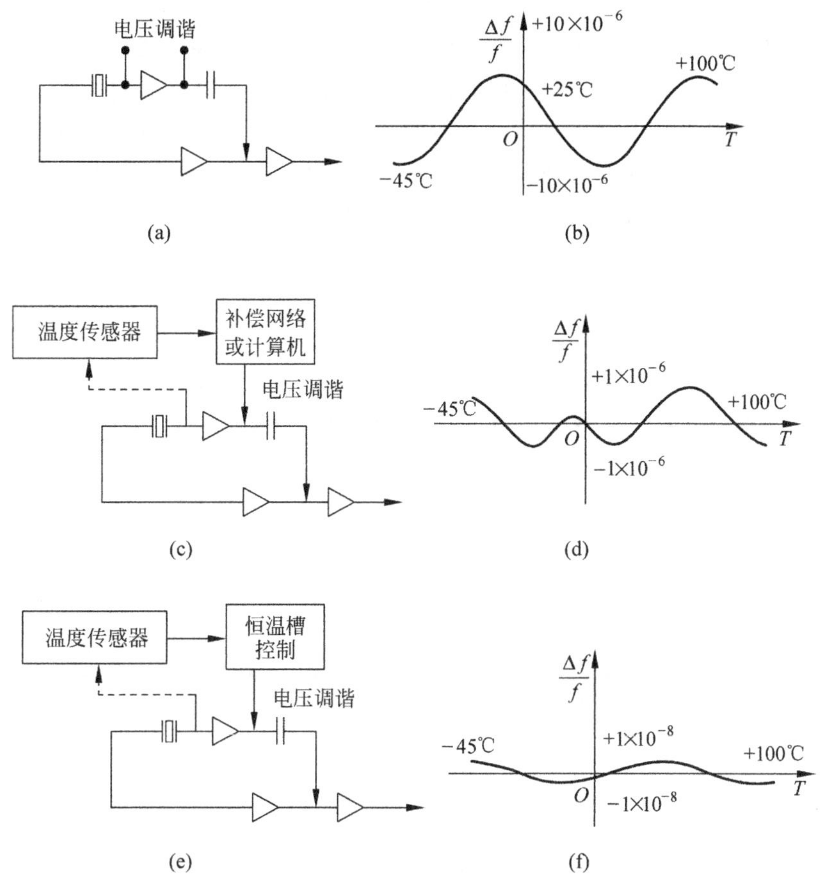

图 5.7.9 几种石英晶体振荡器及其温度频率特性

(a) XO；(b) XO 频率温度变化曲线；(c) TCXO；(d) TCXO 频率温度变化曲线；(e) OCXO；(f) OCXO 频率温度变化曲线

4) 石英晶体振荡器优点

石英晶体振荡器之所以能获得很高的频率稳定度，是由于石英晶体谐振器与一般的谐振回路相比具有优良的特性，具体表现如下。

(1) 石英晶体振荡器具有很高的标准性。石英晶体振荡器的振荡频率主要由石英晶体振荡器的谐振频率决定。石英晶体的串联谐振频率 f_q 主要取决于晶片的尺寸，石英晶体的物理性能和化学性能都十分稳定，它的尺寸受外界条件如温度、湿度等影响很小，因而其等效电路的 L_q、C_q 值很稳定，使得 f_q 很稳定。

(2) 石英晶体振荡器与有源器件之间的接入系数 p 很小，一般为 $10^{-3}\sim10^{-4}$，这大大减弱了有源器件的极间电容等参数和外电路中不稳定因素对石英晶体振荡频率的影响。

(3) 石英晶体振荡器具有非常高的 Q 值。Q 值一般为 $10^4\sim10^6$，与 Q 值仅为几百数量级的普通 LC 回路相比，其 Q 值极高，维持振荡频率稳定不变能力极强。

5.7.3 石英晶体振荡器电路类型

如图 5.7.10 所示，石英晶体振荡器电路通常包含皮尔斯振荡电路、考毕兹振荡电路和克拉泼振荡电路。这些振荡电路除了射频接地点位置不同外，电路的构成都是相同的。皮特勒和修正的皮特勒振荡电路也是彼此相似的，每一种电路中的发射极电流就是晶体的电流。门电路振荡器是皮尔斯型的，它使用了一个逻辑门并在皮尔斯振荡器的晶体管位置加了一个电阻(某些门电路振荡器使用一个以上的门电路)。

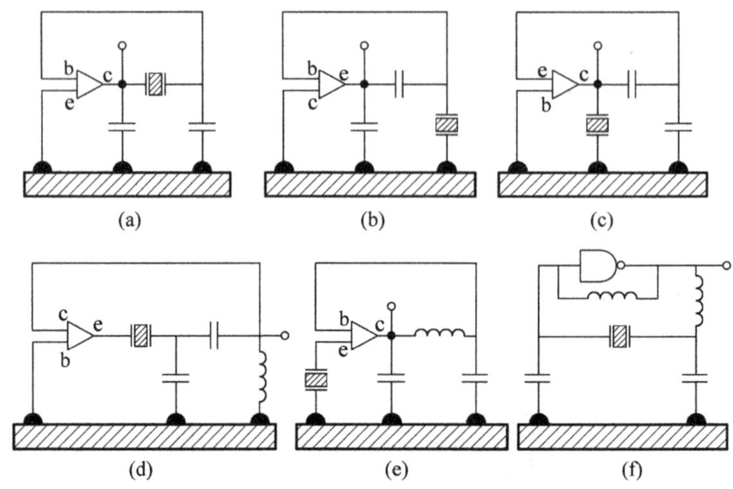

图 5.7.10 几种典型石英晶体振荡器电路

(a) 皮尔斯；(b) 考毕兹；(c) 克拉泼；(d) 皮特勒；(d) 修正的皮特勒；(f) 门电路

如图 5.7.11 所示的皮尔斯振荡电路，振荡回路与晶体管、负载之间的耦合很弱。晶体管 c、b 端，c、e 端和 e、b 端的接入系数分别是

$$n_{cb}=\frac{C_q}{C_q+C_0+C_L} \tag{5.7.6}$$

$$C_L=\frac{C_1C_2}{C_1+C_2} \tag{5.7.7}$$

$$n_{ce}=\frac{C_2}{C_1+C_2}n_{cb} \tag{5.7.8}$$

$$n_{eb}=\frac{C_1}{C_1+C_2}n_{cb} \tag{5.7.9}$$

以上三个接入系数一般均小于 $10^{-4}\sim10^{-3}$，所以外电路中的不稳定参数对振荡回路影响很小，提高了回路的标准性。振荡频率几乎由石英晶体的参数决定：

$$f_{osc}=f_s\sqrt{1+\frac{C_q}{C_0+C_q}} \tag{5.7.10}$$

而石英晶体本身的参数具有高度的稳定性。在使用时，一般需加入微调电容，用以微调回路的谐振频率，保证电路工作在晶体外壳上所注明的标称频率 f_N。因振荡频率 f_{osc} 一般调

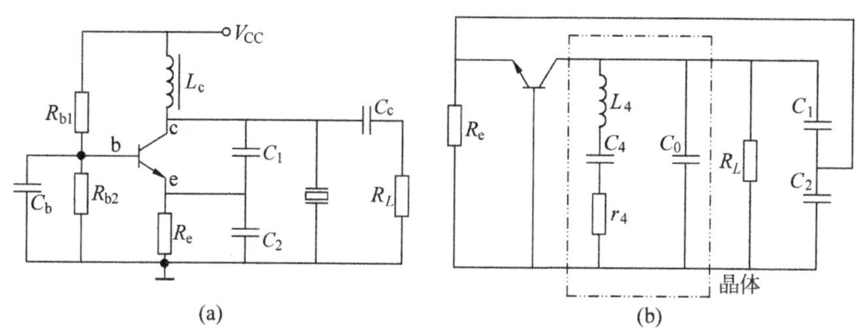

图 5.7.11　皮尔斯晶体振荡器电路

(a) 实际电路；(b) 高频交流通路

谐在标称频率上，位于晶体的感性区内，电抗曲线陡峭，稳频性能极好。石英晶体 Q 值和特性阻抗都很高，故晶体的谐振电阻 ρ 很大，且

$$\rho=\sqrt{\frac{L_q}{C_q}} \tag{5.7.11}$$

一般可达 $10^{10}\Omega$ 以上。这样即使外电路接入系数很小，此谐振电阻等效到晶体管输出端的阻抗仍很大，使晶体管的电压增益能满足振幅起振条件的要求。

在皮尔斯系列中，接地点位置对性能有很大的影响。皮尔斯电路的接法相对于寄生电抗和偏置电阻来说，一般要好于其他几种电路，因为它们多半是跨接在电路的电容上，而不是跨接在晶体器件上。它是高稳定度振荡器应用最广泛的电路之一。在考毕兹电路的接法中，较大部分寄生电容出现在晶体的两端，同时偏置电阻也跨接在晶体上，这就会降低性能。克拉泼电路的接法很少使用，因为集电极直接与晶体连接，这就很难将直流电压加在集电极上。

虽然皮尔斯系列可以通过把电感与晶体串联起来使它工作在串联谐振上，但是它一般还是工作在“并联谐振”上(参见图 5.7.4 电阻频率与电抗的关系)。皮特勒系列通常工作在(或接近)串联谐振上，皮尔斯晶体振荡器可以在高于或低于发射极电流下工作。

当高稳定性不是主要考虑的问题时，门电路振荡器是数字系统的常用电路。

振荡器电路类型的选择取决于以下因素：

(1) 工作频率和稳定性；

(2) 输入电压大小及功率增益；

(3) 性价比；

(4) 工作频率是否容易调节；

(5) 设计时尽可能降低其复杂度。

例 5.7.1　图 5.7.12(a)是一个数字频率计晶振电路，试分析其工作情况。

解　先画出 VT_1 管高频交流等效电路，如图 5.7.12(b)所示，0.01μF 电容较大，作为高频旁路电路，VT_2 管作射随器。由高频交流等效电路可以看到，VT_1 管的 c、e 极之间有一个 LC 回路，其谐振频率 f_0 为

$$f_0=\frac{1}{\sqrt{4.7\times10^{-6}\times330\times10^{-12}}}\text{Hz}\approx4.0\text{MHz} \tag{5.7.12}$$

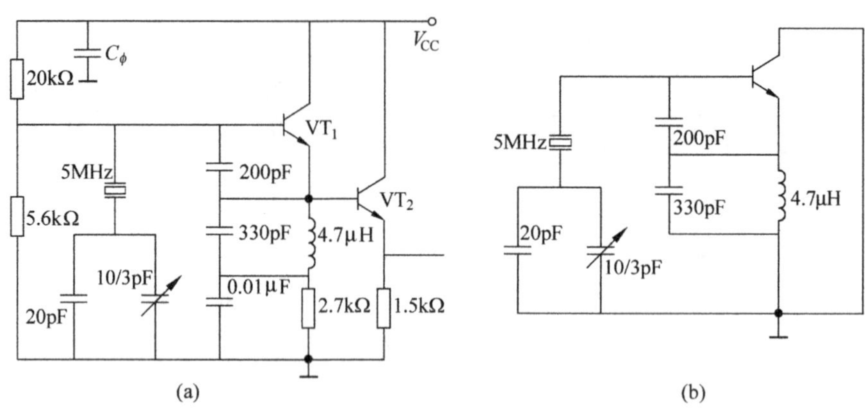

图 5.7.12 数字频率计电器

(a) 数字频率计晶振电路；(b) 高频交流等效电路

所以，在晶体振荡工作频率 5MHz 处，此 LC 回路等效为一个电容。可见，这是一个皮尔斯振荡电路，晶体等效为电感，容量为 3～10pF 的可变电容起微调作用，使振荡器工作在晶振的标称频率 5MHz 上。

5.7.4 石英晶体振荡器的输出

如图 5.7.13 所示，石英晶体振荡器输出一般是正弦波输出，或者 TTL(transistor-transistor logic)兼容，或者 CMOS(complementary metal oxide semiconductor)兼容，或者 ECL(emitter coupled logic)兼容。后三种输出都可以依靠正弦波产生。现在对四种输出类型说明如下。图 5.7.13 中，虚线表示输入电压，实线表示输出。对于正弦波振荡器来说，没有“标准的”输入电压。CMOS 的输入电压一般为 1～10V。

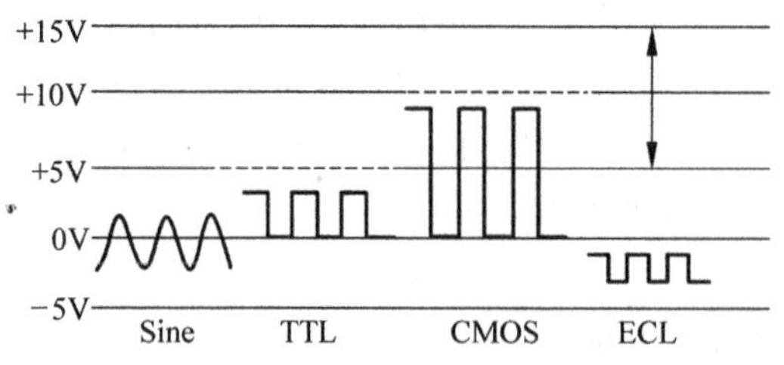

图 5.7.13 石英晶体振荡器输出电压类型

1) 拍频产生原理

拍频率可以是基频模式乘 3 然后减去 3 次泛音频率，如图 5.7.14 所示，或者 3 次泛音频率除以 3，这样得到拍频率 $f_\beta = f_1 - f_3/3$。拍频率是单调的，并且几乎是温度的线性函数。它提供了一个高精度、数字显示的振动范围的温度，因此不需要外加的温度计。

2) 微机补偿晶体振荡器

如图 5.7.15 所示，微机补偿晶体振荡器使用高稳定性的 10MHz SC 切型石英晶体振荡器和双模振荡器，这能同时激发振荡器的 3 次泛音模式。

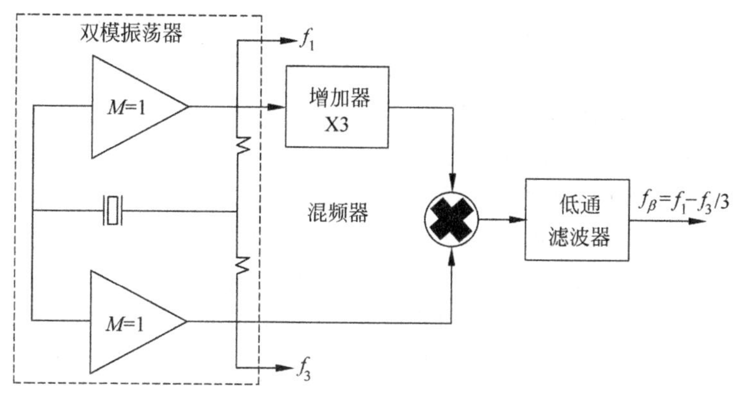

图 5.7.14　石英晶体振荡器拍频产生原理

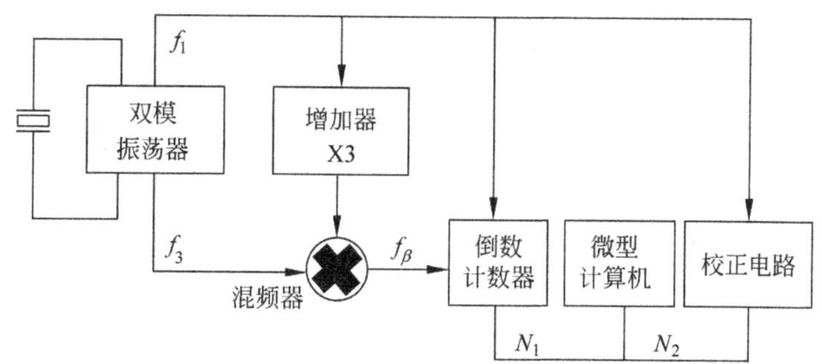

图 5.7.15　微机补偿晶体振荡器

3）微机补偿晶体振荡器频率相加方法

如图 5.7.16 所示，在频率叠加方法中，直接数字频率合成器(DDS)基于 N_2 产生一个校正频率 f_d，从而在所有温度情况下 $f_3+f_d=10\text{MHz}$。相位锁定回路把电压控制晶体振荡器的频率精确地控制在 10MHz。在“频率模式”中，IPPS 的输出是从 10MHz 除以某个数

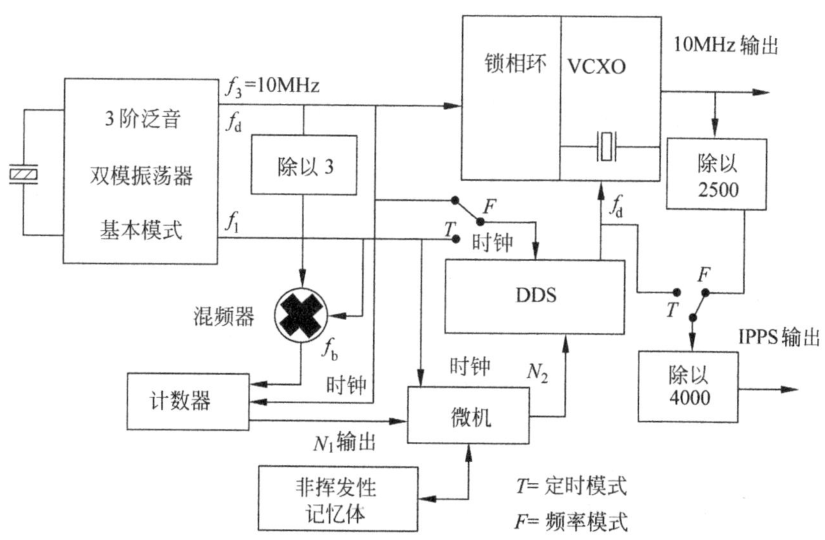

图 5.7.16　微机补偿晶体振荡器频率相加方法

得到的。在能量守恒的“调速方式”中，IPPS 是直接从 f_3驱动直接数字频率合成器，并通过使用不同的校正公式产生的。锁相环和一部分数字电路被关闭。在校正的同时，微处理器准备“休眠”，并延长定时减少能量消耗。

4）微机补偿晶体振荡器的脉冲消除方法

图 5.7.17 为微机补偿晶体振荡器的脉冲消除方法示意图。在脉冲消除方法中，SC 切型的谐振器频率要稍微高于输出频率 f_0。例如，如果 f_0 为 10MHz，则 SC 切型谐振器的频率在设计的温度范围内都要略高于 10MHz。双模振荡器提供两种输出信号，其中之一 f_β为谐振器的温度指标。信号均由微机进行处理，它根据 f_β来确定对 f_c的必要修正，然后从 f_c中减去所需要的脉冲数，以得到校正输出 f_0。在适时修正间隔（约 1s）内不能减去的小部分脉冲被用作进位脉冲，所以长期平均值在 $\pm 2\times 10^{-8}$ 设计准确度内。PROM（programmable read only memory）中的校正数据对每个晶体来说都是唯一的，并且根据 f_c和 f_β输出信号的精密温度特性获得。已校正的输出信号 f_0能够再分频直接用来驱动时钟。由于在脉冲消除过程中产生了有害的噪声，必须对附加信号进行处理，以提供用于频率控制的有用射频输出。例如，可以通过锁定压控晶体振荡器（VCXO）的频率 f_0把 MCXO 的频率准确度传递给另一个低噪声低成本 VCXO 来完成这项工作。

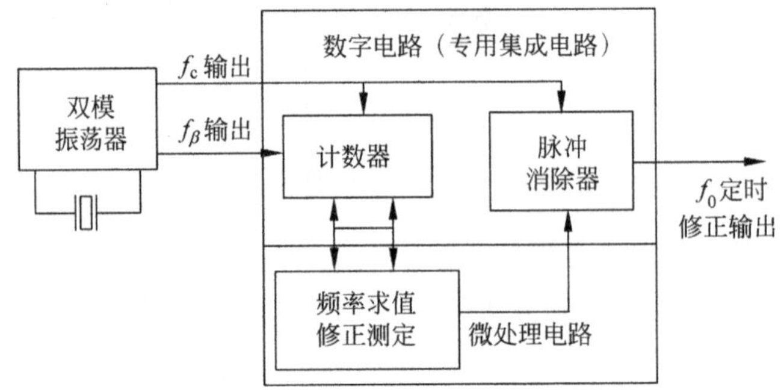

图 5.7.17 微机补偿晶体振荡器的脉冲消除方法

5.7.5 石英晶体振荡器使用注意事项

使用石英晶体振荡器时应注意以下几点：

（1）石英晶体振荡器的标称频率都是在出厂前，在石英晶体谐振器上并接一定负载电容条件下测定的，实际使用时也必须外加负载电容，并经微调后才能获得标称频率。

（2）石英晶体振荡器的激励电平应在规定范围内。

（3）在并联型晶体振荡器中，石英晶体起等效电感的作用，若作为容抗，则在石英晶片失效时，石英晶体振荡器的支架电容还存在，线路仍可能满足振荡条件而振荡，石英晶体振荡器失去了稳频作用。

（4）晶体振荡器中一块晶体只能稳定一个频率，当要求在波段中得到可选择的许多频率时，就要采取别的电路措施，如频率合成器，它是用一块晶体得到许多稳定频率，频率合成器的有关内容将在第 9 章介绍。

参考文献

[1] 荆震.高稳定晶体振荡器[M]. 北京：国防工业出版社，1975.

[2] 高如云，陆曼茹，张企民，等.通信电子线路[M].2版.西安：西安电子科技大学出版社，2002.

[3] 武秀玲，沈伟慈. 高频电子线路[M].西安：西安电子科技大学出版社，1995.

[4] 杜武林，李纪澄，曾兴雯.高频电路原理与分析[M].3版.西安：西安电子科技大学出版社，1994.

[5] 谢嘉奎，宣月清，冯军.电子线路(非线性部分)[M].3版.北京：高等教育出版社，1988.

[6] 张肃文，陆兆熊.高频电子电路[M].5版.北京：高等教育出版社，1993.

[7] 胡见堂.固态高频电路[M].长沙：国防科技大学出版社，1987.

[8] 杰克·史密斯.现代通信电路[M].叶德福，景虹，厦大平，等译.西安：西安电讯工程学院出版社，1987.

[9] 周子文.模拟乘法器及其应用[M].北京：高等教育出版社，1983.

[10] 沈伟慈.高频电路[M].西安：西安电子科技大学出版社，2000.

思考题和习题

5.1 什么是振荡器的起振条件、平衡条件和稳定条件？振荡器输出信号的振幅和频率分别是由什么条件决定？

5.2 试画出一个符合下列各项要求的晶体振荡器实际线路：

(1) 采用NPN高频三极管；

(2) 采用泛音晶体的皮尔斯振荡电路；

(3) 发射极接地，集电极接振荡回路避免基频振荡。

5.3 泛音晶体振荡器和基频晶体振荡器有什么区别？在什么场合下应选用泛音晶体振荡器？为什么？

5.4 将振荡器的输出送到一个倍频电路中，则倍频输出信号的频率稳定度会发生怎样的变化？并说明原因。

5.5 在高稳定晶体振荡器中，采用了哪些措施来提高频率稳定度？

5.6 如图所示三回路振荡器的等效电路，设有下列四种情况：

(1) $L_1C_1>L_2C_2>L_3C_3$；

(2) $L_1C_1<L_2C_2<L_3C_3$；

(3) $L_1C_1=L_2C_2>L_3C_3$；

(4) $L_1C_1<L_2C_2=L_3C_3$。

试分析上述四种情况是否都能振荡，振荡频率 f_1 与回路谐振频率有何关系？

5.7 如图所示晶体振荡电路，试画出该电路的交流通路；若 f_1 为 L_1C_1 的谐振频率，f_2 为 L_2C_2 的谐振频率，试分析电路能否产生自激振荡。若能振荡，指出振荡频率与 f_1、f_2 之间的关系。

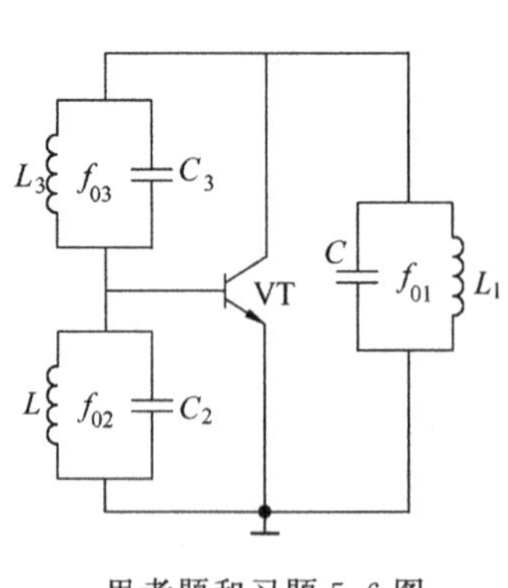

思考题和习题 5.6 图

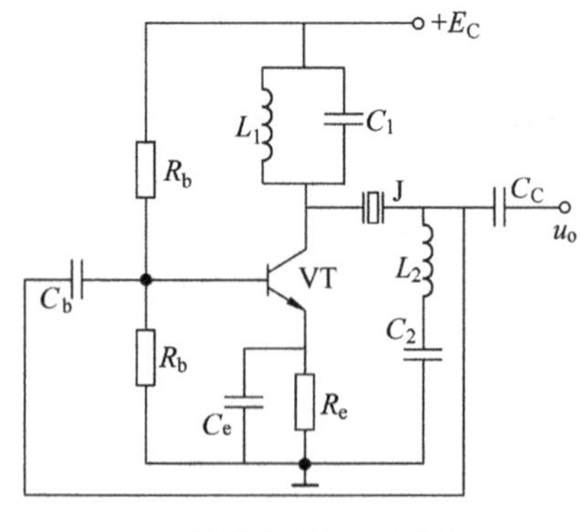

思考题和习题 5.7 图

5.8 如图所示的两种正弦波振荡电路，画出交流通路，说明电路的特点，并计算振荡频率。

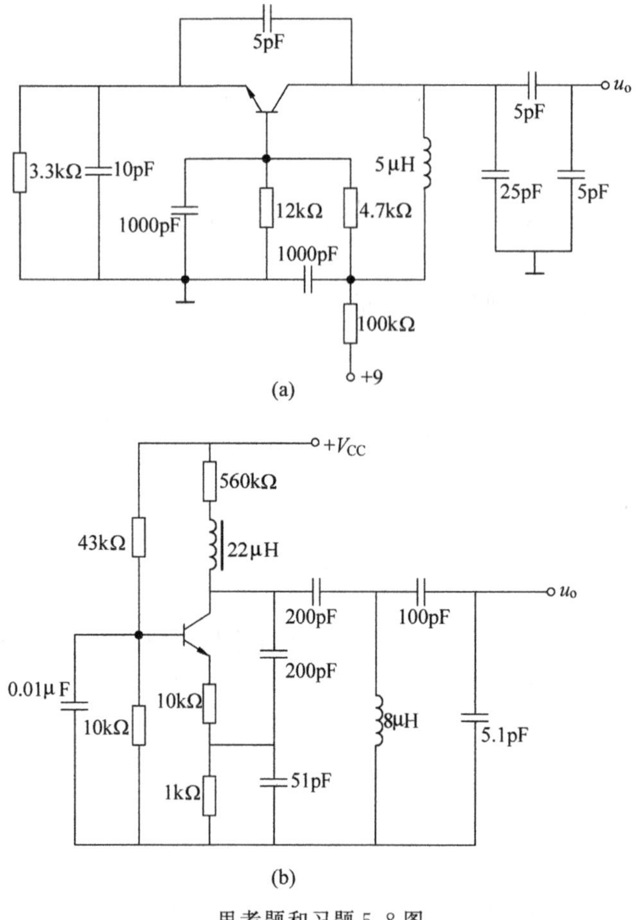

思考题和习题 5.8 图

5.9 克拉泼和西勒振荡线路是怎样改进电容反馈振荡器性能的？

5.10 如图所示晶体振荡器交流等效电路，工作频率为 10MHz，(1)试计算 C_1、C_2 取值范围；(2)画出实际电路。

5.11　若石英晶片的参数为：$L_q=4\text{H}, C_q=6.3\times10^{-3}\text{pF}, C_0=2\text{pF}, r_q=100\Omega$，试求(1)串联谐振频率 f_s；(3)并联谐振频率 f_p 与 f_s 的差；(3)晶体的品质因数 Q 和等效并联谐振电阻。

5.12　如图所示的电容三端式电路中，试求电路振荡频率和维持振荡所必需的最小电压增益。

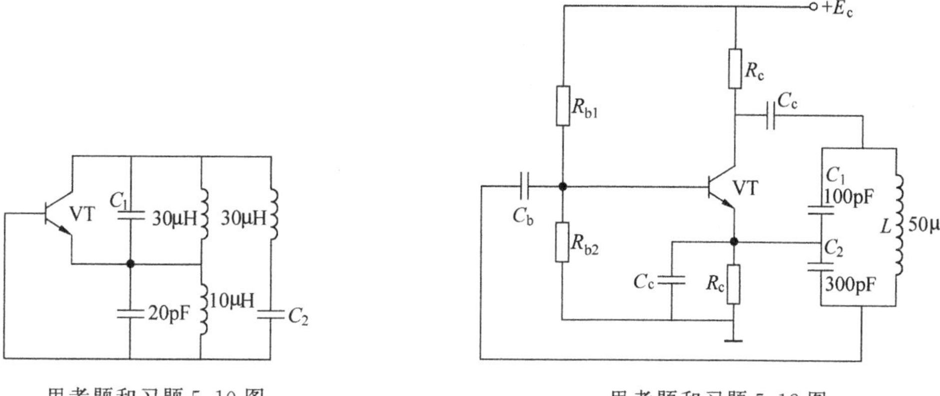

思考题和习题 5.10 图　　　　思考题和习题 5.12 图

5.13　请查阅振荡器相关的资料，包括振荡器类型、电路结构、型号、用途、使用范围、参数要求、内部电路结构，以及其在手机、路由器和嵌入式系统等现代通信设备中的应用。

第6章 频谱的线性搬移和频率变换电路

内 容 提 要

无线通信系统一个必不可少的环节就是频率的变换，这就需要相应的非线性元件或者非线性电路来实现。本章将简要介绍非线性电子电路常用的分析方法，如幂级数分析法、线性时变电路分析法、开关函数分析法和折线近似分析法等。二极管、三极管以及乘法器是非线性电路的基本组件。混频指的是在本振信号参与下，将输入信号的频率或已调波信号载频变换为某一个固定的新的频率，称为中频(IF)，而调制参数(调制频率、调制系数等)都不改变，这种频率变换过程称为混频。混频后得到的信号是中心频率固定的窄带信号。将重点介绍频谱线性搬移电路的组成、功能及在不同工作条件下的分析方法。本章教学需 4～6 学时。

6.1 概述

为了有效实现通信系统中信号的大小、频率变换等功能，通常采用频率变换电路。频率变换电路可分为频谱的线性变换电路和频谱的非线性变换电路。前者包括普通调幅波的产生和解调电路，抑制载波的产生和解调电路，混频电路和倍频电路；后者包括调频波的产生和解调电路，限幅电路等。这些电路的共同特征是，输出信号中除了含有输入信号的全部或部分频率成分外，还会出现不同输入信号频率的频率分量，这些电路具有频率变换的功能，属于非线性电子电路。本章力图介绍描述非线性原件的特性函数，用简单、明了的方法揭示非线性电路的物理工作过程，得到输出信号中出现的新频率。俗话说“一把钥匙配一把锁”，同样的道理，为了达成不同电路所需要的不同功率和频率变化的目标，需要不同的频率变化电路实现。本章将重点介绍二极管平衡电路、乘法器、四象限乘法器和限幅电路等是如何实现幅值调节和频率变换的。具体来说，对于不同的非线性电子器件，可以用不同的函数描述；对于同一器件，当其工作条件(如静态偏置、激励信号幅度和系统带宽)不同时，就要采用不同形式的函数和工程近似方法描绘其物理工作过程。乘法器电路是最常见的非线性电路的基本组件，它既可以完成频谱的线性搬移，如调幅、检波、混频等，也可以实现频谱的非线性变换，如调频、检波和鉴相等。值得注意的是，非线性电路不只是实现信号的频率变换，还可以实现功率变化，如第3章介绍的功率放大器；也可以实现对信号频率的锁定、等幅振荡等要求，如第5章讨论的振荡器。

6.2 非线性元器件的特性描述

非线性元器件是组成频率变换电路的基本单元。在高频电路中常用的非线性元器件有PN结二极管、晶体三极管和变容二极管等。这些器件只有在合适的静态工作点下，且小信号激励时，才能表现出一定的线性特性，并可构成高频小信号谐振放大器等线性电子电路。当静态工作点与外加激励信号的幅度变化时，非线性器件的参数会随之变化，从而在输出信号中出现不同于输入激励信号的频率分量，完成频率变换的功能。从信号的波形上看，非线性器件表现为输出信号波形的失真。另外，与线性元件不同，非线性元件的参数是工作电压和电流的函数。

6.2.1 非线性元器件的基本特性

非线性元器件的基本特性是：①工作特性是非线性的，即伏安特性曲线不是直线；②具有频率变换的作用，会产生新的频率；③非线性电路不满足叠加原理。

1) 非线性元器件的伏安特性

线性电阻的伏安特性曲线是一条直线，即线性电阻 R 的值是常数。与线性电阻不同，二极管的伏安特性曲线不是直线，如图6.2.1所示。二极管是一非线性电阻元件，加载其上的电压与流过其中的电流不成正比例关系。它的伏安特性曲线在正向工作区域按指数规律变化，其曲线与横轴非常接近。

如果在二极管上加一直流电压 U_D，根据如图6.2.1所示的伏安特性曲线，可以得到相应的直流电流 I_D，二者之比为直流电阻，以 R_D 表示，即

$$R_D=\frac{U_D}{I_D}=1/\tan\beta \tag{6.2.1}$$

R_D 的大小取决于直线的斜率，是直线 OQ 与横轴之间的夹角。R_D 与外加直流电压 U_D 的大小有关。

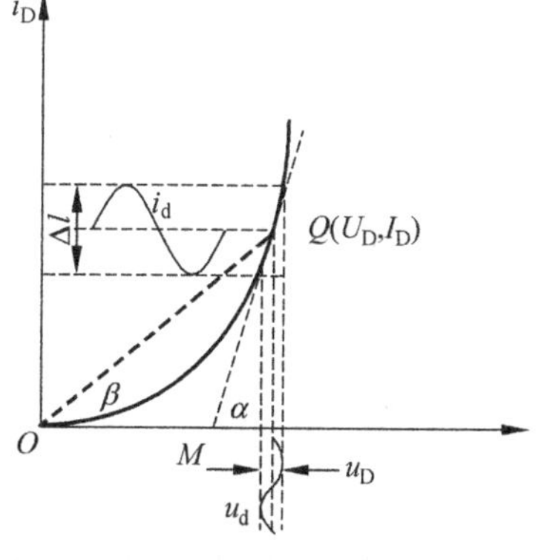

图6.2.1 二极管的伏安特性曲线

如果在直流电压 U_D 之上叠加一微小的交变电压 u_d，其峰-峰值为 ΔU，则在直流电流 I_D 之上会引起一个交变电流 i_d，其峰-峰值为 ΔI。当 ΔU 取得足够小，电压相对电流变化的极值称为交流电阻或动态电阻，用 r_d 表示，即

$$r_d=\lim_{\Delta U\to 0}\frac{\Delta U}{\Delta I}=\frac{du_d}{di_d}\bigg|_Q=\frac{1}{\tan\alpha}\bigg|_Q \tag{6.2.2}$$

交流电阻 r_d 等于特性曲线在静态工作点上切线斜率的倒数，这里，α 是切线 MQ 与横轴之间的夹角。显然，r_d 也与外加静态电压 U_D 的大小有关。无论是静态电阻还是动态电阻，都与工作点有关。

2）非线性元器件的频率变换作用

如果在一个线性电阻元件上加某一频率的正弦电压，那么在电阻中就会产生同一频率的正弦电流。反之亦然，线性电阻上的电压和电流具有相同的波形与频率。对于非线性元件来说，情况就大不相同，当某一频率的正弦电压施加在二极管时，通过作图法可知 i_d 已不是正弦波形，所以非线性元件上的电压和电流的波形一般是不相同的。如果将 i_d 用傅里叶级数展开，它的频谱中除包含 u_d 的频率成分外，还会有各自谐波及直流成分。二极管会产生新的频率成分，具有频率变换的作用才能实现。一般来说，非线性元件的输出信号比输入信号具有更丰富的频率成分。很多重要的通信技术，都是采用非线性元件的频率变换实现的。

3）非线性电路不满足叠加原理

叠加原理是分析线性电路的重要基础。线性电路中许多行之有效的分析方法，如傅里叶分析法都是以叠加原理为基础。根据叠加原理，任何复杂的输入信号均可以首先分解为若干个基本信号，然后求出电路对每个基本信号的单独作用时的响应，最后，将这些响应叠加起来，即可得到总的响应。对于非线性电路，叠加原理不再适用。设非线性元件的伏安特性满足

$$i_d=cu_d+ku_d^2 \tag{6.2.3}$$

式中，c、k 是常数，该元件上有两个正弦电压，即

$$u_{d1}=V_1\sin\omega_1 t,\quad u_{d2}=V_2\sin\omega_2 t \tag{6.2.4}$$

则非线性元件上的有效端电压为

$$u_d=u_{d1}+u_{d2}=V_1\sin\omega_1 t+V_2\sin\omega_2 t \tag{6.2.5}$$

$$\begin{aligned}i_d&=c(u_{d1}+u_{d2})+k(u_{d1}+u_{d2})^2\\&=cV_1\sin\omega_1 t+cV_2\sin\omega_2 t+kV_1^2\sin^2\omega_1 t+kV_2^2\sin^2\omega_2 t+\\&\quad 2kV_1V_2\sin\omega_1 t\sin\omega_2 t\end{aligned} \tag{6.2.6}$$

而根据叠加原理，电流应该是分别单独作用时的电流之和，即

$$i_d=kV_1^2\sin^2\omega_1 t+kV_2^2\sin^2\omega_2 t \tag{6.2.7}$$

比较式(6.2.6)和式(6.2.7)，两者值不相等，所以非线性电路不满足叠加原理。因此，非线性电路不能采用二极管、三极管的线性模型进行电路分析。

6.2.2 非线性电路的工程分析方法

有些非线性电路可以用准确的数学描述非线性元件特性，有些却还没有找到合适的描

述函数。在工程上选择尽量准确和尽量简单的近似函数进行描述。高频电路中常用的非线性电路分析方法有折线近似分析法、幂级数分析法、开关函数分析法和线性时变电路分析法。晶体管是高频电路中最重要的非线性器件，表征其非线性特性应以PN结的特性为基础。

1）幂级数分析法

非线性器件的伏安特性，这里以二极管为例说明，电流 $i_d(t)$ 可写为

$$i_d(t)=I_s(e^{\frac{u_d}{V_T}}-1) \tag{6.2.8}$$

式中，$V_T=kT/q$，u_d 为加在非线性器件上的电压，设

$$u_d=V_Q+U_{sm}\cos\omega_s t \tag{6.2.9}$$

其中，V_Q 为静态工作点，U_{sm} 较小，且 $V_Q\gg U_{sm}$，u_1 和 u_2 为两个输入电压。用泰勒级数将式(6.2.8)展开，可得

$$i_d(t)\approx I_s+\frac{I_s}{V_T}(V_Q+U_{sm}\cos\omega t)+\frac{1}{2!}\frac{I_s}{V_T^2}(V_Q+U_{sm}\cos\omega t)^2+\cdots+\frac{1}{n!}\frac{I_s}{V_T^n}(V_Q+U_{sm}\cos\omega t)^n+\cdots \tag{6.2.10}$$

根据三角函数的和差化积，不仅含有直流分量——ω_1 和 ω_2 的频率分量，以及 ω_1 和 ω_2 的各高次谐波分量，同时还含有 ω_1 和 ω_2 组合频率分量，并且所有组合频率都是成对出现的，即如果有 $p\omega_1+q\omega_2$，则一定有 $|p\omega_1-q\omega_2|$，其频谱结构如图6.2.2所示。实际工作中非线性元件总是要与一定性能的线性网络相互配合使用的。非线性元件的主要作用在于进行频率变换，线性网络的主要作用在于选频、滤波。为了完成某一功能，用具有选频作用的某种线性网络作为非线性元件的负载，以便从非线性元件的输出电流中取出所需要的频率成分，同时滤掉不需要的各种干扰频率成分。

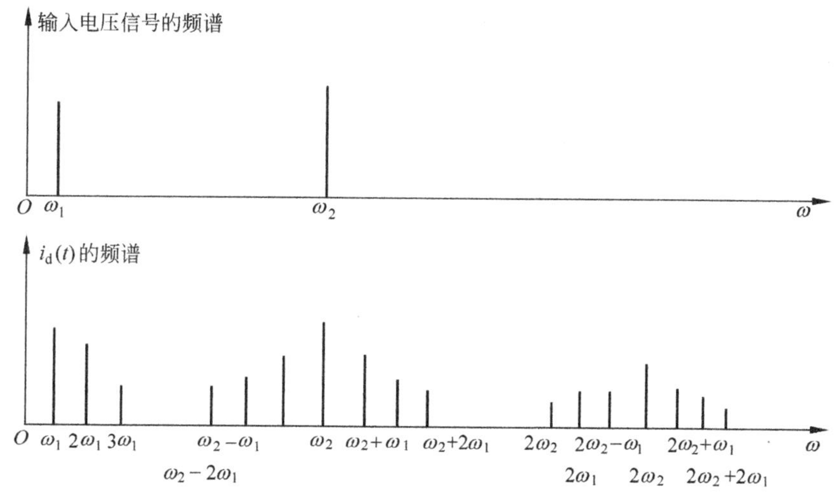

图6.2.2　二极管电流 $i_d(t)$ 的频谱

2）线性时变电路分析法

时变参量元件是指元件的参数不是恒定的，而是按照一定的规律随时间变化的，通常可以认为时变参量元件的参数是按照某一方式随时间线性变化的元件。但是这种变化与通过

元件的电流或元件上的电压没有关系。一般时变参量元件所组成的电路，称为线性时变电路。如果合理地设置静态工作点，且输入信号比较小，那么晶体三极管可用线性时变跨导电路来分析。如果合理设置电路的静态工作点，且输入信号比较小，那么晶体三极管可用简化 Y 参数模型等效，晶体三极管跨导电路模型如图 6.2.3 所示。集电极电流 i_c 可表示为

$$i_c \approx g_m u_{be} = g_m U_{bem} \cos\omega_s t \tag{6.2.11}$$

式中，$g_m = y_{fe}$ 是由电路静态工作点确定的跨导，此时的晶体管作为线性元件，无频率变换作用。

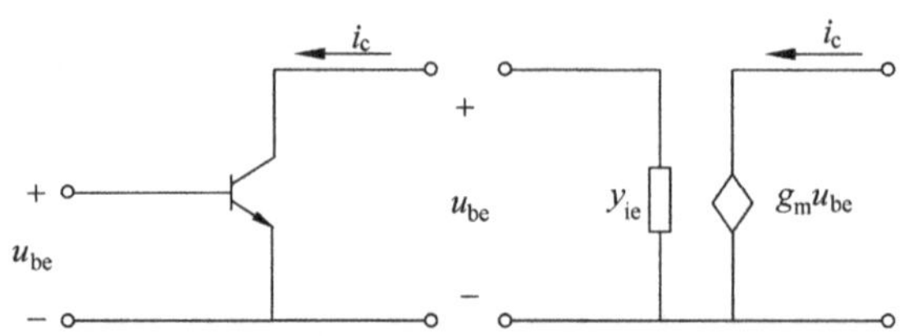

图 6.2.3　晶体三极管跨导模型图

如果有两个交变小信号同时作用于晶体管的基极，如图 6.2.4 所示，设一个振幅较大的信号 $u_o = U_{0m}\cos\omega_0 t$，另一个振幅较小的信号 $u_s = U_{sm}\cos\omega_s t$，即 $U_{0m} \gg U_{sm}$，两个信号同时作用于晶体管的输入端。此时晶体管的工作点主要受大信号的控制，晶体管的静态工作点是一个时变工作点。时变工作点的电压为

$$U_B(t) = E_B + U_{0m}\cos\omega_0 t \tag{6.2.12}$$

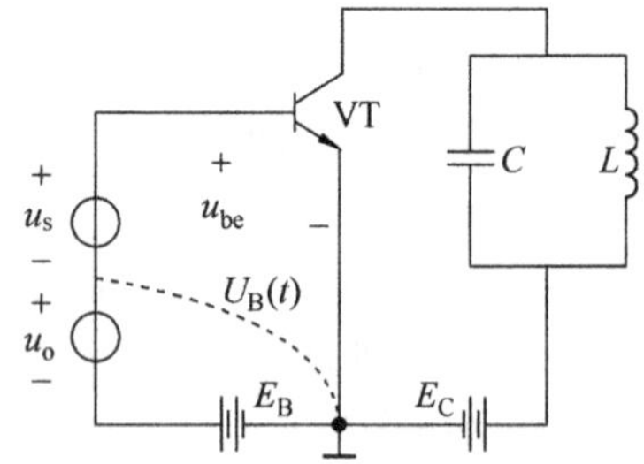

图 6.2.4　晶体三极管时变跨导原理电路

在忽略晶体管内反馈的情况下，晶体管集电极电流 i_c 与基极电压 u_{be} 之间的关系可表示为

$$i_c = f(u_{be}) \tag{6.2.13}$$

式中，$u_{be} = U_B(t) + u_s$，将上式在时变工作点 $U_B(t)$ 上利用泰勒级数展开，可得

$$i_c = f(U_B) + f'(U_B)u_s + \frac{1}{2}f''(U_B)u_s^2 + \cdots \tag{6.2.14}$$

由于信号电压 u_s 很小，可以忽略二次方项及其他高次方项，因此

$$i_c \approx f(U_B) + f'(U_B)u_s \tag{6.2.15}$$

式中，$f(U_B) = f(E_B + u_o) = I_{C0}(t)$，受大信号 u_o 的控制，与小信号 u_s 的大小无关，相当于集电极的时变静态电流；$f'(U_B) = f'(E_B + u_o) = g(t) = \left.\dfrac{\partial f(U_B)}{\partial u_s}\right|_{u_s=0}$ 也受大信号 u_o 的控制，与小信号 u_s 的大小无关，相当于时变跨导。对于小信号 u_s，可把晶体管看成一个变跨导的线性元件。于是集电极电流 i_c 与 u_s 之间为线性关系，但它们的系数 $g(t)$ 是时变的，故称为线性时变跨导电路。

由于 $I_{C0}(t)$ 和 $g(t)$ 是非线性的时间函数，受 $u_o = U_{0m}\cos\omega_0 t$ 的控制，利用傅里叶级数展开，可得

$$I_{C0}(t) = I_{C0} + I_{cm1}\cos\omega_0 t + I_{cm2}\cos 2\omega_0 t + \cdots \tag{6.2.16}$$

$$g(t)=g_0+g_1\cos\omega_0 t+g_2\cos 2\omega_0 t+\cdots \tag{6.2.17}$$

晶体管集电极电流中含有的频率分量为

$$q\omega_0,\quad q\omega_0\pm\omega_s(q=0,1,2,\cdots) \tag{6.2.18}$$

i_c 的频谱如图 6.2.5 所示，相对于指数函数所描述的非线性电路，输出电流中的组合频率分量大大减少了，且无 ω_s 的谐波分量，这使得有用信号的能量相对集中，损失减少，同时也为滤波带来方便。值得注意的是，线性时变电路是在一定条件下由非线性电路转化而来，是一定条件下的近似结果，简化了非线性电路的分析，有利于系统性能指标的提高。

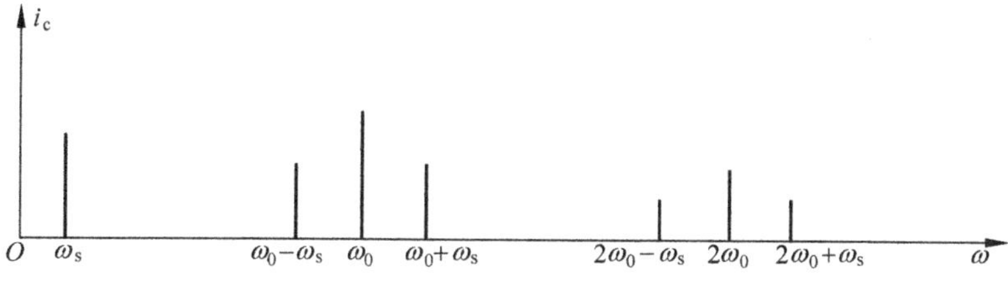

图 6.2.5　晶体三极管的电流 $i_c(t)$ 的频谱

3) 开关函数分析法

利用大信号控制具有单向导电性的二极管(非线性元件)，使得回路中的电流轮换导通(饱和)和截止，相当于一个开关的作用。例如，在图 6.2.6(a)所示的二极管电路中，$u_s=U_{sm}\cos\omega_s t$ 是一个小信号，$u_o=U_{0m}\cos\omega_0 t$ 是一个大信号，且 $U_{0m}\gg U_{sm}$，U_{0m} 大于 0.5V，那么，回路的端电压可表示为

$$u_d=u_s(t)+u_o(t) \tag{6.2.19}$$

由于二极管受大信号 $u_o(t)$ 控制，工作在开关状态，等效电路如图 6.2.6(b)所示。

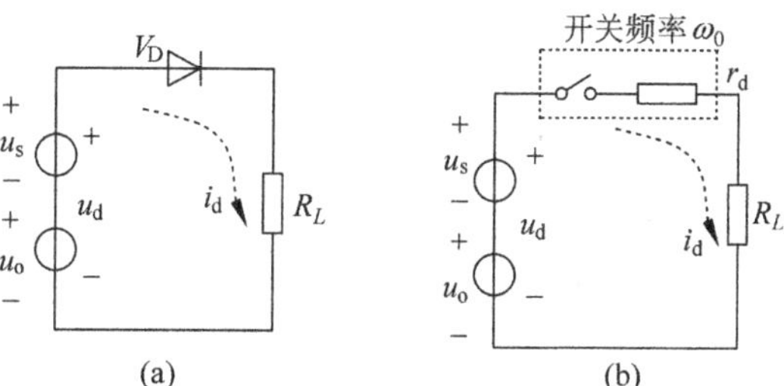

图 6.2.6　二极管电路

(a) 原理电路；(b) 等效电路

可以看出，流过负载的电流为

$$i_d=\begin{cases}\dfrac{1}{r_d+R_L}u_d, & u_o>0\\ 0, & u_o<0\end{cases} \tag{6.2.20}$$

如果定义一个开关函数，且有

$$S(t)=\begin{cases}1, & u_o>0\\ 0, & u_o<0\end{cases} \tag{6.2.21}$$

$S(t)$的波形如图 6.2.7 所示。将式(6.2.20)代入式(6.2.19),得到

$$i_d = \frac{1}{r_d + R_L} S(t) u_d = g_d S(t) u_d = g(t) u_d \tag{6.2.22}$$

式中,$g_d = \frac{1}{r_d + R_L}$为回路的电导,$g(t) = S(t) g_d$ 为时变跨导。$S(t)$为周期函数,其傅里叶展开式为

$$S(t) = \frac{1}{2} + \frac{2}{\pi}\cos\omega_0 t - \frac{2}{3\pi}\cos 3\omega_0 t + \frac{2}{5\pi}\cos 5\omega_0 t - \frac{2}{7\pi}\cos 7\omega_0 t + \cdots \tag{6.2.23}$$

将式(6.2.22)代入式(6.2.21),可得

$$\begin{aligned} i_d &= g(t) u_d \\ &= g_d \left[\frac{1}{2} + \frac{2}{\pi}\cos\omega_0 t - \frac{2}{3\pi}\cos 3\omega_0 t + \frac{2}{5\pi}\cos 5\omega_0 t - \cdots\right](U_{sm}\cos\omega_s t + U_{0m}\cos\omega_0 t) \\ &= \frac{g_d}{\pi}U_{0m} + \frac{g_d}{2}U_{sm}\cos\omega_s t + \frac{g_d}{2}U_{0m}\cos\omega_0 t + \frac{2g_d}{3\pi}U_{0m}\cos 2\omega_0 t - \\ &\quad \frac{2g_d}{15\pi}U_{0m}\cos 4\omega_0 t + \cdots + \frac{g_d}{\pi}U_{sm}\cos(\omega_0 - \omega_s)t + \frac{g_d}{\pi}U_{sm}\cos(\omega_0 + \omega_s)t - \\ &\quad \frac{g_d}{3\pi}U_{sm}\cos(3\omega_0 - \omega_s)t - \frac{g_d}{3\pi}U_{sm}\cos(3\omega_0 + \omega_s)t + \\ &\quad \frac{g_d}{5\pi}U_{sm}\cos(5\omega_0 - \omega_s)t + \frac{g_d}{5\pi}U_{sm}\cos(5\omega_0 + \omega_s)t \end{aligned} \tag{6.2.24}$$

分析式(6.2.24)得出,流过负载的电流 $i_d(t)$中含有的频率成分为直流分量;输入信号的频率 ω_s、ω_0 分量;频率为 ω_0 的偶次谐波分量 $2n\omega_0$;频率为 ω_s、ω_0 的奇次谐波的组合频率分量$(2n+1)\omega_0 \pm \omega_s$,其中 $n=0,1,2,\cdots$。

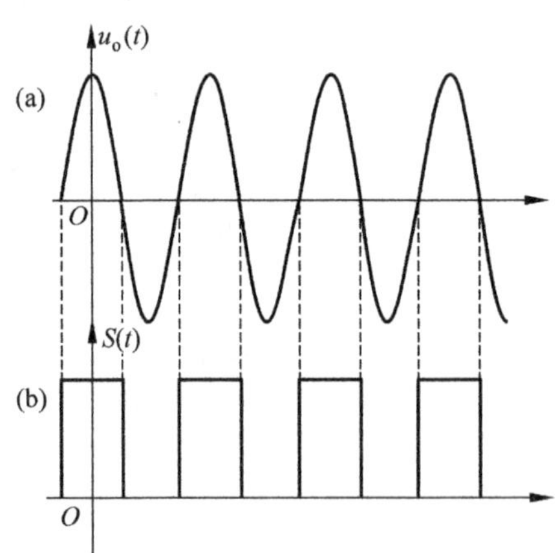

图 6.2.7 波形图

(a) 大信号 $u_o(t)$波形;(b) 开关函数 $S(t)$波形

对比三极管输出电流指数函数的频谱成分,二极管的输出电流的频率组合分量减少了很多,且无 ω_s 的谐波分量;而相对于线性时变电路的组合频率分量也有所减少,且无 ω_0 的奇次谐波频率分量,这就使所需的有用信号的能量相对集中,损失减少,同时也为滤波创造

了条件。

4）折线近似分析法

折现分析法类似于开关函数分析法，在二极管有大小信号控制状态下，采用开关函数进行分析。同样道理，对于晶体管，当受大信号控制时，如果采用幂级数分析法，就必须选取比较多的项目，使得分析计算比较复杂。当输入信号足够大时，所有实际的非线性元件，几乎会进入饱和或截止状态。此时，原件的非线性特性突出表现是截止、导通和饱和等几种不同状态之间的转换。如图 6.2.8 所示，在大信号条件下，忽略非线性特性尾部的弯曲，再用 AB、BC 两个直线段所组成的折线近似代替实际的特性曲线，而不会造成多大的误差。设回路中的跨导为 g_d，则二极管的转移特性可近似描述为

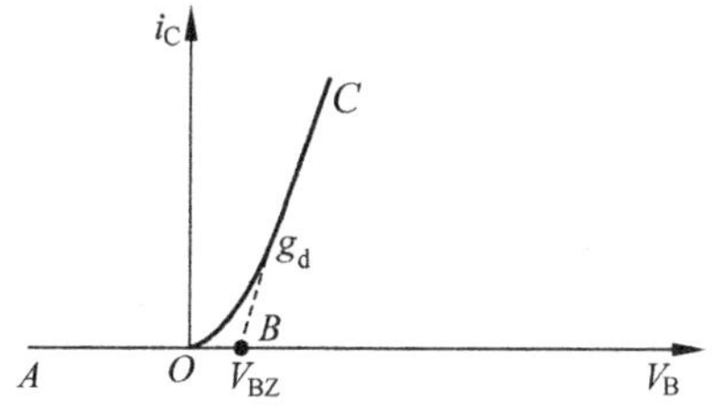

图 6.2.8 折线近似分析法

$$i_C=\begin{cases}g_d(v_B-V_{BZ}), & v_B\geqslant V_{BZ}\\ 0, & v_B\leqslant V_{BZ}\end{cases}\tag{6.2.25}$$

由于折线的数学表达式比较简单，对小信号来说，就不适用这种分析方法。对大信号情况，比如功率放大器和大信号检波器都可以采用折线近似分析法。

6.3 模拟乘法器及其基本单元电路

从上面的分析可以得出，非线性器件确实可以实现频谱的搬移，可以把输入信号的频率通过非线性器件变换为适用于信道传输的频率。非线性电路可以完成频率变换的功能，当两个信号同时作用于非线性器件时，输出端不仅包含输入信号的频率，还有输入信号频率的各次谐波分量，以及输入信号的组合频率分量。在这些频率分量中，一般只需要$(\omega_0\pm\omega_s)$保留下来，其他绝大部分的频率是不需要的。那么在非线性器件的后端必须加上具有选频功能的滤波网络，滤除不必要的频率成分，减小信号失真。大多数频谱搬移电路只需要平方项，以及两个输入信号的乘积项。本质上说，频谱搬移电路实际上就是实现两个输入信号的乘法运算。因此，在实际设计中如何减少无用的组合频率分量的数目和强度，实现接近理想的乘法运算，成为电子设计者的追求目标。

6.3.1 模拟乘法器基本原理

1. 模拟乘法器的基本功能

模拟乘法器是实现两个互不相关模拟信号间的相乘运算功能的有源非线性器件。其不仅应用于模拟运算方面，而且广泛应用于无线电广播、电视、通信、测量仪表、医疗仪器及控制系统，进行模拟信号的变换及处理。

模拟乘法器具有两个输入端口 x 和 y，以及一个输出端口 z，是一个三端口的非线性网

络,其电路符号如图 6.3.1 所示。理想模拟乘法器的输出电压等于与输入端瞬时电压乘积成正比,不含有任何其他分量。模拟乘法器输出特性表示为

$$u_o(t)=ku_x(t)u_y(t) \tag{6.3.1}$$

式中,k 为相乘增益(或相乘系数),单位为 V^{-1},其数值取决于乘法器的电路参数。如果理想模拟乘法器两输入端的电压为 $u_x(t)=U_s\cos(\omega_s t)$,$u_y(t)=U_0\cos(\omega_0 t)$,那么输出电压为

$$\begin{aligned} u_z(t) &= kU_sU_0\cos(\omega_s t)\cos(\omega_0 t) \\ &= \frac{k}{2}U_sU_0[\cos(\omega_s+\omega_0)t+\cos(\omega_0-\omega_s)t] \end{aligned} \tag{6.3.2}$$

从上式可以看出,电路完成的基本功能是把 ω_s 的信号频率线性搬移到$(\omega_0\pm\omega_s)$频率点处。图 6.3.2(a)、(b)表示了信号频谱的搬移过程。如果输入电压 $u_x(t)$为一个实用的限带信号,即 $u_x(t)=\sum_{n=1}^{m}U_{sn}\cos n\omega_s t$,那么输出电压

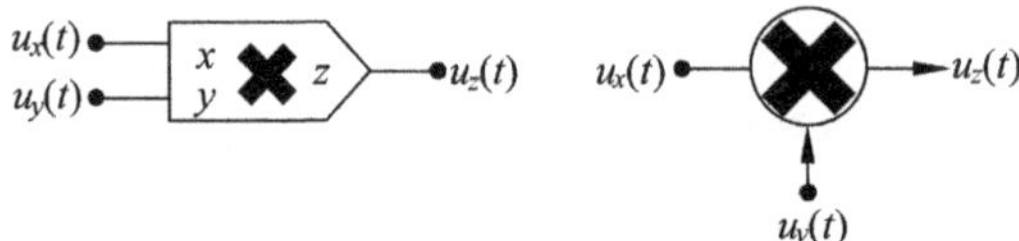

图 6.3.1 模拟乘法器电路符号

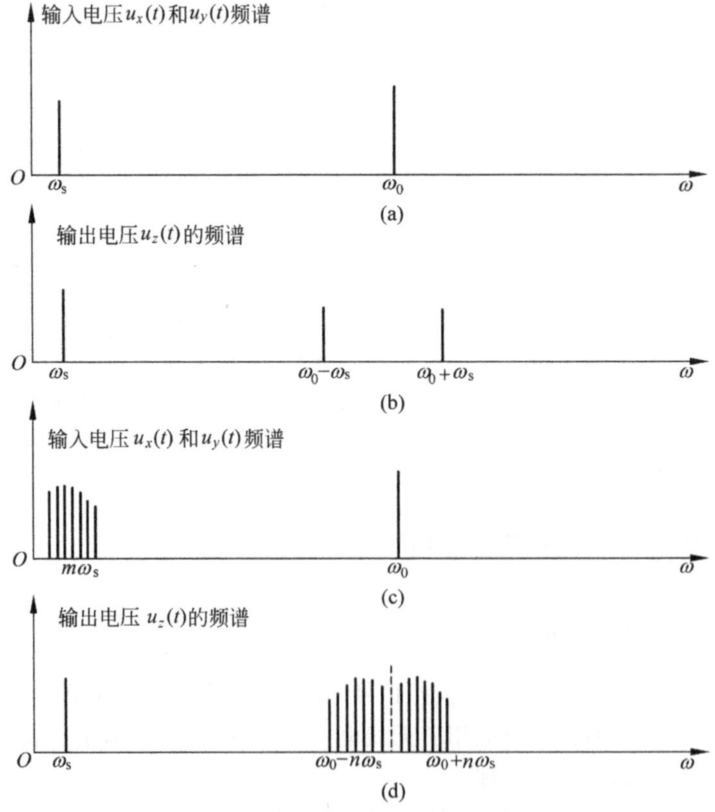

图 6.3.2 模拟乘法器频谱搬移示意图

$$u_z(t)=kU_0\cos(\omega_0 t)\sum_{n=1}^{m}U_{sn}\cos(n\omega_s t)$$

$$=\frac{k}{2}U_0\left[\sum_{n=1}^{m}U_{sn}\cos(\omega_0+n\omega_s)t+\sum_{n=1}^{m}U_{sn}\cos(\omega_0-n\omega_s)t\right] \qquad (6.3.3)$$

图 6.3.2(c),(d)表示限带信号频谱的搬移过程。模拟乘法器是一种理想的线性搬移电路。实际通信电路中的各种频谱线性搬移电路所要解决的核心问题就是使该电路的性能更接近理想乘法器。

2. 乘法器的工作象限

如图 6.3.3 所示,根据模拟乘法器两输入电压 $u_x(t)$、$u_y(t)$的极性,乘法器有四个工作区域,可由它的两个输入电压的极性确定。输入电压可能有四种极性组合:

$$u_x(t)\times u_y(t)=u_z(t)$$

(+)　(+)　(+) 第Ⅰ象限

(−)　(+)　(−) 第Ⅱ象限

(−)　(−)　(+) 第Ⅲ象限

(+)　(−)　(−) 第Ⅳ象限

图 6.3.3　乘法器的工作象限

当 $u_x(t)$与 $u_y(t)$都大于零,乘法器工作于第Ⅰ象限;当 $u_x(t)$大于零,$u_y(t)$小于零,乘法器工作于第Ⅳ象限;其他依此类推。

如果两个输入信号只能取单极性,乘法器为单象限乘法器;如果两个输入信号都能适应正负两种极性,乘法器为四象限乘法器。

3. 模拟乘法器的性质

当两个输入信号不确定时,模拟乘法器体现为非线性特性,当一个电压为恒定直流电压,$u_x(t)=E$,$u_z(t)=kEu_y(t)=k'u_y(t)$。可见,模拟乘法器相当于一个线性放大器,放大系数为 $k'=kE$,模拟乘法器为线性器件。

6.3.2　模拟乘法器基本单元电路

在通信系统及高频电子电路中实现模拟乘法的方法很多,常用的有环形二极管乘法器二象限和变跨导模拟乘法器等。其中,变跨导乘法器采用差分电路为基本电路,工作频带宽、温度特性好、运算精度高、速度快、成本低、便于集成化,得到广泛应用。目前单片模拟集成乘法器大多采用变跨导乘法器。

1. 二象限变跨导模拟乘法器

图 6.3.4 为二象限变跨导模拟乘法器。这是一个恒流源差分放大电路,不同之处在恒流源 VT_3 的基极输入了 $u_y(t)$,致使恒流源 I_0 受 $u_y(t)$的控制。所以

$$u_x=u_{\mathrm{be1}}-u_{\mathrm{be2}} \qquad (6.3.4)$$

根据晶体三极管特性,工作在放大区的晶体管 VT_1、VT_2 集电极电流分别为

$$i_{c1} \approx i_{e1} = I_s e^{u_{be1}/V_T} \tag{6.3.5}$$

$$i_{c2} \approx i_{e2} = I_s e^{u_{be2}/V_T} \tag{6.3.6}$$

式中，$V_T = KT/q$，为 PN 结内建电压，为饱和电流。VT_3 的集电极电流可表示为

$$I_0 = i_{e1} + i_{e2} = i_{e1}\left(1 + \frac{i_{e2}}{i_{e1}}\right) = i_{e1}(1 + e^{-u_x/V_T}) \tag{6.3.7}$$

$$i_{e1} = \frac{I_0}{1 + e^{-u_x/V_T}} = \frac{I_0}{2}\left(1 + \tanh\frac{u_x}{2V_T}\right) \tag{6.3.8}$$

$$i_{e2} = \frac{I_0}{1 + e^{u_x/V_T}} = \frac{I_0}{2}\left(1 - \tanh\frac{u_x}{2V_T}\right) \tag{6.3.9}$$

式中，$\tanh(u_x/2V_T)$为双曲正切函数。由式(6.3.8)和式(6.3.9)可得到差分电路的转移特性曲线，如图 6.3.5 所示。差分输出电流为

$$i_{od} = i_{c1} - i_{c2} = \frac{I_0}{1 + e^{u_x/V_T}} = I_0 \tanh\frac{u_x}{2V_T} \tag{6.3.10}$$

由式(6.3.8)可以看出，当 $u_x \ll 2V_T$ 时，$\tanh(u_x/2V_T) \approx u_x/2V_T$，即 $\left|\frac{u_x}{2V_T}\right| \ll 1$ 时，差分放大器工作在线性放大区域内，近似呈线性关系。式(6.3.8)可近似表达为

$$i_{od} \approx I_0 \frac{u_x}{2V_T} \tag{6.3.11}$$

差分放大电路的跨导为

$$g_m = \frac{\partial i_{od}}{\partial u_x} = \frac{I_0}{2V_T} \tag{6.3.12}$$

另外，由图 6.3.5 的电路可以看出，恒流源电流为

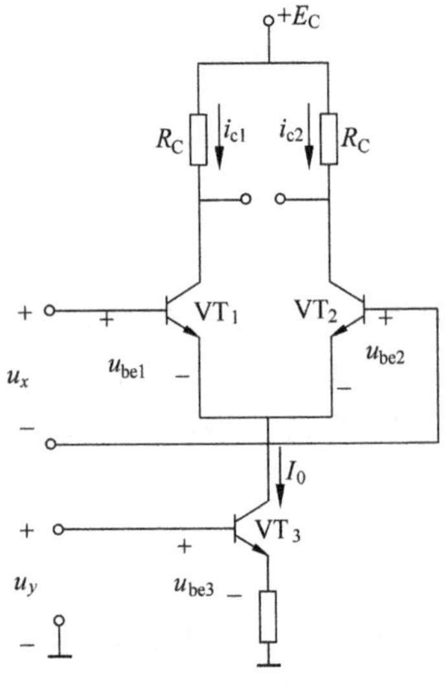

图 6.3.4 二象限变跨导模拟乘法器

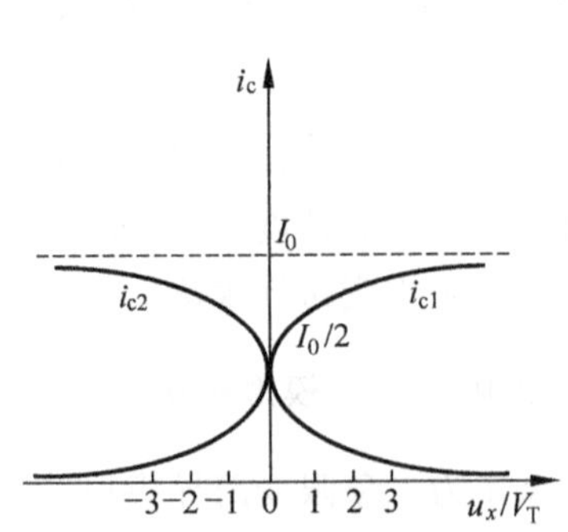

图 6.3.5 差分电路转移特性曲线

$$I_0=\frac{u_y-u_{be3}}{R_E}\quad(u_y>0)\tag{6.3.13}$$

当 u_y 的大小变化时，I_0 的值随之变化，从而使 g_m 随之变化。此时，输出电压为

$$\begin{aligned}u_o&=i_{od}R_C=g_mR_Cu_x=\frac{R_C}{2V_TR_E}u_xu_y-\frac{R_C}{2V_TR_E}u_{be3}u_x\\&=K_0u_x+Ku_xu_y\end{aligned}\tag{6.3.14}$$

式中，$K_0=-\frac{R_C}{2V_TR_E}u_{be3}$，$K=\frac{R_C}{2V_TR_E}$。由式(6.3.14)可知，由于 u_y 控制了差分电路的跨导 g_m，使输出电压含有相乘项 u_xu_y，故称为变跨导乘法器。但变跨导乘法器输出电压 u_o 中存在非相乘项，而且要求 $u_y>u_{be3}$，只能实现二象限相乘；恒流管 VT_3 没有进行温度补偿，此电路在集成模拟乘法器中用得很少。

2. 吉尔伯特乘法器

吉尔伯特乘法器又称为双平衡乘法器，是一种四象限模拟乘法器，也是大多数集成乘法器的基础电路。图 6.3.6 电路中，六支双极型三极管分别组成三个差分电路；$VT_1\sim VT_4$ 为双平衡差分对，VT_5、VT_6 差分对分别作为 VT_1、VT_2 和 VT_3、VT_4 两差分对的射极电流源。

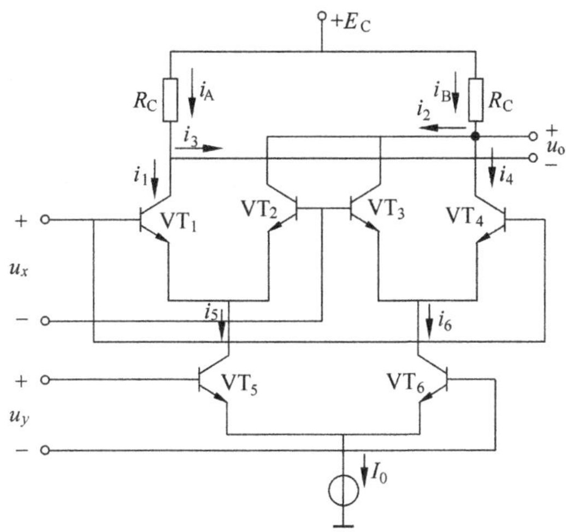

图 6.3.6　吉尔伯特乘法器

根据式(6.3.8)和式(6.3.9)差分电路的转移特性可知

$$i_1-i_2=i_5\tanh\frac{u_x}{2V_T}\tag{6.3.15}$$

$$i_4-i_3=i_6\tanh\frac{u_x}{2V_T}\tag{6.3.16}$$

$$i_5-i_6=I_0\tanh\frac{u_x}{2V_T}\tag{6.3.17}$$

由上面三式可得输出电压

$$\begin{aligned} u_o &= (i_A - i_B)R_C \\ &= [(i_1 + i_3) - (i_2 + i_4)]R_C \\ &= (i_5 - i_6)R_C \tanh\frac{u_x}{2V_T} \end{aligned} \tag{6.3.18}$$

由式(6.3.7)可知，当输入信号较小，并满足 $u_x < 2V_T = 52\text{mV}$，$u_y < 2V_T = 52\text{mV}$ 时，则有

$$\tanh\frac{u_x}{2V_T} \approx \frac{u_x}{2V_T}, \quad \tanh\frac{u_x}{2V_T} \approx \frac{u_x}{2V_T} \tag{6.3.19}$$

将式(6.3.19)代入式(6.3.18)，得

$$u_o = \frac{I_0 R_C}{4V_T^2} u_x u_y = K u_x u_y \tag{6.3.20}$$

式中，系数 $K = \frac{I_0 R_C}{4V_T^2}$。

吉尔伯特乘法器只有当输入信号较小时，才具有较理想的相乘作用，均可取正负两种极性，故称作四象限模拟乘法器。但其线性范围小，不能满足实际需要。

3. 具有极性负反馈电阻的吉尔伯特乘法器

如图 6.3.7 所示，在 VT_5 和 VT_6 的发射极之间接一负反馈电阻 R_y，可扩展 u_x 的线性范围。在实际应用中，R_y 的取值远大于晶体管 VT_5、VT_6 的发射结电阻，即

$$R_y \gg r_{be5} = 26\text{mV}/I_0 \tag{6.3.21}$$

$$R_y \gg r_{be6} = 26\text{mV}/I_0 \tag{6.3.22}$$

分析图 6.3.7 所示的电路，当电路处于静态($u_x = 0$)时，$i_5 = i_6 = I_0$。输入信号 u_x 后，R_y 的电流为

$$i_y = \frac{u_y}{R_y + r_{e5} + r_{e6}} \approx \frac{u_y}{R_y} \tag{6.3.23}$$

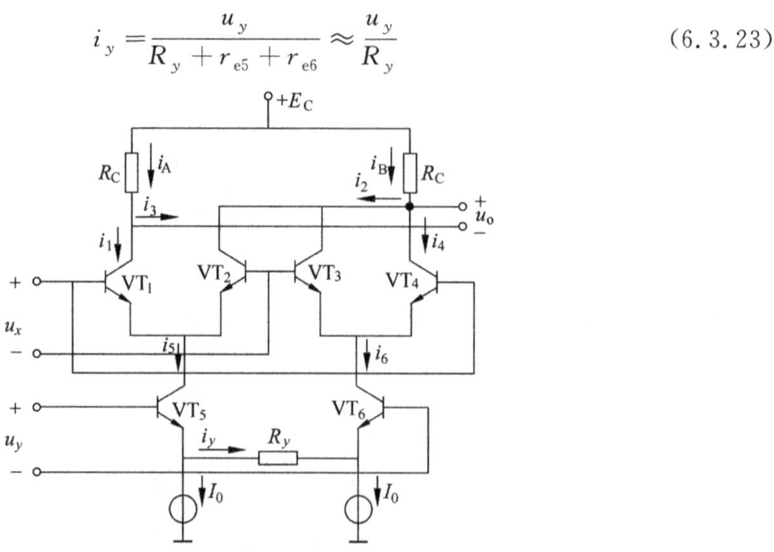

图 6.3.7 射极负反馈吉尔伯特乘法器

分析 VT_5、R_y 和 VT_6 的组成的交流等效电路，有

$$i_5=I_0+i_y,\quad i_6=I_0-i_y,\quad i_5-i_6=2i_y=2u_y/R_y \tag{6.3.24}$$

将式(6.3.22)和式(6.3.23)代入式(6.3.19)，可得

$$u_o=(i_5-i_6)R_C\tanh\left(\frac{u_x}{2V_T}\right)=\frac{2R_C}{R_y}u_y\tanh\frac{u_x}{2V_T} \tag{6.3.25}$$

当 $u_x \ll 2V_T=52\text{mV}$ 时，由式(6.3.25)得

$$u_o=\frac{R_C u_x u_y}{V_T R_C}=K u_x u_y \tag{6.3.26}$$

式中，$K=\dfrac{R_C}{R_y V_T}$。

综上所述，具有射极负反馈电阻 R_y 的吉尔伯特乘法器，输入信号的线性范围在一定程度上得到了扩展；温度对 VT_5、VT_6 差分电路的影响小；可通过调节 R_y 控制系数 K。但 u_x 仍然很小，$u_x \ll 2V_T=52\text{mV}$，并且 K 随温度影响大。

4. 线性化吉尔伯特乘法器

具有射极负反馈电阻的双平衡吉尔伯特乘法器，尽管扩大了输入信号 u_y 的线性动态范围，但对输入信号 u_x 的线性动态范围仍然较小，仍需做进一步改进。图 6.3.8 是改进后线性双平衡模拟乘法器电路，其中 $VT_7 \sim VT_{10}$ 构成一个反双曲正切函数电路。VT_7、R_x、I_{0x} 和 VT_8 构成线性电压电流变换器。由式(6.3.23)和式(6.3.24)可得

$$i_{c7}=I_{0x}+\frac{u_x}{R_x},\quad i_{c8}=I_{0x}-\frac{u_x}{R_x} \tag{6.3.27}$$

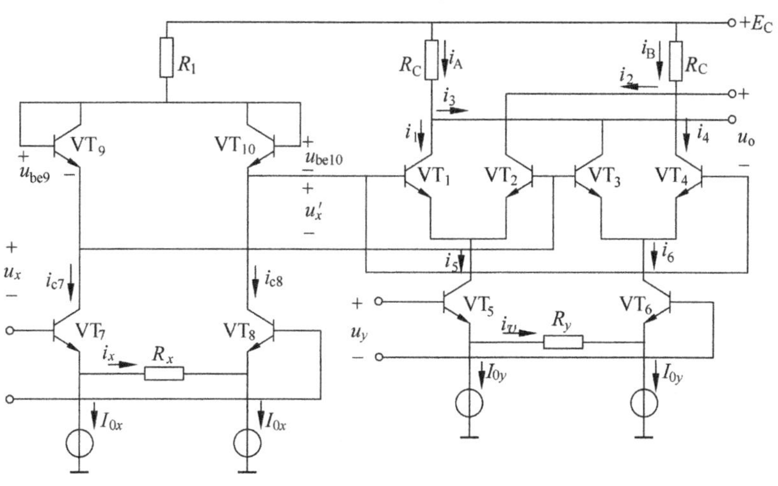

图 6.3.8 线性化吉尔伯特乘法器

由于 u'_x 为发射结 VT_9 和 VT_{10} 上的电压差，即 $u'_x=u_{be9}-u_{be10}$，而

$$u_{be9}=V_T\ln\frac{i_{c9}}{I_s}\approx V_T\ln\frac{i_{c7}}{I_s},\quad u_{be10}=V_T\ln\frac{i_{c10}}{I_s}\approx V_T\ln\frac{i_{c8}}{I_s} \tag{6.3.28}$$

结合式(6.3.26)和式(6.3.27)可得

$$u'_x = V_T\left(\ln\frac{i_{c7}}{I_s} - \ln\frac{i_{c8}}{I_s}\right) = V_T\ln\frac{i_{c7}}{i_{c8}} = V_T\ln\left(\frac{I_{0x}+u_x/R_x}{I_{0x}-u_x/R_x}\right) = V_T\ln\left[\frac{1+u_x/(I_{0x}R_x)}{1-u_x/(I_{0x}R_x)}\right] \tag{6.3.29}$$

因为$\frac{1}{2}\ln\frac{1+x}{1-x}=\text{arctanh}x$，式(6.3.29)可写成

$$u'_o = \frac{2R_C}{R_y}u_y\tanh\frac{u'_x}{2V_T} = \frac{2R_C}{I_{0x}R_xR_y}u_xu_y = Ku_xu_y \tag{6.3.30}$$

式中，$K=\frac{2R_C}{I_{0x}R_xR_y}$，分析式(6.3.30)可知：

(1) 当反馈电阻时，即R_x、$R_y \gg r_e$时，u_o与u_x和u_y的乘积u_xu_y成正比，电路更接近理想乘法器特性；

(2) 增益K可通过改变电路参数R_x、R_y或I_{0x}确定，一般可通过调节I_{0x}调整K的数值，而且K与温度无关，电路稳定性好；

(3) 输入信号u_x的线性范围得到扩大，其极限为$U_{xm}<I_{0x}R_x$，否则反双曲正切函数无意义。

6.4 单片模拟乘法器及其乘积电路单元

由于具有极性负反馈电阻的双平衡吉尔伯特乘法器的电路结构简单、频率特性较好、使用灵活，目前已经广泛应用于美国产品 MC1496/MC1596、μA796、LM1496、MC1596，国内产品 CF1496/1596、XFC-1596 等。本节主要介绍 MC1496/MC1596 及其应用。

1. 内部电路结构

图 6.4.1 所示为 MC1596 内部电路。与具有射极负反馈电阻的双平衡吉尔伯特乘法器单元电路比较，电路结构基本相同，仅电流源I_0被晶体管VT_7、VT_8和VD_1所构成的镜像恒流源代替。其中，二极管VD_1与 500Ω 的电阻构成VT_7、VT_8的偏置电路；负反馈电阻R_y外接在第 2、3 引脚两端，可扩展输入信号u_y的动态范围，并可调整系数K；负载电阻R_C、偏置电阻R_5等采用外接方式。MC1596 广泛应用于通信、雷达、仪器仪表及频率变换电路中。

2. 外接元件参数的设计及计算

1) 负反馈电阻R_y

利用式$i_y=u_y/R_y$，且满足$|i_y|<I_0$。若选择由二极管VD_1和VT_7、VT_8所组成的镜像电流源的电流$I_0=1\text{mA}$，输入信号u_y的幅度$U_{ym}=1\text{V}$，则有

$$I_0 \geqslant U_{ym}/R_y,\quad R_y \geqslant U_{ym}/I_0 = 1/1\times10^{-3}\Omega = 1\text{k}\Omega \tag{6.4.1}$$

2) 偏置电阻R_5

由图 6.4.2 可知，$|-E_E|=I_0(R_5+500)+U_D$，其中U_D为二极管VD_1的导通电压。当取$|-E_E|=8\text{V}$时，计算得出$R_5=6.8\text{k}\Omega$。

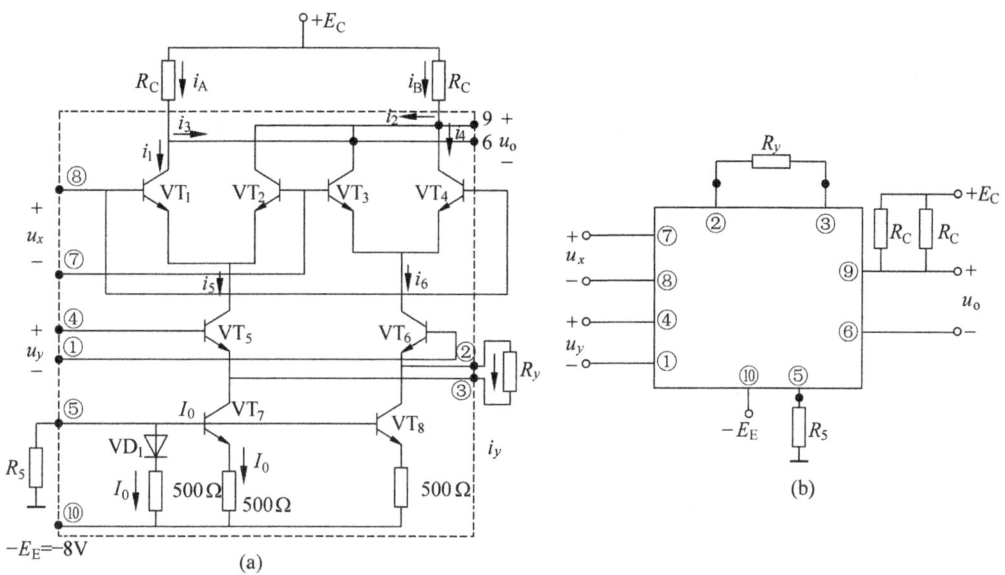

图 6.4.1　MC1596 内部电路

(a) 内部电路；(b) 外围电路

3) 负载电阻 R_C

MC1596 第 6、9 引脚端的静态电压为 $U_6=U_9=E_C-I_0R_C$，若选取 $U_6=U_9=8\text{V}$，$E_C=12\text{V}$，则有 $R_C=4\text{k}\Omega$，R_C 的标称值是 3.9kΩ。

4) MC1596 的电路应用

MC1596 的基本应用电路如图 6.4.2 所示。图中，R_1、R_2、R_3 为第 7、8 引脚端的内部双差分晶体三极管 $VT_1\sim VT_4$ 的基极提供偏置电压，R_3 实现交流匹配，$R_4=R_C$ 为集电极负载。$R_6\sim R_9$，R_w 为第 4、1 引脚内部晶体三极管 VT_5、VT_6 的基极提供偏置电压，R_w 为平衡电阻。R_5 确定镜像恒流源 I_0，R_y 用来扩大 u_y 的动态范围。如果首先调节电阻 R_w，

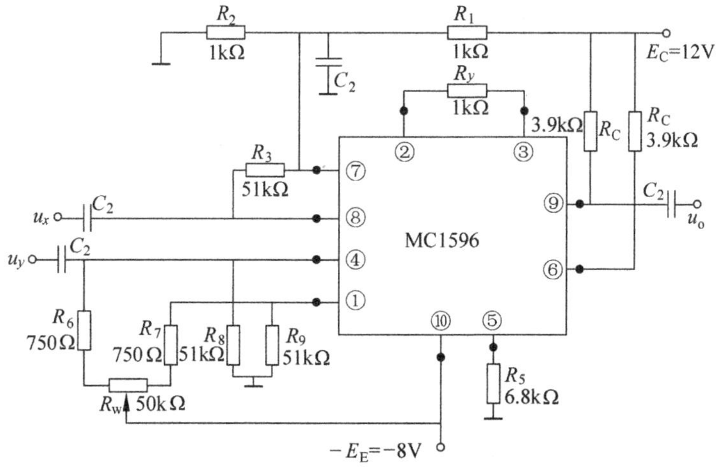

图 6.4.2　MC1596 的基本应用电路

使静态情况下(即无输入 $u_y=0$),流过 R_y 的静态电流 $I_{y0}=0$。那么,当同时输入 u_x 和 u_y(动态),且 u_x 的幅值 $U_{xm}<26\text{mV}$ 时,由式(6.3.22)和式(6.3.25)可得

$$u_0=\frac{R_C}{R_yV_T}u_y(t)u_x(t) \tag{6.4.2}$$

可见,电路实现了相乘运算。在通信系统中常用来实现 DSB 调幅。调节平衡电阻 R_w,使静态时,流过 R_y 的静态电流 $I_{y0}\neq 0$,则当有 u_x 和 u_y 输入时,

$$i_y=I_{y0}+\frac{u_y}{R_y} \tag{6.4.3}$$

$$u_o=2R_C\left(I_{y0}+\frac{u_y}{R_y}\right)\tanh\frac{u_x}{2V_T}\approx\frac{R_CI_{y0}}{V_T}\left(I_{y0}+\frac{u_y}{R_y}\right)u_x \tag{6.4.4}$$

6.5 混频器原理及电路

6.5.1 混频器基本原理

1. 混频器的变频作用

混频器在高频电子电路和通信系统中起着至关重要的作用,它是将载频为 f_c(高频)的已调波信号不失真地变换为 f_I(固定中频)的已调波信号,并保持原调制规律不变(即信号相对频谱分布不变)。因此,混频器也是频谱的线性搬移电路,它是将信号频谱自载频为 f_c 的频率线性搬移到中频 f_I 上。如图 6.5.1 所示,混频器是一个三端口网络,它有两个输入信号,即输入信号 u_c 和本地振荡信号 u_L,工作频率分别为 f_c 和 f_L;输出信号为 u_I,其频率是 f_c 和 f_L 的差频或和频,称为中频 f_I,$f_I=f_L\pm f_c$(也可采用谐波的和频和差频)。由此可见,混频器在频域上起着加或减法器的作用。由于混频器的输入信号 u_c、本地振荡信号 u_L 都是高频信号,而输出的中频信号 u_I 是已调波,除了中心频率与输入信号 u_c 不同外,其频谱结构与输入信号 u_c 的完全相同。表现在波形上,中频输出信号 u_I 与输入信号 u_c 的包络形状相同,只是填充频率不同,内部波形疏密程度代表了频率变化的过程。f_I 与 f_c 和 f_L 的关系有几种情况:当混频器的输出信号取差频时,有 $f_I=f_L-f_c$,$f_I=f_c-f_L$,取和频时有 $f_I=f_L-f_c$。当 $f_I<f_c$ 时,称为向下变频,输出低中频;当 $f_I>f_c$ 时,称为向上变频,输出高中频。虽然高中频比输入的高频信号的频率还要高,但习惯将其称为中频。根据信号频率范围的不同,常用的中频有 465kHz、10.7MHz、38MHz、70MHz 及 140MHz 等。例如,调幅收音机的中频为 465kHz,调频收音机的中频为 10.7MHz,电视机接收机的中频为 38MHz,微波接收机及卫星接收机的中频为 70MHz 或 140MHz。

混频技术的应用十分广泛。混频器是超外差接收机中的关键部件。直放式接收机工作频率变化范围大时,工作频率对高频通道的影响比较大(频率越高,增益越低;反之,频率越低,增益越高),而且对检波性能的影响也比较大,灵敏度较低。采用超外差接收机技术后,将接收信号混频到一固定中频上。例如,在广播接收机中,混频器将中心频率为 550~

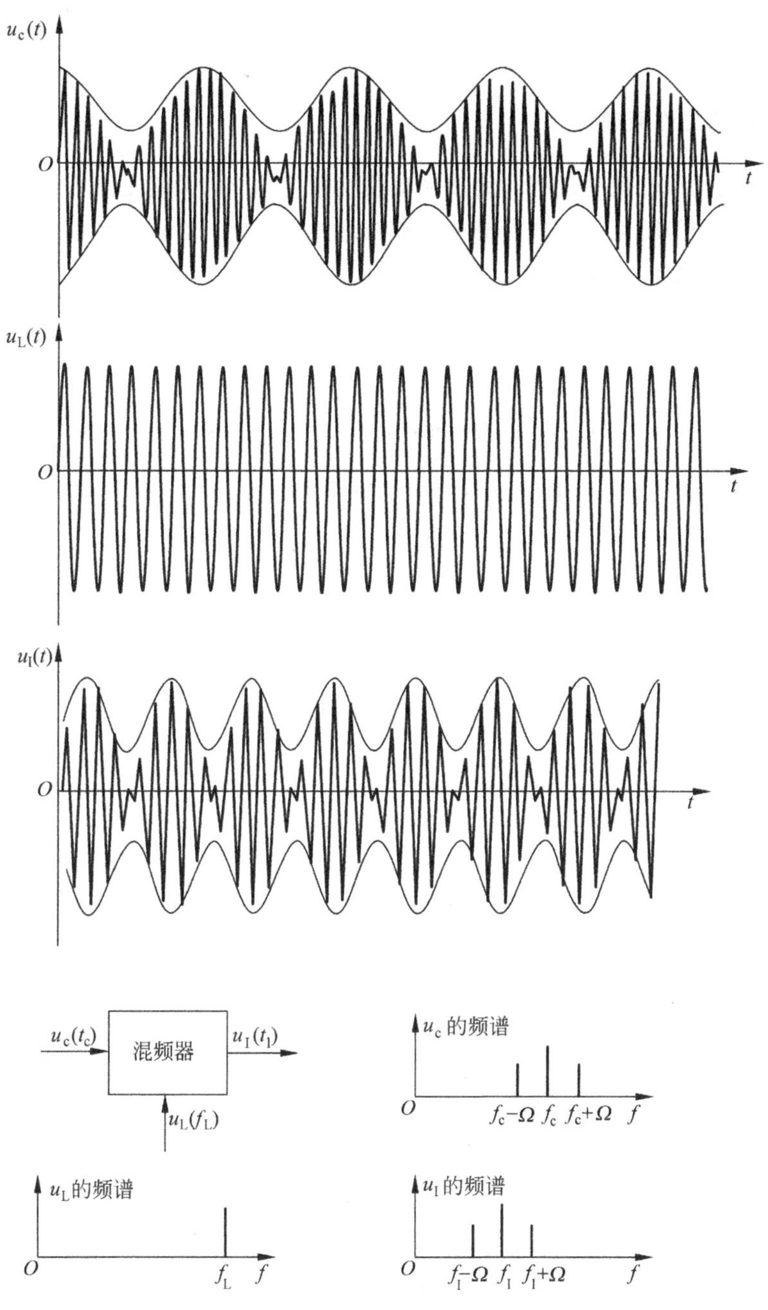

图 6.5.1 混频器的频率变换作用

1650kHz 的高频已调波信号变换为中心频率为 465kHz 的固定中频已调波信号。采用混频技术后，接收机增益基本不受接收频率高低的影响。这样，频段内放大信号的一致性较好，灵敏度可以做得很高，调整方便。放大量及选择性主要由中频部分决定，且中频较高频信号的频率低，性能指标容易得到满足。混频器在一些发射设备(如单边带通信机)中也是必不可少的。在频分多址(FDMA)信号的合成、微波接力通信、卫星通信等领域中具有重要地位。另外,混频器也是许多电子设备、测量仪器(如频率合成器、频谱分析仪等)的重要组成部分。

2. 混频器的工作原理

混频是频谱的线性搬移过程。完成频谱线性搬移功能的关键是获得两个输入信号的乘积,能找到两个乘积项,就可完成所需的频谱线性搬移功能。设输入到混频器中的输入已调波信号 u_c 和本振电压 u_L 分别为

$$u_c = U_c \cos\Omega t \cos\omega_c t \;,\quad u_L = U_L \cos\omega_L t \tag{6.5.1}$$

$$\begin{aligned} u'_I &= kU_cU_L\cos\Omega t\cos\omega_c t\cos\omega_L t \\ &= \frac{1}{2}kU_cU_L\cos\Omega t[\cos(\omega_L+\omega_c)t+\cos(\omega_L-\omega_c)t] \end{aligned} \tag{6.5.2}$$

式中,k 为调制系数。如果带通滤波器的中心频率取 $\omega_I=\omega_L-\omega_c$,带宽为 2Ω,那么乘积信号 u_I 经带通滤波器滤除高频分量($\omega_L+\omega_c$)后,可得中频电压为

$$u_I = \frac{1}{2}kU_cU_L\cos\Omega t\cos(\omega_L-\omega_c)t = U_I\cos\Omega t\cos\omega_I t \tag{6.5.3}$$

比较 u_c 和 u_I,两信号的包络呈线性关系,但载波频率发生了变化。可利用乘法器和带通滤波器实现混频,也可以采用非线性器件和带通滤波器件实现混频,如图 6.5.2 所示。

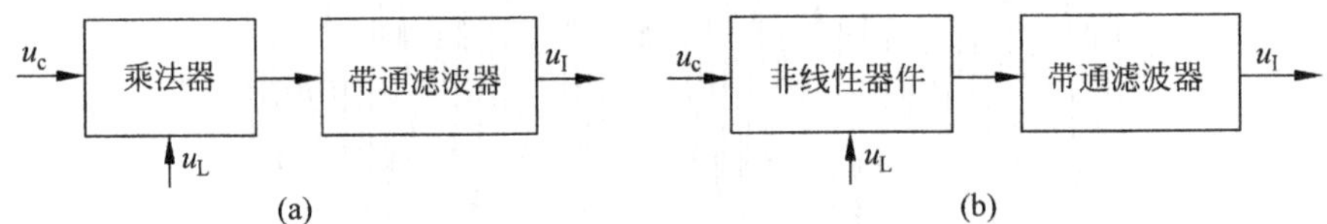

图 6.5.2 实现混频功能的原理方框图

(a) 线性器件;(b) 非线性器件

混频器通常包含晶体二极管混频器、三极管混频器及模拟乘法器混频器等。从两个输入信号在时域上的处理过程看,可归纳为叠加型混频器和乘积型混频器两大类。在叠加型混频器中,输入信号的幅值相对于本振信号的幅值很小,可将混频电路近似看成受本振信号控制的线性时变器件或开关器件;而乘积型混频器中则对两个输入信号幅值的相对大小不作要求。

6.5.2 混频器的主要性能指标

混频器的性能指标主要有混频增益、噪声系数、选择性、失真和干扰,以及工作稳定性。

(1) 混频增益:输出中频电压振幅与输入高频电压振幅之比

$$A_u = V_{Im}/V_{cm} \tag{6.5.4}$$

式中,A_u 代表混频增益,V_{Im} 代表混频后的中频电压幅值,V_{cm} 代表输入高频电压幅值。

如果功率增益以分贝表示,则

$$G_P = 10\lg\frac{P_I}{P_c} \tag{6.5.5}$$

式中，P_I 和 P_c 分别为输出中频信号功率和输入高频信号功率。A_u 和 G_P 都可以衡量混频器将输入信号转化为输出中频信号的能力。对超外差接收机系统，要求 A_u 和 G_P 的值要大，以提高接收机灵敏度。

(2) 非线性干扰：要求混频器最好工作在其特性曲线的平方项区域。

(3) 选择性：输入输出回路具有良好的选择性，一般可以采用谐振回路或者滤波器对输入输出回路的频率分量、信号大小进行有效控制。

(4) 混频噪声：混频器处于接收机的前端，因此混频噪声系数要小。混频器的噪声系数定义为高频输入端信噪比除以中频输出端信噪比。用分贝表示为

$$N_F = 10\lg\frac{P_c/P_{in}}{P_I/P_{on}} \tag{6.5.6}$$

式中，P_{in} 和 P_{on} 分别表示输入和输出功率。混频电路的噪声主要来自混频器件产生的噪声及本振信号引入的噪声。除了正确选择混频电路的非线性器件及其工作点以外，还应注意混频电路的形式。

(5) 本振频率稳定度高。

6.5.3　晶体三极管混频器

晶体三极管混频器(BJT)的主要优点是具有大于1的变频增益。晶体三极管混频器约有20dB的变频增益，场效应晶体管混频器(FET)约有10dB的变频增益。接收机采用晶体三极管混频器，可使后级中频放大器的噪声影响大大减小。晶体三极管混频器对本振电压功率的要求比场效应晶体管混频器高，因为晶体三极管混频器的转移特性是指数函数，所以互调失真较高。场效应晶体管混频器的转移特性是平方律的，输出电流中的组合频率分量比晶体三极管混频器少得多，故其互调失真少。场效应晶体管混频器容许的失真输入信号动态范围较大。

图6.5.3给出了四种双极型晶体管混频器基本电路的交流通道。根据输入信号 u_c 的输入方式，其中图(a)，(b)为共发射极混频电路，在广播和电视接收机中应用较多，图(b)的本振信号由射极注入。图(c)，(d)为共基极混频电路，适用于工作频率较高的调频接收机，但对本振信号 u_L，要求注入功率较大。根据 u_c 和 u_L 的输入位置，同极输入，容易起振，相互影响较大；异极输入，工作稳定，相互影响较小。

设输入已调制信号 $u_c=U_c(t)\cos\omega_c t$，其中 $U_c(t)=U_{cm}(1+m_a\cos\Omega t)$ 为已调波信号的包络；本振电压 $u_L=U_L\cos\omega_L t$。当电路工作在 $u_L \gg u_c$ 时，三极管工作在线性时变状态。以图6.5.3(a)为例分析基极注入式共发射极混频电路的集电极电流

$$i_c = I_{c0}(t) + g(t)u_c \tag{6.5.7}$$

式中，$I_{c0}(t)$ 和 $g(t)$ 是受 $u_L=U_L\cos\omega_L t$ 控制的非线性函数。利用傅里叶级数展开可得

$$I_{c0}(t) = I_{c0} + I_{cm1}\cos\omega_L t + I_{cm2}\cos 2\omega_L t + \cdots \tag{6.5.8}$$

$$g(t) = g_0 + g_1\cos\omega_L t + g_2\cos 2\omega_L t + \cdots \tag{6.5.9}$$

将式(6.5.8)和式(6.5.9)代入式(6.5.7)，可得

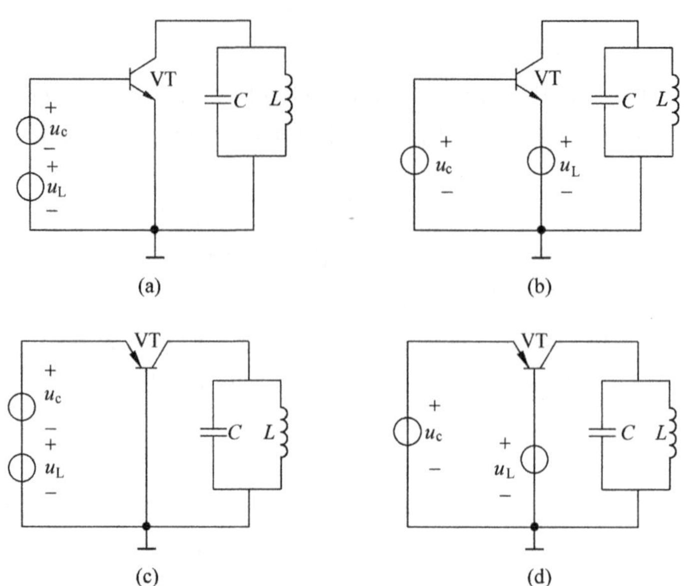

图 6.5.3 晶体三极管混频器的四种组态

$$i_c(t)=(I_{c0}+I_{cm1}\cos\omega_L t+I_{cm2}\cos2\omega_L t+\cdots)+$$
$$(g_0+g_1\cos\omega_L t+g_2\cos2\omega_L t+\cdots)U_c(t)\cos\omega_c t \qquad (6.5.10)$$

如果集电极负载 LC 并联回路的谐振频率为 $\omega_I=\omega_L-\omega_c$，通频带 $B=2\Omega$，回路的谐振阻抗为 R_L，可选出中频输出电压为

$$u_I=\frac{1}{2}g_1R_LU_c(t)\cos\omega_I t=U_I(t)\cos\omega_I t \qquad (6.5.11)$$

从以上分析结果可看出，只有时变跨导 $g(t)$ 的基波分量能产生中频（和频或差频）分量，其他的频率分量只能产生本振信号的各次谐波与信号的组合频率。根据混频器变频增益的定义，由式(6.5.11)可得变频增益为

$$A_u=\frac{U_I(t)}{U_c(t)}=\frac{1}{2}g_1R_L \qquad (6.5.12)$$

变频增益是变频器的重要参数，它直接决定变频器的噪声系数。由式(6.5.12)可看出，变频增益与 g_1 有关，而 g_1 只与晶体管特性、直流工作点及本振电压 u_L 有关，与 u_c 无关。

图 6.5.4 为一双极型晶体管混频器实用电路的交流通路，应用在日立彩色电视机 ET-533 型高频头内。图中的 VT_1 用作混频器，输入信号（即来自高放的高频电视信号，频率为 f_c），

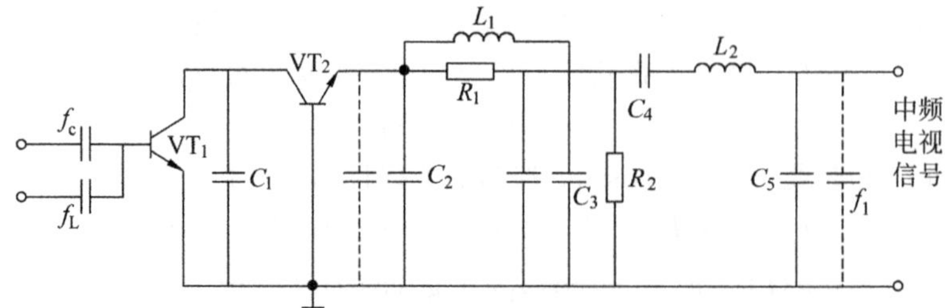

图 6.5.4 双极型晶体管混频器的实用电路的交流等效通路

由电容 C_1 耦合到基极；本振信号(频率为 f_L)由电容 C_2 耦合到基极，构成共发射极混频方式，其特点是所需要的信号功率小，功率增益较大。混频器的负载是共基极中频放大器(由 VT_2 构成)的输入阻抗。

例 6.5.1　在三极管混频器中管子的转移特性如图 6.5.5 所示，设中频 $\omega_I=\omega_L-\omega_c$，$u_c(t)=0.2\cos(\omega_c t+m_f\cos\Omega t)$(V)，$u_I(t)=\cos\omega_I t$(V)。试问：(1)要使器件能正确工作，则工作点应取在 A、B、C 中哪一点？(2)此时变频跨导为多少？(3)写出中频电流表达式？(4)若 $u_c(t)=0.2(1+0.3\cos\Omega t)\cos\omega_c t$(V)时，写出中频电流表达式。

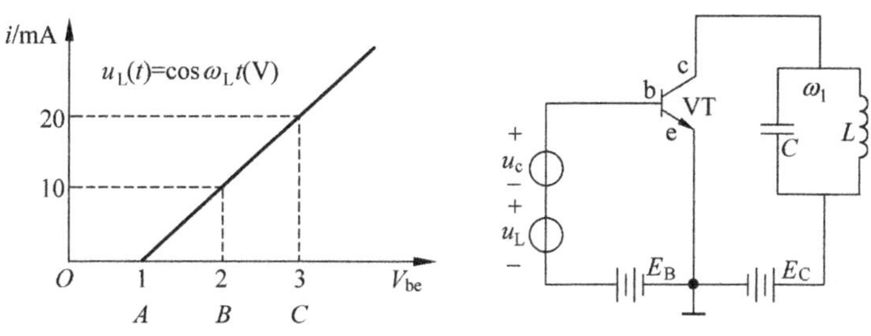

图 6.5.5　三极管混频器及其转移特性

解

(1) 选 A 点；

(2) $g_c=\frac{1}{\pi}\int_0^{\frac{\pi}{2}}10\cos\omega_L t\,\mathrm{d}\omega_L t=\frac{1}{\pi}\times 10=3.2\mathrm{mS}$；

(3) $i=U_{cm}g_c\cos(\omega_I t+m_f\cos\Omega t)=0.64[\cos(\omega_I t+m_f\cos\Omega t)]$ (mA)；

(4) $i=0.64(1+0.3\cos\Omega t)\cos\omega_I t$(mA)。

6.5.4　场效应管混频器

图 6.5.6 为场效应管混频器电路原理图。场效应管若工作在恒定区，其转移特性为平方律关系。例如，结型场效应管的漏级电流 i_D 表示为

$$i_D=I_{DSS}\left(1-\frac{u_{GS}}{U_{GSoff}}\right)^2 \tag{6.5.13}$$

式中，I_{DSS} 为栅源电压为零时的漏极电流，U_{GSoff} 为夹断电压，u_{GS} 为栅源电压，其转移特性如图 6.5.7 所示。用场效应管作混频器时，由于它的平方律特性，用于混频管时非线性失真(产生的组合频率)比晶体管少，非线性失真比晶体管混频的小。

$$u_L=V_{Lm}\cos\omega_L t \tag{6.5.14}$$

$$u_s=V_{Sm}\cos\omega_c t \tag{6.5.15}$$

$$u_{GS}=V_{GS}+u_L+u_s=V_{GS}+V_{Lm}\cos\omega_L t+V_{sm}\cos\omega_c t \tag{6.5.16}$$

代入 i_D 的表达式 $i_D=I_{DSS}\left(1-\frac{u_{GS}}{V_{GSoff}}\right)^2$，时变跨导 $g_m(t)$ 为

$$g_m(t)=\frac{\mathrm{d}}{\mathrm{d}u_{GS}}\left[I_{DSS}\left(1-\frac{u_{GS}}{V_{GSoff}}\right)^2\right]\Bigg|_{u_{GS}+V_{GS}+u_L}$$

$$=-2I_{\mathrm{DSS}}\left(1-\frac{u_{\mathrm{GS}}}{V_{\mathrm{GSoff}}}\right)\left(-\frac{1}{V_{\mathrm{GSoff}}}\right)\Big|_{u_{\mathrm{GS}}+V_{\mathrm{GS}}+u_{\mathrm{L}}}$$

$$=\frac{-2I_{\mathrm{DSS}}}{V_{\mathrm{GSoff}}}\left(1-\frac{u_{\mathrm{GS}}}{V_{\mathrm{GSoff}}}\right)+\frac{2I_{\mathrm{DSS}}}{V_{\mathrm{GSoff}}^{2}}V_{\mathrm{Lm}}\cos\omega_{\mathrm{L}}t$$

$$=g_{\mathrm{m0}}+g_{\mathrm{m1}}\cos\omega_{\mathrm{L}}t \tag{6.5.17}$$

其混频跨导为 $g_{\mathrm{c}}=\frac{1}{2}g_{\mathrm{m1}}=\frac{I_{\mathrm{DSS}}}{V_{\mathrm{GSoff}}^{2}}U_{\mathrm{Lm}}$。

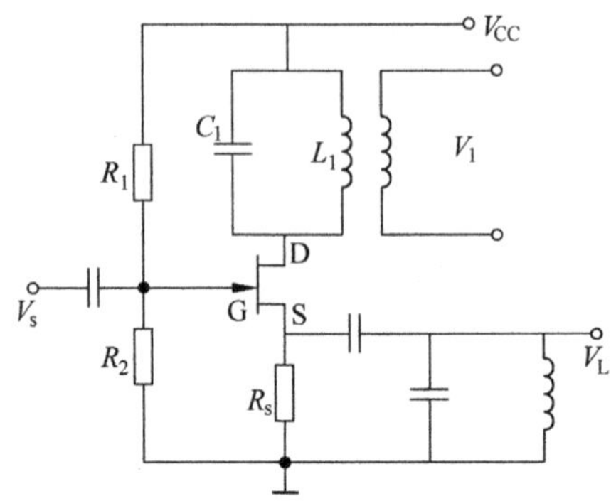

图 6.5.6 场效应管混频器

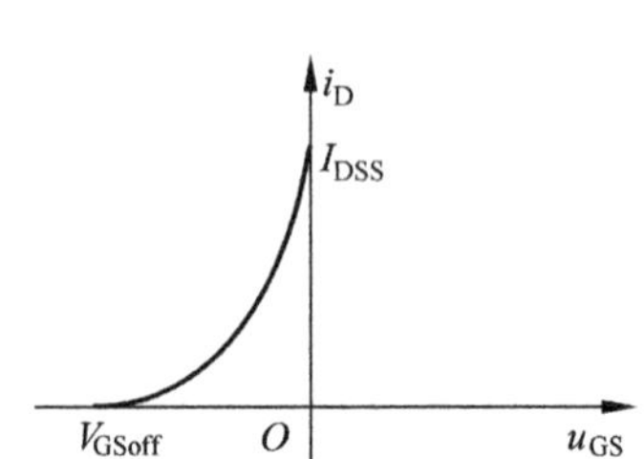

图 6.5.7 场效应管混频器电流电压转移特性

再用图解法求场效应管的时变跨导，如图 6.5.7 所示，V_{L} 电压波形为正弦波，则跨导 $g_{\mathrm{m}}(u)$随加载在栅源(gate source,GS)两端电压 u_{GS} 的变化曲线为一条直线，其值为

$$g_{\mathrm{m}}(u)=\frac{\mathrm{d}i_{\mathrm{D}}}{\mathrm{d}u_{\mathrm{GS}}}=\frac{-2I_{\mathrm{DSS}}}{V_{\mathrm{GSoff}}}\left(1-\frac{u_{\mathrm{GS}}}{V_{\mathrm{GSoff}}}\right) \tag{6.5.18}$$

可以画出跨导随时间变化曲线，为如图 6.5.8 所示的正弦曲线。

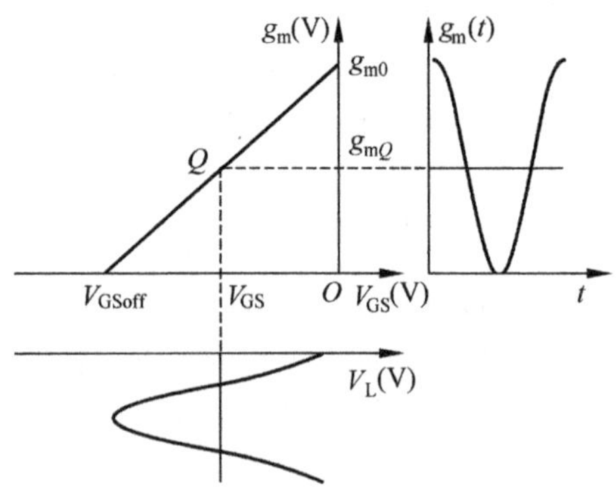

图 6.5.8 场效应管混频器时变跨导特性曲线

其静态工作点电压为

$$u_{\mathrm{GS}}=V_{\mathrm{GS}}=\frac{V_{\mathrm{GSoff}}}{2} \tag{6.5.19}$$

$$g_{\mathrm{m}Q}=\frac{\mathrm{d}i_{\mathrm{D}}}{\mathrm{d}u_{\mathrm{GS}}}=\frac{I_{\mathrm{DSS}}}{|V_{\mathrm{GSoff}}|} \tag{6.5.20}$$

可见，$g_{cmax}=\frac{1}{2}g_{mQ}$。场效应晶体管混频器等效电路如图6.5.9所示。由于场效应管输出电阻R_{ds}无穷大，混频管的电压增益为

$$A_{vc}=\frac{u_I}{u_s}=\frac{-g_c}{g_L+g_{ds}}\approx -g_cR_L \quad (g_{ds}\ll g_L)$$

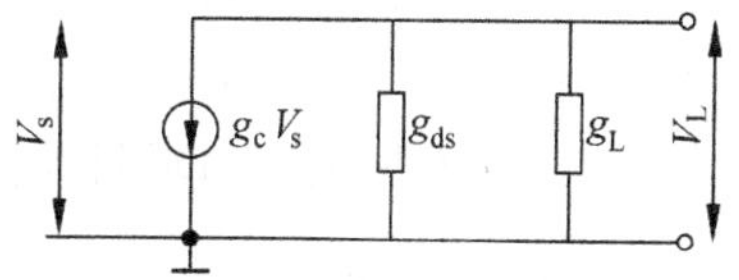

图6.5.9　场效应管混频器等效电路

例6.5.2　场效应管混频转移特性为$i_D=I_{DSS}\left(1-\frac{u_{GS}}{V_{GSoff}}\right)^2$，其原理图和电流-电压转移曲线分别如图6.5.10和图6.5.11所示。(1)当$u_L=V_{Lm}\cos\omega_L t$，$V_{GS}=-1V$时，画出$g_m(u)$及时变跨导的$g_m(t)$波形，并求出混频跨导g_c；(2)条件同上，若输入电压$u_s=10\cos(\omega_c t+\Omega t)$(mV)，求$u_o(t)$。

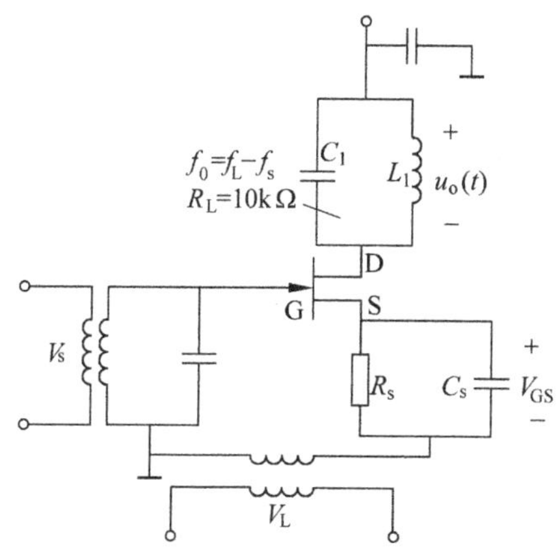

图6.5.10　场效应管混频器原理图

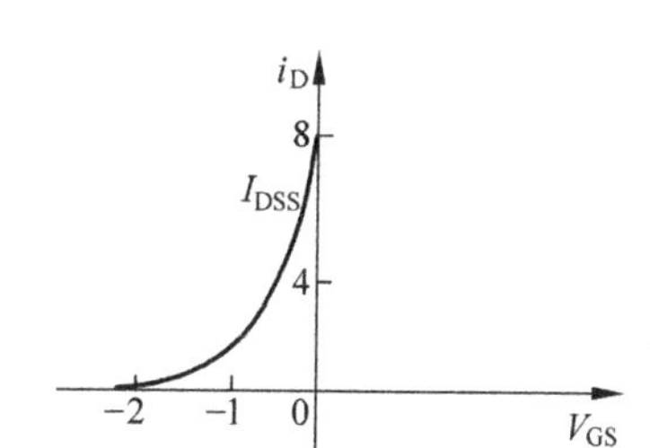

图6.5.11　混频管电流-电压转移特性

解　(1)

$$g_m(u)=\frac{di_D}{du_{GS}}$$

$$g_m(t)=\frac{di_D}{du_{GS}}\Big|u_{GS}=V_{GS}+u_L$$

$$g_m(t)=g_{m0}+g_{m1}\cos\omega_L t$$

式中，$g_{mQ}=\frac{I_{DSS}}{|V_{GSoff}|}=\frac{8}{|-2|}\text{mS}=4\text{mS}$，$g_{m1}=\frac{2I_{DSS}\cdot V_{Lm}}{V_{GSoff}^2}=4\text{mS}$，$g_c=\frac{g_{m1}}{2}=2\text{mS}$。

(2) 由于$g_c=2\text{mS}$，$R_L=10\text{k}\Omega$，则

$$u_o(t)=g_cR_Lu_s=2\times 10\times 10\cos(\omega_I+\Omega)t=0.2\cos(\omega_I+\Omega)t\ (\text{V})$$

6.5.5　二极管混频器

晶体管混频器的主要优点是变频增益高，但它有如下一些缺点：动态范围较小，一般只有几十毫伏；组合频率较多，干扰严重；噪声较大；在无高频功率放大器的接收机中，本振

电压可以通过混频管极间电容从天线辐射能量，形成干扰，称为反向辐射。而二极管混频器组成的平衡混频器和环形混频器的优缺点正好与上述情况相反。它有组合频率小、动态范围大、噪声小、本振无反向辐射等优点，但变频增益小于1。

1. 二极管平衡混频器

如图6.5.12所示，在二极管平衡混频器中加入两个信号，信号电压 $v_s=V_{sm}\cos\omega_s t$，本振电压 $v_o=V_{0m}\cos\omega_0 t$，其中的条件为 $V_{0m}>V_{sm}$，由等效电路图可以看出，信号 v_s 加在两个二极上的极性总是一个正向，一个反向。因为 $V_{0m}>V_{sm}$，如图所示，当 $V_0>0$ 时，VD_1、VD_2 均导通，产生电流 i_1 和 i_2。当 $V_0<0$ 时，VD_1、VD_2 均截止，电路不产生电流。所以本振信号相当于一个开关信号，令两个二极管工作在开关状态。开关频率为本振信号的频率 $\omega_0/2\pi$。

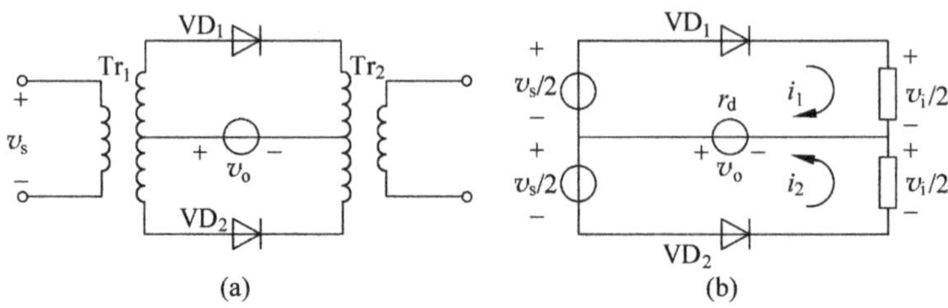

图6.5.12 二极管平衡混频器

(a) 原理电路；(b) 等效电路

$$i_1=\begin{cases}\dfrac{1}{r_d+R_L}\left(\dfrac{1}{2}v_s+v_o\right), & v_o>0\\ 0, & v_o<0\end{cases}\tag{6.5.21}$$

$$i_2=\begin{cases}\dfrac{1}{r_d+R_L}\left(-\dfrac{1}{2}v_s+v_o\right), & v_o>0\\ 0, & v_o<0\end{cases}\tag{6.5.22}$$

引入开关函数

$$S(t)=\begin{cases}1, & v_o>0\\ 0, & v_o<0\end{cases}$$

则两个回路中电流可表示为

$$i_1=\frac{1}{r_d+R_L}\left(\frac{1}{2}v_s+v_o\right)S(t)\tag{6.5.23}$$

$$i_2=\frac{1}{r_d+R_L}\left(-\frac{1}{2}v_s+v_o\right)S(t)\tag{6.5.24}$$

其中的开关函数 $S(t)$ 就是式(6.2.23)，即

$$S(t)=\frac{1}{2}+\frac{2}{\pi}\cos\omega_0 t-\frac{2}{3\pi}\cos3\omega_0 t+\frac{2}{5\pi}\cos5\omega_0 t-\frac{2}{7\pi}\cos7\omega_0 t+\cdots$$

i_1 和 i_2 经变压器 Tr_2 相互感应后输出的总电流 i 为

$$i=i_1-i_2=\frac{1}{r_d+R_L}v_s S(t)=\frac{1}{r_d+R_L}S(t)V_{sm}\cos\omega_s t$$

$$=\frac{\frac{1}{2}+\frac{2}{\pi}\cos\omega_0 t-\frac{2}{3\pi}\cos 3\omega_0 t+\frac{2}{5\pi}\cos 5\omega_0 t-\frac{2}{7\pi}\cos 7\omega_0 t+\cdots}{r_d+R_L}V_{sm}\cos\omega_s t \tag{6.5.25}$$

把上式利用三角函数的积化和差展开，总电流中出现了新的频率

$$\omega_s,\omega_0\pm\omega_s,3\omega_0\pm\omega_s,5\omega_0\pm\omega_s,\cdots,(2n+1)\omega_0\pm\omega_s \quad (n=0,1,2,\cdots) \tag{6.5.26}$$

而式(6.2.18)表示晶体管混频器产生的频率为 $\omega_0,2\omega_0,3\omega_0,\cdots,\omega_s,\omega_0\pm\omega_s,2\omega_0\pm\omega_s,3\omega_0\pm\omega_s,\cdots$。二者相比较可知，二极管平衡混频器输出电流的频率组合分量大为减少。同时可以看出，二极管平衡混频器输出电流中没有了 ω_0，说明本振器无反向辐射；另外，二极管混频器实现和频与差频，完成频谱的线性搬移，可通过滤波电路取出所需要的信号。

2. 二极管环形混频器

二极管环形混频器就是在二极管平衡混频器的基础上增加了两个反向连接的二极管，如图 6.5.13 所示。在分析过程中可以利用二极管平衡混频器的结论。二极管环形混频器与二极管平衡混频器的区别为：$v_o>0$ 时，VD_1、VD_3 导通，VD_2、VD_4 截止；$v_o<0$ 时，VD_1、VD_3 截止，VD_2、VD_4 导通。即在本振电压 v_o 的正、负半周中，都有二极管导通，都产生电流。在二极管平衡混频器输出的信号中，仍包含有 ω_s 这个频率，ω_s 与$(\omega_0-\omega_s)$比较接近，容易对$(\omega_0-\omega_s)$产生干扰，为了消除 ω_s，可使用二极管环形混频器。下面分两种情况计算二极管平衡混频器的输出电流。

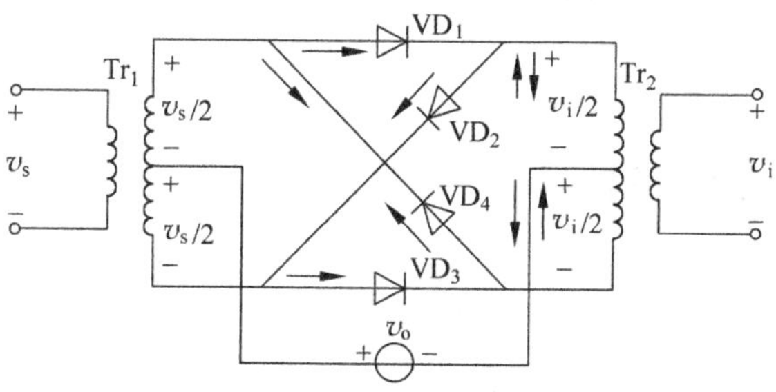

图 6.5.13　二极管环形混频器

(1) $v_o>0$ 时，VD_1、VD_3 导通，VD_2、VD_4 截止。其等效电路即前面所述的二极管平衡混频器，如图 6.5.14 所示，输出电流 i' 为

$$i'=i_1-i_3=\frac{1}{r_d+R_L}v_s S(t) \tag{6.5.27}$$

(2) $v_o<0$ 时，VD_1、VD_3 截止，VD_2、VD_4 导通。电路本质上仍是前面所述的二极管平衡混频器，等效电路在此略去。只是 v_o 反相时开关函数的导通时间移相了半个周期$(T/2)$，令其为 $S^*(t)$，则

$$\begin{aligned}S^*(t)&=S\left(t+\frac{T}{2}\right)\\&=\frac{1}{2}+\frac{2}{\pi}\cos\omega_0\left(t+\frac{T}{2}\right)-\frac{2}{3\pi}\cos 3\omega_0\left(t+\frac{T}{2}\right)+\frac{2}{5\pi}\cos 5\omega_0\left(t+\frac{T}{2}\right)-\cdots\end{aligned}$$

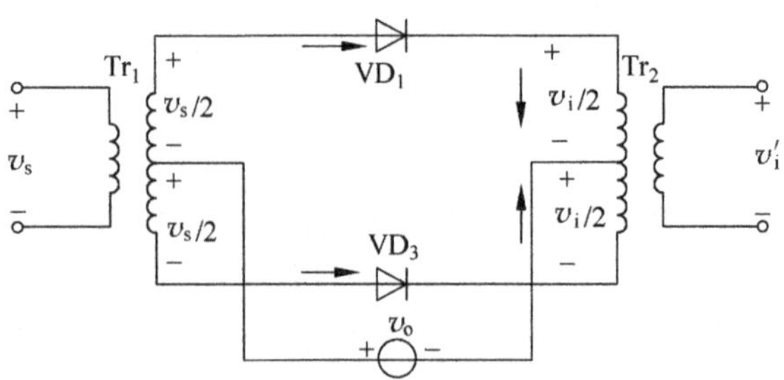

图 6.5.14 $v_o>0$ 时二极管环形混频器等效电路

$$=\frac{1}{2}-\frac{2}{\pi}\cos\omega_0 t+\frac{2}{3\pi}\cos3\omega_0 t-\frac{2}{5\pi}\cos5\omega_0 t+\cdots \tag{6.5.28}$$

则输出电流 i''为

$$i''=i_4-i_2=\frac{-1}{r_d+R_L}v_s S^*(t) \tag{6.5.29}$$

$$i=i'+i''=\frac{1}{r_d+R_L}v_s[S(t)-S^*(t)]$$

$$=\frac{V_{sm}\cos\omega_s t}{r_d+R_L}\left(\frac{4}{\pi}\cos\omega_0 t-\frac{4}{3\pi}\cos3\omega_0 t+\frac{4}{5\pi}\cos5\omega_0 t-\frac{4}{7\pi}\cos3\omega_0 t+\cdots\right) \tag{6.5.30}$$

把上式中的 $\cos\omega_s t$ 与 $\cos\omega_0 t$、$\cos3\omega_0 t$、$\cos5\omega_0 t$、…各项相乘后再展开整理，得出总电流中生成的新频率分量中没有了 ω_s 分量，只有 $\omega_0\pm\omega_s$，$3\omega_0\pm\omega_s$，$5\omega_0\pm\omega_s$，…这些组合频率分量，因此非线性产物进一步被抑制。

6.5.6 混频器的干扰

混频器在超外差式接收机中可以起到改善信号接收性能，但同时混频器又会给接收机带来干扰。一般接收端口只需要输入信号与本振信号混频得出的分量（f_L-f_c 或 f_L+f_c），这种混频途径称为主通道。但实际上，还有许多其他频率的信号也会经过混频器的非线性作用产生另外一个中频分量输出，即寄生通道。这些信号形成的方式有：直接从接收天线进入（特别是混频前没有高放时），由高放的非线性产生，由混频器本身产生，由本振信号的谐波产生等。一般把除了主通道有用信号以外的信号都称为干扰。能否形成干扰主要是以下两个条件：①一定的频率关系；②满足一定频率关系的分量的幅值是否较大。

图 6.5.15 为混频器的一般性原理方框图。由于混频器是依靠非线性元件实现变频的，如果设输入信号为 $u_c(f_c)$，输入端的外来干扰信号为 $u_n(f_n)$，本振信号为 $u_L(f_L)$，则通过非线性元件变频后的组合频率信号为 $u_1|\pm pf_L\pm qf_c|$ 以及 $u_2|\pm pf_L\pm qf_n|$（$p,q=1,2,3,\cdots$）。实际上，这些频率信号只要与中频频率 $f_I=f_L-f_c$ 相同或接近，都会与有用信号一起被中频滤波器选出，并送到后级中放，经放大后解调输出，从而引起串音、啸叫等各种干扰，影响有用信号的正常工作。

1. 信号与本振信号的自身组合干扰

设输入混频器的高频已调波信号为 $u_c(f_c)$，本振频率信号为 $u_L(f_L)$，则经过混频器后

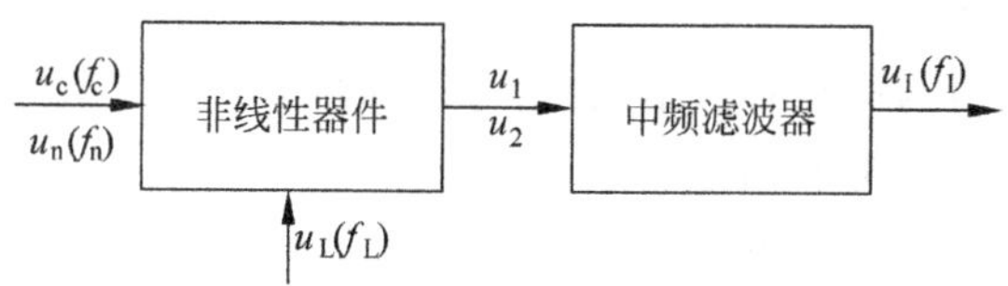

图 6.5.15　实现混频功能的一般性原理方框图

产生的组合频率分量$|\pm pf_L \pm qf_c| \approx \pm f_I(p,q=1,2,3,\cdots)$。如果中频带通滤波器的中心频率 $f_I=|f_L-f_c|$,除了中频被选出以外,还有可能选出其他组合频率分量为 $pf_L-qf_c=f_I(p,q=1,2,3,\cdots)$或 $qf_c-pf_L=f_I(p,q=1,2,3,\cdots)$的干扰信号,即

$$pf_L - qf_c = \pm f_I \quad (p,q=1,2,3,\cdots) \tag{6.5.31}$$

因此,能产生中频组合频率分量干扰的信号频率、本振频率和中频频率之间存在下列关系:

$$f_c=\frac{p}{q}f_L \pm \frac{1}{q}f_I=\frac{p}{q}f_c+\frac{p\pm 1}{q}f_I \quad (p,q=1,2,3,\cdots) \tag{6.5.32}$$

所以有

$$f_c=\frac{p\pm 1}{q-p}f_I, \quad 或 \quad \frac{f_c}{f_I}=\frac{p\pm 1}{q-p} \tag{6.5.33}$$

式中,$\frac{f_c}{f_I}$称为变频比。当变频比一定,并能找到对应的整数 p、q 值,也就是说有确定的干扰点。但是,若对应 p、q 值较大,即阶数 $p+q$ 很大,则意味着高阶组合频率分量的幅值较小,实际干扰影响小。若 p、q 值小,即阶数 $p+q$ 较低,则干扰影响较大。在实际设计中尽量减少组合频率分量的干扰。对通信设备来说,当中频频率确定后,在其工作频率范围内,由信号及本振信号上述组合干扰点是确定的。用不同的 p、q 值,按照式(6.5.33)算出相应的变频比,列在表 6.5.1 中。

表 6.5.1　变频比与 p、q 的关系表

编号	1	2	3	4	5	6	7	8	9	10	11	12	13	14	15	16	17
p	0	1	1	2	1	2	3	1	2	3	4	1	2	3	4	1	2
q	1	2	3	3	4	4	4	5	5	5	5	6	6	6	6	7	7
f_c/f_I	1	2	1	3	2/3	3/2	4	1/2	1	2	5	2/5	3/4	4/3	5/2	1/3	3/5

例 6.5.3　调幅广播接收机的中频 $f_I=465\text{kHz}$,某电台发射频率 $f_c=931\text{kHz}$,接收机的本振频率 $f_L=f_I+f_c=1396\text{kHz}$。显然,$f_I=f_L-f_c$ 是正常变频过程(主通道),那么会出现怎样的干扰啸声?

解　由于器件的非线性,在混频器中同时存在信号和各次谐波的相互作用,因为变频比 $f_c/f_I=931/465\approx 2$。查表 6.5.1 可看出,存在着对应编号为 2 和编号为 10 的干扰。对 2 号干扰,$p=1,q=2$,是 3 阶干扰。由式(6.5.33)得到

$$2f_c-f_L=(2\times 931-1396)\text{kHz}=(1862-1396)\text{kHz}=466\text{kHz}$$

这个组合分量与中频相差 1kHz,经检波后将出现 1kHz 的啸声。所以这是自身组合干扰。对 10 号干扰,$p=3,q=5$,是 8 阶干扰,可得

$$5f_c-3f_L=(5\times 931-3\times 1396)\text{kHz}=(1862-1396)\text{kHz}=467\text{kHz}$$

也可以通过中频通道形成干扰哨声。

干扰哨声是信号本身与本振各次谐波组合形成的，与外来干扰无关，所以不能依靠提高前端电路的选择性抑制它。抑制的方法如下。

（1）正确选择中频数值。减少这种干扰的办法是减少干扰点的数目并降低干扰的阶数。当 f_I 固定后，在一个频段内的干扰点就确定了，合理选择中频频率，可大大减少组合频率干扰的点数，并将阶数较低的组合频率干扰排除。

（2）正确选择混频的工作状态，减少组合频率成分，使电路接近理想乘法器。

（3）采用合理的电路形式，从电路上抵消一些组合频率成分，如平衡电路、环形电路、乘法器等，从电路上抵消一些组合频率分量。

2. 外来干扰与本振信号的组合干扰

这种干扰是指外来干扰信号与本振信号由于混频器的非线性而形成的假中频。设混频器输入端外来干扰信号电压 $u_n(t)=U_n\cos\omega_n t$，频率为 f_n，这相当于接收机在接收有用信号时，某些无关电台或干扰信号也同时被接收到，表现为串台。串台干扰信号 $u_n(f_n)$ 与本振信号 $u_L(f_L)$ 的组合频率为 $|\pm pf_L\pm qf_c|$ $(p,q=1,2,3,\cdots)$，如果中频带通滤波器的中心频率 $f_I=|f_L-f_c|$，则可能形成的组合频率为

$$pf_L-qf_n=\pm f_I\quad(p,q=1,2,3,\cdots)\tag{6.5.34}$$

$$f_n=\frac{1}{q}(pf_L\pm f_I)=\frac{1}{q}[pf_c+(p\pm 1f_I)]\quad(p,q=1,2,3,\cdots)\tag{6.5.35}$$

能满足式(6.5.35)的串台信号都可能形成干扰。在这类干扰中主要有中频干扰、镜像干扰以及组合副波道干扰。

1）中频干扰

当干扰信号的频率等于或接近于接收机的中频时，如果混频器前级电路的选择性不够好，致使这种干扰信号 $u_n(f_n)$ 漏入混频器的输入端，混频器对此干扰信号进行放大，使其顺利通过后级电路，在输出端形成强干扰。因为 $f_n\approx f_I$，由式(6.5.35)得到 $p=0,q=1$，即中频干扰相当于一个 1 阶的强干扰。

抑制中频干扰的方法主要是提高混频器前级电路的选择性，以降低漏入混频器输入端的中频干扰的电压值。可在混频器的前级电路加中频陷波电路。图 6.5.16 为抑制中频干扰的中频陷波电路。由 L_1C_1 构成的串联谐振回路对中频谐振，可滤除天线接收到的外来中频干扰信号。此外，合理选择中频频率，一般选在工作段之外，最好选用高中频方式混频。

2）镜像干扰

设混频器中 $f_L>f_c$，外来干扰电台中 $u_n(f_n)$ 的频率为 $f_n=f_I+f_L$ 时，如果 $u_n(f_n)$ 与 $u_L(f_L)$ 共同作用在混频器输入端，会产生差频 $f_I=f_n-f_L$，则在接收机的输出端将会听到干扰电台的声音。f_n、f_L 及 f_c 关系如图 6.5.17 所示。由于 f_n 和 f_c 对称地位于 f_L 两侧，呈镜像关系，所以将 f_n 称为镜像频率，将这种干扰称为镜像干扰。从式(6.5.35)看出，镜像干扰时，$p=q=1$，为 2 阶干扰。

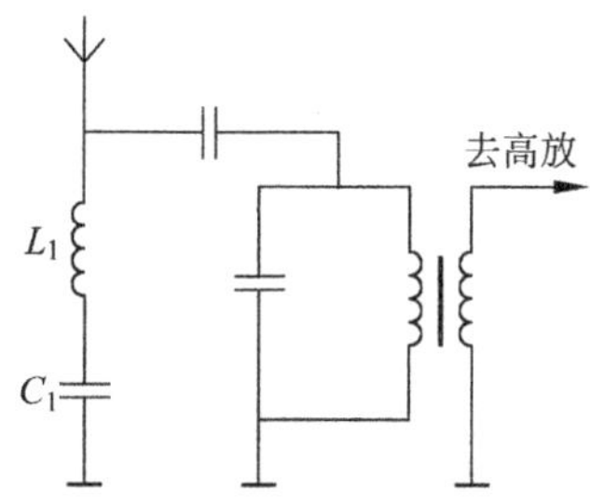

图 6.5.16　抑制中频干扰的中频陷波电路

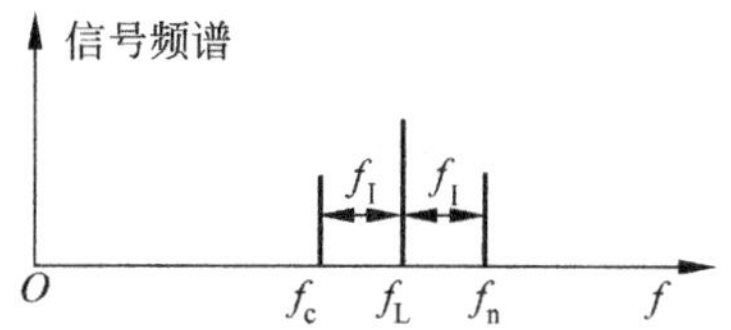

图 6.5.17　镜像干扰的频率关系

例 6.5.4　当接收机接收频率为 580kHz 的信号时，还有一个 1510kHz 的信号也作用在混频器的输入端，它将以镜像干扰的形式进入中放。$f_I=f_n-f_L=465\text{kHz}$，所以可听到两个信号的声音，可能还会出现哨声。

对 $f_L>f_c$ 的变频电路，镜频干扰 $f_n=f_L\pm f_I$。混频器对于 f_c 和 f_n 的变频作用完全相同，混频器本身对镜像干扰无抑制作用。抑制的方法主要是提高混频器前端电路的选择性和提高中频频率，以降低混频器输入端的镜像频率电压值。高中频方式混频对抑制镜像干扰是非常有利的。

一部接收机的中频频率是固定的，所以中频干扰的频率也是固定的。而镜像干扰频率则随着信号频率 f_c（或本振频率 f_L）的变化而变化。

3）组合副波道干扰

组合副波道干扰是当 $p=q$ 时形成的部分组合频率干扰。在这种情况下，式(6.5.35)变为 $f_n=f_L\pm f_I/q$，$p=q=2,3,4$ 时，f_n 分别为 $f_L\pm f_I/2$，$f_L\pm f_I/3$，$f_L\pm f_I/4$。其中最主要的一类干扰为 $p=q=2$（4 阶干扰）的情况，其组合干扰频率 $f_{n1}=f_L-f_I/2$ 和 $f_{n1}=f_L+f_I/2$ 分布如图 6.5.18 所示。这类干扰对称分布于两侧，其间隔为 $f_I/2$（或 f_I/q）。其中以 $f_{n1}=f_L-f_I/2$ 的干扰最为严重，因为它距离信号频率 f_c 最近，干扰阶数最低（4 阶）。抑制这种干扰的方法是提高中频频率和前端电路的选择性。此外，选择合适的混频电路，以及合理地选择混频管的工作状态都有一定作用。

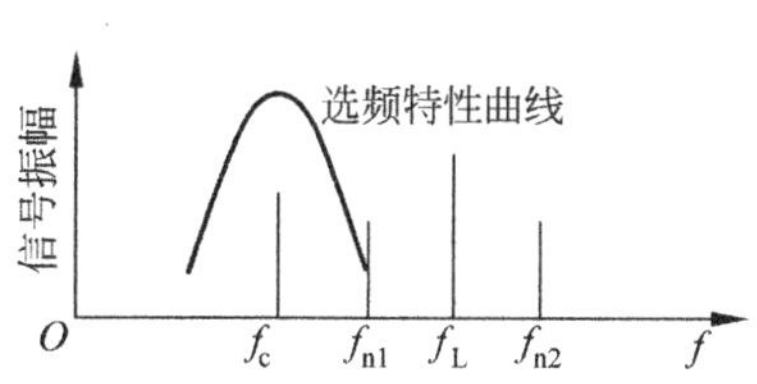

图 6.5.18　$p=q=2$ 时的组合副波道干扰频谱分布

3. 交叉调制干扰（交调干扰）

交叉调制（简称交调）干扰的形式与本振信号 $u_L(f_L)$ 无关，它是有用信号 $u_c(f_c)$ 与干扰信号 $u_n(f_n)$ 一起作用于混频器时，由混频器的非线性作用而形成的干扰。它的特点是，当接收有用信号时，可同时听到信号台和干扰台的声音。而信号频率和干扰频率间没有固定的关系。一旦有用信号消失，干扰台的声音随之消失，交调干扰与有用信号并存，它与干扰的载频无关，任何频率的强干扰都可能形成交调。其含义就是干扰信号与有用信号（已调波或载波）同时作用于混频器，经非线性作用，将干扰的调制信号转移到有用信号的载频上，再与本振混频，得到中频信号，从而形成干扰。当噪声信号频率与有用信号频率相差越大，噪声信号受前端电路的抑制越彻底，形成的干扰越低。一般非线性特性的四次方或者偶次方可能产生干扰,但幅值较小,一般不考虑。

4. 互调干扰

互调干扰是指两个或多个干扰电压同时作用在混频器的输入端,经混频器的非线性产生近似为中频的组合分量,落入中放通频带之内形成的干扰。当两个干扰频率都小于或大于工作频率,且三者等距时,就可形成互调干扰,而对距离的大小无限制。当距离很近时,前端电路对干扰的抑制能力弱,干扰的影响大。这种干扰是由两个或多个干扰的相互作用,产生了接近于输出频率的信号而对有用信号形成的干扰,称为互调干扰。

例 6.5.5 分析和解释下列现象(已知收音机的中频为 465kHz):(1)在某地,收音机接收到 1090kHz 信号时,可以收到 1323kHz 的信号;(2)收音机接收到 1080kHz 信号时,可以收到 540kHz 信号;(3)收音机接收到 930kHz 信号时,可同时收到 690kHz 和 810kHz 信号,但不能单独收到其中的一个台。

解

(1) 接收到 1090kHz,则 $f_s=1090\text{kHz}$,那么收到 1323kHz 信号就一定是干扰信号,$f_n=1323\text{kHz}$,这就是副波道干扰。

$$f_s=1090\text{kHz},\quad f_I=465\text{kHz},\quad f_l=f_s+f_I=(1090+465)\text{kHz}=1555\text{kHz}$$

由于 $2f_l-2f_n=(2\times1555-2\times1323)\text{kHz}=454\text{kHz}\approx f_I$,所以,这种副波道干扰就是一种 4 阶干扰,$p=q=2$。

(2) 接收到 1080kHz,则 $f_s=1080\text{kHz}$,540kHz 信号就一定是干扰信号,$f_n=540\text{kHz}$,这就是副波道干扰。

$$f_s=1080\text{kHz}\quad f_I=465\text{kHz},\quad f_l=f_s+f_I=(1080+540)\text{kHz}=1545\text{kHz}$$

由于 $f_l-2f_n=(1545-2\times540)\text{kHz}=465\text{kHz}\approx f_I$。所以,这种副波道干扰就是一种 3 阶干扰,$p=1,q=2$。

(3) 接收到 930kHz,同时收到 690kHz 和 810kHz 信号,但不能单独收到其中的一台,这里有用信号 $f_s=1080\text{kHz}$,690kHz 和 810kHz 是两个干扰信号,$f_{n1}=690\text{kHz}$,$f_{n2}=810\text{kHz}$,互调干扰,$f_l=f_s+f_I=(930+465)\text{kHz}=1395\text{kHz}$;$f_l-(2f_{n2}-f_{n1})=f_I$。由混频器中高次方产生,称为 3 阶互调干扰。

6.5.7 改善混频器干扰的措施

(1) 提高输入回路的选择性。通过对天线回路、高放级的选择性,有效减小干扰的有害影响。

(2) 合理选择中频。将中频选在接收频段以外,可避免最强的干扰哨声,有效发挥混频前各级电路的滤波作用,将最强的干扰信号滤除。

(3) 合理选择混频器工作点。一般选在器件二次方区域或具有平方律特性的混频器件,减少输出的组合频率数目,减少混频干扰、中频干扰和某些副波道干扰。

(4) 合理选择器件(减少 p、q),如乘法器、场效应管;合理选择电路,运用平衡混频器、环形混频器、模拟乘法器减少组合频率分量,抵消外界信号的干扰。

6.5.8 混频器的主要应用

(1) 频率变换。本章介绍的双平衡混频器等都可以实现频率变换功能。三平衡混频器由于采用了两个二极管电桥,三端口都有变压器,所以其本振、射频及中频带宽可达几个倍频器,且动态范围大、失真小、隔离度高。但制造成本高,工艺复杂,价格比较昂贵。

(2) 鉴相。理论上所有中频时直流耦合的混频器均可作为鉴相器使用。将两个频率相同、幅度一致的射频信号加到混频器的本振和射频端口,中频端将输出随两信号相差而变的直流信号。当两信号是正弦时,鉴相输出随相差变化为正弦,当两输入信号是方波时,鉴相输出为三角波。输入功率推荐在标准本振功率附近,输入功率过大,会增加直流偏置大小,使输出电平太低。

(3) 可变衰减器。此类混频器要求中频直流耦合。信号在混频器本振端口和射频端口间的传输损耗是中频电流大小控制的。

(4) 相位调制器。此类混频器要求中频直流耦合。信号在混频器本振端口和射频端口间传输相位由中频电流极性控制。在中频端口交替改变控制电流极性,输出射频信号的相位会随之在0°和180°两种状态下交替变化。

(5) 参量混频器。此类混频器是利用非线性电抗特性将输入信号变换为中频信号的电路。电抗元件在理想情况下既不消耗功率也不产生噪声,参量混频器具有变换频率高、噪声小的优点。雷达和微波系统常用参量混频实现低噪声接收。非线性元件一般由变容二极管构成,它在本振电压控制下,在输入与输出信号间起非线性变换作用。

参考文献

[1] 杜武林,李纪澄,曾兴雯.高频电路原理与分析[M].3版.西安:西安电子科技大学出版社,1994.
[2] 谢嘉奎,宣月清,冯军.电子线路(非线性部分)[M].3版.北京:高等教育出版社,1988.
[3] 张肃文,陆兆熊.高频电子电路[M].5版.北京:高等教育出版社,1993.
[4] 胡见堂.固态高频电路[M].长沙:国防科技大学出版社,1987.
[5] 杰克·史密斯.现代通信电路[M].叶德福,景虹,厦大平,等译.西安:西安电讯工程学院出版社,1987.
[6] 周子文.模拟乘法器及其应用[M].北京:高等教育出版社,1983.
[7] 沈伟慈.高频电路[M].西安:西安电子科技大学出版社,2000.

思考题和习题

6.1 一非线性器件的伏安特性为 $i=a_0+a_1u+a_2u^2+a_3u^3+a_4u^4$,式中,$u=u_1+u_2+u_3=U_1\cos\omega_1t+U_2\cos\omega_2t+U_3\cos\omega_3t$,(1)试写出电流 i 中组合频率分量;(2)说明它们是由 i 的哪些乘积项产生的,并求出其中的 $\omega_1\pm\omega_2$ 频率分量的振幅。

6.2 若非线性器件的伏安特性幂级数表示为 $i=a_0+a_1u_1$,式中,a_0 和 a_1 是不为零的常数，信号 u 是频率为 150kHz 和 200kHz 的两个正弦波，问：电流中能否出现 50kHz 和 350kHz 的频率成分？为什么？

6.3 如图所示二极管平衡电路，输入信号 $u_1=U_1\cos\omega_1 t$，$u_2=U_2\cos\omega_2 t$，且 $\omega_2>\omega_1$，$U_2>U_1$。输出回路对 ω_2 谐振，谐振阻抗为 R_0，带宽 $B=2F_1(F_1=\omega_1/2\pi)$。(1)不考虑输出电压的反作用，求输出电压 u_o 的表示式；(2)考虑输出电压的反作用，求输出电压的表示式，并与(1)的结果相比较。

6.4 场效应管的静态转移特性如图所示，其中，$i_D=I_{DSS}\left(1-\frac{u_{GS}}{V_P}\right)^2$，$u_{GS}=E_{GS}+U_1\cos\omega_1 t+U_2\cos\omega_2 t$；若 U_1 很小，满足线性时变条件。(1)当 $U_2\leqslant|V_P-E_{GS}|$，$E_{GS}=V_P/2$ 时，求时变跨导 $g_m(t)$ 以及 g_{m1}；(2)当 $U_2=|V_P-E_{GS}|$，$E_{GS}=V_P/2$ 时，证明 g_{m1} 为静态工作点跨导。

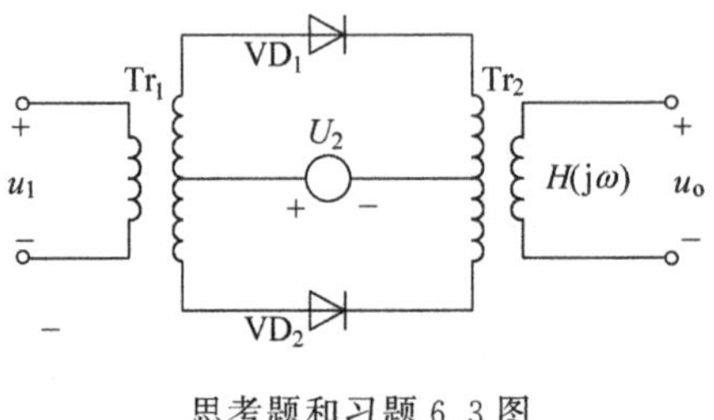

思考题和习题 6.3 图

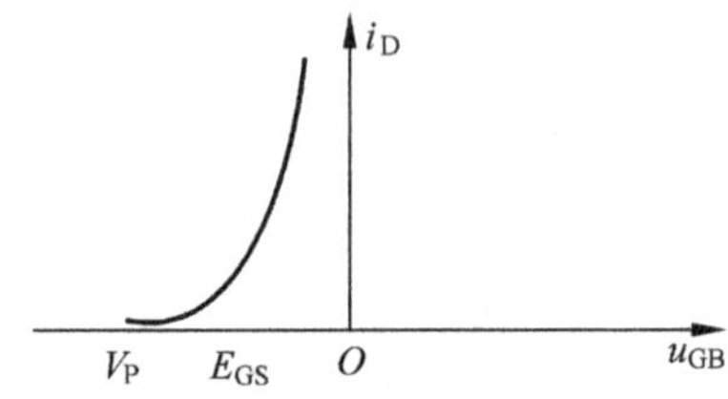

思考题和习题 6.4 图

6.5 在如图所示电路中，晶体三极管的转移特性为 $i_c=a_0 I_s e^{\frac{u_{be}}{V_T}}$，若回路的谐振阻抗为 R_0，试写出下列三种情况下输出电压 u_o 的表示式：(1)$u_o=U_1\cos\omega_1 t$，输出回路谐振在 $2\omega_1$ 上；(2)$u_o=U_c\cos\omega_c t+U_\Omega\cos\Omega t$，且 $\omega_c\gg\Omega$，U_Ω 很小，满足线性时变条件，输出回路谐振在 ω_c 上；(3)$u_o=U_1\cos\omega_1 t+U_2\cos\omega_2 t$，且 $\omega_2>\omega_1$，U_1 很小，满足线性时变条件，输出回路谐振在$(\omega_2-\omega_1)$上。

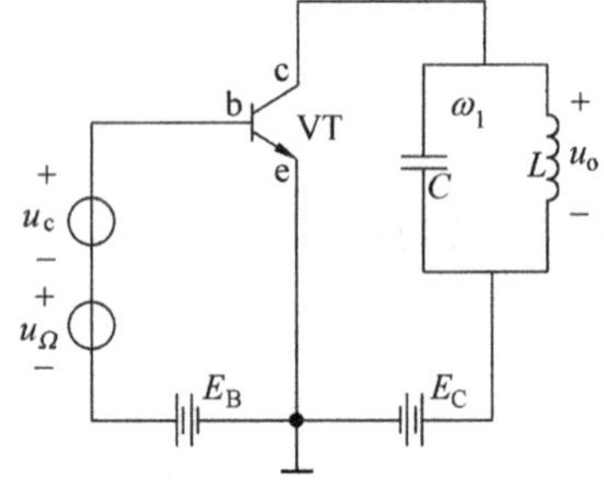

思考题和习题 6.5 图

6.6 设变频器的输入端除有用信号 $f_s=20\text{MHz}$ 外，还作用着两个频率分别为 $f_1=19.6\text{MHz}$，$f_2=19.2\text{MHz}$ 的电压。已知中频 $f_0=3\text{MHz}$，问：是否会产生干扰？干扰的性质如何？

6.7 试分析与解释下列现象：(1)在某地，收音机接收到 1090kHz 信号时，可以收到 1323kHz 的信号；(2)收音机接收 1080kHz 信号时，可以收到 540kHz 信号；(3)收音机接收 930kHz 信号时，可同时收到 690kHz 和 810kHz 信号，但不能单独收到其中的一个台(例如另一电台停播)。

6.8 某超外差接收机中频 $f_0=500\text{kHz}$，本振频率 $f_1<f_s$，在收听 $f_s=1.501\text{MHz}$ 的信号时，听到哨声，其原因是什么？试进行具体分析(设此时无其他外来干扰)。

6.9 某超外差接收机工作频段为 0.55～25MHz，中频 $f_0=455\text{kHz}$，本振 $f_1>f_s$。试问，波段内哪些频率上可能出现较大的组合干扰(6 阶以下)？

6.10 试分析如图所示混频器。图中，C_b 对载波短路，对音频开路；$u_C=U_C\cos\omega_c t$，

$u_{\Omega}=U_{\Omega}\cos\Omega t$。(1)设 U_C 及 U_{Ω} 均较小，二极管特性近似为 $i=a_0+a_1u+a_2u^2$，求输出 $u_o(t)$ 中含有哪些频率分量(忽略负载反作用)。(2)如 $U_C \gg U_{\Omega}$，二极管工作于开关状态，试求 $u_o(t)$ 的表示式。(先忽略负载反作用时的情况，并将结果与(1)比较；再考虑负载反作用时的输出电压。)

6.11 在如图所示桥式调制电路中，各二极管的特性一致，均为自原点出发、斜率为 g_D 的直线，并工作在受 u_2 控制的开关状态。若设 $R_L \gg R_D(R_D=1/g_D)$，试分析电路分别工作在振幅调制和混频时 u_1、u_2 各应为什么信号，并写出 u_o 的表示式。(备注：此题可在学习第 7 章振幅调制后再做。)

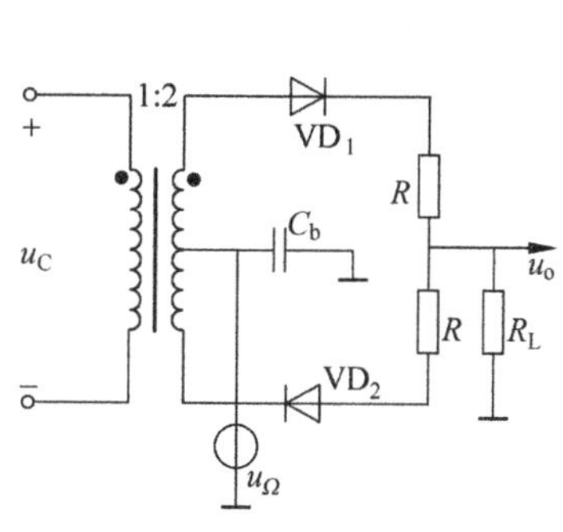

思考题和习题 6.10 图

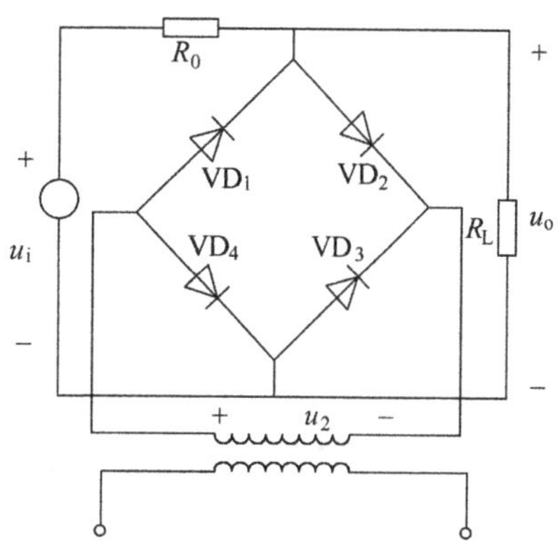

思考题和习题 6.11 图

第7章 振幅调制与解调

内 容 提 要

从频域的角度看,振幅调制属于频谱线性搬移电路。本章主要介绍振幅调制和解调的基本原理、基本概念与基本方法。讨论实现普通调幅波的基本电路,并给出双边带、单边带调幅与解调的分析方法和相关电路。本章的教学需要10～12 学时。

7.1 概述

信号通过一定的传输介质在发射机和接收机之间进行传输时,信号的原始形式一般不适合传输。因此,必须转换它们的形式。调制的过程是将低频信号加载到高频振荡载波的过程,已调高频载波经放大后再由天线发射出去。高频振荡波就是携带信号的"运载工具",也称为载波。在接收信号的一方,经过解调(反调制)的过程,把载波所携带的信号取出来,得到原有的信号。通常把含有信息的信号称为调制信号,高频振荡载波称为载波信号,调制后的频带信号为已调波信号。调制的实质就是用待传输的低频信号控制载波信号某个参数,最终达到信号高质量发送、传输、解调和接收的目的。反调制过程也称为检波。调制与解调都是频谱变换的过程,必须用非线性元件才能完成。

信号为什么必须经过调制而不能直接发送呢?这里的关键问题是,所要传送的信号或者频率太低(例如,语言和音乐信号都限于音频范围内),或者频带很宽(例如,电视信号频宽为 50Hz～6.5MHz)。这些都对直接采用电磁波的形式传送信号十分不利,有如下几点理由。

(1) 天线要将低频信号有效地辐射出去,它的尺寸就必须很大。例如,频率为 1000Hz 的电磁波,其波长为 300 000m,即 300km。如果采用 1/4 波长的天线,则天线的长度应为

75 000m。不用说，实际上这是难以办到的。

(2) 为了使发射与接收效率高，在发射机与接收机方面都必须采用天线和谐振回路。但语言、音乐、图像信号等的频率变化范围很大，因此天线和谐振回路的参数应该在很宽范围内变化。显然，这也是难以做到的。

(3) 如果直接发射音频信号，则发射机将工作于同一频率范围。这样，接收机将同时收到许多不同电台的节目，无法加以选择。

为了克服以上困难，必须利用高频振荡，将低频信号"附加"在高频振荡上，使天线的辐射效率提高，尺寸缩小；同时，每个电台都工作于不同的载波频率，接收机可以调谐选择不同的电台。这就解除了上述种种困难。

如何将信号"附加"在高频振荡上？本质上就是利用信号来控制高频振荡的某一参数，使这个参数随信号而变化。这就是调制。调制的方式可分为连续波调制与脉冲波调制两大类。连续波调制是用信号来控制载波的振幅、频率或相位，有调幅、调频和调相三种方法。脉冲波调制是先用信号来控制脉冲波的振幅、宽度、位置等，然后再用这个已调脉冲对载波进行调制。脉冲调制(数字调制)有脉冲振幅、脉宽 、脉位、脉冲编码调制等多种形式。实现调幅的方法，一般有以下几种。

(1) 低电平调幅。调制过程是在低电平级进行的，因而需要的调制功率小。属于这种类型的调制方法有：① 平方律调幅，利用电子器件的伏安特性曲线平方律部分的非线性作用进行调幅；② 斩波调幅，将所要传送的音频信号按照载波频率来斩波，然后通过中心频率等于载波频率的带通滤波器滤波，取出调幅成分。

(2) 高电平调幅。调制过程在高电平级进行，通常是在丙类放大器中进行调制。属于这一类型的调制方法有集电极(阳极)调幅和基极(控制栅极)调幅。

检波过程是一个解调过程，它与调制过程正相反。检波器的作用是从振幅受调制的高频信号中还原出原调制的信号。还原所得的信号，与高频调幅信号的包络变化规律一致，故又称为包络检波器。假如输入信号是高频等幅波，则输出就是直流电压，这是检波器的一种特殊情况，在测量仪器中应用较多。例如，某些高频伏特计的探头就采用这种检波原理。

7.2 振幅调制原理及特性

振幅调制方式是将传递的低频信号(如语言、音乐、图像等的电信号)去控制作为传送载体的高频振荡波(载波)的幅度，使已调波的幅度随调制信号的大小线性变化，而保持载波的角频率不变。在振幅调制中，根据所输出调幅波信号频谱的不同，分为普通调幅(标准调幅，AM)、抑制载波的双边带调幅(DSB)、抑制载波的单边带调幅(SSB)。

7.2.1 标准振幅调制信号分析

标准振幅调制是一种相对便宜、质量不高的调制形式，主要用于声频和视频的商业广播。调幅也能用于双向移动无线通信，如民用波段广播。AM 调制器是非线性设备，有两个输入端口和一个输出端口,如图 7.2.1 所示。两路输入信号中,一路输入振幅为常数的单频载波信号;另一路输入低频信息信号,此路信号可以包含多频率组合的复合波形。在调制器中,信息作用在载波上,就产生振幅随调制信号瞬时值变化的已调波。通常,已调波(或调幅波)是能有效通过天线发射,并在自由空间中传播的射频波。

图 7.2.1 AM 调制器

1. AM 调幅波的数学表达式

首先讨论单频信号的调制情况。设调制信号 $u_\Omega=U_{\Omega m}\cos\Omega t$,$u_c=U_{cm}\cos\omega_c t$,则调幅信号可表示为

$$u_{AM}=U_{AM}(t)\cos\omega_c t \tag{7.2.1}$$

式中,$U_{AM}(t)$为已调波的瞬时振幅值,也是调幅波的包络函数。由于调幅波的瞬时振幅与调制信号呈线性关系,即

$$\begin{aligned}U_{AM}(t)&=U_{cm}+k_aU_{\Omega m}\cos\Omega t\\&=U_{cm}\left(1+\frac{k_aU_{\Omega m}}{U_{cm}}\cos\Omega t\right)\\&=U_{cm}(1+m_a\cos\Omega t)\end{aligned} \tag{7.2.2}$$

式中,k_a 为比例常数,一般由调制电路的参数决定;$m_a=k_aU_{\Omega m}/U_{cm}$ 为调制系数,反映了调幅波振幅的变化量,通常 $0<m_a<1$,代表调制深度。将式(7.2.2)代入式(7.2.1),得到单频信号调幅波的表达式

$$u_{AM}=U_{cm}(1+m_a\cos\Omega t)\cos\omega_c t \tag{7.2.3}$$

以上讨论的是单频信号。实际上,调制信号中一般含有多种频率的组合,是一个具有连续频谱的限带信号。如果将某一连续频谱的限带信号 $u_\Omega(t)=f(t)$作为调制信号,那么调幅波可以表示为

$$u_{AM}=(U_{cm}+k_af(t))\cos\omega_c t \tag{7.2.4}$$

将 $f(t)$利用傅里叶级数展开为

$$f(t)=\sum_{n=1}^{\infty}U_{\Omega n}\cos\Omega_n t \tag{7.2.5}$$

将式(7.2.5)代入式(7.2.4),则调幅波的表达式为

$$u_{AM}=U_{cm}\left(1+\sum_{n=1}^{\infty}m_n\cos\Omega_n t\right)\cos\omega_c t \tag{7.2.6}$$

式中,$m_n=k_aU_{\Omega n}/U_{cm}$。

2. 振幅调制波形特性

AM 调幅波的特点为:

(1) 调幅波的振幅包络随调制信号发生变化,而且包络的变化规律与调制信号波形一致,表明调制信号信息记载在包络中;

(2) 调幅波的包络函数为

$$U_{AM}(t)=U_{cm}(1+m_a\cos\Omega t) \tag{7.2.7}$$

调幅波包络的波峰值为

$$U_{AM}|_{max}=U_{cm}(1+m_a) \tag{7.2.8}$$

包络的波谷值为

$$U_{AM}|_{min}=U_{cm}(1-m_a) \tag{7.2.9}$$

包络的振幅为

$$U_m=\frac{U_{AM}|_{max}-U_{AM}|_{min}}{2}=U_{cm}m_a \tag{7.2.10}$$

(3) 调幅波的调制深度为

$$m_a=\frac{包络振幅}{载波振幅}=\frac{U_m}{U_{cm}} \tag{7.2.11}$$

调制系数 m_a 反映了调幅的强弱程度,其值越大,调制深度越强。图 7.2.2(e)表示 $m_a>1$,振幅调制过量,产生了严重的包络失真。为了保证已调幅波的包络形状正是反映调制信号的变化规律,要求调制系数取值范围在 $0<m_a<1$。

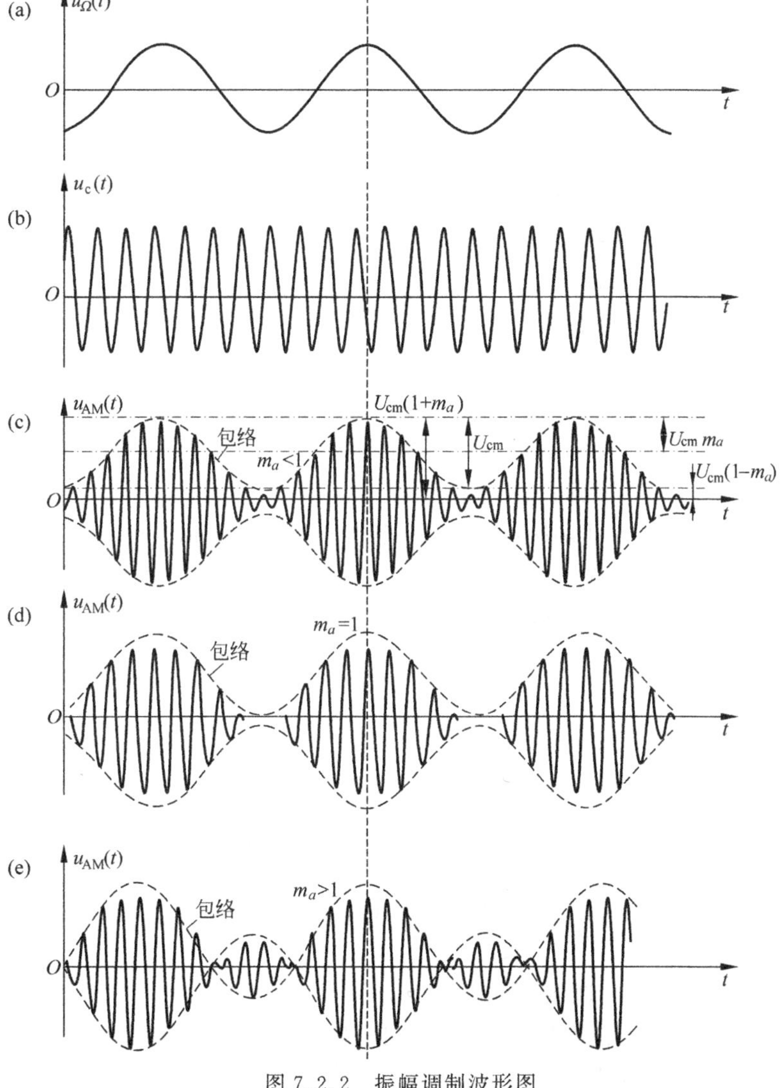

图 7.2.2 振幅调制波形图

3. 调幅波的频谱

在调幅波信号的分析中常用频域分析法(即采用频谱图)来描述振幅调制的特性。

1) 单频调幅信号的频谱

用三角函数将式(7.2.3)展开为

$$\begin{aligned} u_{\mathrm{AM}} &= U_{\mathrm{cm}}(1+m_a\cos\Omega t)\cos\omega_{\mathrm{c}}t \\ &= U_{\mathrm{cm}}\left[\cos\omega_{\mathrm{c}}t+\frac{1}{2}m_a\cos(\omega_{\mathrm{c}}+\Omega)t+\frac{1}{2}m_a\cos(\omega_{\mathrm{c}}-\Omega)t\right] \end{aligned} \tag{7.2.12}$$

所以,经过调制后,已调幅波包含三个频率分量,即载波分量 ω_{c},上边频 $\omega_{\mathrm{c}}+\Omega$ 和下边频 $\omega_{\mathrm{c}}-\Omega$。上下边频分量相对于载波是对称的,每个边频分量的振幅是调幅波包络的一半。载波分量并不包含调制信息。调制信息只包含在上、下边频分量中,边频的振幅反映了调制信号幅的大小。单频调幅波的频谱实质上是把低频调制信号的频谱线性搬移到载波的上、下边频,调幅过程实质上就是一个频谱的线性搬移过程。

2) 限带调幅信号的频谱

实际的调制信号都是多频率组合的限带信号,用三角函数将式(7.2.6)展开为

$$\begin{aligned} u_{\mathrm{AM}} &= U_{\mathrm{cm}}\left[\left(1+\sum_{n=1}^{\infty}m_n\cos\Omega_n t\right)\right]\cos\omega_{\mathrm{c}}t \\ &= U_{\mathrm{cm}}\left\{\cos\omega_{\mathrm{c}}t+\sum_{n=1}^{\infty}\left[\frac{1}{2}m_n\cos(\omega_{\mathrm{c}}+\Omega_n)t+\frac{1}{2}m_n\cos(\omega_{\mathrm{c}}-\Omega_n)t\right]\right\} \end{aligned} \tag{7.2.13}$$

所以,调制后的信号的各个频率都会产生各自的上边频和下边频,叠加后就形成上边频带和下边频带。上、下边频的振幅相等且成对出现,上、下边频的频谱分布相对于载波是镜像对称的。如果限带信号的频带是 $\Omega_{\max}$,则已调幅波的频带是 $2\Omega_{\max}$,即调制后的频带宽度是未调制之前的 2 倍。

从以上分析可以得出,振幅调制实质是频谱结构的搬移过程。经调制后,调制信号的频谱结构由低频区被线性搬移到高频载波附近。

例 7.2.1 有一普通 AM 调制器,载波频率为 550kHz,振幅为 25V。调制信号频率为 5kHz,输出调幅波的包络振幅为 15V。求:(1)上、下边频;(2)调制系数;(3)调制后,载波和上、下边频的电压的振幅;(4)包络振幅的最大和最小值;(5)已调波的表达式;(6)输出调幅波的频谱及时域图。

解:

(1) 上、下边频是所给频率的和与差,即

$$\text{上边频分量:}f_{\text{上}}=(f_{\mathrm{c}}+F)=(550+5)\mathrm{kHz}=555\mathrm{kHz}$$

$$\text{下变频分量:}f_{\text{下}}=(f_{\mathrm{c}}-F)=(550-5)\mathrm{kHz}=545\mathrm{kHz}$$

(2) 调制系数

$$m_a=\frac{\text{包络振幅}}{\text{载波振幅}}=\frac{U_{\mathrm{m}}}{U_{\mathrm{cm}}}=\frac{15}{25}=0.6$$

$$\text{调制百分比}=100\times0.6=60\%$$

(3) 已调波中的载波振幅为 $U_{\mathrm{cm}}=25\mathrm{V}$,而上、下边频分量的振幅是调幅波包络振幅的一半,即 $U_{\text{上m}}=U_{\text{下m}}=1/2\times15\mathrm{V}=7.5\mathrm{V}$。式中,$U_{\text{上m}}$ 和 $U_{\text{下m}}$ 分别为上、下边频分量的振幅。

(4) 包络的最大振幅(波峰值)为 $U_{\text{Amax}}=U_{\text{cm}}(1+m_a)=25\times(1+0.6)\text{V}=40\text{V}$,包络的最小振幅(波谷值)为 $U_{\text{Amin}}=U_{\text{cm}}(1-m_a)=25\times(1-0.6)\text{V}=10\text{V}$。

(5) 已调波的数学表达式为

$$\begin{aligned}u_{\text{AM}}(t)&=U_{\text{cm}}(1+m_a\cos\Omega t)\cos\omega_c t\\&=25(1+0.6\cos2\pi\times5\times10^3t)\cos2\pi\times550\times10^3t\ (\text{V})\end{aligned}$$

(6) 图 7.2.3 为振幅调制后输出的频谱图和时域图。

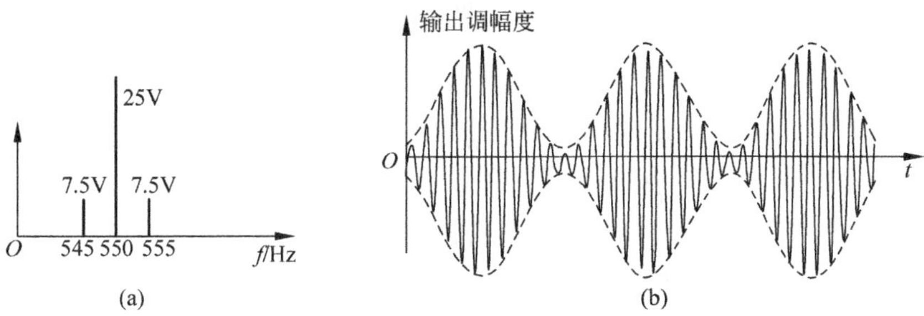

图 7.2.3　振幅调制后输出的频谱图和时域图

7.2.2　调幅波信号产生的基本原理框图

由式(7.2.7)得出调制信号的变化规律为

$$\begin{aligned}u_{\text{AM}}(t)&=U_{\text{cm}}(1+m_a\cos\Omega t)\cos\omega_c t\\&=U_{\text{cm}}\cos\omega_c t+m_aU_{\text{cm}}\cos\Omega t\cos\omega_c t\end{aligned}$$

可见,要完成 AM 调制,可用如图 7.2.4 所示的原理框图实现,其核心部分在于实现调制信号与载波相乘。

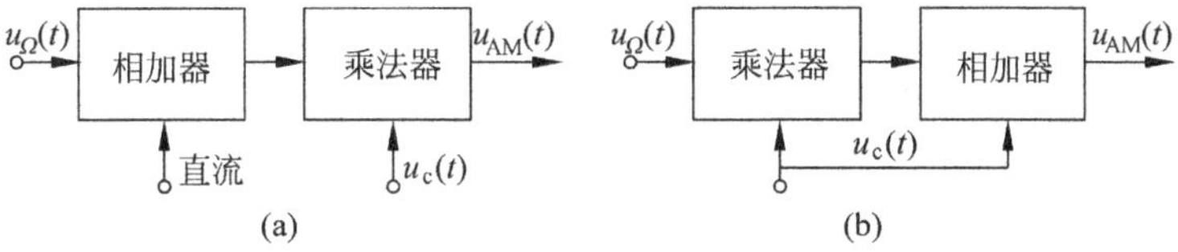

图 7.2.4　调幅波信号产生的原理框图

7.2.3　调制波的功率分配

如果将普通调幅波输送功率至负载电阻 R 上,则载波与两个边频将分别得出如下功率:

(1) 负载电阻 R_L 上消耗的载波功率为

$$P_c=\frac{1}{2}\frac{U_{\text{cm}}^2}{R_L}\tag{7.2.14}$$

(2) 上、下边频分量所消耗的平均功率 P_{SB1} 或 P_{SB2} 为

$$P_{\text{SB1}}=P_{\text{SB2}}=\frac{1}{2}\frac{\left(\frac{1}{2}m_aU_{\text{cm}}\right)^2}{R_L}=\frac{m_a^2}{4}P_c\tag{7.2.15}$$

(3) 在调制信号的一个周期内,调制信号的平均总功率 P_{AM} 为

$$P_{AM}=P_{SB1}+P_{SB2}+P_c=\left(1+\frac{m_a^2}{2}\right)P_c \tag{7.2.16}$$

当采用抑制载波的双边带调制时,称为双边带调幅;载波被抑制的单边带调制,称为单边带调幅。由此可得双边频功率 P_{DSB}、单边频功率 P_{SSB}、载波功率 P_c 与平均总功率 P_{AM} 之间的关系比为

$$\frac{P_{DSB}}{P_c}=\frac{P_{SB1}+P_{SB2}}{P_c}=\frac{\frac{m_a^2}{4}P_c+\frac{m_a^2}{4}P_c}{P_c}=\frac{m_a^2}{2} \tag{7.2.17}$$

$$\frac{P_{SSB}}{P_c}=\frac{P_{SB1}}{P_c}=\frac{P_{SB2}}{P_c}=\frac{m_a^2}{4} \tag{7.2.18}$$

$$\frac{P_{DSB}}{P_{AM}}=\frac{P_{SB1}+P_{SB2}}{P_{AM}}=\frac{\frac{m_a^2}{4}P_c+\frac{m_a^2}{4}P_c}{\left(1+\frac{m_a^2}{2}\right)P_c}=\frac{m_a^2}{2+m_a^2} \tag{7.2.19}$$

$$\frac{P_{SSB}}{P_{AM}}=\frac{P_{SB1}}{P_{AM}}=\frac{P_{SB2}}{P_{AM}}=\frac{\frac{m_a^2}{4}P_c}{\left(1+\frac{m_a^2}{2}\right)P_c}=\frac{m_a^2}{4+2m_a^2} \tag{7.2.20}$$

从以上计算中可得出,在普通调幅波信号中,有用信息携带在边频内,而载波本身并不携带信息,但它的功率却占整个调幅波功率的绝大部分。因而 AM 调幅波的功率浪费大。例如,当 100%调制($m_a=1$)时,双边带功率只占载波功率的一半,占平均总功率的 1/3;而当 $m_a=1/2$ 时,$P_c=8P_{AM}/9$,即载波功率将占整个调幅波平均总功率的 8/9,而两个边频功率只占调幅波平均总功率的 1/9。可见,AM 调幅波的功率利用率很低。由于 AM 调幅波调制简单,易于接收,占用频带窄,所以目前仍广泛应用于无线电通信和广播中。

7.3 平方律调幅

7.3.1 平方律调幅工作原理

由前文可知,要想实现幅度调制,可以利用电子器件的非线性特性。半导体器件、模拟集成电路与电子管等都是可以进行调幅的非线性器件。

图 7.3.1 为非线性调幅电路原理图,将调制信号 $u_\Omega(t)$ 与载波 $u_c(t)$ 相加后,同时加入非线性器件,然后通过中心频率为 ω_c 的带通滤波器取出输出电压 u_o 中的调幅波成分 $u(t)$。假设非线性器件为二极管,它的特性可表示为

$$u_o=a_0+a_1u_i+a_2u_i^2 \tag{7.3.1}$$

式中,$a_i(i=0,1,2)$为各项电压系数。输入电压 u_i 为

$$u_i=u_c(\text{载波})+u_\Omega(\text{调制信号})=U_{cm}\cos\omega_c t+U_{\Omega m}\cos\Omega t \tag{7.3.2}$$

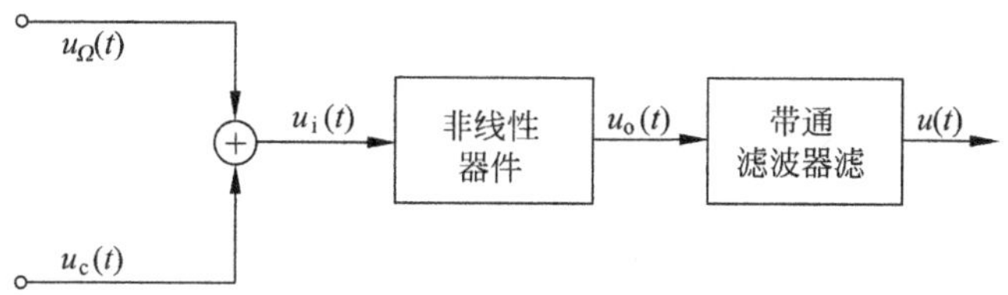

图 7.3.1 非线性调幅电路原理方框图

将式(7.3.2)代入式(7.3.1),即得

$$u_i=\underbrace{a_0+\frac{1}{2}a_2(U_{\Omega m}^2+U_{cm}^2)}_{\text{直流项}}+\underbrace{a_1U_{cm}\cos\omega_ct}_{\text{载波频率}}+\underbrace{a_1U_{\Omega m}^2\cos\Omega t}_{\text{调制信号基频}}+$$
$$\underbrace{a_2U_{cm}U_{\Omega m}[\cos(\omega_c+\Omega)t+\cos(\omega_c-\Omega)t]}_{\text{上、下边频}}+\underbrace{\frac{1}{2}a_2U_{cm}^2\cos2\omega_ct}_{\text{载频二次谐波}}+$$
$$\underbrace{a_1U_{\Omega m}\cos\Omega t}_{\text{调制信号基频}}+\underbrace{\frac{1}{2}a_2U_{\Omega m}^2\cos2\Omega t}_{\text{调制信号二次谐波}} \tag{7.3.3}$$

式中,产生调幅作用的是 au_i^2,所以称为平方律调幅。滤波后,输出电压为

$$\begin{aligned}u(t)&=a_1U_{cm}\cos\omega_ct+a_2U_{cm}U_{\Omega m}[\cos(\omega_c+\Omega)t+\cos(\omega_c-\Omega)t]\\&=a_1U_{cm}\cos\omega_ct+2a_2U_{cm}U_{\Omega m}\cos\Omega t\cos\omega_ct\\&=a_1U_{cm}\left(1+\frac{2a_2}{a_1}U_{\Omega m}\cos\Omega t\right)\cos\omega_ct\end{aligned} \tag{7.3.4}$$

所以,调制系数

$$m_a=\frac{2a_2}{a_1}U_{\Omega m} \tag{7.3.5}$$

由式(7.3.5)决定了:①调制系数的大小由调制信号振幅 $U_{\Omega m}$ 及调制器的特性曲线决定,即由 a_1、a_2 决定;②通常 $a_2\ll a_1$,因此这种方法得到的调制幅度不大。为了使电子器件工作在平方律部分,电子管或晶体管工作在甲类非线性状态,因此效率不高。所以,这种调幅方法主要用于低电平调幅。它还可组成平衡调幅器,以抑制载波。

7.3.2 平衡调幅器

将两个平方律调幅器按照如图 7.3.2 所示的对称形式连接,就构成平衡调幅器。这里是用二极管的平方律特性进行调幅的。平衡调幅器的基本原理和二极管平衡混频器的原理是一致的。平衡调幅器的输出电压只有两个上、下边带,没有载波。平衡调幅器的输出是载波被抑止的双边带。

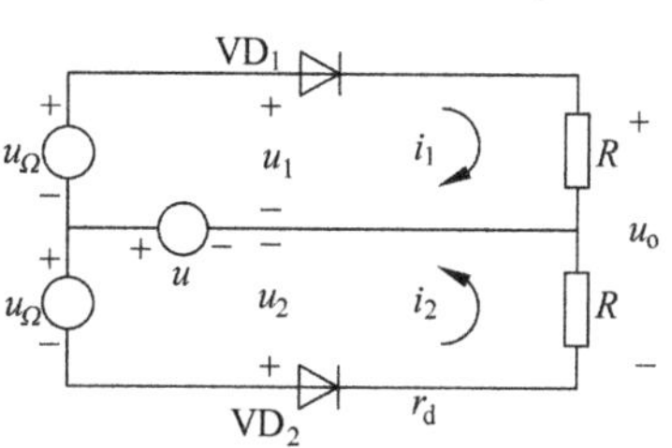

图 7.3.2 二极管平衡调幅器

$$i_1=a_0+a_1u_1+a_2u_1^2 \tag{7.3.6}$$

$$i_2=a_0+a_1u_2+a_2u_2^2 \tag{7.3.7}$$

式中，$u_1=u+u_\Omega=U_{cm}\cos\omega_c t+U_\Omega\cos\Omega t$，$u_2=u-u_\Omega=U_{cm}\cos\omega_c t-U_\Omega\cos\Omega t$。

将 u_1、u_2 的表达式代入式(7.3.6)和式(7.3.7)，可求得输出电压为

$$\begin{aligned}u_o&=(i_1-i_2)R\\&=2R[a_1U_{\Omega m}\cos\Omega t+a_2U_{cm}U_{\Omega m}\cos(\omega_c+\Omega)t+a_2U_{cm}U_{\Omega m}\cos(\omega_c-\Omega)t]\end{aligned} \tag{7.3.8}$$

上式表明，输出信号没有载波分量 $\omega_c\pm\Omega$，只有上、下边带与调制信号频率 Ω(可用滤波器滤除)。亦即平衡调幅器的输出是载波被抑制的双边带。

值得注意的是，上述分析是假定二极管完全对称，但实际上电子器件特性不可能完全相同，变压器也很难做到完全对称，会形成载漏。电路中加平衡装置，从平衡调幅器中获得载波被抑止的双边带后，再设法滤除另一条边带，即可获得单边带，这在下面章节会阐述。

7.4 斩波调幅和模拟乘法器调幅

7.4.1 斩波调幅工作原理

所谓斩波调幅，就是将要传送的信号 $u_\Omega(t)$ 通过一个受载波频率 ω_c 控制的开关电路(斩波电路)，以使它的输出波形被“斩”成周期为 $\frac{2\pi}{\omega_c}$ 的脉冲，因而包含 $\omega_c\pm\Omega$ 及各种谐波分量等。再通过中心频率为 ω_c 的带通滤波器，取出所需要的调幅波输出 $u_o(t)$，即实现了调幅。图 7.4.1 为斩波调幅器框图。

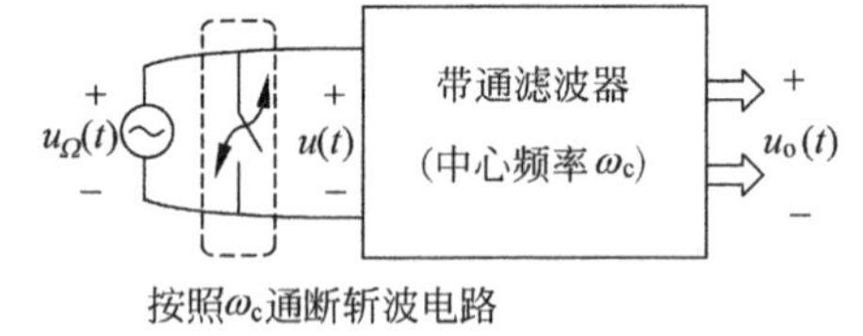

图 7.4.1 斩波调幅器框图

如图 7.4.2 中，开关函数 $S_1(t)$ 对音频信号 $u_\Omega(t)$ 进行斩波。开关函数表示式为

$$S_1(t)=\begin{cases}+1, & \cos\omega_c t\geqslant 0\\ 0, & \cos\omega_c t<0\end{cases} \tag{7.4.1}$$

$S_1(t)$ 是一个振幅等于 1，重复频率为 $\frac{\omega_c}{2\pi}$ 的矩形波，斩波后的电压 $u(t)$ 为

$$u(t)=u_\Omega(t)S_1(t) \tag{7.4.2}$$

由此可得到 $u(t)$ 为一系列振幅按照 $u_\Omega(t)$ 规律变化的矩形脉冲波，如图 7.4.2(c)所示。在第 6 章描述开关函数 $S_1(t)$ 的数学表达式为

$$S_1(t)=\frac{1}{2}+\frac{2}{\pi}\cos\omega_c t-\frac{2}{3\pi}\cos3\omega_c t+\frac{2}{5\pi}\cos5\omega_c t-\cdots \tag{7.4.3}$$

代入式(7.4.2)，得到

$$u(t)=\frac{1}{2}u_\Omega(t)+\frac{2}{\pi}u_\Omega(t)\cos\omega_c t-\frac{2}{3\pi}u_\Omega(t)\cos3\omega_c t+\frac{2}{5\pi}u_\Omega(t)\cos5\omega_c t-\cdots \tag{7.4.4}$$

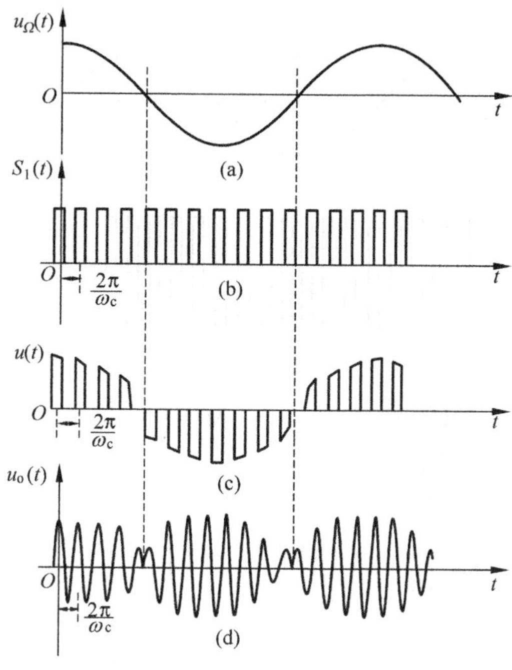

图 7.4.2 斩波调幅器工作原理图

如果 $u_\Omega(t)=U_\Omega\cos\Omega t$，则由式(7.4.4)可知，$u(t)$中包含 Ω，$\omega_c\pm\Omega$，$3\omega_c\pm\Omega$，…项。通过中心频率为 ω_c 的带通滤波器后，即可取出 $\omega_c\pm\Omega$ 项，即输出电压 $u_o(t)$为载波被抑止的双边带 $\omega_c\pm\Omega$ 调幅信号，如图 7.4.2(d)所示。且值得注意的是，这种电路输出电压在节点处发生了突变。

采用以上不对称开关的电路来获得斩波调幅，能量会有所损失。如果采用上半周和下半周对称的方波调幅方式，如图 7.4.3 所示。此处开关函数 $S_2(t)$为上下对称的方波，它的峰-峰值等于 2。如图 7.4.4(b)所示的信号 $u_\Omega(t)$进行斩波后，即获得图 7.4.4(c)中斩波输出电压 $u(t)$的波形。通过带通滤波器，取出 $\omega_c\pm\Omega$ 的双边带 $u_o(t)$，如图 7.4.4(d)所示。

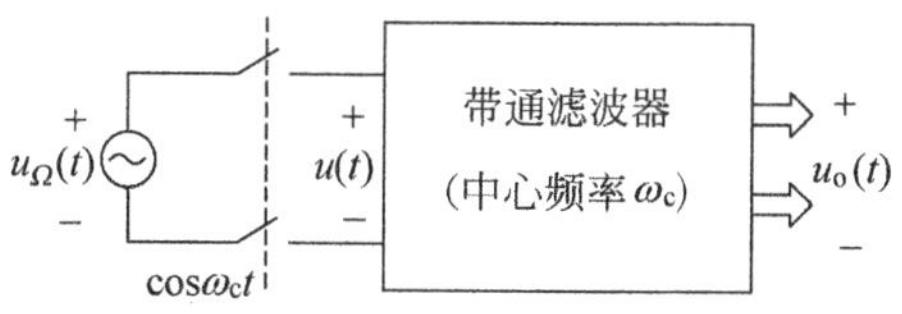

图 7.4.3 平衡斩波调幅器方框图

开关函数 $S_2(t)$的表示式为

$$S_2(t)=\begin{cases}+1, & \cos\omega_c t\geq 0\\ -1, & \cos\omega_c t<0\end{cases} \tag{7.4.5}$$

开关函数 $S_2(t)$的傅里叶展开式为

$$S_1(t)=\frac{4}{\pi}\cos\omega_c t-\frac{4}{3\pi}\cos 3\omega_c t+\frac{4}{5\pi}\cos 5\omega_c t-\cdots \tag{7.4.6}$$

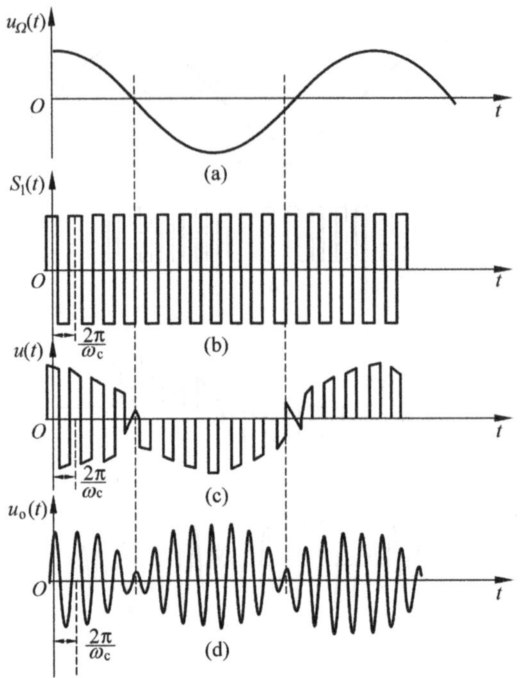

图 7.4.4 平衡斩波调幅器工作原理图

代入式(7.4.2),得到

$$u(t)=\frac{4}{\pi}u_\Omega(t)\cos\omega_c t-\frac{4}{3\pi}u_\Omega(t)\cos3\omega_c t+\frac{4}{5\pi}u_\Omega(t)\cos5\omega_c t-\cdots \quad (7.4.7)$$

从以上分析可知,平衡斩波调幅没有低频分量,而且高频分量的振幅也提高了一倍。经过中心频率为 ω_c 的带通滤波器后,得到 $\omega_c\pm\Omega$ 的双边带 $u_o(t)$的输出。平衡斩波调幅器减少了低频分量,高频分量幅值得到了提高,输出信号的波形是连续的,没有突变。

如图 7.4.5 所示的开关电路,图中 $u_1(t)=U_{1m}\cos\omega_0 t$,$u_\Omega(t)=U_\Omega\cos\Omega t$。$U_{1m}$ 应取得足够大,以使二极管的通断完全由 $u_1(t)$控制。即当 $u_a>u_b$ 时,四个二极管导通,使输出电压 $u(t)$等于零;当 $u_a<u_b$ 时,四个二极管截止,使 $u(t)=u_\Omega(t)$。因此,$u(t)$的波形如图 7.4.2(c)所示,即实现了调幅。

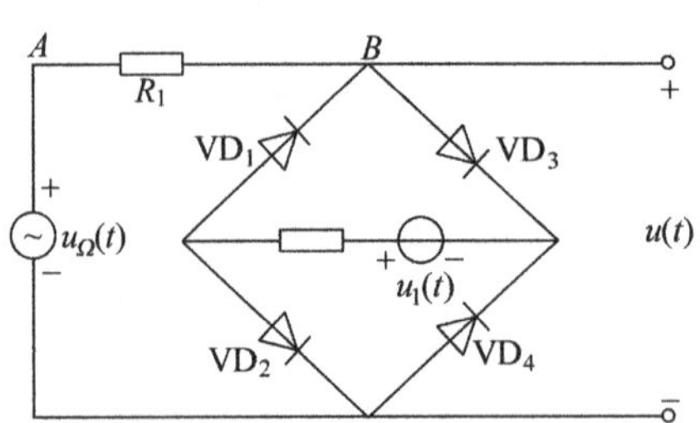

图 7.4.5 二极管电桥斩波调幅电路

当把四个二极管连接成环形电桥,如图 7.4.6 所示。四个二极管的导通与截止完全由 $u_1(t)$控制。即当 $u_a>u_b$ 时,VD_1、VD_3 导通,VD_2、VD_4 截止;当 $u_a<u_b$ 时,VD_1、VD_3 截

止，VD_2、VD_4 导通。VD_1、VD_2、VD_3、VD_4 起到双刀双掷开关的作用，因此，输出电压 $u(t)$ 的波形如图 7.4.4(d)所示，实现了平衡斩波调幅。

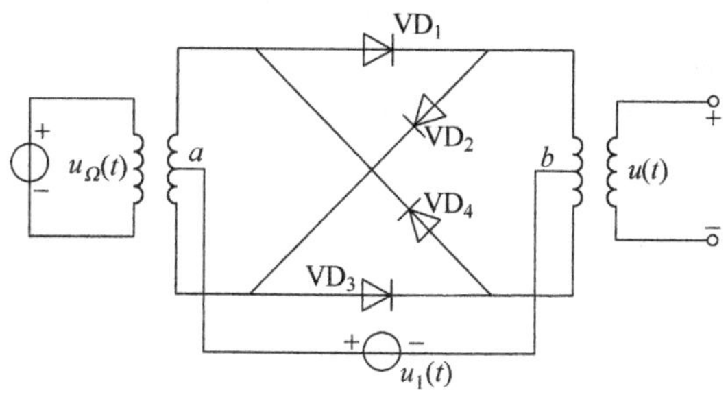

图 7.4.6 二极管环形调幅电路

为了保证载波电压 $u_1(t)$能控制上述两种电路的通断，$u_1(t)$的振幅 U_{1m} 必须足够大。通常要求 U_{1m} 比调制信号峰值电压 U_Ω 大 10 倍以上。还可以采用集成电路完成调幅功能。

7.4.2 模拟乘法器调幅

通常采用模拟乘法器作为集成电路的调制电路。在第 6 章介绍的模拟乘法器中，当输入电压 u_x、u_y 很小时，其输出电压可以用式(7.4.8)表示：

$$u_0 = K_0 u_x + K u_x u_y \tag{7.4.8}$$

输出电压含有 $u_x u_y$ 的乘积项，这也是模拟乘法器的由来。但这种单一乘法器存在以下缺陷：图 6.3.4 中晶体三极管 VT_3 的温度漂移不能被抵消；信号 u_y 是单端输入，使用起来不方便。如图 7.4.7 所示的双差分对模拟乘法器可以克服上述缺点。

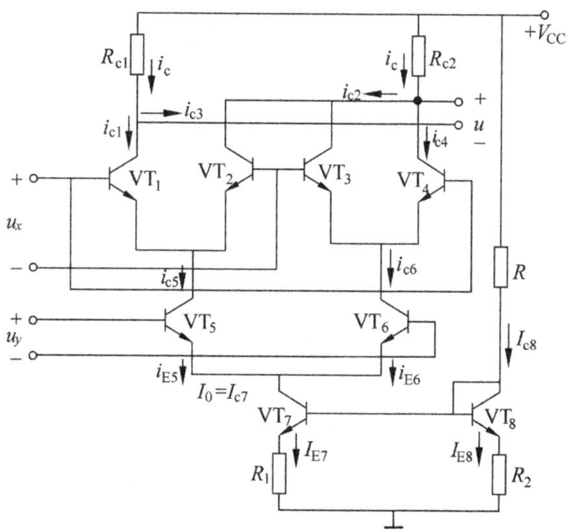

图 7.4.7 模拟乘法器电路

VT_1 与 VT_2 及 VT_3 与 VT_4 是两对相同的差分对模拟乘法器；VT_5 与 VT_6 也是一对差分放大器，它是当作上述两对放大器的电流源使用的；VT_7 则作为 VT_5 与 VT_6 的电流源，并用 VT_7 与 VT_8 组合成镜像电流源，以抑制 $VT_1 \sim VT_6$ 的温度漂移。同时，信号 u_y 是对称双端输入。这样就克服一对差分对管所组成的模拟乘法器缺点。

下面阐述如图 7.4.7 所示的双差分对模拟乘法器的两个输入电压比较小时，输出电压与两个输入电压的乘积成正比。

当 $u_y=0$ 时，VT_5 与 VT_6 的基极电位相等，$i_{c5}=i_{c6}$。此时，u_x 在 VT_1 与 VT_3 中激起大小相等、相位相反的集电极交流电流，即 $i_{c1}=I_c+\Delta i$，$i_{c3}=I_c-\Delta i$，其中 I_c 是直流分量，Δi 为交流分量，因此通过 R_{c1} 的总电流为 $i_c=i_{c1}+i_{c3}=2I_c$，即只有直流分量，没有交流分量。同理，u_x 在 VT_2 与 VT_4 中激起大小相等、相位相反的集电极交流电流，因此通过的 R_{c2} 总电流为 $i_c=i_{c2}+i_{c4}=2I_c$，即只有直流分量，没有交流分量。由此可知，输出电压 $u_o=0$。

当 $u_x=0$，不论 u_2 是否存在，输出电压 $u_o=0$。假定 $R_{c1}=R_{c2}$，由 6.3.2 节可推导出以下关系：

$$u_o=(i_{c1}+i_{c3})R_{c1}-(i_{c2}+i_{c4})R_{c2}=(i_{c1}-i_{c2})R_c-(i_{c3}-i_{c4})R_c \tag{7.4.9}$$

$$i_{c1}=\frac{i_{c5}}{1+e^{-\frac{u_x}{V_T}}},\quad i_{c2}=\frac{i_{c5}}{1+e^{\frac{u_x}{V_T}}},\quad i_{c4}=\frac{i_{c6}}{1+e^{-\frac{u_x}{V_T}}},\quad i_{c3}=\frac{i_{c6}}{1+e^{\frac{u_x}{V_T}}} \tag{7.4.10}$$

$$i_{c5}\approx i_{e5}=\frac{I_0}{1+e^{\frac{-u_y}{V_T}}}=\frac{I_0}{2}\left(1+\tanh\frac{u_y}{2V_T}\right) \tag{7.4.11}$$

$$i_{c6}\approx i_{e6}=\frac{I_0}{1+e^{\frac{u_y}{V_T}}}=\frac{I_0}{2}\left(1-\tanh\frac{u_y}{2V_T}\right) \tag{7.4.12}$$

式中，$V_T=\dfrac{k_B T}{q}=26\text{mV}$，$k_B$ 为玻耳兹曼常量。

$$i_{c1}-i_{c2}=i_{c5}\tanh\frac{u_x}{2V_T} \tag{7.4.13}$$

$$i_{c4}-i_{c3}=i_{c6}\tanh\frac{u_x}{2V_T} \tag{7.4.14}$$

$$i_{c5}-i_{c6}=i_{c7}\tanh\frac{u_y}{2V_T}=I_0\tanh\frac{u_y}{2V_T} \tag{7.4.15}$$

$$u_o=(i_{c5}-i_{c6})R_c\tanh\frac{u_x}{2V_T}=I_0R_c\tanh\frac{u_x}{2V_T}\tanh\frac{u_x}{2V_T} \tag{7.4.16}$$

当输入信号很小，$u_x<2V_T=52\text{mV}$，$u_y<2V_T=52\text{mV}$，则

$$\tanh\frac{u_x}{2V_T}\approx\frac{u_x}{2V_T},\quad \tanh\frac{u_y}{2V_T}\approx\frac{u_y}{2V_T} \tag{7.4.17}$$

$$u_o=I_0R_c\frac{u_x}{2V_T}\frac{u_y}{2V_T}=I_0R_c\frac{u_xu_y}{4V_T^2}=\frac{I_0R_cq^2}{4k_B^2T^2}u_xu_y=\alpha^2I_0R_cu_xu_y=K_1u_xu_y$$

式中，$\alpha=\dfrac{q}{2k_BT}$，$K_1=\alpha^2I_0R_c$，因此，四象限模拟乘法器的输出电压与两个输入电压乘积成正比。令 $u_x=U_{1m}\cos\omega_c t$，$u_y=U_{2m}\cos\Omega t$，则输出电压为

$$u_o = K_1 U_{1m} U_{2m} \cos\Omega t \cos\omega_c t$$
$$= \frac{1}{2} K_1 U_{1m} U_{2m} [\cos(\omega_c + \Omega) t \cos(\omega_c - \Omega) t] \tag{7.4.18}$$

式(7.4.18)说明,四象限模拟乘法器输出载波被抑止的调幅波,即实现了振幅调制。图7.4.8说明了四象限模拟乘法器电路限幅特性。必须说明,此处是以当输入信号 u_x、u_y 很小,输出电压的振幅与两个输入信号的振幅乘积成正比例关系,但这个线性放大区很窄,室温条件下只有几十毫伏的范围。当 u_x、u_y 足够大时,输出电压趋近于定值,即模拟乘法器起到限幅作用,这种限幅作用是由晶体管基极-发射极结的电流-电压转移特性所决定的。此时模拟乘法器仍然起着两个信号相乘的非线性变换作用。只是输出中包含有多谐波分量,可在输出端加入中心频率为 ω_c 的带通滤波器。

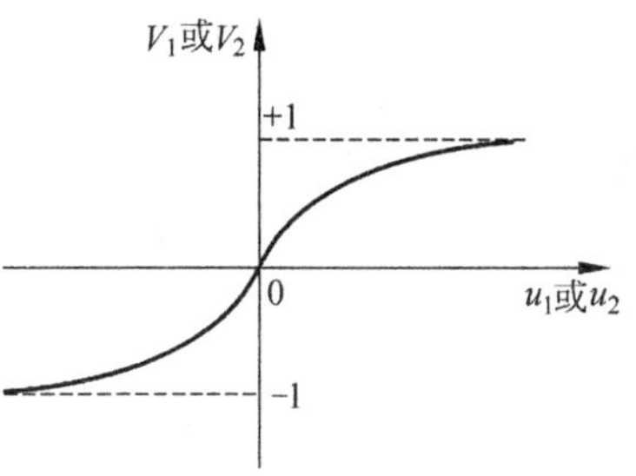

图7.4.8 电路的限幅特性

VT_7 与 VT_8 组合成镜像电流源,它们的几何尺寸、制作工艺相同,所以 $u_{be7} = u_{be8}$,即有如下关系:

$$I_{e7} R_1 = I_{e8} R_2 \tag{7.4.19}$$

或

$$I_0 R_1 \approx I_{c8} R_2 \quad (\alpha \approx 1, I_0 = I_{c7} \approx I_{e7}, I_{c8} \approx I_{e8}) \tag{7.4.20}$$

因此得

$$I_0 = \frac{R_2}{R_1} I_{c8} \tag{7.4.21}$$

I_0 与 I_{c8} 成正比,只要 $V_{CC} \gg u_{be8}$,则

$$I_{c8} \approx \frac{V_{CC}}{R_2 + R} \tag{7.4.22}$$

I_0 与温度无关,保证了电流源 I_0 的温度稳定性良好。

图7.4.9是国产集成电路双差分对模拟乘法器XFC1596,作为构成双边带调幅电路的实例。接在①端的是调制信号 u_Ω;接在②端和③端的1kΩ电阻用作负反馈电阻,以扩大 u_Ω 的线性动态范围;接在④端的 VT_5 和 VT_6 提供基极偏置电压,接在⑤端的6.8kΩ电阻用来控制电流源电路的电流值 I_0;接在⑥端和⑨端的3.9kΩ电阻为两管的集电极负载电阻;从+12V电源到⑦端和⑧端的电阻为 $VT_1 \sim VT_4$ 提供基极偏置电压;⑦端输入载波电压 u_1;R_P 为载波调零电位器,其作用是:将 u_Ω 移去,只加载波电压 u_1;调节 R_P,使输出载波电压 $u_o = 0$。双差分对的工作特性取决于载波输入电压振幅 V_{1m} 的大小。当 $V_{1m} >$ 26mV时,电路工作于开关状态;当 $V_{1m} <$ 26mV时,电路工作于线性状态。当同时加入 u_1 和 u_Ω 后,输出回路电压 u_o 即载波被抑止的双边带调幅(DSB-SC)。若想获得标准的调幅波输出,则只要在 $u_\Omega = 0$ 时,调整 R_P,使输出载波电压 u_o 为适当数值,则在加入 u_Ω 后,即可获得标准的调幅输出。

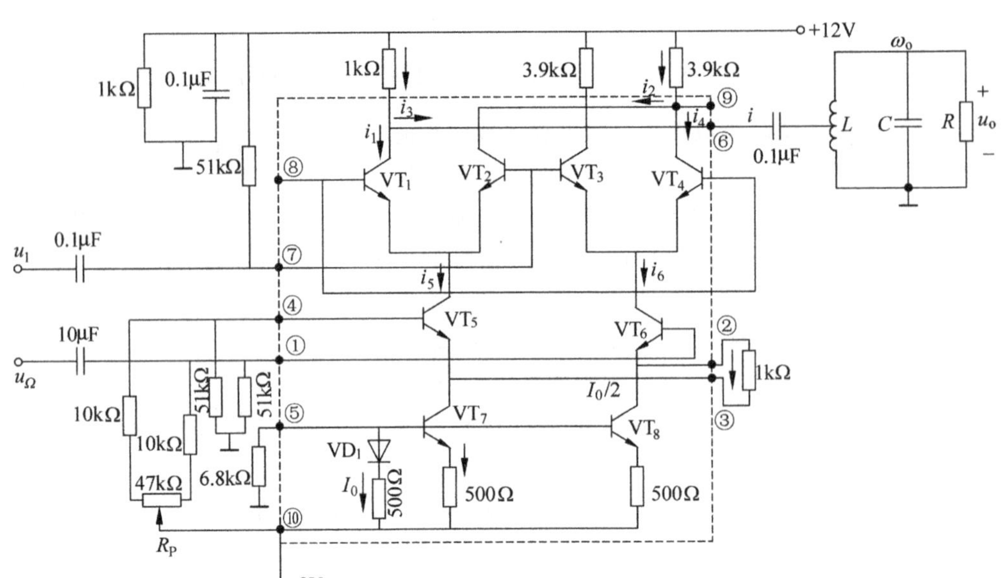

图 7.4.9 XFC1596 内部电路(虚线框内)及由它构成的双边带调幅电路

7.5 双边带和单边带调幅信号

从 7.2 节分析中得知,幅度调制中载波并不含有信息信号,占用的功率却比较大。而抑制载波的双边带调幅可以节省能耗。

7.5.1 双边带调幅信号的表达方式

1. 双边带调幅信号数学表达式

在 AM 调制过程中,如果抑制载波信号,就可以形成抑制载波的双边带信号。双边带信号可以用载波和调制信号相乘直接得到,则

$$u_{\mathrm{DSB}}=ku_{\Omega}(t)u_{\mathrm{c}}(t) \tag{7.5.1}$$

式中,k 为载波信号和调制信号相乘时的系数。如果调制信号为单一频率信号 $u_{\Omega}=U_{\Omega\mathrm{m}}\cos\Omega t$,载波 $u_{\mathrm{c}}=U_{\mathrm{cm}}\cos\omega_{\mathrm{c}}t$,则

$$\begin{aligned}u_{\mathrm{DSB}}&=kU_{\Omega\mathrm{m}}U_{\mathrm{cm}}\cos\Omega t\cos\omega_{\mathrm{c}}t\\&=\frac{1}{2}kU_{\Omega\mathrm{m}}U_{\mathrm{cm}}[\cos(\omega_{\mathrm{c}}+\Omega)t+\cos(\omega_{\mathrm{c}}-\Omega)t]\end{aligned} \tag{7.5.2}$$

如果调制信号为限带信号 $u_{\Omega}=\sum_{n}U_{\Omega n}\cos\Omega_{n}t$,则

$$u_{\mathrm{DSB}}=kU_{\mathrm{cm}}\left[\sum_{n}U_{\Omega n}\cos\Omega_{n}t\right]\cos\omega_{\mathrm{c}}t$$

$$=\frac{1}{2}kU_{\mathrm{cm}}\left[\sum_n U_{\Omega n}\cos(\omega_{\mathrm{c}}+\Omega_n)t+\sum_n U_{\Omega n}\cos(\omega_{\mathrm{c}}-\Omega_n)t\right] \tag{7.5.3}$$

2. 双边带调幅信号的波形与频谱

图 7.5.1(a)～(c)分别为双边带调幅波调制信号、载波信号、调制后的双边带信号波形图。它与 AM 波相比，有如下特点：

(1) 包络不同。AM 波的包络与调制信号 $u_\Omega(t)$呈线性关系，而 DSB 波的包络则正比于$|u_\Omega(t)|$。当调制信号为零时，DSB 波的幅度也为零。

(2) DSB 波的高频载波相位在调制电压零交点处(调制电压正负交替时)突变 180°。由图 7.5.1(c)可见，在调制信号正半周内，已调波与原载波同相，相位差为 0；在调制信号负半周内，已调波与原载波反相，相位差为 180°。由此表明，DSB 信号的相位反映了调制信号的极性。严格地说，DSB 信号不是单纯的振幅调制信号，它既是调幅又是调相的信号。

(3) 单频调制的 DSB 信号只有两个频率分量，它的频谱相当于从 AM 波频谱图中将载波分量除以后的频谱，如图 7.5.2(b)所示。图 7.5.3 代表了限带信号调制的 DSB 信号频谱。DSB 从频域中看来，实现了频谱结构的线性搬移。DSB 已调波的频带宽度是调幅前限带信号频带的 2 倍。由于 DSB 信号不含载波，它的全部功率为边带占有，所以发送的全部功率都载有信息。其功率利用率高于 AM 调制方式。由于边带所含信息全部相同，从信息传输角度来看，发送一个边带的信号即可，此种调制方式称为单边带调制。

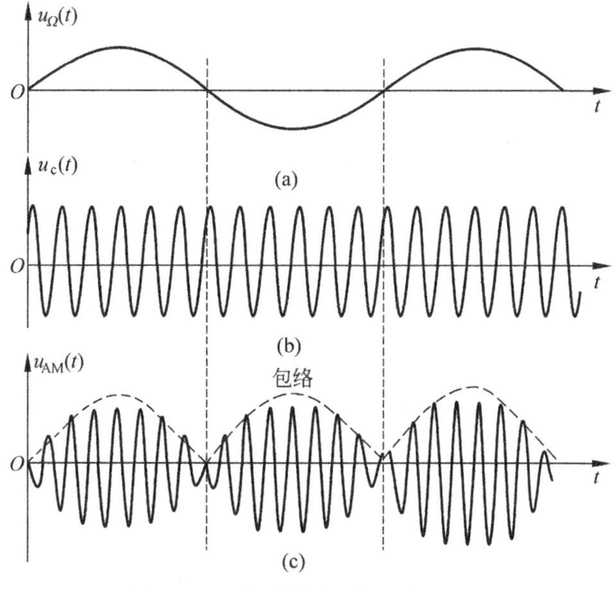

图 7.5.1　振幅调制信号波形图

例 7.5.1　设两台收音机接收到的信号 $u_1(t)$、$u_2(t)$都是调幅波，并且 $u_1(t)$、$u_2(t)$已调波数学表达式为 $u_1(t)=2\cos200\pi t+0.2\cos190\pi t+0.2\cos210\pi t$ (V)，$u_2(t)=0.2\cos190\pi t+0.2\cos210\pi t$(V)，判断 $u_1(t)$、$u_2(t)$各为何种已调波，分别计算消耗在单位电阻上的边频功率、平均总功率及频谱宽度。

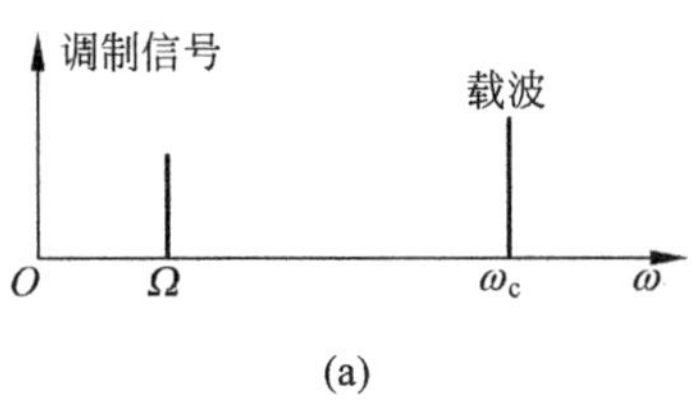

(a)

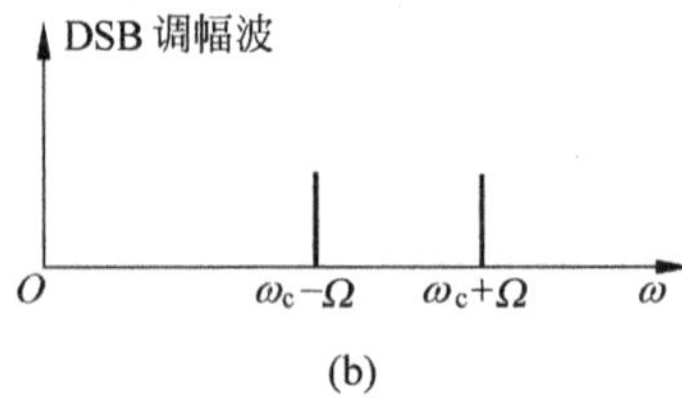

(b)

图 7.5.2 单频调制的 DSB 信号频谱

(a) 调制信号频谱；(b) DSB 调幅波频谱

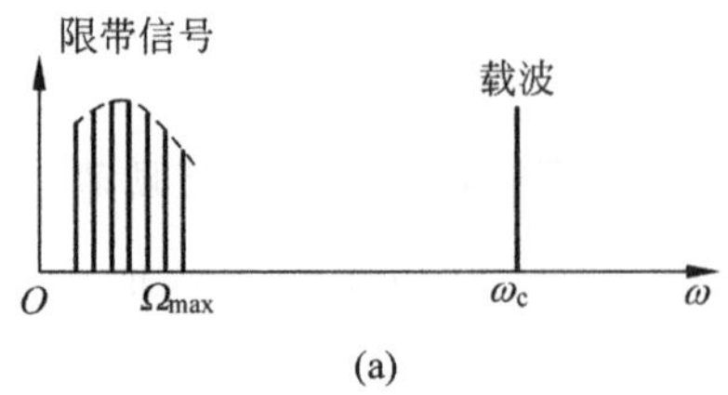

(a)

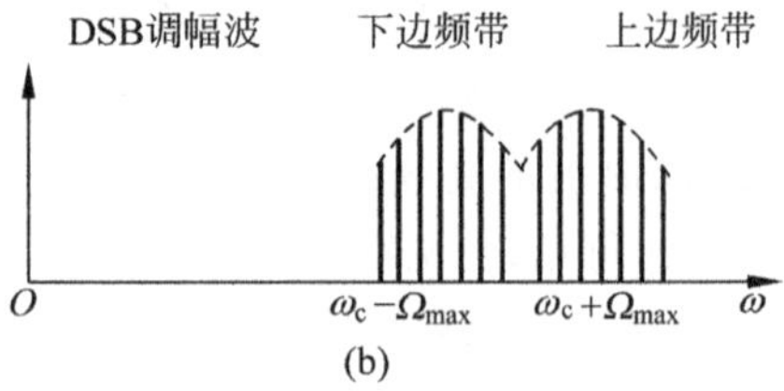

(b)

图 7.5.3 限带信号调制的 DSB 信号频道

(a) 限带信号频谱；(b) DSB 调幅波频谱

解 利用三角函数积化和差，$u_1(t)$的数学表达式为

$$u_1(t)=2(1+0.2\cos 10\pi t)\cos 200\pi t(\text{V})$$

这是一个普通的调幅波。其消耗在单位电阻上的变频功率为

$$P_{\text{SB}}=2P_{\text{SB1}}=\left(\frac{1}{2}m_a U_{\text{cm}}\right)^2=0.2^2\,\text{W}=0.04\text{W}$$

载波功率

$$P_{\text{c}}=\frac{1}{2}U_{\text{cm}}^2=\frac{1}{2}\times 2^2\,\text{W}=2\text{W}$$

$u_1(t)$的平均总功率

$$P_{\text{AM}}=P_{\text{SB}}+P_{\text{c}}=(0.04+2)\text{W}=2.04\text{W}$$

频谱宽度

$$\text{BW}=2F=2\times 10\pi/2\pi=10\text{Hz}$$

利用三角函数积化和差，$u_2(t)$的数学表达式为

$$u_2(t)=0.4\cos 10\pi t\cos 200\pi t(\text{V})$$

可见，$u_2(t)$是抑制载波的双边带调幅波，调制频率 F 和载频 f_{c} 分别为

$$F=10\pi/2\pi=5\text{Hz},\quad f_{\text{c}}=100\pi/2\pi=50\text{Hz}$$

其边频功率为

$$P_{\text{SB}}=2P_{\text{SB1}}=\left(\frac{1}{2}m_a U_{\text{cm}}\right)^2=0.2^2\,\text{W}=0.04\text{W}$$

总功率 P_{DSB} 等于边频功率 P_{SB}，频带宽度 $\text{BW}=2F=2\times 10\pi/2\pi=10\text{Hz}$。

从以上分析可知，在调制频率、载频、载波振幅一定时，若采用普通调幅，单位电阻所吸收的边频功率大约只占平均总功率的 1.96%，而不含信息的载频功率却占 98.04%以上，在功率发射上是一种极大的浪费。而两种调幅波的频带宽度是一致的。

7.5.2 单边带调幅信号

双边单调制系统中所有的功率都被边带占有，由于所传输的信息全部包含在边带中，所以功率利用率高于 AM 制。但由于上、下边带包含的信息相同，两个边带都发射信息是多余的，会造成功率和频率的利用率低。在现代通信技术系统中，为节约频带，提高系统的功率和频带利用率，常采用单边带调制系统(SSB)。

1. SSB 信号的性质

在式(7.5.2)和式(7.5.3)中所表示的双边带调幅信号，只取其中任一个边带部分，即可称为单边带调幅信号。其单频调制时上、下边带信号的表达式分别为

$$u_{\mathrm{SSB1}}(t)=\frac{1}{2}kU_{\Omega\mathrm{m}}U_{\mathrm{cm}}\cos(\omega_{\mathrm{c}}+\Omega)t \tag{7.5.4}$$

$$u_{\mathrm{SSB2}}(t)=\frac{1}{2}kU_{\Omega\mathrm{m}}U_{\mathrm{cm}}\cos(\omega_{\mathrm{c}}-\Omega)t \tag{7.5.5}$$

从如图 7.5.4 所示的单边带调幅信号的频谱可看出，单边带信号的频谱宽度是 $\Omega_{\max}$，仅为双边带调幅信号频带宽度的一半，从而提高了频带利用率。由于只发射一个边带，很大程度上提高了发射功率。与普通调幅波相比，在总功率相同的情况下，可使接收端信噪比明显提高，使通信距离大幅度提高。从频谱结构上看，单边带调幅信号包含的频谱结构仍与调制信号的频谱结构类似，也具有频谱线性搬移作用。从波形上看，单频调制的单边带调幅信号为单一频率 $\omega_{\mathrm{c}}+\Omega$ 或 $\omega_{\mathrm{c}}-\Omega$ 的余弦波形，其包络已不能体现调制信号的变化规律。因此，单边带信号的解调比较复杂。

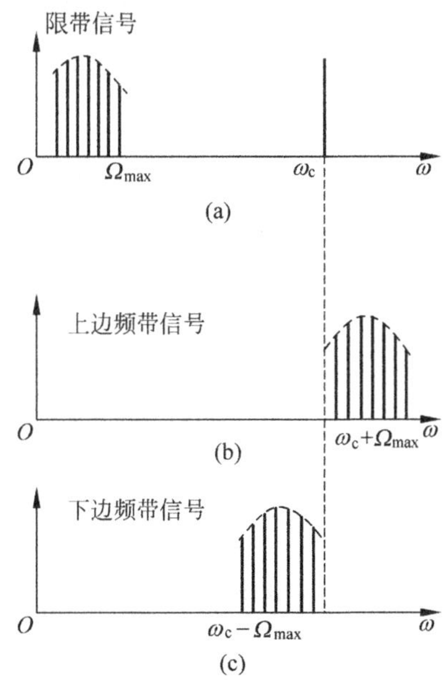

图 7.5.4 SSB 信号频谱

(a) 限带信号频谱；(b) 上边带信号频谱；(c) 下边带信号频谱

2. 实现单边带调幅信号的基本原理

由单边带调幅信号的表示式及频谱图可以看出,单边带调幅已不能由调制信号与载波信号的简单相乘实现。但从单边带信号的时域表示式和频谱特性,可以得到三种基本电路的实现方法:滤波法、移相法和移相滤波法。

1) 滤波法

比较双边带调幅信号和单边带调幅信号的频谱结构可知,实现单边带调幅最直观的方法是:先产生双边带调幅信号,再利用带通滤波器滤除其中的一个边带,保留另一个边带,即可实现单边带调幅。电路原理框图如图 7.5.5 所示。

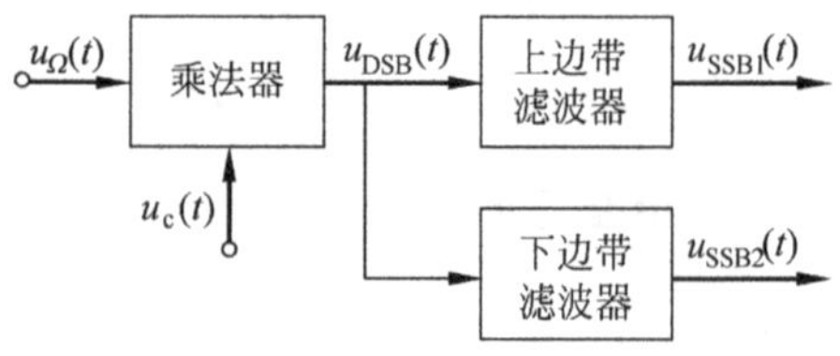

图 7.5.5 滤波法电路原理框图

图 7.5.5 表示调制信号与载波信号经乘法器相乘后得到双边带信号,再由滤波器滤除 DSB 信号中的一个边带,在输出端即可得到单边带信号。滤波过程中的频谱如图 7.5.6 所示。滤波法的缺点是对滤波器的要求较高。对于要求保留的边带,滤波器应能使其无失真地完全通过,而对于要求滤除的边带,具有很强的衰减特性。直接在高频上设计滤波器是比较困难的,要求滤波器在很窄范围内滤波特性非常好。这就要求在较低频率实现单边带调幅,然后向高频进行多次频谱搬移,直到满足所需要的频率值。

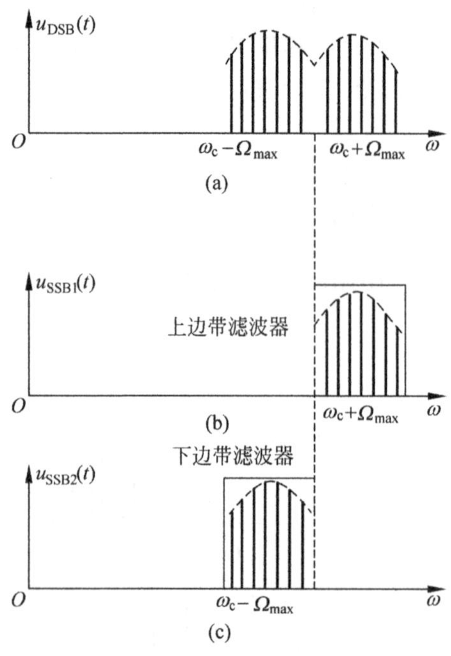

图 7.5.6 滤波法实现 SSB 信号频谱

2) 移相法

如图 7.5.7 所示,将低频信号 $u_\Omega \cos\Omega t$ 送到 90°移相网络,如果调制信号是限带信号,要求此移相网络应对调制信号频带宽度内所有的频率分量都能产生 90°移相。另一条通路

上的载波 $u_c\cos\omega_c t$ 同样移相 90°。如果能准确满足相位要求，而且两路乘法器的特性相同，那么通过把两路乘法器的输出相加或相减混合，合成的输出信号即可抵消一个边带，而输出另一个边带，即

$$u_{SSB1}(t) = U\cos\Omega t\cos\omega_c t - U\sin\Omega t\sin\omega_c t \tag{7.5.6}$$

$$u_{SSB2}(t) = U\cos\Omega t\cos\omega_c t + U\sin\Omega t\sin\omega_c t \tag{7.5.7}$$

故单边带调幅信号表示为

$$u_{SSB}(t) = U\cos\Omega t\cos\omega_c t \mp U\sin\Omega t\sin\omega_c t \tag{7.5.8}$$

上式中取负号表示上边带信号，取正号表示下边带信号。

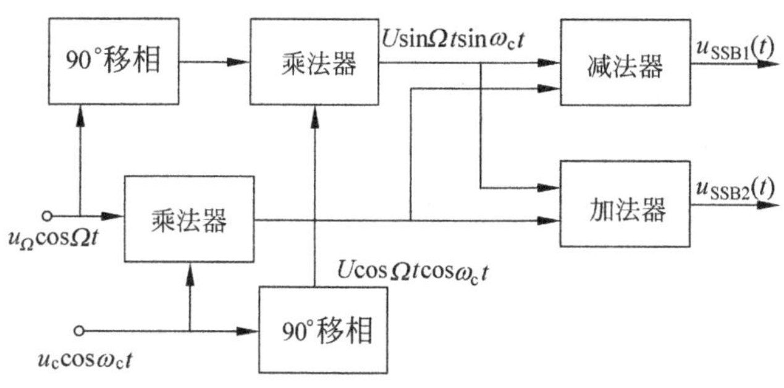

图 7.5.7 移相法电路原理框图

移相法虽然不需要滤波器，但是要使移相网络对较低频率的调制信号在宽频带内能准确产生 90°相移，这项技术是有一定难度的。

3）移相滤波法

用移相法或滤波法实现单边带调幅都存在一定技术难题。移相法的主要缺点是要求移相网络实现准确 90°相移。但对于音频移相网络，要求在很宽的音频范围内准确移相 90°是相当困难的。如果将移相和滤波两种方法结合起来，并且只需对某一固定的频率信号移相 90°，就可以避免在宽带内准确移相 90°的难点。图 7.5.8 给出了运用移相滤波法实现单边带调幅的电路原理框图。

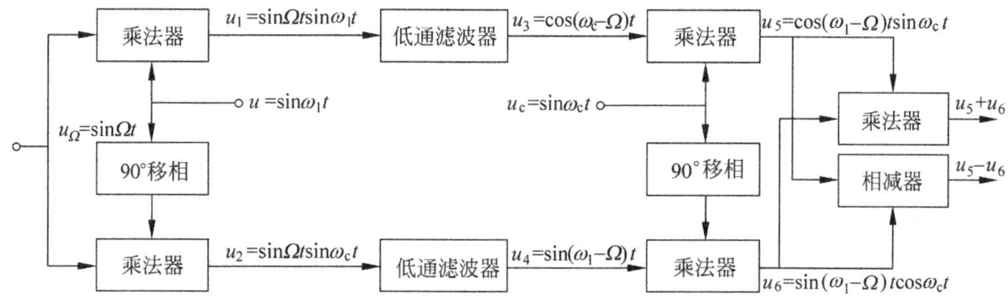

图 7.5.8 移相滤波法电路原理框图

如图 7.5.8 所示，假定各信号电压的幅度都为 1，乘法器的增益系数为 1，低通滤波器的带内增益为 2，电路中的输出电压分别如下。

相加器输出电压

$$u_{SSB1}=u_5+u_6=\sin[(\omega_c+\omega_1)-\Omega]t=\sin[\omega_{c1}-\Omega]t \tag{7.5.9}$$

相减器输出电压

$$u_{SSB2}=u_5-u_6=\sin[(\omega_c-\omega_1)+\Omega]t=\sin[\omega_{c2}+\Omega]t \tag{7.5.10}$$

可以看出,式(7.5.9)代表载频为 $\omega_{c1}=\omega_c+\omega_1$ 的下边带信号,式(7.5.10)代表载频为 $\omega_{c2}=\omega_c-\omega_1$ 的上边带信号。由图 7.5.8 可知,此方法所用的 90°移相网络分别工作在固定频率上,克服了移相法的缺点。移相滤波法设计、制作及维护都比较方便,适用于小型轻便的设备。

7.5.3 残留单边带调幅信号

单边带调幅有节约频带与发射功率两大优点,因而受到重视,可以说是最好的调制方式。但单边带的调制与解调比较复杂,而且不适合传送带有直流分量的信号。因此,在单边带调幅与双边带调幅之间,有一种折中的方式,即残留边带调幅(vestigal sideband amplitude modulation,VSBAM)。

图 7.5.9 为标准调幅制、载波被抑制的双边带调幅制和残留单边带调幅的频谱示意图。由图 7.5.9(d)可以看出,所谓残留边带调幅与单边带调幅的不同之处是:该调幅传送被抑制边带的一部分,同时又将被传送边带也抑制掉一部分。

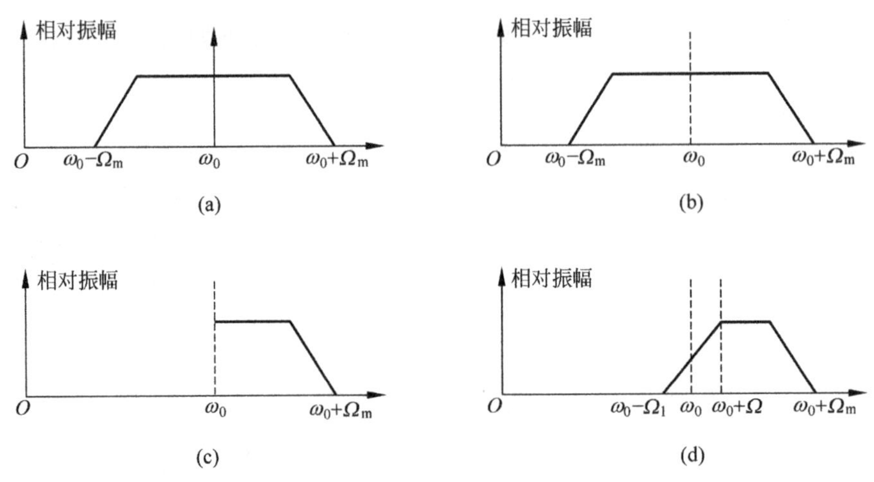

图 7.5.9 各种调幅制式的频谱示意图

(a) 标准调幅制;(b) 抑制载波的双边带调幅制;(c) 单边带调幅制;(d) 残留单边带调幅制

为了保证信号无失真的传输,传送边带中被抑制部分和抑制边带中的被传送部分应满足互补对称关系。这一点从物理意义上很好理解。因为解调时,与载波频率 ω_0 成对称的各频率分量正好叠加,从而恢复为原来的调制信号,没有失真。残留边带调幅所占频带比单边带略宽一些,因为 $\omega_0 \gg \Omega_1$,所以频宽增加很小,基本具有单边带调制的优点。由于它在 ω_0 附近的某段范围内具有两个边带,在调制信号含有直流分量时,这种调制方式可以适用。另外,残留边带滤波器由于带宽没有太苛刻的要求,品质因数就不需要太高,所以比单边带滤波器容易实现。

7.6 高电平调幅

高电平调制主要用在幅度调制中，这种调制是在高频功率放大器中进行的。通常分为基极调幅、集电极调幅，以及集电极和基极组合调幅。其基本原理就是利用改变某一电极的直流电压以控制集电极高频直流振幅。集电极(或阳极)调制就是调制信号控制集电极(阳极)电源电压，以实现调幅。基极(或控制栅极)调制就是调制信号控制基极(栅极)直流电源电压，以实现调幅。

7.6.1 集电极调幅电路

所谓集电极(阳极)调幅，就是用调制信号改变高频功率放大器的集电极(阳极)直流电源，以实现调幅。如图7.6.1所示，C_b 和 C_c 分别为高频旁路电容，同时 C_c 对调制信号呈高阻抗；R_b 为基极自给偏压电阻。放大器工作在丙类状态。

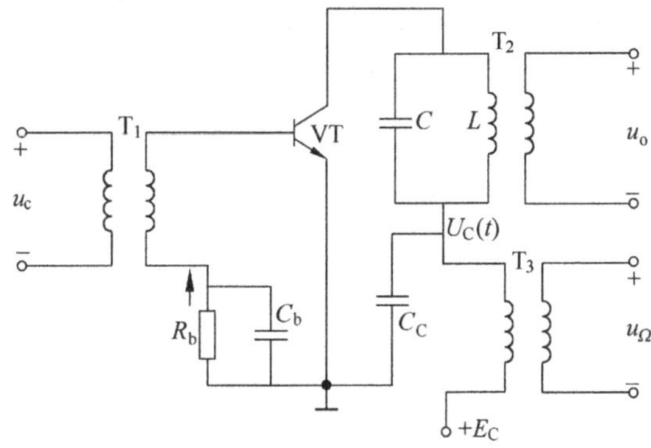

图7.6.1 集电极调幅的基本电路

集电极电流中除直流电压 E_C 外，低频调制信号 $u_\Omega(t)=U_\Omega\cos\Omega t$，通过低频变压器 T_3 加到集电极回路且与电源电压 E_C 串联。集电极有效动态电压为

$$U_C(t)=E_C+U_\Omega\cos\Omega t \tag{7.6.1}$$

可见，集电极电源电压是随调制信号变化的。集电极调幅电路与谐振功率放大器的唯一区别是集电极有效电压不再是恒定的。集电极调幅的集电极效率高，晶体管获得充分的应用。但其缺点是已调波的边频带功率 $P_{(\omega_0\pm\Omega)}$ 由调制信号供给，因而需要大功率的调制信号源。下面举例说明集电极调幅的功率与效率问题。

例7.6.1 有一载波功率等于12W的集电极被调放大器，它在载波点(未调制时)的集电极效率 $\eta_T=80\%$。试求各项功率。

解 直流输入功率

$$P_{直流}=\frac{P_{oT}}{\eta_T}=\frac{12}{0.8}\text{W}=15\text{W}$$

未调幅时的集电极耗散功率为

$$P_{cT}=P_{直流}-P_{oT}=(15-12)\text{W}=3\text{W}$$

在 100%调幅时,调幅器供给的调制功率为

$$P_{c\Omega}=1/2\times P_{直流}=7.5\text{W}$$

边带功率

$$P_{(\omega_0\pm\Omega)}=1/2\times P_{oT}=6\text{W}$$

平均总输出功率

$$P_{oav}=P_{oT}+P_{(\omega_0\pm\Omega)}=(12+6)\text{W}=18\text{W}$$

平均总输入功率

$$P_{直流\text{-av}}=P_{直流}\left(1+\frac{m_a^2}{2}\right)=15\times1.5\text{W}=22.5\text{W}$$

集电极平均效率

$$\eta_{av}=\frac{P_{oav}}{P_{直流\text{-av}}}=\frac{18}{22.5}=0.8=80\%=\eta_T$$

集电极平均耗散功率

$$P_{cav}=P_{直流\text{-av}}-P_{oav}=(22.5-18)\text{W}=4.5\text{W}$$

可见,此时耗散功率比未调制时增加了,选管时应以此为准,即应选用 $P_{cm}>P_{cav}$ 的管子。

最大点(调幅峰)的功率与效率为

$$P_{直流max}=(1+m_a)^2P_{直流T}=4\times15\text{W}=60\text{W}$$

$$P_{omax}=(1+m_a)^2P_{oT}=4\times12\text{W}=48\text{W}$$

$$P_{cmax}=(1+m_a)^2P_{cT}=4\times3\text{W}=12\text{W}$$

$$\eta_{cmax}=\frac{P_{omax}}{P_{直流max}}=\frac{48}{60}=80\%=\eta_{av}=\eta_T$$

从以上计算得出,不论调制与否,集电极效率总是维持不变。

7.6.2 基极调幅电路

基极调幅电路如图 7.6.2 所示。其中,L_C 为高频扼流圈,L_B 为低频扼流圈;C_{e1}、C_{e2}、C_2、C_3、C_4 和 C_C 为高频旁路电容;R_e 为发射极偏置电阻。高频载波 $u_c(t)$通过变压器 T_1 加到晶体管的基极,低频调制信号 $u_\Omega(t)$通过耦合电容 C_1 加在电感线圈 L_B 上,并与高频载波信号 $u_c(t)$串联。电源 E_C、R_1、R_2 分压,为基极提供直流偏置电压 U_{B0}。显然,基极的有效动态偏置电压为

$$U_B(t)=U_{B0}+u_\Omega(t)=\frac{R_1}{R_1+R_2}E_C+U_\Omega\cos\Omega t \tag{7.6.2}$$

由第 3 章高频功率放大器的分析可知,在调制过程中,如果保持电源 E_C 和负载 R_p 不变,当基极有效偏置电压 $U_B(t)$随调制信号变化时,基极偏置电压幅值会相应随调制信号而变化,集电极尖顶余弦脉冲电流的幅度随调制信号而变化;通过集电极 LC 选频回路输出的基波电流即调幅波电流。在欠压区,集电极电流的基波分量振幅与基极偏置电压近似呈线性关系;在过压区,集电极电流的基波分量振幅几乎不随基极偏置电压变化。因此,基极调幅不

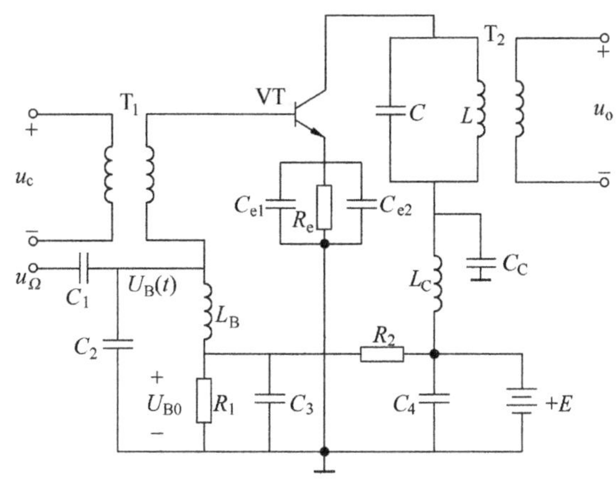

图 7.6.2 基极调幅的基本电路

能工作在过压区，要实现基极调幅，必须工作在欠压区。

基极调幅的平均集电极效率不高，其主要优点是所需要的调制功率小，对整机的小型化有利。

7.7 包络检波

7.7.1 包络检波器的工作原理

调幅波的解调(检波)方法有包络检波、同步检波等。本节主要研究连续波串联式二极管大信号包络检波器。图 7.7.1(a)是包络检波器的原理性电路，由输入回路、二极管 D 和 RC 低通滤波器组成。图中 R 为负载电阻，它的数值较大；C 为负载电容，其阻抗值在高频时远小于 R，可视为开路。在超外差接收机中，检波器的输入回路通常就是末级中放的输出回路。二极管 D 相当于一个非线性元件，通常二极管选用导通电压和导通电阻 r_d 小的锗管。

图 7.7.1(b)是它的波形图。当输入信号 v_i 为调幅波，且输入的高频信号电压 v_i 较大时，设低通滤波器 RC 上初始电压为零，由于负载电容 C 的高频阻抗很小，高频电压将大部分加到二极管 D 上。在高频信号正半轴，二极管导电，并对电容器 C 充电，充电时间常数为 r_dC。由于二极管导通时的内阻很小，所以充电电流很大，充电方向如图所示，充电很快，电容上电压 v_c 建立很快，v_c 在很短的时间内就接近高频电压的最大值。这个电压建立后，通过信号源电路，又反向地加到二极管 D 的两端，作用在二极管两端的电压为 $v_d=v_i-v_c$。这时二极管导通与否，由电容器 C 上的电压 v_c 和输入信号电压 v_i 共同决定。当 $v_d=v_i-v_c>0$ 时，二极管导通；当 $v_d=v_i-v_c<0$ 时，高频电压由最大值下降到小于电容器上的电压，二极管截止，电容器就会通过负载电阻 R 放电。由于放电常数 RC 远大于高频电压的周期，故放电很慢。

图 7.7.1(b)的波形分析：首先是 v_i 上升，电容充电，由于 r_dC 很小，充电很快，所以 v_c

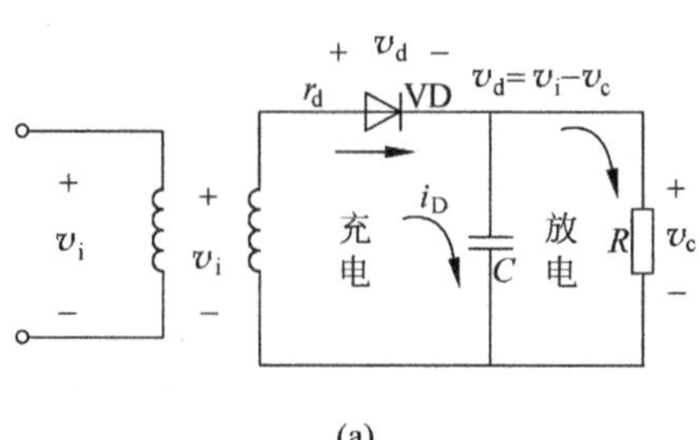

(a)

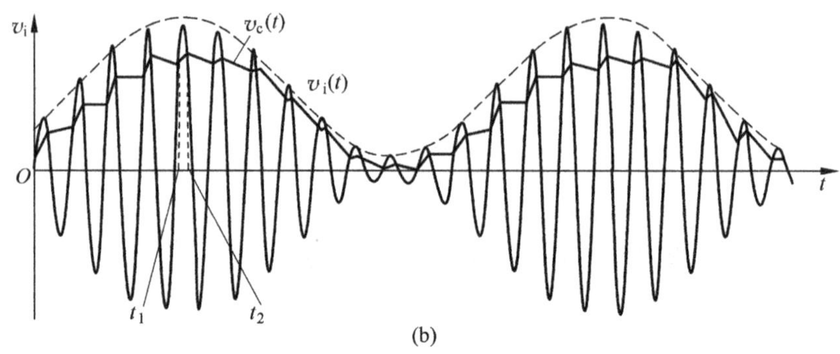

(b)

图 7.7.1 二极管包络检波器电路原理图(a)和波形图(b)

迅速增大；当 v_i 达到峰值开始下降后，由于电容 C 的电压 v_c 不能突变，总是滞后，所以随着 v_i 的下降，当 $v_i=v_c$ 时，即 $v_d=v_i-v_c=0$ 时，二极管 D 截止。在二极管截止期间，电容 C 把导通期间储存的电荷通过 R 放电。而放电时间常数 $RC(RC\gg R_dC)$ 足够大，放电很慢。在电容器上的电压 v_c 下降不多时，v_i 的第二个正半周期的电压已到来，当其超过二极管上的负电压 v_c 时，$v_d=v_i-v_c>0$，二极管又导通，就可以使 C 两端电压 v_c 的幅度与输入电压 v_i 的幅度相接近，即传输系数接近于 1。另外，电压 v_c 虽然有些起伏不平，接近锯齿形状，但正向导电时间很短，放电时间常数又远大于高频电压周期(放电时 v_c 基本不变)，所以输出电压 v_c 的起伏是很小的，可看成与高频调幅波包络基本一致，所以又称为峰值包络检波。图 7.7.1(b)中 t_1 到 t_2 为二极管导通时间，在此时间内又对电容器充电，电容器上的电压又迅速接近第二个高频电压的最大值。这样不断循环往复，就得到图 7.7.1(b)中电压 v_c 的波形。因此，需要适当选取 RC 和二极管 D，以使充电时间常数 R_dC(R_d 为二极管导通时的内阻)足够小，充电很快；而放电时间常数 $RC(RC\gg R_dC)$ 足够大，放电很慢。大信号的包络检波过程，主要是利用二极管的单向导电性和检波负载 RC 的充、放电过程。

通过以上分析可以总结以下几点：

(1) 检波过程就是输入的调幅信号通过二极管给电容 C 充电，以及电容 C 对电阻 R 放电的重复过程。

(2) 由于 RC 的放电时间常数远大于输入信号的载波周期，放电缓慢，使得二极管的负极永远处于较高的电位上，此时输出电压接近于输入高频正弦波的峰值。该电压对 D 形成一个较大的负电压，从而使二极管只在输入电压的峰值附近才导通。

7.7.2 包络检波器的质量指标

检测包络检波器的主要技术指标有电压传输系数(检波效率)、输入电阻和失真。

1. 电压传输系数 K_d

检波电路的电压传输系数是指检波电路的输出电压与输入高频电压的振幅之比。当检波电路的输入信号为高频等幅波,即 $u_i(t)=U_{im}\cos\omega_c t$ 时,电压传输系数 K_d 定义为输出直流电压 U_o 与输入高频电压振幅 U_{im} 的比值,即

$$K_d=\frac{U_o}{U_{im}} \tag{7.7.1}$$

当输入高频调幅波 $u_i(t)=U_{im}(1+m_a\cos\Omega t)\cos\omega_c t$ 时,K_d 定义为输出低频信号(Ω 分量)$U_{\Omega m}$ 的振幅与输入高频调幅波包络变化的振幅 m_aU_{im} 的比值,即

$$K_d=\frac{U_{\Omega m}}{m_aU_{im}} \tag{7.7.2}$$

用第 3 章的折线近似分析法可以证明 $K_d=\cos\theta$,θ 为电流通角,大小为 $\theta\approx\sqrt[3]{\frac{3\pi R_d}{R}}$,$R$ 为检波器负载电阻,R_d 为检波器内阻。因此,大信号检波器的电压传输系数 K_d 是不随信号电压变化的常数,只由检波器内阻 R_d 与检波器负载电阻 R 的比值决定。当 $R\gg R_d$ 时,$\theta\to0$,$\cos\theta\to1$。即检波效率 K_d 接近于 1,这是包络检波的主要优点。

2. 等效输入电阻 R_{id}

检波器一般与前级高频放大器的输出端相连,检波器的等效输入电阻将作为前级高频放大器的负载,会影响放大器的增益和通频带。实际上,一般检波器的输入阻抗为复数,可看成是由输入电阻 R_{id} 和输入电容 C_{id} 并联组成的。通常 C_{id} 会影响前级高频谐振回路的谐振频率,而 R_{id} 会影响前级放大器的增益及谐振回路的品质因数。

检波器的等效输入电阻定义为

$$R_{id}=\frac{U_{im}}{I_{im}} \tag{7.7.3}$$

式中,U_{im} 为输入高频电压的振幅,I_{im} 为输入高频电流的基波振幅。

由于二极管电流 i_d 只在高频信号电压为正峰值的一小段时间通过,电流通角 θ 很小,它的基频电流振幅为

$$I_{im}=\frac{1}{\pi}\int_{-\pi}^{\pi}i_d\cos\omega t\,\mathrm{d}(\omega t)\approx\frac{1}{\pi}\int_{-\theta}^{\theta}i_d\,\mathrm{d}(\omega t)=2I_0 \tag{7.7.4}$$

式中,I_0 为平均直流电流。

另外,负载 R 两端的平均电压为 K_dU_{im},因此平均电流 $I_0=K_dU_{im}/R$,代入式(7.7.3)和式(7.7.4),即得

$$R_{id}=\frac{U_{im}}{2K_dU_{im}/R}=\frac{R}{2K_d} \tag{7.7.5}$$

因为 $K_d \approx 1$，所以 $R_{id} \approx R/2$，即大信号二极管的输入电阻约等于负载电阻的一半。由于二极管输入电阻的影响，使输入谐振回路的 Q 值降低，消耗一些高频功率。这是二极管检波器的主要缺点。

3. 失真

理想情况下，包络检波器的输出波形应与调幅波的包络形状完全一致。但二者之间存在差距，即检波器输出波形存在某些失真现象。主要有以下几种失真：惰性失真、负峰切割失真、非线性失真、频率失真。

1）惰性失真

惰性失真是由负载电阻 R 与负载电容 C 的时间常数 RC 太大引起的。这时电容 C 上的电荷不能很快地随调幅波包络变化。如图 7.7.2 所示，在调幅波包络下降时，由于时间常数 RC 太大，在 $t_1 \sim t_2$ 时间内，输入电压 v_i 总是低于电容 C 上的电压 v_c，二极管始终处于截止状态，输出电压不受输入信号电压控制，而是取决于 RC 的放电，只有当输入信号电压的振幅重新超过输出电压时，二极管才重新导电。这个非线性失真是由于 C 的惰性太大引起的，所以称为惰性失真。为了防止惰性失真，只要适当选择 RC 的数值，使 C 的放电加快，能跟上高频信号电压包络的变化即可。

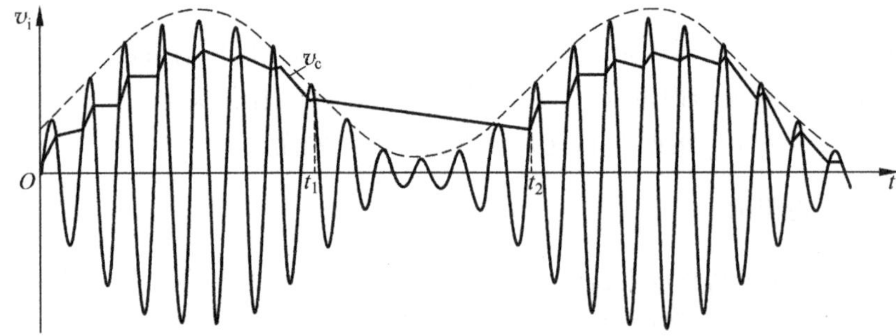

图 7.7.2　二极管包络检波器惰性失真波形图

若输入高频调幅波振幅按 $U'_{im} = U_{im}(1 + m_a \cos\Omega t)$ 变化，则其变化速度为

$$\frac{dU'_{im}}{dt} = -m_a U_{im} \sin\Omega t \tag{7.7.6}$$

电容器 C 通过电阻 R 放电，放电时通过 C 的电流 i_c 应等于电阻 R 的电流 i_R。

$$i_c = \frac{dQ}{dt} = C\frac{dv_c}{dt}, \quad i_R = \frac{v_c}{RC} \tag{7.7.7}$$

所以，$\frac{dv_c}{dt} = \frac{v_c}{RC}$。

对大信号检波而言，$K_d \approx 1$，所以，在二极管停止导电的瞬间(图 7.7.1 中 t_1)，$v_c \approx U'_{imo}$，所以

$$\frac{dv_c}{dt} = \frac{U_{im}}{RC}(1 + m_a \cos\Omega t) \tag{7.7.8}$$

令

$$A=\frac{\mathrm{d}U'_{\mathrm{im}}}{\mathrm{d}t}\Big/\frac{\mathrm{d}v_{\mathrm{c}}}{\mathrm{d}t} \tag{7.7.9}$$

将式(7.7.9)代入式(7.7.8),得

$$A=RC\Omega\left|\frac{m_a\sin\Omega t}{1+m_a\cos\Omega t}\right| \tag{7.7.10}$$

显然,要想不产生失真,必须使 $A<1\left(\frac{\mathrm{d}v_{\mathrm{c}}}{\mathrm{d}t}>\frac{\mathrm{d}U'_{\mathrm{im}}}{\mathrm{d}t}\right)$,即 v_{c} 变化的速度应比高频电压包络变化的速度快。由式(7.7.10)可见,A 是 t 的函数。在 t 为某一值时,A 值最大,等于 $A_{\max}$,只要 $A_{\max}<1$,则不管 t 为何值,惰性失真都不会发生。将 A 对 t 求导,并令 $\frac{\mathrm{d}A}{\mathrm{d}t}=0$,可得

$$A_{\max}=RC\Omega\frac{m_a}{\sqrt{1-m_a^2}} \tag{7.7.11}$$

式中,Ω 是低频角频率,它包含一个频带范围。当 $\Omega=\Omega_{\max}$ 时,$A_{\max}$ 最大。为了保证在 $\Omega=\Omega_{\max}$ 时也不产生失真,必须满足

$$RC\Omega_{\max}\frac{m_a}{\sqrt{1-m_a^2}}<1 \tag{7.7.12}$$

或写成

$$RC\Omega_{\max}<\frac{\sqrt{1-m_a^2}}{m_a} \tag{7.7.13}$$

式(7.7.12)和式(7.7.13)就是不产生惰性失真的条件。式中,m_a 是调制系数,$\Omega_{\max}$ 是被检信号的最高调制角频率。可见,m_a 越大,时间常数 RC 应选择得越小。这是由于 m_a 越大,高频信号的包络变化越快,所以时间常数 RC 需要小些,以缩短放电时间,才能跟得上包络的变化。同样,当最高调制角频率加大时,高频信号包络的变化也加快,所以时间常数 RC 也相应缩短。工程上一般要求

$$RC\Omega_{\max}\leqslant 1.5 \tag{7.7.14}$$

2) 负峰切割失真(底边切割失真)

这种失真是由于检波器的直流负载 R 与交流负载不相等,而且调制幅度 m_a 相当大引起的。

如图 7.7.3 所示,检波器电路通过耦合电容 C_{C} 与输入电阻为 r_{i2} 的低频放大器相连接。C_{C} 的容量较大,对音频来说,可以认为是短路。因此交流负载电阻 R 等于直流电阻 R 与 r_{i2} 的并联值,即

$$R_{\Omega}=\frac{Rr_{\mathrm{i2}}}{R+r_{\mathrm{i2}}}<R \tag{7.7.15}$$

由于交流和直流负载电阻不同,有可能产生失真。这种失真通常使检波器有音频输出电压的负峰被切割,称为负峰切割失真。

造成交流和直流负载电阻不同的原因是隔直流电容 C_{C} 的存在。在稳定状态下,C_{C} 上有一个直流电压 U_{C},其大小近似等于输入高频电压振幅 U_{im},即 $U_{\mathrm{C}}\approx U_{\mathrm{im}}$。由于 C_{C} 容量较大(几微法),在音频一周内,其上电压 U_{C} 基本不变,可把它看作一个直流电源。它在电阻 R 和 r_{i2} 上产生分压,如图 7.7.4 所示,电阻 R 上所产生的分压为

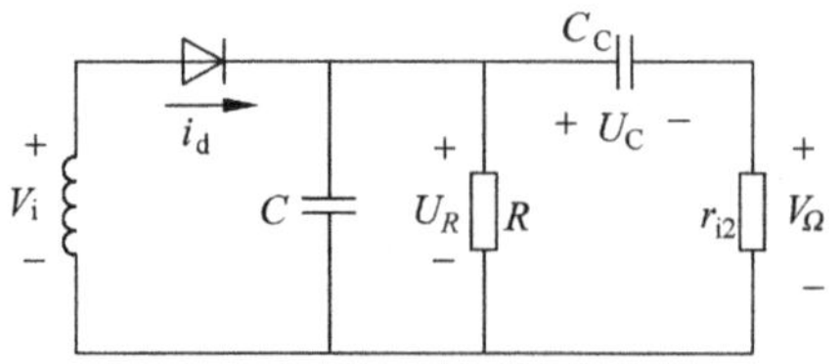

图 7.7.3 实际二极管包络检波器电路

$$U_R = U_C \frac{R}{R + r_{i2}} \approx U_{im} \frac{R}{R + r_{i2}} \tag{7.7.16}$$

此电压对二极管而言是负的。

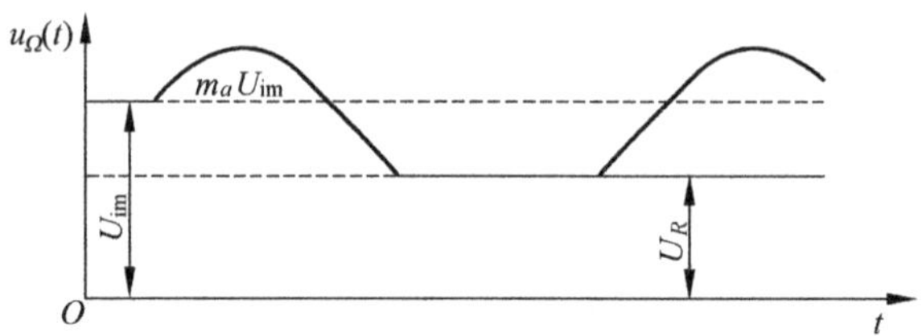

图 7.7.4 负峰切割失真波形

当输入调幅波的调制系数较小时，这个电压的存在不致影响二极管的工作。当调制系数较大时，输入调幅波低频包络的负半周可能低于 U_R，在这期间二极管将截止。直至输入调幅波包络负半周变到大于 U_R 时，二极管才能恢复正常工作。因此，产生了如图 7.7.4 所示的波形失真。它将输出低频电压负峰切割。r_{i2} 越小，U_R 分压值越大，这种失真越容易产生；另外，m_a 越大，$m_a U_{im}$ 调幅波振幅越大，这种失真也越容易产生。如图 7.7.4 所示，要防止这种失真，必须满足

$$U_{im} - m_a U_{im} > U_R, \quad 即 \quad U_{im} - m_a U_{im} > U_{im} \frac{R}{R + r_{i2}} \tag{7.7.17}$$

$$m_a < \frac{r_{i2}}{R + r_{i2}} = \frac{R_\Omega}{R} \tag{7.7.18}$$

式(7.7.18)就是不产生负峰切割失真的条件。应对 R_Ω 和 R 的差别提出要求，当 $m_a = 0.8 \sim 0.9$ 时，R_Ω 和 R 差别不超过 10%～20%。R 越大，这个条件越难满足。因此，直流负载电阻 R 的选择还受负峰切割失真的限制。通常 R 取 5000～10 000kΩ。

3) 非线性失真

检波二极管伏安特性曲线的非线性引起失真，检波器输出的音频电压不能完全与调幅波的包络成正比。但如果负载电阻 R 选得足够大，则检波管非线性特性影响很小，它所引起的非线性失真即可忽略。

4) 频率失真

这种失真是由图 7.7.3 中的耦合电容 C_C 和滤波电容 C 引起的。C_C 的存在主要影响检波的下限频率 Ω_{min}。为使频率为 Ω_{min} 时，C_C 上的电压降不大，不会产生频率失真，必须满足下列条件：

$$\frac{1}{\Omega_{min} C_C} \ll r_{i2} \quad 或 \quad C_C \gg \frac{1}{\Omega_{min} r_{i2}} \tag{7.7.19}$$

电容 C 的容抗对应的上限频率是 $\Omega_{\max}$，不产生旁路作用，即它应满足下列条件：

$$\frac{1}{\Omega_{\max}C} \gg R \quad \text{或} \quad C \ll \frac{1}{\Omega_{\max}R} \tag{7.7.20}$$

在音频范围内，式(7.7.18)与式(7.7.19)很容易满足。C_C 为几微法，C 约为 0.01μF。

例 7.7.1 图 7.7.5 是某收音机二极管检波器的实际电路。低频电压由电位器 R_2 引出(音量控制)。C_1R_1 和 C_2R_2 组成检波负载，取出低频分量，滤除高频分量。电阻 $R_3'\left(R_3'=R_3+\dfrac{R_d(R_1+R_2)}{R_d+(R_1+R_2)}\right)$ 和 R_4 是确定自动增益控制(AGC)受控级(中放由 VT_2 组成)工作点电流的基极分压电阻。电阻 R_3 和 R_4 也是共基二极管固定偏压的分压电阻。试分析：(1)检波电路中二极管的选择；(2)电阻 R_1 和 R_2 的选择；(3)负载电容 C_1 和 C_2 的选择。

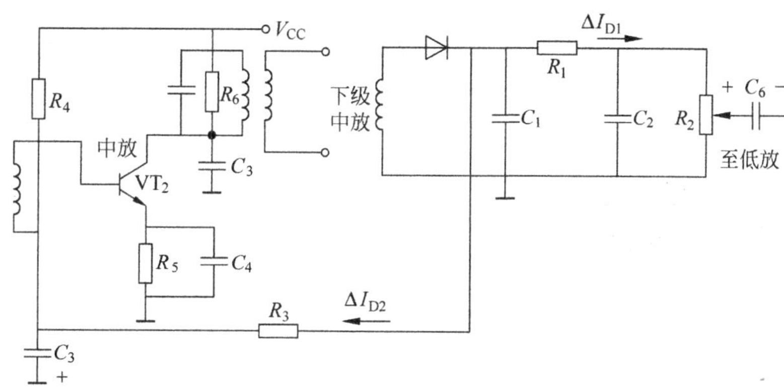

图 7.7.5 实际二极管检波器电路

解

(1) 二极管的选择：选用点接触型二极管 2AP9。导通时的电阻 R_d 约为 100Ω，总等效电容 C_d 约 1pF。

(2) 电阻 R_1 和 R_2 的选择：检波后的低频放大器总输入电阻 r_{i2} 为 2000～5000kΩ。为了满足条件 $m_a<\dfrac{r_{i2}}{R+r_{i2}}=\dfrac{R_\Omega}{R}$，$R=R_1+R_2$ 不能选得太大，一般选 $R=5000\sim10\,000\text{k}\Omega$。根据分负载条件，$R_1\approx(1/5\sim1/10)R_2$，现取 $R_2=5100\Omega$、$R_1\approx\dfrac{1}{10}R_2=510\Omega$。这时，$R_\Omega=R_1+\dfrac{R_2r_{i2}}{R_2+r_{i2}}$，考虑 $R_2=5100\Omega$，取 r_{i2} 为 3000Ω，则

$$R_\Omega=510\Omega+\frac{5100\times3000}{5100+3000}\Omega=2400\Omega$$

所以

$$\frac{R_\Omega}{R}=\frac{2400}{R_1+R_2}=\frac{2400}{5100+510}=0.43$$

通常在接收机中调制幅度最大约为 0.8，平均为 0.3，取 $m_a=0.4$，满足 $m_a<\dfrac{R_\Omega}{R}$。如果 2AP9 导通时的电阻 $r_d\approx100\Omega$，可求出 $\theta\approx30°$，所以电压传输系数 $K_d=\cos\theta=0.86$。等效

输入电阻 $r_{id}=\frac{1}{2}R=2800\Omega$。

(3) 负载电容 C_1 和 C_2 的选择：从不产生惰性失真条件出发，$RC\Omega_{max}\leqslant 1.5$，取 $\Omega_{max}=2\pi F_{max}=2\pi\times 4.5\times 10^3\text{Hz}$，求出 C 小于 0.01μF。所以，电容 C_1 和 C_2 采用 0.01μF。

7.8 同步检波器

同步检波器用于对载波被抑制的双边带信号进行解调。它的特点是必须外加一个频率和相位都与被抑制的载波相同的电压，同步检波的名称由此而来。图 7.8.1 为同步检波器的原理框图。

外加载波信号电压加入同步检波器可以有两种方式：一种是将它与接收信号在检波器中相乘，经低通滤波器后，检出原调制信号；另一种是将它与接收信号相加，经包络检波器后取出原调制信号。

图 7.8.1(a)为乘积检波器。设输入的已调波为载波分量被抑制的双边带信号 u_1，即

$$u_1=U_{1m}\cos\Omega t\cos\omega_1 t \tag{7.8.1}$$

本地载波电压为

$$u_0=U_0\cos(\cos\omega_0 t+\phi) \tag{7.8.2}$$

本地载波的角频率 ω_0 精确地等于输入信号载波的角频率 ω_1，即 $\omega_0=\omega_1$，但二者的相位可能不同，这里 ϕ 表示它们的相位差。假定乘法器传输系数为 1，这时相乘输出电压为

$$\begin{aligned}u_2&=U_{1m}U_0(\cos\Omega t\cos\omega_1 t)\cos(\omega_1 t+\phi)\\&=\frac{1}{2}U_{1m}U_0\cos\phi\cos\Omega t+\frac{1}{4}U_{1m}U_0\cos[(2\omega_1+\Omega)t+\phi]+\\&\quad\frac{1}{4}U_{1m}U_0\cos[(2\omega_1-\Omega)t+\phi]\end{aligned} \tag{7.8.3}$$

低通滤波器滤除 $2\omega_1$ 附近的频率分量后，就得到频率为 Ω 的低频信号，有

$$u_\Omega=\frac{1}{2}U_{1m}U_0\cos\phi\cos\Omega t \tag{7.8.4}$$

可见低频信号的输出幅度与 $\cos\phi$ 成正比。当 $\phi=0$ 时，低频信号电压最大，随着相位差 ϕ 加大，输出电压减弱。在理想情况下，除本地载波与输入信号载波的角频率必须相等外，希望二者相位也相等。此时，乘积检波称为“同步检波”。

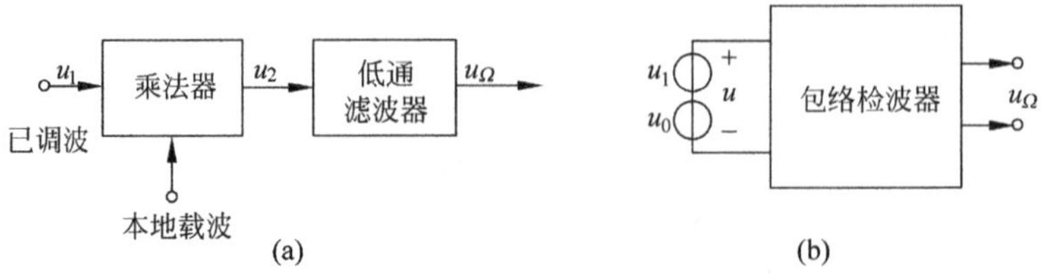

图 7.8.1 同步检波器的原理框图

(a) 乘积检波器；(b) 加法型同步检波器

图 7.8.2 为输入双边带信号时乘积检波器的有关波形和频谱。单边带信号解调过程与双边带信号解调过程相似,不再重复。

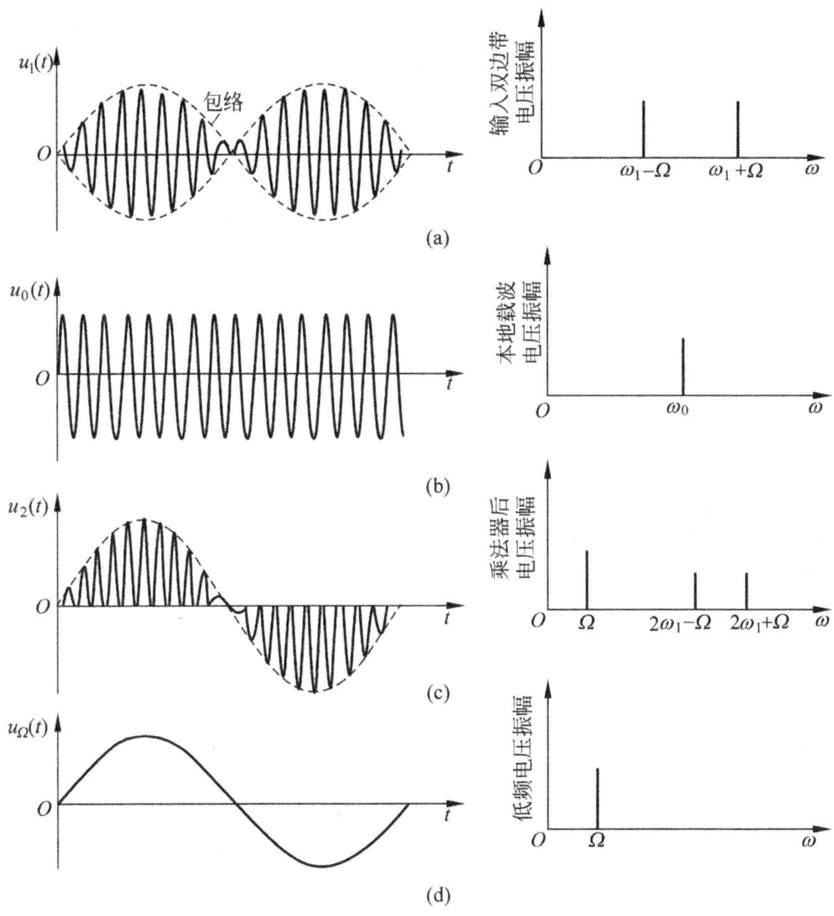

图 7.8.2 输入双边带信号时乘积检波器的有关波形和频谱

若输入含有载波频率的已调波,则本地载波可用一个中心频率为 ω_0 的窄带滤波器直接从已调波信号中取得。

采用环形或桥形调制器电路,都可做成同步检波器,只是将调制电路中的音频信号输入改为双边带或单边带信号输入,即乘积检波电路。也可用模拟乘法器作为乘积检波器,同样将音频信号输入改为双边带或单边带信号输入即可。

下面讨论两信号相加后再通过包络检波器的解调过程,对图 7.8.1(b)所示的电路,合成输入信号为

$$u = u_1 + u_0 \tag{7.8.5}$$

此处 u_0 为本振电压 $u_0\cos\omega_0 t$。设 u_1 为单边带信号 $U_{1m}\cos(\omega_0+\Omega)t$,则

$$\begin{aligned} u &= U_{1m}\cos(\omega_0+\Omega)t + U_0\cos\omega_0 t \\ &= U_{1m}\cos\omega_0 t\cos\Omega t + U_0\cos\omega_0 t - U_{1m}\sin\omega_0 t\sin\Omega t \\ &= U_m\cos(\omega_0 t+\theta) \end{aligned} \tag{7.8.6}$$

式中，

$$U_m = \sqrt{(U_0 + U_{1m}\cos\Omega t)^2 + (U_{1m}\sin\Omega t)^2} \tag{7.8.7}$$

$$\theta = \arctan\frac{-U_{1m}\sin\Omega t}{U_0 + U_{1m}\cos\Omega t} \tag{7.8.8}$$

由此可知，合成信号的包络 U_m 和相角 θ 都受到调制信号的控制，因而由包络检波器构成的同步检波器检出的调制信号显然有失真。为使失真减少到允许值。就必须使 $U_0 \gg U_{1m}$。将式(7.8.7)改写为

$$\begin{aligned} U_m &= U_0\left[1 + 2\frac{U_{1m}}{U_0}\cos\Omega t + \left(\frac{U_{1m}}{U_0}\sin\Omega t\right)^2\right]^{\frac{1}{2}} \\ &\approx U_0\left[1 - \frac{1}{4}\left(\frac{U_{1m}}{U_0}\right)^2 + \frac{U_{1m}}{U_0}\cos\Omega t - \frac{1}{4}\left(\frac{U_{1m}}{U_0}\right)^2\cos 2\Omega t\right] \end{aligned} \tag{7.8.9}$$

式中，二次谐波与基波振幅之比定义为

$$k_{f2} = \frac{U_{1m}}{4U_0} \tag{7.8.10}$$

若要求 $k_{f2} < 2.5\%$，则要求 U_0 比 U_{1m} 大 10 倍以上。

参考文献

[1] 张肃文. 高频电子线路[M]. 5 版. 北京：高等教育出版社，2011.
[2] 王卫东. 高频电子电路[M]. 2 版. 北京：电子工业出版社，2009.
[3] 阳昌汉. 高频电子线路[M]. 2 版. 哈尔滨：哈尔滨工业大学出版社，2001.
[4] LUDWIG R, BRETCHKO P. RF circuit design theory and applications[M]. Lake St. , Upper Saddle River, NJ: Prentice Hall Inc. , 2002.
[5] 董在望. 通信电路原理[M]. 2 版. 北京：高等教育出版社，1981.

思考题和习题

7.1 某发射机发射载波功率为 9kW。(1)当频率为 Ω_1 的信号调制载波幅值时，已调波发射功率为 10.125kW，试计算调制系数 m_1；(2)如果再加上另一个频率为 Ω_2 的正弦波对它进行 40%调幅后再发射，试求这两个正弦波同时调幅时的总发射功率。

7.2 大信号二极管检波电路如图所示，若给定 $R=5\text{k}\Omega$，输入调制系数 $m=0.3$ 的调制信号。问：(1)载波频率 $f_c=465\text{kHz}$，调制信号最高频率 $F=3400\text{Hz}$，电容 C 应如何选择？检波器输入阻抗约为多少？(2)若 $f_c=30\text{MHz}$，$F=0.3\text{MHz}$，C 应选为多少？其输入阻抗大约是多少？(3)若 C 被开路，其输入阻抗是多少？已知二极管导通电阻 $R_D=80\Omega$。

7.3 如图所示的检波电路中，$R_1=510\Omega$，$R_2=4.7\text{k}\Omega$，$C_C=10\mu\text{F}$，$R_g=1\text{k}\Omega$。输入信号 $u_s=0.51(1+0.3\cos 10^3 t)\cos 10^7 t(\text{V})$。可变电阻 R_2 的接触点在中心位置和最高位置时，问：会不会产生负峰切割失真？

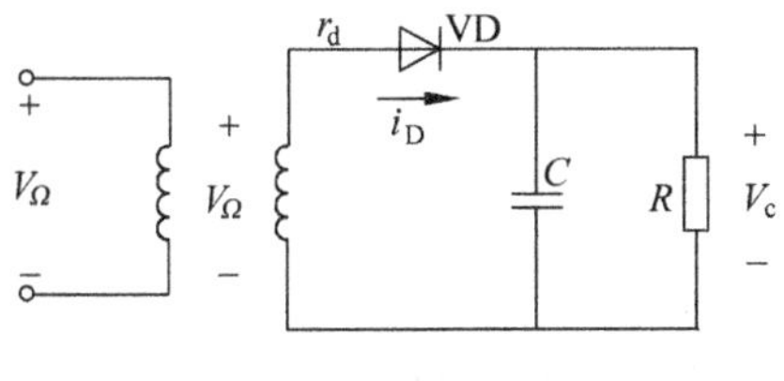

思考题和习题 7.2 图

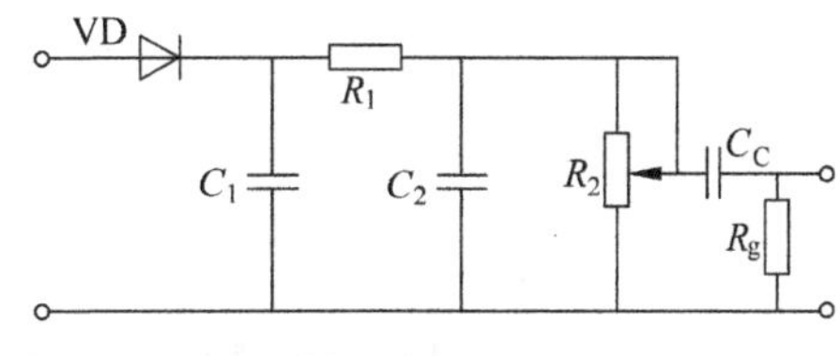

思考题和习题 7.3 图

7.4 有一调幅波的表达式为

$$u = 25(1 + 0.7\cos 2\pi 5000t - 0.3\cos 2\pi 10\,000t)\cos 2\pi 10^6 t \ (\mathrm{V})$$

(1)试求它所包含的各分量的频率与振幅;(2)绘出该调幅波包络的形状,并求出波峰值与波谷值的幅度。

7.5 某发射机发射载波功率为 5kW。如调制系数为 70%,被调级的平均效率为 50%。试求:(1)变频功率;(2)电路为集电极调幅时,直流电源供给被调级的功率;(3)电路为基极调幅时,直流电源供给被调级的功率。

7.6 如图所示,已知二极管导通电阻 $R_d = 100\Omega$,$R_1 = 1\mathrm{k}\Omega$,$R_2 = 4\mathrm{k}\Omega$,输入调幅信号载频 $f_c = 4.7\mathrm{MHz}$,调制信号频率范围为 100~5000Hz,$m_{max} = 0.8$。若使电路不产生惰性失真和底部切割失真,则对电容 C 和负载 R_L 的取值应有何要求?

7.7 某发射机输出级在负载 $R_L = 100\Omega$ 上的输出信号为 $u_s(t) = 4(1 + 0.5\cos\Omega t)\cos\omega_c t$ (V),问:(1)该输出信号是什么已调信号?该信号的调制系数 m 等于多少?(2)总的输出功率 P_{av} 等于多少?(3)画出该已调信号的波形、频谱图,频带宽度 $BW_{0.7}$ 等于多少?

7.8 如图所示乘积检波器,乘法器特性为 $i = kv_1 v_0$,其中 $v_0 = V_0\cos(\omega_0 t + \phi)$。假设 $k \approx 1$,$Z_L(\omega_1) \approx 0$,$Z_L(\Omega) = R_L$。试求下列情况下输出电压 v_2 的表达式,并说明是否有失真:(1) $v_1 = mV_{1m}\cos\Omega t\cos\omega_1 t$;(2) $v_1 = \frac{1}{2}mV_{1m}\cos(\omega_1 + \Omega)t$。

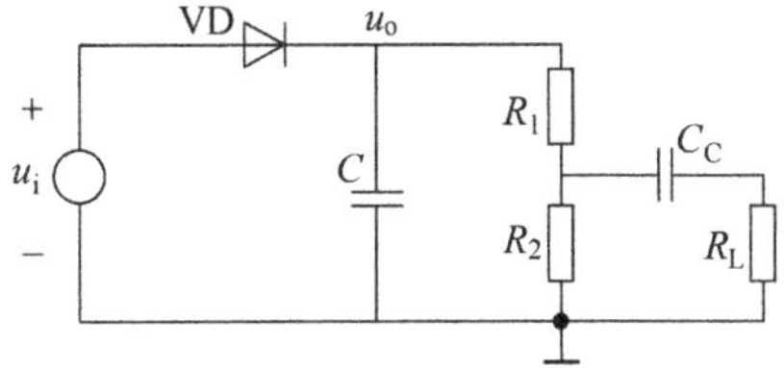

思考题和习题 7.6 图

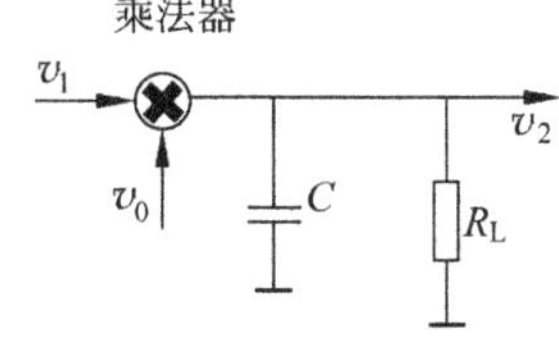

思考题和习题 7.8 图

第8章　角度调制与解调

内容提要

从频域的角度看，角度调制与解调属于频谱的非线性搬移电路(非线性调制)。本章主要介绍角度调制和解调的基本原理、基本概念与基本方法，以及实现频谱非线性搬移电路的基本特性及分析方法，并以实际通信设备电路为例进一步说明角度调制与解调的原理。本章的教学需要10～12学时。

8.1　概述

高频载波的振幅受调制信号的控制，使已调波的振幅按照调制信号的频率作周期性的变化，已调波振幅变化的强度和调制信号的大小呈线性关系，但载波的频率和相位保持不变，不受调制信号的影响，高频振荡振幅的变化携带着信号所反映的信息。本章研究如何应用高频振荡的频率或相位变化来携带信息，这就是调频或调相。

对任意正弦高频载波信号，$u_0(t)=U_{om}\cos(\omega_0 t+\varphi_0)=U_{om}\cos\varphi(t)$，式中，$\varphi(t)$为总相角，$U_{om}$为振幅，$\omega_0$为角频率，$\varphi_0$为相角。如果利用调制信号$u_\Omega(t)=U_{\Omega m}\cos\Omega t$线性控制高频载波信号三个参量$U_{om}$、$\omega_0$和$\varphi(t)$中的某一个，即可产生调制的作用。如果用调制信号$u_\Omega(t)=U_{\Omega m}\cos\Omega t$线性控制高频载波信号的振幅，使已调波振幅与调制信号呈线性关系：$U_{om}(t)=U_{om}(1+k_a u_\Omega(t))$，即实现了调幅；如果用调制信号$u_\Omega(t)=U_{\Omega m}\cos\Omega t$线性控制高频载波信号的角频率，使已调波的角频率与调制信号呈线性关系：$\omega(t)=\omega_0+k_f u_\Omega(t)$，即实现了频率调制，简称调频；如果用调制信号$u_\Omega(t)=U_{\Omega m}\cos\Omega t$线性控制高频载波信号的相位角，使已调波的相位角与调制信号呈线性关系：$\varphi(t)=\varphi_0+k_p u_\Omega(t)$，即实现了相位

调制，简称调相。

在调频或调相中，载波的瞬时频率或瞬时相位受调制信号的控制，作周期性的变化。变化的大小与调制信号的强度呈线性关系。变化的周期由调制信号的频率决定。但已调波的振幅则保持不变，不受调制信号的影响。无论是调频或调相，都会使高频载波的瞬时相位角发生变化，两者统称为角度调制，简称调角。

调频和调相在波形上是一致的，频率变动，相位必然变动；相位变动，频率也会跟着变动。角度调制属于频谱的非线性搬移电路(非线性调制)，它们的信号频谱不是原调制信号的频谱在频率轴上的线性平移，已调波信号的频谱结构不再保持原调制信号频谱的内部结构，即不再保持线性关系，而且调制后的信号带宽要比原调制信号大得多。在同样的发送功率下，非线性调制把调制信息加载在已调波信号较宽的带宽内各边频分量之中，因而能克服信道中噪声和干扰的影响。与振幅调制相比，角度调制的主要优点是抗干扰性强，调频主要应用于调频广播、电视、通信及遥测等；调相主要应用于数字通信系统中的相移键控。

调频波的几个技术指标如下。

(1) 频谱宽度。

调频波的频谱从理论上讲，是无限宽的。但实际上，如果略去很小的边频分量，则它所占据的频带宽度是有限的。根据频带宽度的大小，可以分为宽带调频与窄带调频两大类。调频广播多用宽带调频，通信多用窄带调频。

(2) 寄生幅度。

从调制原理看，调频波应该是等幅波，但实际上，在调频过程中，往往引起不希望的振幅调制，称为寄生调幅。寄生调幅越小越好。

(3) 抗干扰能力。

与幅度调制相比，宽带调频的抗干扰能力要强很多。但在信号较弱时，则宜采用窄带调频。在接收调频或调相信号时，必须采用频率检波器或相位检波器。本章重点讨论调频原理，调相与调频有密切关系，本书只略述调相，不作为重点讨论。频率检波器又称检波器，要求输出信号与输入调频波的瞬时频率的变化成正比。这样，输出信号就是原来传送的信号。

检波的主要方法可以总结为下列几类。

(1) 第一类检波方法，是先进行波形变换，将等幅调频波变换成幅度随瞬时频率变化的调幅波(即调幅-调频波)，然后用振幅检波器将振幅的变化检测出来。图 8.1.1 说明了它的工作原理。

(2) 第二类检波方法，是对调频波过零点的数目进行计数，因为其单位时间内的数目正比于调频波的瞬时频率，这种检波器称为脉冲计数式检波器。其最大的优点是线性良好。

(3) 第三类检波方法，是利用移相器与符合门电路相配合实现的。移相器所产生的相移大小与频率频移有关。这种符合门检波器最易于实现集成化，而且性能优良。

本章重点讨论第一类检波方法，第二和第三类方法将作简要介绍。通常，对检波器提出如下要求。

(1) 检波跨导：检波器的输出电压与输入调频波的瞬时频移成正比，其比例系数称为检波跨导。图 8.1.2 为检波器输出电压 V 与调频波的频移 Δf 之间的关系曲线，称为检波特性曲线。图中部接近直线部分的斜率即检波跨导，表示每单位频移产生的输出电压大小。检波跨导越大，检波效果越好。

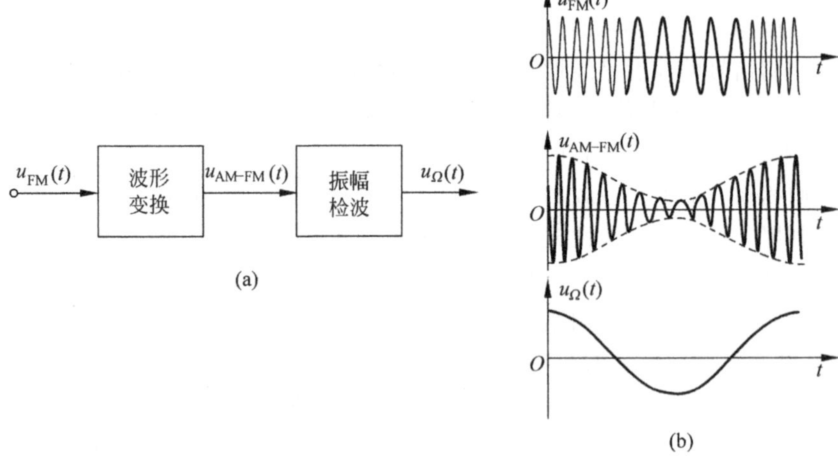

图 8.1.1 运用波形变换进行检波的原理及变换过程

(a) 检波原理框图；(b) 检波器波形变换图

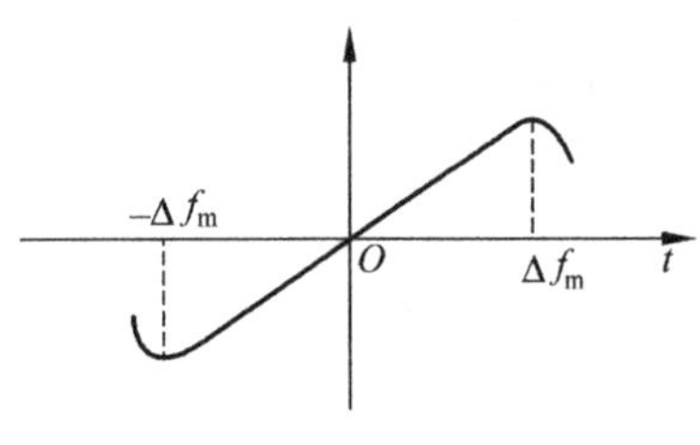

图 8.1.2 检波特性曲线

(2) 检波灵敏度：使检波器正常工作所需的输入调频波的幅度，其值越小，检波器灵敏度越高。

(3) 检波频带宽度：从图 8.1.2 得出，只有特性曲线中间一部分线性较好，$2\Delta f_m$ 称为频带宽度。通常要求 $2\Delta f_m$ 大于输入调频波频移的两倍，并留有余量。

(4) 对寄生振幅有一定抑制能力。

(5) 尽可能降低产生调频波失真的各种因素的影响，提高对电源和温度变化的稳定性。

本章重点讨论调频波的原理和方法，然后研究调频波的解调技术。

8.2 调角信号的分析

8.2.1 瞬时频率和瞬时相位

假设高频载波信号为 $u_0(t)=U_{om}\cos(\omega_0 t+\varphi_0)=U_{om}\cos\varphi(t)$，当进行角度调制后，其已调波的角频率将是时间的函数，即角频率为 $\omega(t)$。图 8.2.1 中用旋转矢量表示已调波，设旋转矢量的长度为 U_{om}，围绕原点 O 逆时针方向旋转，角速度是 $\omega(t)$。$t=0$ 时，矢量与实轴之间的夹角为 φ_0；t 时刻，矢量与实轴之间夹角为 $\varphi(t)$。矢量在实轴上的投影为

$$u_0(t)=U_{om}\cos\varphi(t) \tag{8.2.1}$$

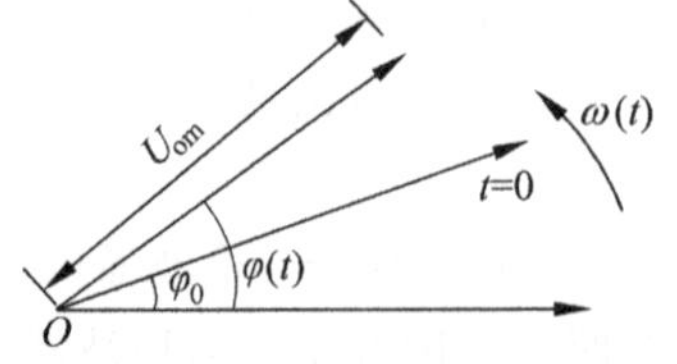

图 8.2.1 已调波相位变化矢量图

式(8.2.1)为已调波表达式，其瞬时相角 $\varphi(t)$ 等于矢量在时间 t 内转过的角度与初始相角 φ_0 之和，即

$$\varphi(t)=\int_0^t \omega(t)\mathrm{d}t+\varphi_0 \tag{8.2.2}$$

式中，积分 $\int_0^t \omega(t)\mathrm{d}t$ 是矢量在时间间隔 t 内所转过的角度，将上式两边微分，得到瞬时频率与瞬时相位之间的关系

$$\omega(t)=\frac{\mathrm{d}\varphi(t)}{\mathrm{d}t} \tag{8.2.3}$$

瞬时频率即旋转矢量的瞬时角速度，等于瞬时相位对时间的变化率。式(8.2.2)和式(8.2.3)是角度调制中的两个基本关系式。

8.2.2 调频波和调相波的数学表达式

设调制信号为 $u_\Omega(t)$，载波振荡电压或电流为

$$a(t)=A_0\cos\varphi(t) \tag{8.2.4}$$

调频时载波的瞬时频率 $\omega(t)$ 随 $u_\Omega(t)$ 呈线性关系，即

$$\omega(t)=\omega_0+k_\mathrm{f}u_\Omega(t) \tag{8.2.5}$$

式中，ω_0 是未调制时的载波中心频率；$k_\mathrm{f}u_\Omega(t)$ 是瞬时频率相对于 ω_0 的频移，称为瞬时频率频移，简称频移。频移以 $\Delta\omega(t)$ 表示，即

$$\Delta\omega(t)=k_\mathrm{f}u_\Omega(t) \tag{8.2.6}$$

$\Delta\omega(t)$ 的最大值称为最大频移，以 $\Delta\omega$ 表示，即

$$\Delta\omega=k_\mathrm{f}\mid u_\Omega(t)\mid_{\max} \tag{8.2.7}$$

式中，k_f 是比例常数，表示单位调制信号所引起的频移，单位是 rad/(s · V)。把最大频移称为频偏。

由式(8.2.2)，令初始相角 $\varphi_0=0$，求出调频波的瞬时相位为

$$\varphi(t)=\int_0^t \omega(t)\mathrm{d}t=\int_0^t[\omega_0+k_\mathrm{f}u_\Omega(t)]\mathrm{d}t=\omega_0 t+\int_0^t k_\mathrm{f}u_\Omega(t)\mathrm{d}t \tag{8.2.8}$$

将式(8.2.8)代入式(8.2.4)，得到

$$a(t)=A_0\cos\varphi(t)=A_0\cos\left(\omega_0 t+k_\mathrm{f}\int_0^t u_\Omega(t)\mathrm{d}t\right) \tag{8.2.9}$$

这就是 $u_\Omega(t)$ 调制的调频波数学表达式。

如果用 $u_\Omega(t)$ 对式(8.2.4)的载波进行调相，载波的瞬时相位 $\varphi(t)$ 应随 $u_\Omega(t)$ 线性地变化，即

$$\varphi(t)=\omega_0 t+k_\mathrm{p}u_\Omega(t) \tag{8.2.10}$$

式中，$\omega_0 t$ 表示未调制时载波振荡的相位；$k_\mathrm{p}u_\Omega(t)$ 表示瞬时相位中与调制信号成正比例变化的部分，称为瞬时相位频移，简称相位频移或相移。

若相移以 $\Delta\varphi(t)$ 表示，即

$$\Delta\varphi(t)=k_\mathrm{p}u_\Omega(t) \tag{8.2.11}$$

$\Delta\varphi(t)$ 的最大值称为最大相移，或调制指数。调相波的调制指数以 m_p 表示，即

$$m_\mathrm{p}=k_\mathrm{p}\mid u_\Omega(t)\mid_{\max} \tag{8.2.12}$$

式中，k_p 是比例常数，表示单位调制信号所引起的相移，单位是 rad/V。

将式(8.2.11)代入式(8.2.4)，得到调相波的数学表达式

$$a(t)=A_0\cos\varphi(t)=A_0\cos(\omega_0 t+k_p u_\Omega(t)) \tag{8.2.13}$$

根据式(8.2.3)，可得出调相波的瞬时频率为

$$\omega(t)=\frac{\mathrm{d}\varphi(t)}{\mathrm{d}t}=\omega_0 t+k_p\frac{\mathrm{d}u_\Omega(t)}{\mathrm{d}t} \tag{8.2.14}$$

式(8.2.14)等号右边第二项表示调相波的频移，以 $\Delta\varphi_p(t)$ 表示，即

$$\Delta\varphi_p(t)=k_p\frac{\mathrm{d}u_\Omega(t)}{\mathrm{d}t} \tag{8.2.15}$$

对于调频波，式(8.2.9)等号右边第二项表示调频波的相移，以 $\Delta\varphi_f(t)$ 表示，即

$$\Delta\varphi_f(t)=k_f\int_0^t u_\Omega(t)\mathrm{d}t \tag{8.2.16}$$

$\Delta\varphi_f(t)$ 的最大值即调频波的调制指数，以 m_f 表示。

为了对比调频波和调相波的特性，表 8.2.1 给出了调频波和调相波的信号特点，得出如下结论：无论是调频还是调相，瞬时频率和瞬时相位都同时随时间发生变化。在调频时，瞬时频率变化与调制信号呈线性关系，瞬时相位的变化与调制信号的积分呈线性关系。在调相时，瞬时相位的变化与调制信号呈线性关系，瞬时频率变化与调制信号的微分呈线性关系。

表 8.2.1　调频波和调相波比较

调制信号为 $u_\Omega(t)$；载波振荡为 $A_0\cos\omega_0 t$		
	调频波	调相波
数学表达式	$A_0\cos\left(\omega_0 t+k_f\int_0^t u_\Omega(t)\mathrm{d}t\right)$	$A_0\cos(\omega_0 t+k_p u_\Omega(t))$
瞬时频率	$\omega_0+k_f u_\Omega(t)$	$\omega_0+k_p\frac{\mathrm{d}u_\Omega(t)}{\mathrm{d}t}$
瞬时相位	$\omega_0 t+k_f\int_0^t u_\Omega(t)\mathrm{d}t$	$\omega_0 t+k_p u_\Omega(t)$
最大频移	$k_f\lvert u_\Omega(t)\rvert_{\max}$	$k_p\left\lvert\frac{\mathrm{d}u_\Omega(t)}{\mathrm{d}t}\right\rvert_{\max}$
最大相移	$k_f\left\lvert\int_0^t u_\Omega(t)\mathrm{d}t\right\rvert_{\max}$	$k_p\lvert u_\Omega(t)\rvert_{\max}$

图 8.2.2 表示调频波与调相波的区别。图中的调制信号为矩形波。根据表 8.2.1 所表达的各式，可以得出在调频与调相两种情况下，频率变化与相位变化的波形。在调频时，频率变化反映调制信号的波形，相位变化为它的积分，成为三角波形；在调相时，相位变化反映调制信号的波形，频率变化为它的微分，成为一系列振幅为正、负无限大，宽度为零的脉冲。

若调制信号为 $u_\Omega(t)=U_\Omega\cos\Omega t$，未调制时的载波频率为 ω_0，则根据式(8.2.9)可写出调频波的数学表达式为

$$a_f(t)=A_0\cos\left(\omega_0 t+\frac{k_f U_\Omega}{\Omega}\sin\Omega t\right)=A_0\cos(\omega_0 t+m_f\sin\Omega t) \tag{8.2.17}$$

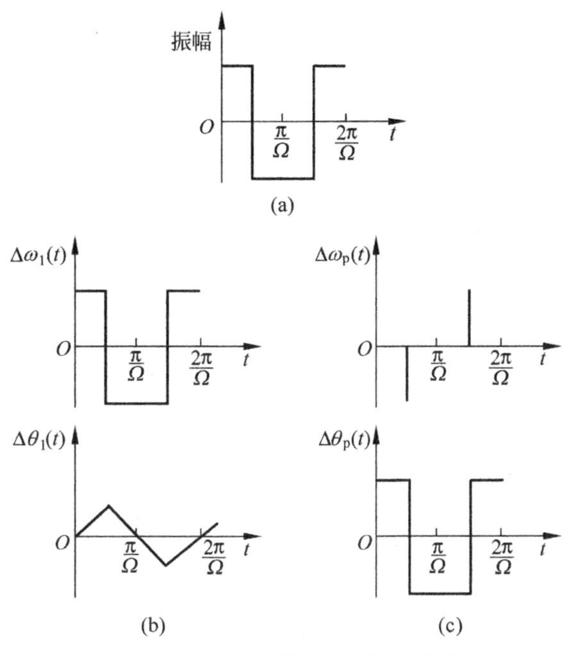

图 8.2.2 已调波相位变化矢量图

(a) 调制信号；(b) 调频；(c) 调相

根据式(8.2.13)可写出调相波的数学表达式为

$$a_{\mathrm{p}}(t)=A_0\cos(\omega_0 t+k_{\mathrm{p}}U_\Omega\cos\Omega t)=A_0\cos(\omega_0 t+m_{\mathrm{p}}\cos\Omega t) \tag{8.2.18}$$

上面两式中的下标 f 表示调频，p 表示调相，下同。从式(8.2.17)和式(8.2.18)可以得到调频波和调相波的调制指数分别为

$$m_{\mathrm{f}}=\frac{k_{\mathrm{f}}U_\Omega}{\Omega},\quad m_{\mathrm{p}}=k_{\mathrm{p}}U_\Omega \tag{8.2.19}$$

调频波的最大频移

$$\Delta\omega_{\mathrm{f}}=k_{\mathrm{f}}\mid u_\Omega(t)\mid_{\max}=k_{\mathrm{f}}\mid U_\Omega\cos\Omega t\mid_{\max}=k_{\mathrm{f}}U_\Omega \tag{8.2.20}$$

调相波的最大频移为

$$\Delta\omega_{\mathrm{p}}=k_{\mathrm{p}}\left|\frac{\mathrm{d}u_\Omega(t)}{\mathrm{d}t}\right|_{\max}=k_{\mathrm{p}}\left|\frac{\mathrm{d}U_\Omega\cos\Omega t}{\mathrm{d}t}\right|_{\max}=k_{\mathrm{p}}U_\Omega\Omega \tag{8.2.21}$$

以上公式表示，调频波的最大频移 $\Delta\varphi_{\mathrm{f}}$ 与调制频率 Ω 无关，调制指数 m_{f} 则与 Ω 成反比；调相波的最大频移 $\Delta\varphi_{\mathrm{p}}$ 与调制频率 Ω 成正比，调制指数 m_{p} 则与 Ω 无关。这是两种调制的根本区别。因此，调频波对于不同的 Ω 频谱宽度基本维持不变。调相波的频谱宽度则随 Ω 不同而有剧烈变化。这也是下面章节要研究的问题。式(8.2.19)～式(8.2.21)说明，无论调频还是调相，最大频移与调制指数之间的关系都是相同的。

例 8.2.1 $u(t)=12\sin(10^{12}t+4\cos10^6t)$，求：$u(t)$是调频波还是调相波？其载波频率与调制信号频率各是多少？

解 本题中载频 $f_0=10^{12}/2\pi(\mathrm{Hz})$；调制信号的频率为 $F=10^6/2\pi(\mathrm{Hz})$。只从 $u(t)$ 中的 $\Delta\varphi(t)=4\cos10^6t$，看不出 $u(t)$是与调制信号 $u_\Omega(t)$成正比，还是与 $u_\Omega(t)$的积分成正

比，因此不能确定 $u(t)$ 是调频波还是调相波。如果调制信号 $u_\Omega(t)=\cos10^6t$，则 $\Delta\varphi(t)=4\cos10^6t=4u_\Omega(t)$，$\Delta\varphi(t)$ 与 $u_\Omega(t)$ 成正比，$u(t)$ 为调相波。如果调制信号 $u_\Omega(t)=\sin10^6t$，则 $\Delta\varphi(t)=4\times10^6\int_0^t\sin10^6t\,\mathrm{d}t=4u_\Omega(t)$，$\Delta\varphi(t)$ 与 $u_\Omega(t)$ 的积分成正比，$u(t)$ 为调频波。因此，判断一调角波是调频还是调相，必须依照定义与调制信号对比。

例 8.2.2 一调角波受单频正弦 $u_\Omega(t)=U_{\Omega\mathrm{m}}\sin\Omega t$ 调制，其瞬时频率为 $f(t)=10^{12}+10^7\cos(2\pi\times10^6t)$(Hz)，设调角波的幅度为 12V。(1)此调角波是调频波还是调相波？写出其数学表达式；(2)求此调角波的最大频移和调制指数。

解

(1) 瞬时频率 $\omega(t)=2\pi f(t)=2\pi[10^{12}+10^7\cos(2\pi\times10^6t)]$(rad/s)与调制信号 $u_\Omega(t)=U_{\Omega\mathrm{m}}\sin\Omega t$ 形式不同，可判断此调角波不是调频波。其瞬时相位为

$$\varphi(t)=\int_0^t\omega(t)\mathrm{d}t=\int_0^t2\pi[10^{12}+10^7\cos(2\pi\times10^6t)]\mathrm{d}t=2\pi\times10^{12}+10\sin(2\pi\times10^6t)$$

即 $\varphi(t)$ 与调制信号 $u_\Omega(t)=U_{\Omega\mathrm{m}}\sin\Omega t$ 的函数形式一致(成正比)，而 $\omega(t)$ 与 $\varphi(t)$ 是微分关系，可以确定此调角波是调相波，且载频为 10^{12}Hz，调制频率为 10^6Hz。调相波的数学表达式为

$$u_{\mathrm{PM}}(t)=U_{\mathrm{P}}\cos\varphi(t)=12\cos[(2\pi\times10^{12}t)+10\sin(2\pi\times10^6t)]$$

(2) 对于调相波，最大频移 $\Delta\omega_{\mathrm{p}}=k_{\mathrm{p}}U_{\Omega\mathrm{m}}\Omega=m_{\mathrm{p}}\Omega$，所以 $\Delta\omega_{\mathrm{p}}=k_{\mathrm{p}}U_{\Omega\mathrm{m}}\Omega=m_{\mathrm{p}}\Omega=10\times2\pi\times10^6=2\pi\times10^7$，调制指数 $m_{\mathrm{p}}=k_{\mathrm{p}}U_{\Omega\mathrm{m}}=10$。

8.2.3 调频波和调相波的频谱和频带宽度

1. 调频信号的频谱

如果用 m 代替 m_{f} 或 m_{p}，把 FM 和 PM 信号用统一的调角信号来表示，则单一频率调制的调角信号统一表达式为

$$u(t)=U_{0\mathrm{m}}\cos(\omega_0t+m\sin\Omega t)\tag{8.2.22}$$

上式可以写成

$$u(t)=U_{0\mathrm{m}}[\cos(m\sin\Omega t)\cos\omega_0t-\sin(m\sin\Omega t)\sin\omega_0t]\tag{8.2.23}$$

而 $\cos(m\sin\Omega t)$ 和 $\sin(m\sin\Omega t)$ 是周期 $T=2\pi/\Omega$ 的特殊函数，可展开成级数形式：

$$\begin{aligned}\cos(m\sin\Omega t)&=\mathrm{J}_0(m)+2\mathrm{J}_2(m)\cos2\Omega t+2\mathrm{J}_4(m)\cos4\Omega t+\cdots\\&=\mathrm{J}_0(m)+2\sum_{n=1}^{\infty}\mathrm{J}_{2n}(m)\cos2n\Omega t\end{aligned}\tag{8.2.24}$$

$$\begin{aligned}\sin(m\sin\Omega t)&=2\mathrm{J}_1(m)\sin\Omega t+2\mathrm{J}_3(m)\sin3\Omega t+2\mathrm{J}_5(m)\sin5\Omega t+\cdots\\&=2\sum_{n=0}^{\infty}\mathrm{J}_{2n+1}(m)\sin(2n+1)\Omega t\end{aligned}\tag{8.2.25}$$

式中，$\mathrm{J}_n(m)$ 为第一类贝塞尔函数。当 m、n 一定时，$\mathrm{J}_n(m)$ 为定系数，其值可以由曲线和函数查出。图 8.2.3 展示了第一类贝塞尔函数的曲线。

将式(8.2.24)和式(8.2.25)代入式(8.2.22)，得到

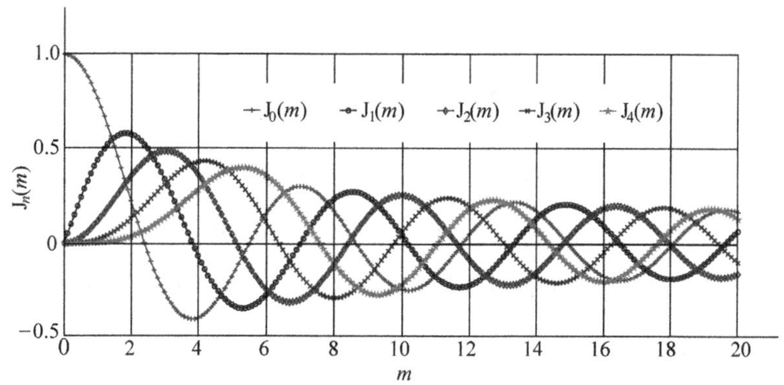

图 8.2.3 第一类贝塞尔函数曲线

$$u(t)=U_{0\mathrm{m}}\left(\mathrm{J}_0(m)+2\sum_{n=1}^{\infty}\mathrm{J}_{2n}(m)\cos 2n\Omega t\right)\cos\omega_0 t-$$

$$U_{0\mathrm{m}}\left[2\sum_{n=0}^{\infty}\mathrm{J}_{2n+1}(m)\sin(2n+1)\Omega t\right]\sin\omega_0 t \tag{8.2.26}$$

令 $U_{0\mathrm{m}}=1$,所以调角信号的数学表达式为

$$\begin{aligned}
u(t)=&\mathrm{J}_0(m)\cos\omega_0 t+ && \text{载频}\\
&\mathrm{J}_1(m)\cos(\omega_0+\Omega)t-\mathrm{J}_1(m)\cos(\omega_0-\Omega)t+ && \text{第一对边频}\\
&\mathrm{J}_2(m)\cos(\omega_0+2\Omega)t+\mathrm{J}_2(m)\cos(\omega_0-2\Omega)t+ && \text{第二对边频}\\
&\mathrm{J}_3(m)\cos(\omega_0+3\Omega)t-\mathrm{J}_3(m)\cos(\omega_0-3\Omega)t+ && \text{第三对边频}\\
&\cdots
\end{aligned} \tag{8.2.27}$$

从式(8.2.27)可得出,由简谐信号调制的调频波或调相波,其频谱有如下特点:

(1) 载频分量上、下各有无数个边频分量,它们与载频分量相隔都是调制频率的整数倍。载频分量与各次边频分量的振幅由对应的各阶贝塞尔函数值所确定。奇数次的上、下边频分量相位相反。

(2) 由如图 8.2.3 所示曲线可看出,调制指数 m 越大,具有较大振幅的边频分量就越多。这与调幅波不同,在简谐信号调幅的情况下,边频数目与调制指数 m 无关。

(3) 在如图 8.2.3 所示曲线中,对于某些 m 值,载频或某些边频振幅为零。利用这一现象可测定调制指数 m。

(4) 根据式(8.2.27),可计算调频波或调相波的功率为

$$P=\mathrm{J}_0^2(m)+2(\mathrm{J}_1^2(m)+\mathrm{J}_2^2(m)+\mathrm{J}_3^2(m)+\cdots+\mathrm{J}_n^2(m)+\cdots) \tag{8.2.28}$$

根据贝塞尔函数的性质,可得到:

① 对于任意的 m,各阶贝塞尔函数的平方和恒等于1,即 $\sum\limits_{n=-\infty}^{\infty}\mathrm{J}_n^2(m)=1$,式(8.2.28)右边的值等于1,因此调频前后平均功率是一样的,且与调制指数 m 无关。在调制指数 m 增大时,$\mathrm{J}_0(m)$变化总趋势将趋于减小,这表示载频分量 ω_0 的功率将减小。由于调角波携带的总功率是不变的,这说明减小了的载频分量的功率将被重新分配到各次边频分量上。

但在调幅的情况下，调幅波的平均功率为$1+\frac{m_a^2}{2}$，相对于调幅前的载波功率增加了$\frac{m_a^2}{2}$。而在调频时，则只导致能量从载频向边频分量转移，总能量则不变。

② $J_{-n}(m)=(-1)^n J_n(m)$，所以有

$$\begin{cases} J_n(m)=J_{-n}(m), & n \text{ 为偶数} \\ J_n(m)=-J_{-n}(m), & n \text{ 为奇数}\, n \end{cases}$$

即当 n 为偶数时，上、下边频分量符号相同；而当 n 为奇数时，上、下边频分量符号相反。

2. 调频信号的带宽

调角信号的频谱包含无穷多个边频分量，在考虑调角信号的频带宽度时，如果忽略其高次边频分量，不会因此带来明显的信号失真。所以也可以把调频波和调相波看成具有有限带宽的信号，它与调制指数 m 密切相关。在决定调频波信号的带宽时，需要考虑哪一高次数的边频分量，取决于实际应用中对解调后的信号允许失真的程度。

对严格要求的场合，调频信号的带宽应包括幅度大于未调载频振幅的1%以上的边频分量，即

$$|J_n(m_f)| \geqslant 0.01 \tag{8.2.29}$$

如果满足上述条件下的最高边频次数为 n_{max}，则调频波信号的带宽 $B_{FM}=2n_{max}\Omega$ 或 $B_{FM}=2n_{max}F$，其中 $F=\Omega/2\pi$。只有当边频的振幅不小于未调制载波振幅的1%（$|J_n(m_f)|\geqslant 0.01$）时，才可计算频带内的边频分量。当 m 增大时，有效边频分量的数目也会增多。因此，调角波的带宽是调制指数 m 的函数。在工程上，为了便于计算不同 m 时的 B_{FM}，可采用以下近似公式：

$$B_{FM}=2(m_f+\sqrt{m_f}+1)F \tag{8.2.30}$$

另一种在调频广播、移动通信和电视伴音信号的传输中常用的工程准则（卡森(Carson)准则）为：对于振幅小于未调载波振幅的10%～15%的边频分量均可以忽略不计。即

$$|J_n(m_f)| \geqslant 0.1 \sim 0.15 \tag{8.2.31}$$

在上述要求下，卡森准则定义的带宽能集中调频波总功率的98%～99%，所以解调后信号的失真还是可以满足信号传输质量要求的。

单一频率调频波带宽的划分：

(1) $m_f \ll 1$：$B_{FM}\approx 2F_{max}$，与调幅波频带相同，称为窄带调频；

(2) $m_f>1$：$B_{FM}=2(m_f+1)F_{max}$，称为宽带调频；

(3) $m_f>10$：$B_{FM}\approx 2m_f F=2\Delta f_m$，$\Delta f_m$ 为最大频移。

实际中的调制信号都是有限带宽，即调制信号占有一定的频率范围（$F_{min}\sim F_{max}$），实际调频波的带宽为

(1) $m_f \ll 1$：$B_{FM}=2F_{max}$；

(2) $m_f>1$：$B_{FM}=2(m_f+1)F_{max}$；

(3) $m_f>10$：$B_{FM}=2\Delta f_m$，$\Delta f_m=m_f F_{max}$。

上面关于调频波带宽的讨论不仅适用于调频波，也适用于调相波。对调相波而言，由于 $m_p=k_p U_{\Omega m}$，当 m_p 即 $U_{\Omega m}$ 一定时，B_{PM} 应考虑的边频对数不变；随着调制频率 Ω 的升

高，各边频分量的间隔 Ω 增大，因而 B_{PM} 将随着 Ω 的增大而明显变宽。可见，调相信号的带宽 B_{PM} 是随着调制频率的升高而相应增大的。Ω 越高，B_{PM} 就越大。如果按照最高调制频率设计带宽，则当调制频率较低时，带宽的利用不充分，这就是调相方式的缺点。

对于调频波，由于 $m_f=\Delta\omega_m/\Omega=\Delta f_m/F$，若调制频率 Ω 升高，调制指数 m_f 随 Ω 的升高而减小，这使 B_{FM} 应考虑的边频对数减小。尽管随着 Ω 升高，各边频分量的间隔 Ω 增大了，但因为要考虑的边频对数减少了，结果 B_{FM} 变化很小，只是略有增大。在调频中，即使调制频率成倍变化，调频波信号的带宽变化也很小。有时也把调频称为恒定带宽调制。

8.3　调频方法

产生调频信号的电路称为调频器。调频器的几个技术指标：已调波的瞬时频率 $\omega(t)$ 与调制信号 $u_\Omega(t)$ 成正比；未调制时的载波频率，即已调波的中心频率具有一定的稳定度；最大频移与调制频率无关；无寄生调幅或寄生调幅尽可能小。产生调频信号的方法很多，主要有两类：第一类主要是用调制信号直接控制载波的瞬时频率——直接调频。第二类是对调制信号积分，然后对载波进行调相，结果得到调频波，即由调相变调频——间接调频。

8.3.1　直接调频原理

直接调频的基本原理是用调制信号直接线性地改变载波振荡的瞬时频率。因此，只要能直接影响载波振荡瞬时频率的元件或参数，用调制信号去控制它们，并使载波振荡瞬时频率按调制信号变化规律线性地改变，都可以完成直接调频的任务。

如果载波由 LC 自激振荡器产生，则振荡频率主要由谐振回路的电感元件和电容元件所决定。因此，只要能用调制信号去控制回路的电感或电容，就能达到控制振荡频率的目的。

变容二极管或反向偏置的半导体 PN 结，可作为电压控制可变电容元件。具有铁氧体磁芯的电感线圈，可作为电流控制可变电感元件。方法是在磁芯上绕一个附加线圈，当这个线圈的电流改变时，它所产生的磁场随之改变，引起磁芯的磁导率改变，从而使主线圈的电感量改变，于是振荡频率随之发生变化。

8.3.2　间接调频原理

用调制信号 $u_\Omega(t)$ 对载波调频时，其相移 $\Delta\varphi(t)$ 与调制信号 $u_\Omega(t)$ 呈积分关系，即

$$\Delta\varphi(t)=k_f\int_0^t u_\Omega(t)\mathrm{d}t \tag{8.3.1}$$

式(8.3.1)告诉我们，如果将 $u_\Omega(t)$ 积分后，再对载波调相，则由式(8.2.13)所得到的调相信号是

$$a(t)=A_0\cos\left(\omega_0 t+k_p\int_0^t u_\Omega(t)\mathrm{d}t\right) \tag{8.3.2}$$

与式(8.2.10)相同。实际上,这就是 $u_{\Omega}(t)$ 积分后作为调制信号的调频波。间接调频正是根据上述原理提出来的,其原理框图如图 8.3.1 所示。这样,就可以采用频率稳定度很高的振荡器,例如,石英晶体振荡器作为载波振荡器,然后在它的后级进行调相,因而调频波的中心稳定度很高。

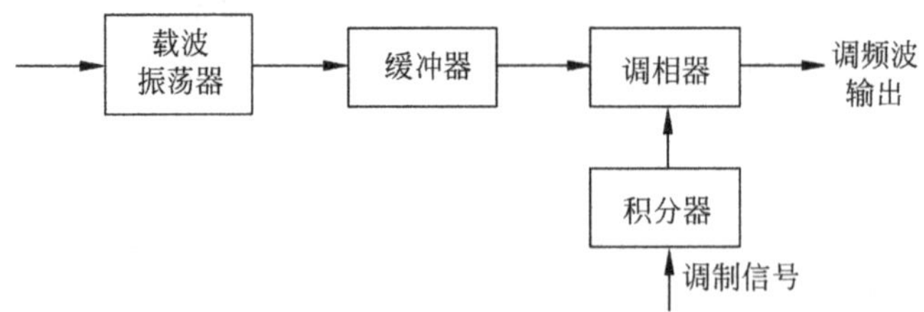

图 8.3.1 由调相器得到的调频波

8.4 变容二极管调频

变容二极管调频的主要优点是能够获得较大的频移(相对于间接调频而言),线路简单,并且几乎不需要调制功率。其主要缺点是中心频率稳定度低。它主要用在移动通信以及自动频率微调系统中。

8.4.1 变容二极管工作的基本原理

变容二极管是利用半导体 PN 结的结电容随反向电压变化这一特性而制成的一种半导体二极管(图 8.4.1(a))。它是一种电压控制可变电抗元件,它的结电容 C_j 与反向电压 u_R 存在以下关系:

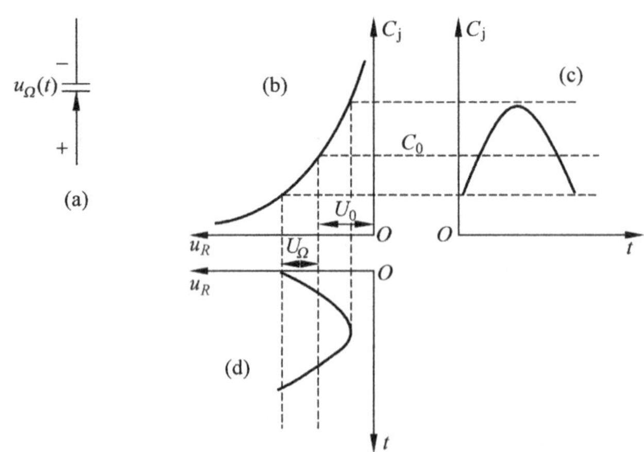

图 8.4.1 变容二极管电学符号及调制信号控制变容二极管结电容原理图

(a) 变容二极管电学符号;(b) 结电容 C_j 与控制信号 $u_R(t)$ 之间的关系;(c) 结电容 C_j 随时间的变化关系;(d) 控制信号 $u_R(t)$ 随时间的变化关系

$$C_{\mathrm{j}}=\frac{C_{\mathrm{j0}}}{\left(1+\frac{u_R}{V_{\mathrm{D}}}\right)^{\gamma}} \tag{8.4.1}$$

式中：V_{D} 为 PN 结的势垒电压(内建电势差，锗管为 0.1～0.2V)；C_{j0} 为反向控制电压 $u_R=0$ 时的结电容；γ 为系数，它的值随半导体的掺杂浓度和 PN 结的结构不同而异，对于缓冲结，$\gamma=1/3$，对于突变结，$\gamma=1/2$，对于超突变结，$\gamma=1\sim4$，最大可达 6 以上。

图 8.4.1(b)表示变容二极管结电容反向电压变化的关系曲线。加到变容管上的反向电压，包括直流偏压 U_0 和调制信号电压 $u_\Omega(t)=U_\Omega\cos\Omega t$，如图 8.4.1(b)所示，即

$$u_R(t)=U_0+U_\Omega\cos\Omega t \tag{8.4.2}$$

此处假定调制信号为单音频简谐信号。结电容在 $u_R(t)$ 的控制下随时间发生变化，如图 8.4.1(c)所示。

8.4.2 变容二极管直接调频电路

直接调频具有获得较大频移的优点，但是中心频率稳定性较差。一般可以采取自动频率控制电路和锁相环路稳频等技术保持频率稳定性。由变容二极管接入的调频电路，可采用各种形式的三点式振荡电路。电路分析时可采用以下简化电路：晶体管直流偏置电路、振荡器高频交流通路、变容二极管直流偏置电路和变容二极管低频控制电路。变容二极管作为压控电容接入 LC 振荡器中，就组成了 LC 压控振荡器(VCO)。变容二极管在振荡器电路中能否正常工作，取决于是否正确给其提供静态负偏压和交流控制电压，是否采取抑制高频振荡信号对直流偏压和低频控制电压的干扰等措施。为此，在电路设计时要适当采用高频扼流圈、旁路电容、隔直流电容等。全面分析变容二极管调频电路，包括晶体管直流偏置电路、振荡器高频交流通路、变容二极管直流偏置电路和变容二极管低频控制电路等几个方面。①对于晶体管直流偏置电路，通常是保留直流电压，将晶体管周围的电阻保留，电容开路，电感短路。②振荡器高频交流通路——以高频工作频率为条件简化以晶体管为核心的交流通路：保留晶体管周围的工作电容(小电容)、变容二极管、工作电感(小电感)，而其他元件则是大电容以短路处理，大电感以开路处理，直流电源以接地处理；另外，一般情况无需画出电阻，相当于开路处理。③变容二极管直流偏置电路——以直流工作条件简化变容管直流偏置通路：将与变容二极管相连的有关电容开路、电感短路、晶体管可用一个等效电阻表示；另外，和变容二极管反向连接的电阻，可以忽略(由变容管反向电阻代替)。④变容二极管低频控制电路——以低频工作条件简化变容管低频控制电路：将与变容二极管相连的有关小电感和高频扼流圈等效为短路(高频扼流圈对直流和低频信号提供通路，对高频信号起阻挡作用)；较大的电容以短路处理，较小的电容以开路处理和直流电源以接地处理。

图 8.4.2(a)为变容二极管直接调频电路原理图，它是把受到调制信号控制的变容二极管接入载波振荡器的振荡回路，使得调制信号可以控制回路振荡频率。适当选择变容二极管的特性和工作状态，可以使振荡频率的变化近似地与调制信号呈线性关系。这样就实现了调频。

根据以上分析方法，图 8.4.2(b)代表晶体管直流偏置电路，它构成了一个完整的直流通路，保证晶体管静态工作处于正常状态。图 8.4.2(c)代表整个电路的高频交流通路，虚

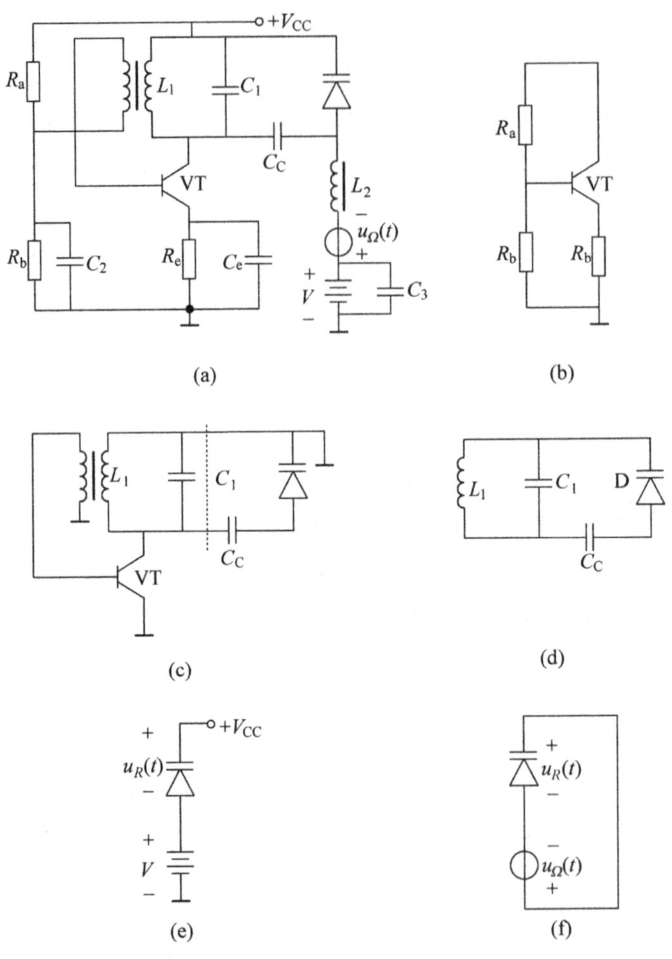

图 8.4.2　变容二极管直接调频电路

(a) 变容二极管直接调频原理图；(b) 晶体管直流偏置电路；(c) 高频交流通路；(d) 振荡回路等效电路；(e) 变容管直流控制电路；(f) 变容管低频控制电路

线左边是典型的正弦波振荡器，右边是变容二极管，其中 $u_\Omega(t)$ 是低频交流通路电源电压，因为电容 C_C 对直流和低频信号的阻碍作用，所以 $u_\Omega(t)$ 对高频交流通路可以看成断路。图 8.4.2(d)代表振荡回路等效电路，图 8.4.2(e)为变容管的直流控制电路，图 8.4.2(f)为变容管低频控制电路。加到变容管上的反向偏压为

$$u_R(t)=V_{CC}-V+U_\Omega\cos\Omega t=U_0+u_\Omega(t) \tag{8.4.3}$$

式中，$U_0=V_{CC}-V$ 是反向直流偏压。

图 8.2.4(a)中，C_C 是变容管与 LC 回路之间的耦合电容，同时起到隔直流的作用；C_3 是对调制信号起滤波和旁路作用的电容；L_2 是高频扼流圈，但让调制信号通过。

8.4.3　变容二极管电路分析

变容二极管调频手段是利用调制信号控制反向偏置电压，从而控制结电容的变化，最终

使电路的振荡频率发生变化。本节主要目的是找出 $\omega(t)$ 与 $u_\Omega(t)$ 之间的函数关系，并减小调制时产生的非线性失真。为了得到 $\omega(t)$ 与 $u_\Omega(t)$ 之间的定量关系，首先确定振荡回路电容的变化量 $\Delta C(t)$ 与 $u_\Omega(t)$ 之间的关系，然后根据 $\Delta\omega(t)$ 与 $\Delta C(t)$ 之间的关系求出 $\Delta\omega(t)$ 与 $u_\Omega(t)$ 之间的关系。

1) $\Delta C(t)$ 与 $u_\Omega(t)$ 之间的关系

图 8.4.3 是图 8.4.2(d)振荡回路的等效电路。图中 C_j 表示加上反向电压 $u_R(t)=U_0+u_\Omega(t)$ 的变容二极管电容。当调制信号 $u_\Omega(t)=0$ 时，变容二极管结电容为常数 C_0，它对应于反向偏置电压 U_0 的结电容，如图 8.4.1(b)所示。由式(8.4.1)得

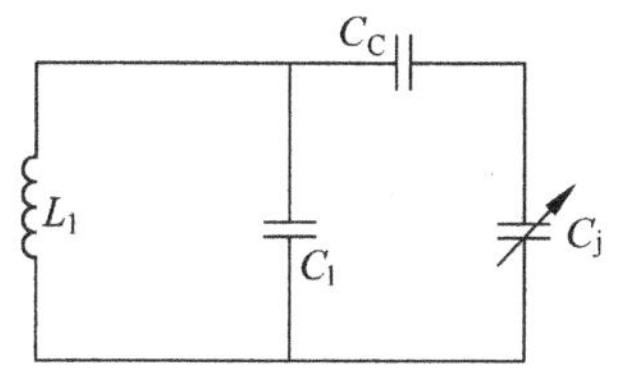

图 8.4.3 图 8.4.2(d)振荡回路的等效电路

$$C_j=\frac{C_{j0}}{\left(1+\dfrac{U_0}{V_D}\right)^\gamma} \tag{8.4.4}$$

振荡回路总电容为

$$C=C_1+\frac{C_C C_0}{C_C+C_0}=C_1+\frac{C_C}{1+\dfrac{C_C}{C_0}} \tag{8.4.5}$$

当调制信号为单音频简谐信号时，即 $u_\Omega(t)=U_\Omega\cos\Omega t$，变容二极管结电容随时间发生变化，如图 8.4.1(c)所示。由式(8.4.1)得出这时的结电容为

$$C_j=\frac{C_{j0}}{\left(1+\dfrac{U_0+U_\Omega\cos\Omega t}{V_D}\right)^\gamma}=\frac{C_{j0}}{\left(\dfrac{V_D+U_0}{V_D}\right)^\gamma\left(1+\dfrac{U_\Omega\cos\Omega t}{V_D+U_0}\right)^\gamma} \tag{8.4.6}$$

将式(8.4.4)代入式(8.4.6)，并令

$$m=\frac{U_\Omega}{V_D+U_0} \tag{8.4.7}$$

式中，m 称为调制深度。于是，式(8.4.6)可化为

$$C_j=C_0(1+m\cos\Omega t)^{-\gamma} \tag{8.4.8}$$

$$C'=C_1+\frac{C_C C_j}{C_C+C_j}=C_1+\frac{C_C}{1+\dfrac{C_C}{C_j}}=C_1+\frac{C_C}{1+\dfrac{C_C}{C_0}(1+m\cos\Omega t)^\gamma} \tag{8.4.9}$$

由式(8.4.9)和式(8.4.5)，可求出由调制信号所引起的振荡回路总电容变化量：

$$\Delta C(t)=C'-C=\frac{C_C}{1+\dfrac{C_C}{C_0}(1+m\cos\Omega t)^\gamma}-\frac{C_C}{1+\dfrac{C_C}{C_0}} \tag{8.4.10}$$

式中与时间有关的部分是 $(1+m\cos\Omega t)^\gamma$。将其在 $m\cos\Omega t=0$ 附近展开成泰勒级数，得到

$$(1+m\cos\Omega t)^\gamma = 1+\gamma m\cos\Omega t+\frac{1}{2}\gamma(\gamma-1)m^2\cos^2\Omega t+\frac{1}{6}\gamma(\gamma-1)(\gamma-2)m^3\cos^3\Omega t+\cdots$$

由于通常 $m<1$，所以上列级数是收敛的。m 越小，级数收敛越快。可用少数几项(例如前四项)来近似表示函数 $(1+m\cos\Omega t)^\gamma$。将三角恒等式

$$\cos^2\Omega t=\frac{1}{2}(1+\cos 2\Omega t),\quad \cos^3\Omega t=\frac{3\cos\Omega t}{4}+\frac{1}{4}\cos 3\Omega t$$

代入近似式，整理后，得

$$(1+m\cos\Omega t)^\gamma=1+\frac{1}{4}\gamma(\gamma-1)m^2+\frac{1}{8}\gamma m[8+(\gamma-1)(\gamma-2)m^2]\cos\Omega t+\frac{1}{4}\gamma(\gamma-1)m^2\cos 2\Omega t+\frac{1}{24}\gamma(\gamma-1)(\gamma-2)m^2\cos 3\Omega t \tag{8.4.11}$$

令

$$\begin{cases}A_0=\frac{1}{4}\gamma(\gamma-1)m^2\\ A_1=\frac{1}{8}\gamma m[8+(\gamma-1)(\gamma-2)m^2]\\ A_2=\frac{1}{4}\gamma(\gamma-1)m^2\\ A_3=\frac{1}{24}\gamma(\gamma-1)(\gamma-2)m^3\end{cases} \tag{8.4.12}$$

并令

$$\Phi(m,\gamma)=A_0+A_1\cos\Omega t+A_2\cos 2\Omega t+A_3\cos 3\Omega t \tag{8.4.13}$$

则式(8.4.12)可写成

$$(1+m\cos\Omega t)^\gamma=1+\Phi(m,\gamma) \tag{8.4.14}$$

函数 $\Phi(m,\gamma)$的各项系数与 m 及 γ 有关。表 8.4.1 列出了一些典型数据。

表 8.4.1　函数 $\Phi(m,\gamma)$各项系数值

系数	一般形式	$\gamma=\frac{1}{2}$	$\gamma=\frac{1}{3}$
A_0	$\frac{1}{4}\gamma(\gamma-1)m^2$	$-\frac{1}{16}m^2$	$-\frac{1}{18}m^2$
A_1	$\frac{1}{8}\gamma m[8+(\gamma-1)(\gamma-2)m^2]$	$\frac{1}{16}m\left(8+\frac{3}{4}m^2\right)$	$\frac{1}{24}m\left(8+\frac{10}{9}m^2\right)$
A_3	$\frac{1}{4}\gamma(\gamma-1)m^2$	$-\frac{1}{16}m^2$	$-\frac{1}{18}m^2$
A_4	$\frac{1}{24}\gamma(\gamma-1)(\gamma-2)m^3$	$\frac{1}{64}m^3$	$\frac{5}{324}m^3$

系数	$m=0.5$		$m=1$	
	$\gamma=\frac{1}{2}$	$\gamma=\frac{1}{3}$	$\gamma=\frac{1}{2}$	$\gamma=\frac{1}{3}$
A_0	−0.0156	−0.013 85	−0.0625	−0.056
A_1	0.2562	0.1745	0.547	0.38
A_3	−0.0156	−0.013 85	−0.0625	−0.056
A_4	0.002	0.001 93	0.0156	0.0154

将式(8.4.14)代入式(8.4.10),得

$$\Delta C(t)=\frac{C_C}{1+\frac{C_C}{C_0}[1+\Phi(m,\gamma)]}-\frac{C_C}{1+\frac{C_C}{C_0}}=\frac{-\frac{C_C^2}{C_0}\Phi(m,\gamma)}{\left[1+\frac{C_C}{C_0}+\frac{C_C}{C_0}\Phi(m,\gamma)\right]\left(1+\frac{C_C}{C_0}\right)} \tag{8.4.15}$$

通常下列条件是成立的：

$$\frac{C_C}{C_0}\Phi(m,\gamma)\ll 1+\frac{C_C}{C_0}$$

式(8.4.15)可近似写成

$$\Delta C(t)=\frac{-\frac{C_C^2}{C_0}}{\left(1+\frac{C_C}{C_0}\right)^2}\Phi(m,\gamma) \tag{8.4.16}$$

式(8.4.16)说明振荡回路电容的变化量 $\Delta C(t)$与调制信号之间的近似关系。

2) $\Delta C(t)$引起振荡频率的变化

当回路电容有微量变化 ΔC 时,振荡频率产生 Δf 的变化,其关系如下：

$$\frac{\Delta f}{f_0}\approx-\frac{1}{2}\frac{\Delta C}{C} \tag{8.4.17}$$

式中,f_0 是未调制时的载波频率,C 是调制信号为零时的回路总电容。由于$\frac{\Delta C}{C}$很小,所以$\frac{\Delta f}{f_0}$亦很小,属于小频移调频的情况。调频时,ΔC 随调制信号变化,因而 Δf 随时间变化,以 $\Delta f(t)$ 表示。将式(8.4.17)代入式(8.4.17),得

$$\frac{\Delta f(t)}{f_0}=\left(\frac{C_C}{C_C+C_0}\right)^2\frac{C_0}{2C}\Phi(m,\gamma) \tag{8.4.18}$$

令

$$\begin{cases} p=\dfrac{C_C}{C_C+C_0} \\ K=p^2\dfrac{C_0}{2C} \end{cases} \tag{8.4.19}$$

式中,p 是变容二极管与振荡回路之间的接入系数,K 代表变容二极管与振荡回路之间的耦合强度。

将式(8.4.13)和式(8.4.19)代入式(8.4.18),得

$$\Delta f(t)=Kf_0(A_0+A_1\cos\Omega t+A_2\cos 2\Omega t+A_3\cos 3\Omega t) \tag{8.4.20}$$

上式说明,瞬时频率的变化中含有以下成分。

(1) 与调制信号呈线性关系的成分,其最大频移为

$$\Delta f_1=KA_1f_0=\frac{1}{8}\gamma m[8+(\gamma-1)(\gamma-2)m^2]Kf_0 \tag{8.4.21}$$

(2) 与调制信号的二次、三次谐波呈线性关系的成分，其最大频移分别为

$$\Delta f_2 = KA_2 f_0 = \frac{1}{4}\gamma(\gamma-1)m^2 Kf_0 \tag{8.4.22}$$

$$\Delta f_3 = KA_3 f_0 = \frac{1}{24}\gamma(\gamma-1)(\gamma-2)m^3 Kf_0 \tag{8.4.23}$$

(3) 中心频率相对于未调制时的载波频率产生的频移为

$$\Delta f_0 = KA_0 f_0 = \frac{1}{4}\gamma(\gamma-1)m^2 Kf_0 \tag{8.4.24}$$

Δf_1 是调频时所需要的频移，Δf_0 是引起中心频率不稳定的一种因素，Δf_2 和 Δf_3 是频率调制的非线性失真。二次非线性失真系数为

$$k_2 = \frac{|\Delta f_2|}{|\Delta f_1|} = \left|\frac{A_2}{A_1}\right| = \left|\frac{2m(\gamma-1)}{8+(\gamma-1)(\gamma-2)m^2}\right| \tag{8.4.25}$$

三次非线性失真系数为

$$k_3 = \frac{|\Delta f_3|}{|\Delta f_1|} = \left|\frac{A_3}{A_1}\right| = \left|\frac{\frac{1}{3}(\gamma-1)(\gamma-2)m^2}{8+(\gamma-1)(\gamma-2)m^2}\right| \tag{8.4.26}$$

总的非线性失真系数为

$$k = \sqrt{k_2^2 + k_3^2} \tag{8.4.27}$$

为了使调制线性良好，应尽可能减小 Δf_2 和 Δf_3 影响，即减小 k_2 和 k_3。为了使中心频率稳定度尽量少受变容二极管的影响，应尽可能减小 Δf_0。如果选取较小的值，即调制信号振幅 U_Ω 较小，或者说变容二极管应用于 C_j-u_R 曲线比较窄的范围内，则非线性失真以及中心频率频移均很小。但是，有用频移 Δf_1 也同时减小。为了兼顾频移 Δf_1 和非线性失真的要求，一般取 $m\approx 0.5$。

3) 频移 Δf 与调制信号之间的关系

若选取 $\gamma=1$，则二次、三次非线性失真系数以及中心频率频移均为零。当 $\gamma=1$ 时，由式(8.4.10)可得出 $\Delta C(t)$ 与 $u_\Omega(t)$ 之间的关系

$$\Delta C(t) = \frac{C_C}{1+\dfrac{C_C}{C_0}+\dfrac{C_C}{C_0}m\cos\Omega t} - \frac{C_C}{1+\dfrac{C_C}{C_0}} \tag{8.4.28}$$

当 $\dfrac{C_C}{C_0}m\cos\Omega t \ll 1+\dfrac{C_C}{C_0}$ 时，上式近似为

$$\Delta C(t) = \frac{-\dfrac{C_C^2}{C_0}}{\left(1+\dfrac{C_C}{C_0}\right)^2} m\cos\Omega t \tag{8.4.29}$$

式(8.4.29)说明 $\Delta C(t)$ 与调制信号恰成正比关系。如果 $\Delta C(t)$ 很小，由式(8.4.17)可知，Δf 与 ΔC 成正比关系，最后必然得出 Δf 与调制信号 $u_\Omega(t)$ 成正比关系。

以上讨论的是 ΔC 相对于回路总电容 C 很小即频移很小的情况。如果 ΔC 比较大，式(8.4.17)不再成立。只有当 $\gamma=2$ 时，才可能真正实现没有非线性失真的调频。在小频

移情况下，选择 $\gamma=1$ 的变容二极管可近似地实现线性调频；而在大频移情况下，必须选择 γ 接近 2 的超突变结点容二极管，才能使调制具有良好的线性。

下面从振荡频率角度分析调频性能。由于 $C_j \gg \frac{C_C C_1}{C_C + C_1}$，则总电容 $C_\Sigma \approx C_j$。这样振荡频率只取决于 L 和 C_j。振荡频率为

$$\omega(t) = \frac{1}{\sqrt{LC_j}} = \frac{1}{\sqrt{LC_{j0}(1+m\cos\Omega t)^{-\gamma}}} = \omega_0 (1+m\cos\Omega t)^{\frac{\gamma}{2}} \tag{8.4.30}$$

式中，$\omega = \frac{1}{\sqrt{LC_{j0}}}$ 为未加调制信号（$u_\Omega(t)=0$）时的振荡频率，它就是调频振荡器的中心频率（载频）。调制后的变容二极管调频振荡频率包含两种情况。

(1) 当 $\gamma=2$ 时，振荡频率为

$$\omega(t) = \omega_0(1+m\cos\Omega t) = \omega_0 + k_f \cos\Omega t \tag{8.4.31}$$

由 $m=\frac{U_\Omega}{V_D+U_0}$，故 $k_f = m\omega_0 = \frac{\omega_0 U_\Omega}{V_D + U_0}$。此时电路中振荡频率 $\omega(t)$ 在中心频率 ω_0 的基础上，随调制信号 $u_\Omega(t)$ 成正比关系，可获得线性调频。

(2) 当 $\gamma \neq 2$ 时，振荡频率为

$$\omega(t) = \omega_0(1+m\cos\Omega t)^{\frac{\gamma}{2}} = \omega_0 \left[1 + \frac{\gamma}{2} m\cos\Omega t + \frac{\gamma}{2!}\,\frac{\gamma}{2}\left(\frac{\gamma}{2}-1\right) m^2 \cos^2\Omega t + \cdots\right] \tag{8.4.32}$$

忽略高次项，$\omega(t)$ 可近似表示为

$$\begin{aligned}\omega(t) &= \omega_0 \left[1 + \frac{\gamma}{8}\left(\frac{\gamma}{2}-1\right) m^2\right] + \frac{\gamma}{2} m\omega_0 \cos\Omega t + \frac{\gamma}{8}\left(\frac{\gamma}{2}-1\right)\omega_0 m^2 \cos 2\Omega t \\ &= (\omega_0 + \Delta\omega_0) + \Delta\omega_m \cos\Omega t + \Delta\omega_{2m}\cos 2\Omega t\end{aligned} \tag{8.4.33}$$

式中，$\Delta\omega_0 = \frac{\gamma}{8}\left(\frac{\gamma}{2}-1\right) m^2 \omega_0$，$\Delta\omega_m = \frac{\gamma}{2} m\omega_0$，$\Delta\omega_{2m} = \frac{\gamma}{8}\left(\frac{\gamma}{2}-1\right) m^2 \omega_0$。

由式(8.4.33)可得出以下结论。

(1) 由于曲线 C_j-u_R 的非线性，在调制信号的一个周期内，结电容的变化是不对称的，这使结电容的平均值比静态电容 C_{j0} 要大，且随 U_Ω 大小而变化，从而使调频波的中心频率发生频移。频移值 $\Delta\omega_0 = \frac{\gamma}{8}\left(\frac{\gamma}{2}-1\right) m^2 \omega_0$，与 γ、m 有关，γ、m 越大，$\Delta\omega_0$ 越大。

(2) 调频器的最大频移 $\Delta\omega_m = \frac{\gamma}{2} m\omega_0$。显然选择 γ 大的变容管，提高调制深度和载波频率 ω_0，都会使调制信号的最大角频移 $\Delta\omega_m$ 增大。

(3) C_j-u_R 非线性作用使得 Ω 的谐波分量(2Ω)引起附加频移 $\Delta\omega_{2m}$，C_j 的非线性使频移中增加了 2Ω、3Ω 等各次谐波分量引起的附加频移。这会导致调频接收机解调后的输出信号除了有用信号 Ω 分量外，还包含其他谐波分量，造成调频接收机的非线性失真。实际中应尽量减小调频信号产生过程中 C_j 的非线性失真。

(4) 为了衡量调频器中调制信号电压对角频移的控制作用，可定义调制灵敏度 S_f，即单位调制信号电压振幅产生的最大角频移值。其大小为

$$S_f=\frac{\text{最大角频移}}{\text{调制信号振幅}}=\frac{\Delta\omega_m}{U_\Omega}=\frac{\gamma m\omega_0}{2U_\Omega}=\frac{\gamma\omega_0 U_\Omega}{2U_\Omega(U_D+U_0)}=\frac{\gamma\omega_0}{2(V_D+U_0)} \tag{8.4.34}$$

因此,选择大的结电容指数,减小工作点反向偏置电压 U_0 的绝对值,提高载波频率 ω_0,都可以提高调频器的调制灵敏度。

在以变容二极管 C_j 构成回路总电容的调频器中,变容二极管的静态电容 C_j 直接决定了调频波的中心频率。因为 C_{j0} 是随着温度、电源电压和外在环境而改变的,C_j 的非线性变化导致调频波中心频率发生频移。如果在要求中心频率比较高的场合,则需采用自动频率微调电路等稳频措施。

例 8.4.1 已知振荡器指标为:频率 $f_0=50\text{MHz}$,振幅为 5V,回路总电容 $C=20\text{pF}$,选用变容二极管 2CC1C,它的静态直流工作电压 $U_0=4\text{V}$,静态点的电容 $C_0=70\text{pF}$。设接入系数 $p=0.2$,$\Delta f_1=75\text{kHz}$,调制灵敏度 $U_\Omega\leqslant 500\text{mV}$。试计算中心频率频移和非线性失真。

解 由式(8.4.19)可求出

$$K=p^2\frac{C_0}{2C}=0.2^2\times\frac{70}{2\times 20}=0.07$$

由式(8.4.21)求出

$$A_1=\frac{\Delta f_1}{Kf_0}=\frac{75\times 10^3}{0.07\times 50\times 10^6}=0.02$$

2CC1C 为突变结变容二极管,$\gamma=1/2$,查表 8.4.1 得到 A_1 为

$$A_1=\frac{1}{16}m\left(8+\frac{3}{4}m^2\right)$$

因为 $\frac{3}{4}m^2\ll 8$,所以 $m\approx 2A_1=2\times 0.02=0.04$。

根据表 8.4.1 得到

$$A_0=-\frac{1}{16}m^2=-\frac{1}{16}\times 0.04^2=-10^{-4}$$

$$A_2=-\frac{1}{16}m^2=-10^{-4}$$

$$A_3=\frac{1}{64}m^3=10^{-6}$$

由式(8.4.21)和式(8.4.25)得到

$$\Delta f_2=KA_2f_0=-0.07\times 10^{-4}\times 50\times 10^6\,\text{Hz}=-350\text{Hz}$$

$$\Delta f_3=KA_3f_0=0.07\times 10^{-6}\times 50\times 10^6\,\text{Hz}=3.5\text{Hz}$$

中心频率频移 $\Delta f_0=KA_0f_0=-0.07\times 10^{-4}\times 50\times 10^6\,\text{Hz}=350\text{Hz}$。

根据式(8.4.25)~式(8.4.27),可求出调频波的非线性失真系数

$$k_2=\frac{|\Delta f_2|}{|\Delta f_1|}=\frac{350}{75\times 10^3}=0.005$$

$$k_3=\frac{|\Delta f_3|}{|\Delta f_1|}=\frac{3.5}{75\times 10^3}=4.67\times 10^{-5}$$

$$k=\sqrt{k_2^2+k_3^2}\approx k_2=0.5\%$$

计算所需调制电压幅度，根据 $U_\Omega=m(U_D+U_0)$，通常二极管势垒电势 V_D 比 U_0 小很多，可以忽略，所以 $U_\Omega\approx mU_0=0.04\times4=0.16V<U_\Omega=0.5V$，因而能满足调制灵敏度高的要求。

例 8.4.2 图 8.4.4 为调频振荡回路，它由电感 L 和变容二极管 C_j 组成。$L=1\mu H$；变容二极管的参数为：$C_{j0}=221pF$，$U_D=0.7V$，$\gamma=0.5$；$U_0=-7V$，调制 $u_\Omega(t)=2\sin10^4t$ 输出 FM 波，求：(1)载波 f_c；(2)由调制信号引起的载波漂移 Δf_c；(3)最大频移 Δf_m；(4)调制灵敏度 k_f(调频系数)；(5)二阶失真系数 k_{f2}。

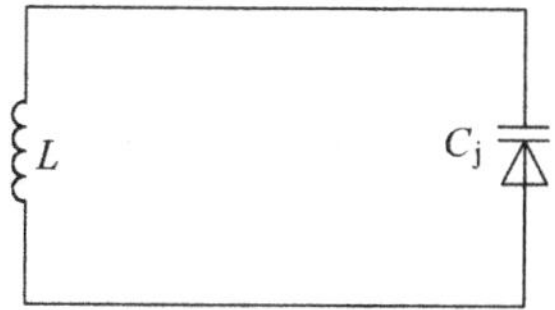

图 8.4.4 调频振荡回路

解

(1) 载波 f_c

当 $u_\Omega(t)=0$，$C_j=C_{j0}=221pF$，$U_D=0.7V$，$\gamma=0.5$，$U_0=-7V$

$$C_j=\frac{C_{j0}}{\left(1+\frac{U_0}{U_D}\right)^\gamma}=\frac{221}{\left(1+\frac{7}{0.7}\right)^{0.5}}F=67.0pF$$

$$\omega_c=\frac{1}{\sqrt{LC_j}}=\frac{1}{\sqrt{1\times10^{-6}\times67.0\times10^{-12}}}rad/s=12.2\times10^7rad/s$$

$$f_c=\frac{\omega_c}{2\pi}\approx19.4MHz$$

(2) 由调制信号引起的载波漂移 Δf_c

$$\omega(t)=\omega_c(1+m\cos\Omega t)^{\frac{\gamma}{2}}\approx\omega_c+\Delta\omega_c+\Delta\omega_m\cos\Omega t+\Delta\omega_{2m}\cos2\Omega t$$

$$m=\frac{2}{7+0.7}\approx0.26$$

$$\Delta\omega_c=\frac{1}{8}\gamma\left(\frac{\gamma}{2}-1\right)m^2\cdot\omega_c=\frac{1}{8}\times\frac{1}{2}\times\left(\frac{1}{4}-1\right)\times\left(\frac{2}{0.7+7}\right)^2\times122\times10^6rad/s$$

$$=-0.4\times10^6rad/s$$

$$\Delta f_c=\frac{\Delta\omega_c}{2\pi}=-6.40\times10^4Hz$$

(3) 最大频移 Δf_m

$$\Delta\omega_m=\frac{\gamma m\omega_c}{2}=\frac{1}{2}\times0.26\times\frac{1}{2}\times12.2\times10^7rad/s\approx7.9\times10^6rad/s$$

$$\Delta f_m=\frac{\Delta\omega_m}{2\pi}=1.26\times10^6Hz$$

(4) 调制灵敏度 k_f

$$k_f=\frac{\Delta f_m}{U_{\Omega m}}=\frac{1.26\times10^6}{2}Hz/V=6.30\times10^4Hz/V$$

(5) 二阶失真系数 k_{f2}

$$\Delta\omega_{2m}=\Delta\omega_c=\frac{1}{8}\gamma\left(\frac{\gamma}{2}-1\right)m^2\cdot\omega_c=-0.4\times10^6\,\text{rad/s}$$

$$k_{f2}=\frac{\Delta\omega_{2m}}{\Delta\omega_m}=\left|\frac{m}{4}\left(\frac{\gamma}{2}-1\right)\right|\approx0.05$$

8.4.4 双变容二极管直接调频电路

可以把变容二极管特性与之前学过的振荡器电路(如电容反馈式三端振荡器)结合起来。图 8.4.5(a)是一个变容二极管的实用电路。它的基本电路是电容反馈三端式振荡器,晶体管 T 集电极和基极之间的振荡回路由三个支路并联组成,分别是 C_1 和 C_2 的串联支路;电感 L_1 和 C_3;反向串接的两个变容二极管 C_{j1} 和 C_{j2}。电路满足电容反馈式三端振荡电路的组成原则。振荡电路的高频等效电路如图 8.4.5(b)所示。

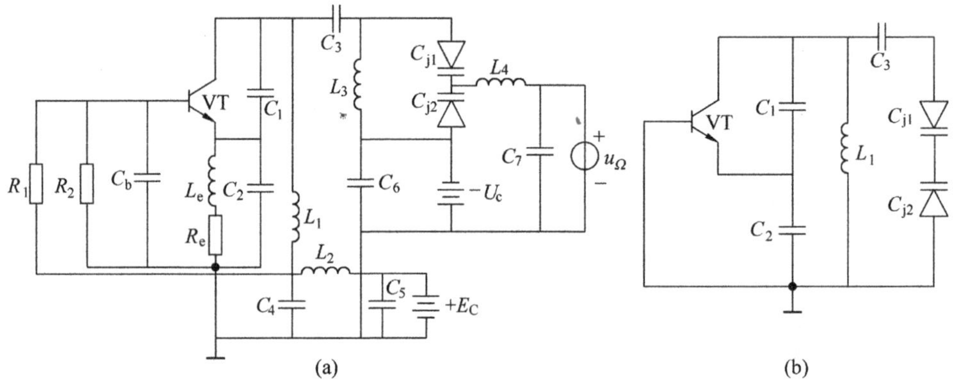

图 8.4.5 变容二极管调频电路

(a) 实际电路;(b) 高频等效电路

图 8.4.5(a)中,直流偏置电压$-U_c$ 同时加在两个反向串接的变容二极管 C_{j1} 和 C_{j2} 的正极,调制信号 $u_\Omega(t)$经扼流圈 L_4 加在两个变容二极管的负极上,这使得两个变容二极管都加有反向偏置电压 $u_d(t)=-U_c+u_\Omega(t)$。C_{j1} 和 C_{j2} 将受控于调制信号电压 $u_\Omega(t)$。两管串联后的总电容 $C_j'=C_j/2$。C_j'与 C_3 串联后接入振荡回路,所以,串联结电容 C_j'对振荡回路是部分接入的。

(1) 与单变容二极管直接接入相比,在要求最大频移相同情况下,m 值可以降低,这是由于 $C_j'=C_j/2$,使 C_j'的接入系数 p 增大的结果。

(2) 对高频信号而言,两管串联,加到两个变容二极管的高频电压降低一半,可减弱高频电压对结电容的影响。

(3) 采用反向串联组态,这样在高频信号的任意半周期内,其中一个变容二极管的寄生电容增大,而另一个减小,使结电容的变化因不对称而相互抵消,从而削弱寄生调制。

在这个变容二极管调频器实用电路中,由于采用变容二极管 C_j'部分接入振荡回路的方式,使得 C_j'对回路总电容的控制能力比全接入减弱了。显然,随着 C_j'接入系数的减小,调频器的最大角频移 $\Delta\omega_m$、调制灵敏度 m_f 都将相应地减小。由于 C_j'的部分接入,使 C_{jQ} 随温度及电源电压变化的影响和 C_j' 的非线性导致的 $\Delta\omega_0$ 频移都减小了，这有利于减小调频波中心频率的不稳定度。此外，C_j' 的部分接入，还有利于减小因高频电压加于变容二极管两端而造成的寄生振幅。因为变容二极管两端实际上加的有效电压为

$$u_d(t)=-U_c+u_\Omega(t)+\text{高频振荡电压}$$

由于 C_j 的非线性特性，在高频电压一个周期内的结电容变化不对称，会造成整个周期内结电容平均值随着 $u_\Omega(t)$ 振幅和高频振幅而变化，从而造成寄生调制。C_j' 部分接入的方式有利于减弱寄生振幅的影响。C_j' 部分接入时调频特性分析方法与全接入时的分析方法基本相同。在此不再赘述。

8.4.5 晶体振荡器直接调频电路

直接调频的主要优点是可以获得较大的频移，但是这种调节方式中心频率的稳定性（主要是长期稳定性）较差。很多情况对电路中心频率的稳定度会提出比较严格的要求。石英晶体频率稳定度相对较高，可以采用变容二极管与石英晶体串联或者并联的方式，如图 8.4.6 所示。

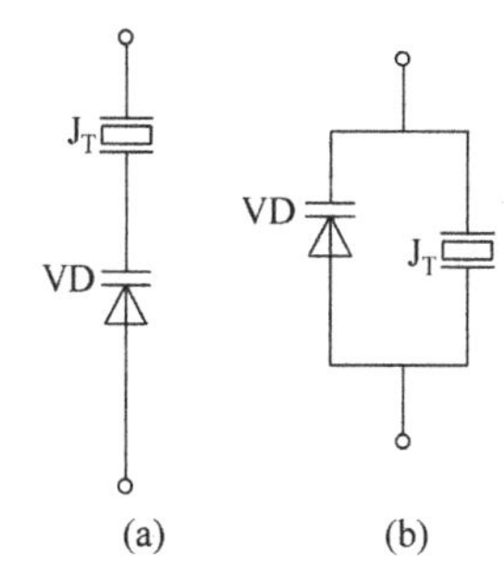

图 8.4.6 变容二极管与晶体的两种连接方式

(a) 串联；(b) 并联

但是无论哪一种方式，都会引起变容二极管的结电容发生变化，这也会影响回路振荡频率。变容二极管与晶体并联方式有一个较大的缺点，就是变容管参数的不稳定性直接严重地影响调频信号中心频率的稳定度，因而用得比较广泛的还是变容管与石英晶体相串联的方式。加大频移的方法是：增加电感 L，扩展感性区串联和并联谐振频率差 $|f_s-f_p|$，以加大频移 Δf；通过倍频加大 Δf。

图 8.4.7(a)是皮尔斯晶体振荡器进行频率调制的典型电路，图(b)是它的高频等效电路。图中 C_1、C_2 与石英晶体、变容管组成皮尔斯振荡电路；L_1、L_2 和 L_3 为高频扼流圈；R_1、R_2 和 R_3 是振荡管的偏置电路，C_3 对调制信号短路，当调制信号使变容管的结电容变化时，晶体振荡器的振荡频率就受到限制。

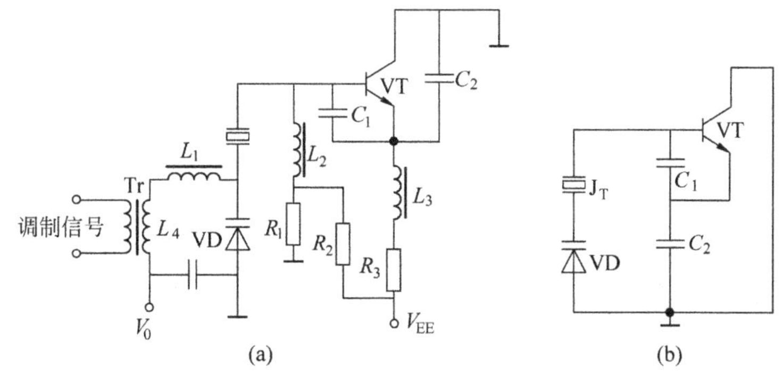

图 8.4.7 晶体振荡器直接调频电路

(a) 原理电路；(b) 高频等效电路

图 8.4.8 是 100MHz 晶体振荡器的变容管直接调频电路，组成无线话筒中的发射机。右边虚线框中 VT_2 管构成皮尔斯晶体振荡电路，并由变容管直接调频。VT_2 管集电极上的谐振回路调谐在晶体振荡频率的三次谐波上，完成三倍频功能。左边虚线框中 VT_1 管为音频放大器，将话筒提供的语音信号放大后，经 2.2μH 的高频扼流圈加到变容管上。同时 VT_1 的电源电压也通过 2.2μH 的高频扼流圈加到变容管上，作为变容管的偏置电压。

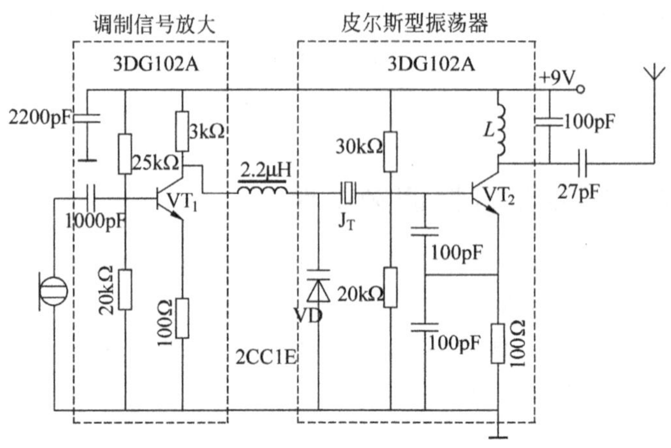

图 8.4.8 晶体振荡器与变容管直接调频电路

8.5 间接调频方法——通过调相实现调频

8.5.1 间接调频的基本原理

上面我们提到，为了提高直接调频时中心频率的稳定度，必须采取一些措施，比如采用自动频率控制电路和锁相环路稳频。间接调频是借助调相实现调频的。这种调制方式能够得到很高的频率稳定度，主要在于，一是采用高稳定的晶体振荡器作为主振极；二是调制不在主振器中进行，而是在其后的某一级放大器中进行；三是将调制信号积分后对载波再进行调相。

图 8.5.1 为间接调频原理框图，主要包含以下三个步骤：

(1) 对调制信号 $u_\Omega(t)$ 积分，产生 $\int u_\Omega(t)\mathrm{d}t$；

(2) 用 $\int u_\Omega(t)\mathrm{d}t$ 对载波调相，产生相对而言的窄带调频波 $u_{\mathrm{FM}}(t)$；

(3) 窄带调频波经多级倍频器和混频器后，产生中心频率范围和调频频移都符合要求的宽带调频波输出。

要使间接调频实现线性调频，必须以线性调相为基础。实现线性调相时，要求最大瞬时相位频移小于 30°，其线性调相范围有限，所以调频波的频移范围也比较小，这是间接调频的主要缺点。

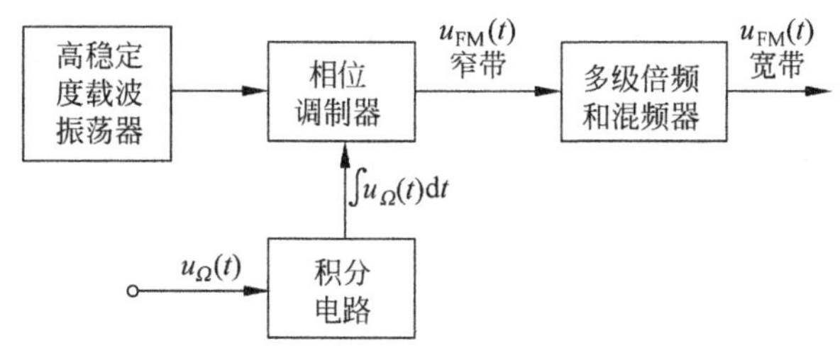

图 8.5.1 间接调频原理框图

但鉴于间接调频方法能得到频率稳定度高的调频波,调相不仅是间接调频的基础,而且在现代无线电通信的遥测系统中得到广泛的应用,所以本章节的重点是各种调相的方法。

8.5.2 调相方法

调相方法通常有三类：一类是用调制信号控制谐振回路或移相网络的电抗或电阻元件以实现调相；第二类是矢量合成法调相；第三类是脉冲调相。本节主要讨论第一类调相方法。

1. LC 或 RC 等移相网络实现调相

1）利用谐振回路调相

图 8.5.2 是使用可控相移网络实现的调相。晶体振荡器发出高频简谐波 $U_m\cos\omega_c t$,将调制信号输入可控相移网络,使原来载波信号发生一定的相移,载波信号相位变化是调制信号的函数,即 $\Delta\varphi(t)=f(u_\Omega)$。如果适当调整控制关系,使得两者之间满足线性关系,那么

$$\Delta\varphi(t)=k_p u_\Omega=k_p U'_{\Omega m}\cos\Omega t=m_p\cos\Omega t \tag{8.5.1}$$

得到输出电压

$$u_o=U_m\cos(\omega_c t+\Delta\varphi_m\cos\Omega t)=U_m\cos(\omega_c t+m_p\cos\Omega t) \tag{8.5.2}$$

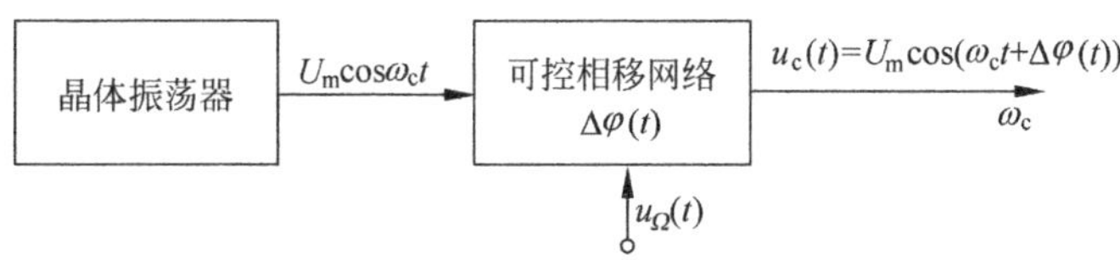

图 8.5.2 可控相移网络间接调频的原理框图

选用变容管来控制选频回路的谐振频率 ω_0 发生变化,使输入振荡信号经失谐回路后产生相移。

图 8.5.3 为单级 LC 谐振回路与变容管组合而成的调相回路高频等效电路,设前级提供振荡信号 ω_c,输入信号电流为 $i_s(t)=I_{sm}\cos\omega_c t$,谐振回路的输入阻抗为

$$Z(j\omega_c)=\frac{R_e}{1+jQ_L\dfrac{2(\omega_c-\omega_0)}{\omega_0}}$$

$$=|Z(\omega_c)|e^{j\varphi_Z(\omega_c)} \tag{8.5.3}$$

$$\varphi_Z(\omega_c) = -\arctan\left[Q_L \frac{2(\omega_c - \omega_0)}{\omega_0}\right] \tag{8.5.4}$$

式中，$Q_L = \dfrac{R_e}{\omega_0 L} \approx \dfrac{R_e}{\omega_c L}$，$\omega_c = \dfrac{1}{\sqrt{LC_{j0}}}$。

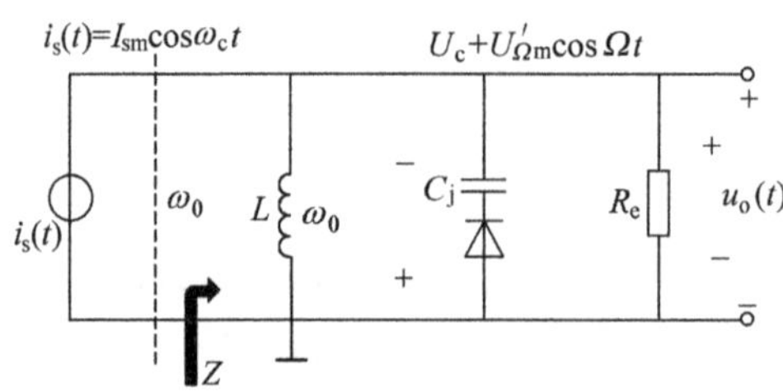

图 8.5.3　调相回路高频等效电路

设振荡回路调谐角频率为 ω_0，当变容管 $C_j = C_{j0}$ 时，调谐在信号角频率 ω_c。在调制信号 $u_\Omega(t)$作用下，回路谐振频率的表达式为

$$\omega(t) = \omega_0(1 + m\cos\Omega t)^{\frac{\gamma}{2}} \approx \omega_0\left(1 + \frac{\gamma}{2}m\cos\Omega t\right) \tag{8.5.5}$$

所以，回路的频率频移

$$\Delta\omega(t) = \omega(t) - \omega_0 = \frac{\gamma}{2}\omega_0 m\cos\Omega t \tag{8.5.6}$$

由式(8.5.4)得到

$$\begin{aligned}\Delta\varphi_Z(\omega_c) &= -\arctan\left[Q_L \frac{2(\omega(t) - \omega_0)}{\omega_0}\right] \\ &= -\arctan(Q_L \gamma m\cos\Omega t)\end{aligned} \tag{8.5.7}$$

图 8.5.4(a)为电容管高频回路的阻抗振幅-频率特性曲线；图(b)为阻抗相位- 频率特性曲线。当 $\Delta\varphi < \dfrac{\pi}{6}$时，$\tan\Delta\varphi \approx \Delta\varphi$，

$$\Delta\varphi \approx -Q_L \gamma m\cos\Omega t = m_p\cos\Omega t \tag{8.5.8}$$

式中，$m_p = -Q_L \gamma m$ ($m_p < \pi/6$)。所以，电容管组成的单级谐振回路在满足 $\Delta\varphi < \dfrac{\pi}{6}$时，回路输出电压的相移与输入调制电压 $u_\Omega(t)$成正比关系。

$$\begin{aligned}u_o(t) &= U_m\cos(\omega_c t + \Delta\varphi_m\cos\Omega t) = I_{sm} \mid Z(\omega_c) \mid \cos(\omega_c t + m_p\cos\Omega t) \\ &= U_{0m}\cos(\omega_c t - Q_L \gamma m\cos\Omega t)\end{aligned} \tag{8.5.9}$$

2) 利用变容二极管调相电路实现调相

图 8.5.5 是一个比较典型的变容二极管调相电路。晶体管 T 组成单 LC 回路调谐放大电路，L、C_C 和 C_j 组成并联谐振回路；C_1、C_2 和 C_3 为耦合电容；L_1 为高频扼流圈，以防止高频载波 u_s 被调制信号源旁路；电源 V_{EE} 经 R_5 降压后为变容二极管提供静态偏置电压 V_0。放大的载波信号经 C_1 耦合输入 L、C_C 和 C_j 组成的并联谐振回路。调制信号 u_Ω 经 RC 积分器先积分后输入 L、C_C 和 C_j 组成的并联谐振回路。间接调频波经 C_4 耦合输出。

如果单级相移不够，为增大 m_p，可采用多级单回路变容二极管调相电路级联。

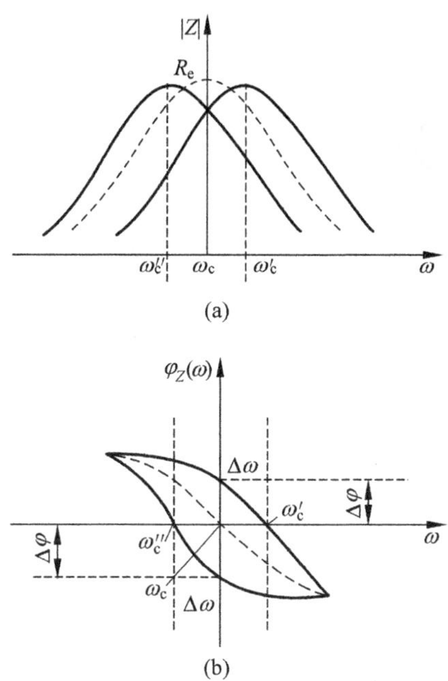

图 8.5.4　高频回路阻抗特性曲线

(a) 高频回路阻抗振幅-频率特性曲线；(b) 高频回路阻抗相位-频率特性曲线

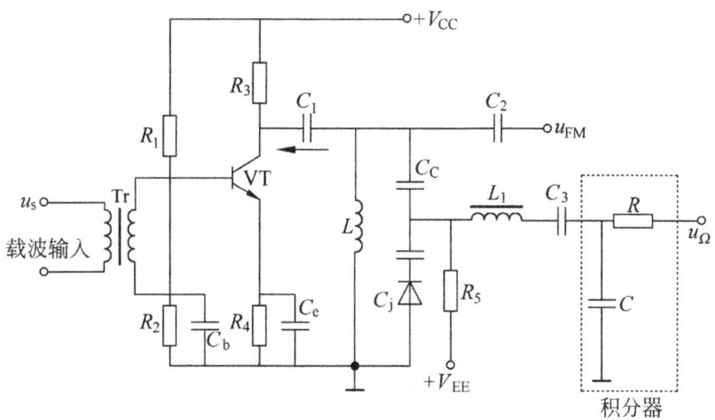

图 8.5.5　变容二极管调相电路

3）利用移相网络调相

如图 8.5.6 所示是一个 RC 移相网络，载波电压经倒相器 T 在集电极上得到 $-\boldsymbol{V}_i$，在发射机上得到 $\boldsymbol{V}_i$，于是加在移相网络 RC 上的电压为 $\boldsymbol{V}_{AB}=-\boldsymbol{V}_i-\boldsymbol{V}_i=-2\boldsymbol{V}_i$。

图 8.5.7 为矢量图。输出电压 $\boldsymbol{V}_0$ 是 $\boldsymbol{V}_R$ 与 $\boldsymbol{V}_i$ 的矢量和，它相对于 $\boldsymbol{V}_i$ 的相移为 $\pi+\varphi$。由矢量图可以求出

$$\varphi=2\arctan\frac{V_c}{V_R}=2\arctan\frac{1}{\omega_0 CR} \tag{8.5.10}$$

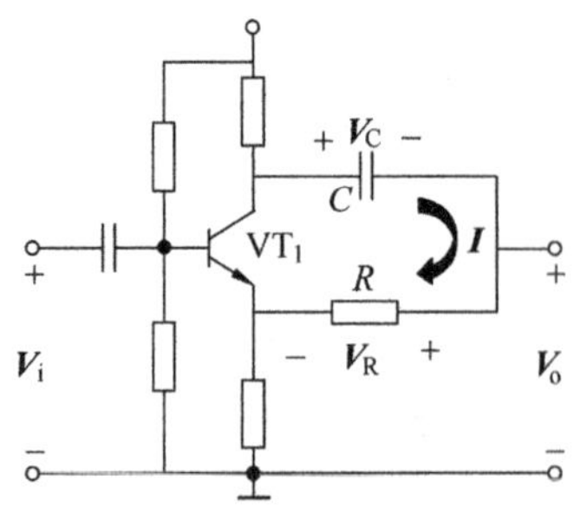

图 8.5.6 RC 移相网络

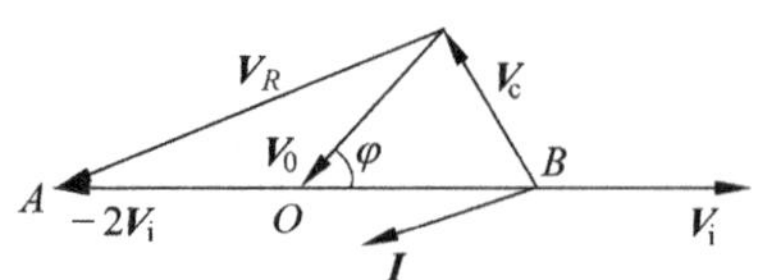

图 8.5.7 RC 移相网络矢量图

当 $\varphi \leqslant \frac{\pi}{6}$ 时，上式可近似为

$$\varphi \approx \frac{2}{\omega_0 CR} \tag{8.5.11}$$

前面我们已经讨论变容二极管 PN 结电容 C_j 在一定范围内与反向偏置电压 v_R 呈线性关系。若将调制电压加于变容二极管，则图 8.5.6 可用变容二极管代替电容。因此，就有了变容二极管控制移相网络电抗以实现调相电路。

图 8.5.8 是阻容移相网络的实例。型号 3DG4T$_1$ 为倒相器，型号 3DG4T$_2$ 为射极跟随器，所有 0.015μF 的电容均起隔直流或高频旁路的作用。实现移相的方法还有很多，可控电抗或可控的电阻元件都能实现调相。

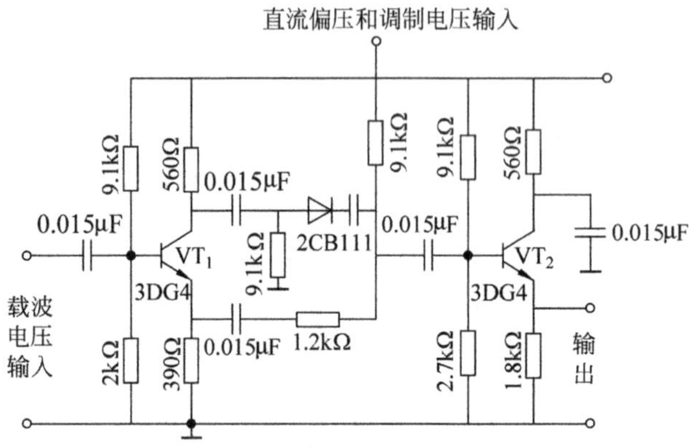

图 8.5.8 变容二极管改变移相网络电抗实现调相实例

2. 矢量合成调相法

将调相波的一般数学表达式 $a(t)=A_0\cos\varphi(t)=A_0\cos[\omega_0 t+k_p u_\Omega(t)]$ 展开，并以 A_p 代替 k_p，即得

$$a(t)=A_0\cos\omega_0 t\cos(A_p u_\Omega(t))-A_0\sin\omega_0 t\sin(A_p u_\Omega(t)) \tag{8.5.12}$$

若最大相移很小，设 $|A_p u_\Omega(t)|_{\max}\leqslant\pi/6$，则上式可近似写为

$$a(t)\approx A_0\cos\omega_0 t - A_0 A_p u_\Omega(t)\sin\omega_0 t \tag{8.5.13}$$

调相波在调制指数小于 0.5rad 时，可以认为是两个信号叠加而成的：一个是载波振荡

$A_0\cos\omega_0 t$，另一个是载波被抑制的双边带调幅波$-A_0A_p u_\Omega(t)\sin\omega_0 t$，二者的相位差为$\pi/2$。图 8.5.9 是它们的矢量图。矢量 **A** 代表$A_0\cos\omega_0 t$，**B** 代表$-A_0A_p u_\Omega(t)\sin\omega_0 t$，**C** 代表 **A**+**B**。**A** 与 **B** 互相垂直，**B** 的长度受到$u_\Omega(t)$的调制，合成信号 **A** 与 **B** 之间的相角也受到调制信号$u_\Omega(t)$的控制，即 **C** 代表一个调相调频波。在这个调制过程中，会产生寄生振幅，可以采用限幅技术控制寄生振幅。

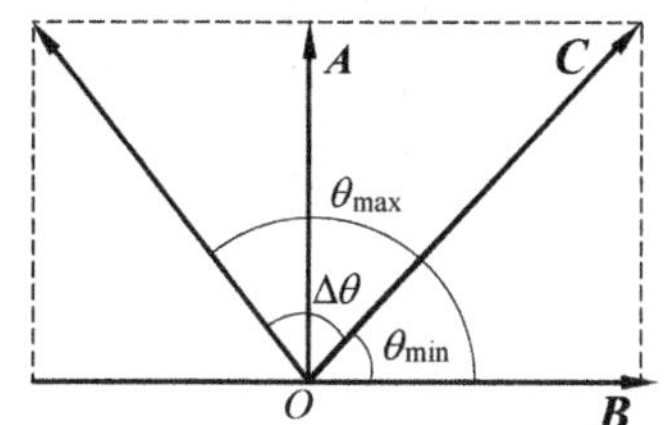

图 8.5.9 矢量合成调相法

根据以上分析，运用矢量合成实现调相方法的框图如图 8.5.10 所示。结合我们之前学过的乘法器电路，可以用平衡调幅器代替乘法器，这样可进一步采用图 8.5.11 实现调相。

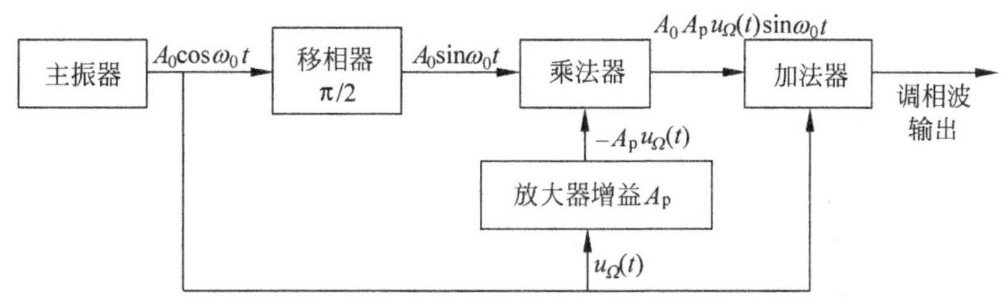

图 8.5.10 矢量合成调相法框图

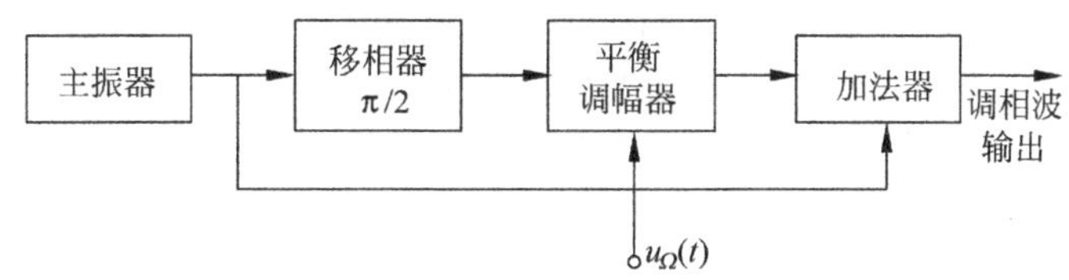

图 8.5.11 载波振荡与双边带调幅波叠加实现调相

3. 脉冲调相法

脉冲调相，也称为脉冲调位，就是用调制信号控制脉冲出现的位置实现调相。图 8.5.12 代表脉冲调相的原理框图，图中的①②③④⑤和⑥代表图 8.5.13 相应各点的波形。其原理简述如下：由抽样脉冲发生器产生稳定的抽样脉冲③，在抽样保持电路中对调制信号①进

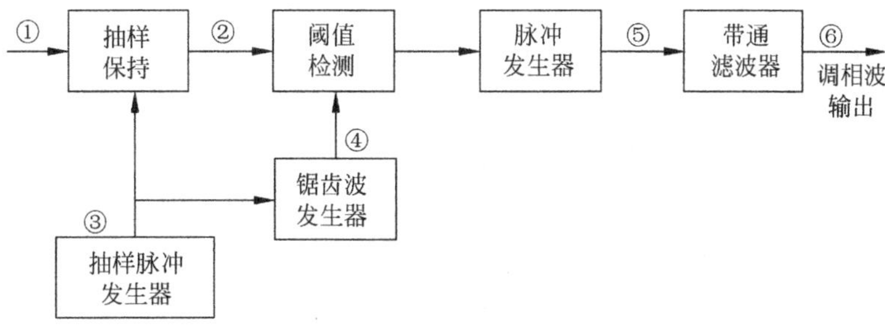

图 8.5.12 载波振荡与双边带调幅波叠加实现调相

行抽样，并将抽样值②保持不变。在抽样脉冲控制下，锯齿波发生器产生一系列锯齿波④。在每个抽样脉冲到来时，锯齿波回到零电平。在阈值检测中，抽样保持电压与锯齿波叠加，并与预先设置的阈值进行比较。当超过此阈值时，即产生一窄脉冲序列⑤，它的每一脉冲位置都受到调制信号的控制。脉冲序列经带通滤波器滤波后，即得到调相波⑥。脉冲调相有稳定的中心频率，而且能得到比较大的调制系数，已得到广泛应用与发展。

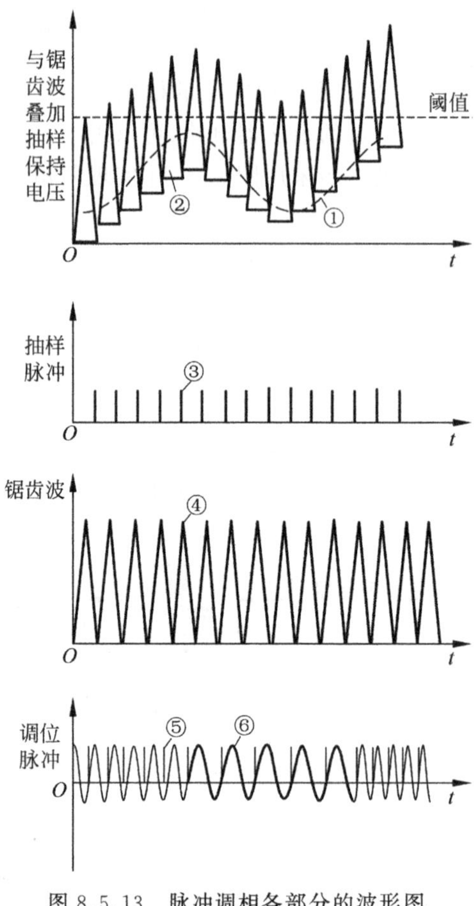

图 8.5.13 脉冲调相各部分的波形图

8.5.3 可变延时调频或调相

利用调制信号控制时延大小而实现调相。如图 8.5.14 所示，晶体振荡器所发出的载波信号为 $U_m\cos\omega_0 t$，调制信号 $u_\Omega(t)$ 控制可控延时网络，假设延时器件的延时是可控的，并且有

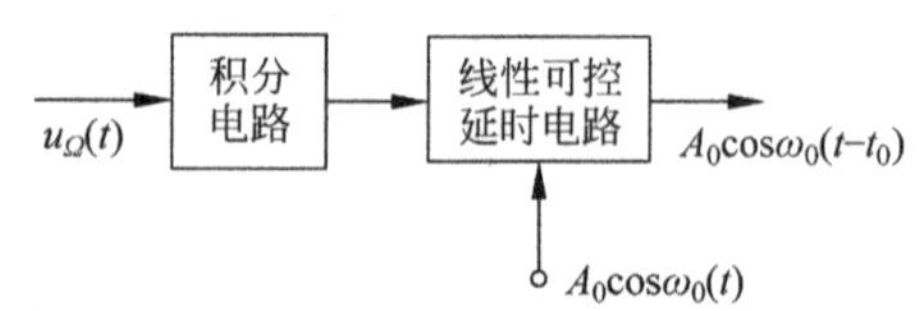

图 8.5.14 可变延时器件原理图

$$\tau = k_d u_\Omega(t) = k_d U'_{\Omega m}\cos\Omega t \qquad (8.5.14)$$

式中，k_d 表示单位幅度信号所引起的延时时间。得到延时器件的输出信号

$$u_o(t) = U_m\cos[\omega_c(t - k_d u_\Omega(t))] = U_m\cos(\omega_c t - m_p\cos\Omega t) \qquad (8.5.15)$$

式中，$u_o(t)$为调相波，$m_p=\omega_c k_d U'_{\Omega m}$。进一步分析可知（这里不再证明，请参考相关资料），最大相移为

$$\Delta\varphi_m = m_p = 0.8\pi(2.5\text{rad 或 } 144^\circ) \tag{8.5.16}$$

下面总结间接调频产生的间接调频的最大频移 $\Delta f_m = m_p F_{min}$ 频移大小。

(1) 当采用单调谐回路变容二极管调相时

$$\Delta\varphi_m = m_f < \frac{\pi}{6}$$

设 $F_{min}=100\text{Hz}$，$\Delta\varphi_m = m_f = \frac{\pi}{6}\text{rad} = 0.52\text{rad}$，$\Delta f_m = m_f \times F_{min} = \frac{\pi}{6} \times 100\text{Hz} = 52\text{Hz}$。

(2) 当采用脉冲调相时

$$\Delta\varphi_m = m_f = 0.8\pi\text{rad} = 2.5\text{rad},\quad \Delta f_m = m_f \times F_{min} = 2.5 \times 100\text{Hz} = 250\text{Hz}$$

间接调频法主要用于输出调频波的中心频率（载频）的稳定度很高的场合。用间接调频法生成窄带调频波时，除脉冲调相以外，其他调相法得到的最大频移很小。例如，要求调制指数 $m \leqslant 0.5$ 才能保证一定的调制线性，比如，最低频率为 500Hz，则最大频移为 $\Delta f = mF_{min} = 0.5 \times 500\text{Hz} = 250\text{Hz}$，这在实际的应用中是不够的。比如，调频广播所要求的最大频移是 75kHz。

8.5.4 扩大频移的方法

为克服最大频移过小的缺点，在实际应用中可通过倍频和混频相结合的方法。

(1) 多级倍频的方法获得符合要求的调频频移。利用倍频器可将调频信号的载波频率 f_0 和最大线性频移 Δf_m 同时增大 n 倍，即

$$\omega(t) = n(\omega_c + \Delta\omega_m \cos\Omega t) = n\omega_c + n\Delta\omega_m \cos\Omega t \tag{8.5.17}$$

调频电路的绝对频移和载波频率都扩展了，但是相对频移保持不变。

(2) 采用混频器变换频率可得到符合要求的调频波工作频率范围。通过混频器后，瞬时频率为

$$\omega(t) = (\omega_c \pm \omega_L) + \Delta\omega_m \cos\Omega t \tag{8.5.18}$$

混频器改变了相对频移，但绝对频移不变。

(3) 倍频和混频结合使用。倍频器可以扩展调频波的绝对频移，混频器可以扩展调频波的相对频移。利用倍频器和混频器的上述特性，可以在载波频率上通过倍频把中心频率和绝对频率都提高，然后利用混频器降低中心频率，增大相对频移。

倍频也可以分散进行，图 8.5.15 为分散两次的例子。综上所述，间接调频电路一般比直接调频电路复杂。

例 8.5.1 试画出间接调频广播发射机的组成框图。要求其载波频率为 900MHz，最大频移为 75kHz，调制信号频率范围为 100～1500Hz，采用一级单回路变容二极管调相电路。

解 采用单回路变容二极管调相电路时，在最低频率 100Hz 时，能产生的最大线性频移为$\frac{\pi}{6}\times 100\text{Hz} = 52\text{Hz}$。为得到所要求的调频波，采用图 8.5.16 方案。晶体振荡器频率为 300kHz。设单回路变容二极管调相电路产生的最大线性频移为 50Hz，经多级总倍频次数为 100 倍频电路后，可得载频为 30MHz、最大线性频移为 5kHz 的调频波。再经 6MHz 本

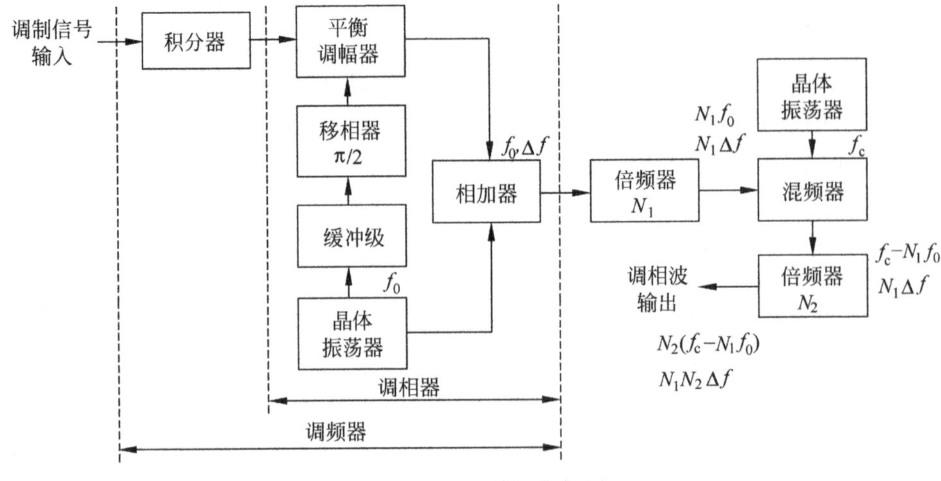

图 8.5.15　间接调频框图

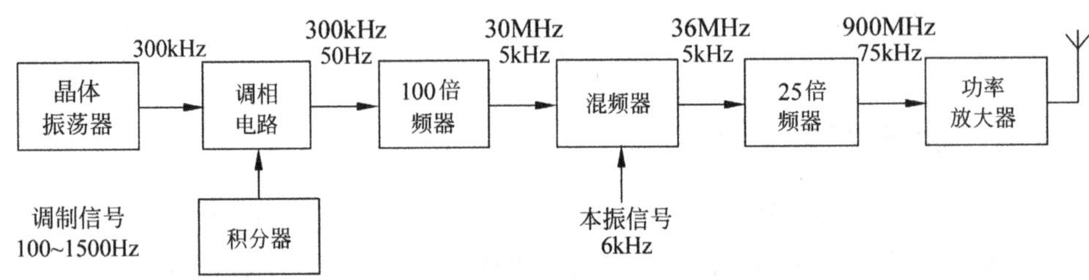

图 8.5.16　间接调频广播发射机组成框图

振信号与载波混频后将载波频率搬移到 36MHz，而其最大线性频移未变，又经总倍频次数为 25 倍的倍频器，就可获得调频波。最后经功率放大器发射到天线。

8.6　调频波的解调原理及电路

在调频或调相信号中，调制信息寄存于已调波信号瞬时频率或瞬时相位的变化中，解调的基本原理就是把已调波信号瞬时频率或瞬时相位的变化不失真地转换成电压变化，即实现频率-电压转换或相位-电压转换，其相应的电路就称为频率解调器或相位解调器，简称检波器或鉴相器。

8.6.1　检波基本方法

调频波的解调可采用两种方法：一是利用锁相环路实现频率调制；二是将调频波进行特定的波形变化，使变换后的波形包含反映调频波瞬时频率变化规律的某种参量(电压、电位或平均分量)，再设法检测出这个参量，即可解调原始调制信号。根据波形变换特点的不同，又包含以下四种方法：

(1) 振幅检波方法：将调频波通过频率-幅度线性变换网络，使变换后调频波的振幅能按瞬时频率的规律变化，即将调频波变换成调频-调幅波，再通过包络检波器检测出反映幅度变化的解调电压。这种检波器称为斜率检波器，或称振幅检波器，其电路实现框图和波形变换过程分别如图 8.6.1 和图 8.6.2 所示。

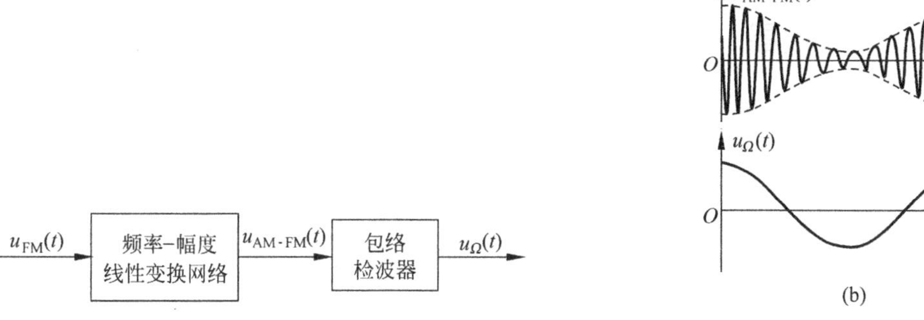

图 8.6.1　振幅检波器电路模型　　　图 8.6.2　振幅检波器波形变换

(2) 相位检波法：将调频波通过频率-相位线性变换网络，使变换后调频波的相位能按瞬时频率的规律变化，即将调频波变换成调频-调相波，再通过相位检波器检测出反映相位变化的解调电压。这种检波器称为相位检波器，其电路模型如图 8.6.3 所示。

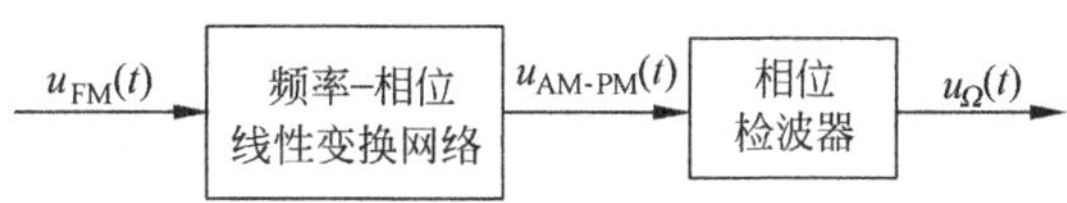

图 8.6.3　相位检波器电路模型

(3) 移相乘积检波器。这种检波器在集成电路调频机中用得比较多。它是将输入调频信号经移相网络后生成与调频信号电压相正交的参考信号电压，与输入的调频信号电压同时加入乘法器，乘法器输入再经低通滤波器滤波后还原出原调制信号。其电路模型如图 8.6.4 所示。

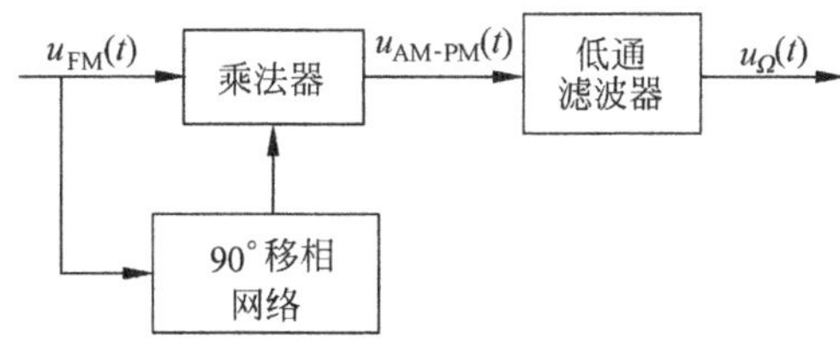

图 8.6.4　移相乘积检波器电路模型

(4) 脉冲计数式检波器。先将调频波通过合适特性的非线性变化网络，使它变化为调频脉冲序列。由于该脉冲序列反映平均分量变化的解调电压，可将调频脉冲序列通过脉冲计数器，直接得到反映瞬时频率变化的解调电压。这种检波器称为脉冲计数式频率器，其电路模型如图 8.6.5 所示。

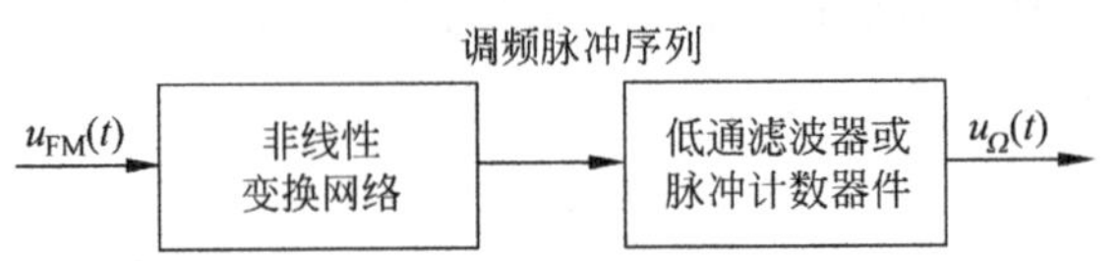

图 8.6.5 脉冲计数式检波器电路模型

8.6.2 限幅器

限幅器电路是限制输入信号的变化，在检波前剔除噪声和干扰信号，使输出信号保持等幅输出的一种非线性电路。限幅器的限幅特性可用输入电压 $u_i(t)$ 和输出电压 $u_o(t)$ 来表示。典型的限幅特性曲线如图 8.6.6 所示。输入电压的幅值超过 V_{th} 时，限幅器输出特性 $u_o(t)$ 保持 V_0 不变。V_{th} 称为限幅器的限幅阈值电压或限幅灵敏度，其值越小越好，越小对前级增益的要求越低。

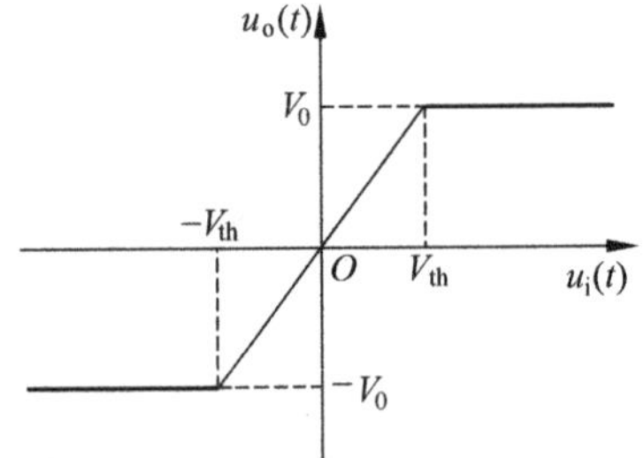

图 8.6.6 典型的限幅特性曲线

限幅器分为瞬时限幅器和振幅限幅器两种。脉冲计数式检波器中的限幅属于瞬时限幅器，它的作用是将输入调频波变换为等幅方波。而斜率检波器和相位检波器前接入的限幅器属于振幅限幅器，它的作用是将具有寄生调幅的调频波变换为等幅的调频波。

1. 二极管限幅器

二极管限幅器属于瞬时双向限幅电路。如图 8.6.7 所示电路为 150MHz 晶体管调频接收机中的限幅器。信号频率(中频) $f_c=2$MHz，选用截止频率 $f_T>(5\sim10)f_c$ 的晶体管，限幅二极管对 D_1、D_2 并联反接在回路两端，是一个零偏二极管限幅器。当信号电平小于 0.5V 时，二极管基本不导通，对回路影响很小，但当信号电压小于 0.5V 时，二极管导通，信号被二极管旁路，所以输出电压被限制在峰-峰电压 $V_{P\text{-}P}=1$V 上。

2. 晶体管限幅器

晶体管限幅器电路如图 8.6.8 所示，其电路形式与调谐放大器类似，在此作为限幅使用，工作点的设计应使放大器的线性范围小，使得调频信号正半周时的寄生调幅部分进入截止区，从而消除寄生振幅。

3. 差分对管限幅器

差分对管限幅器由单端输入-单端输出的差分放大器组成，如图 8.6.9(a)所示，其电流传输特性曲线如图 8.6.9(b)所示，此电路具有双向限幅作用。

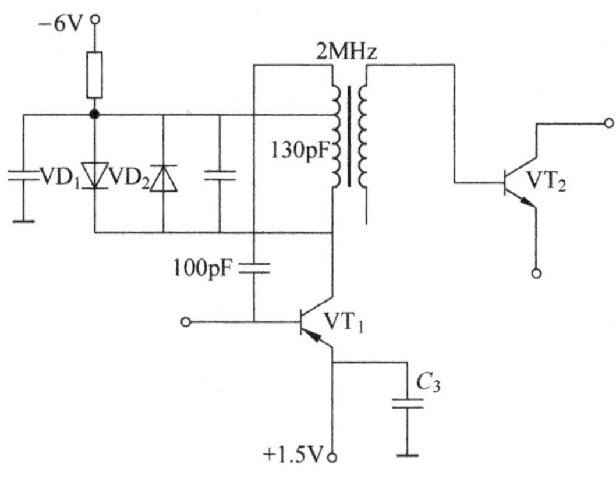

图 8.6.7 二极管限幅器电路

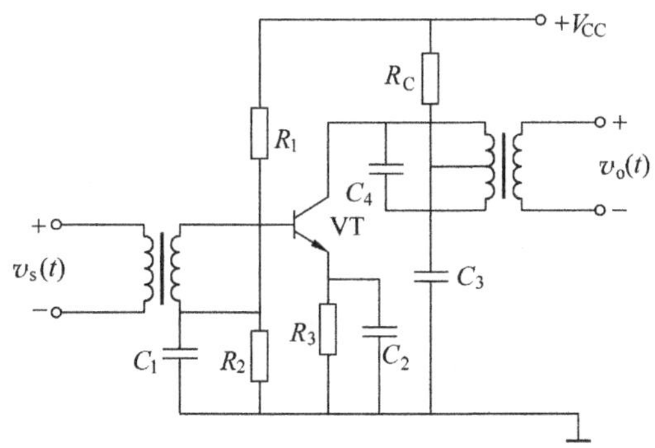

图 8.6.8 晶体管限幅器电路

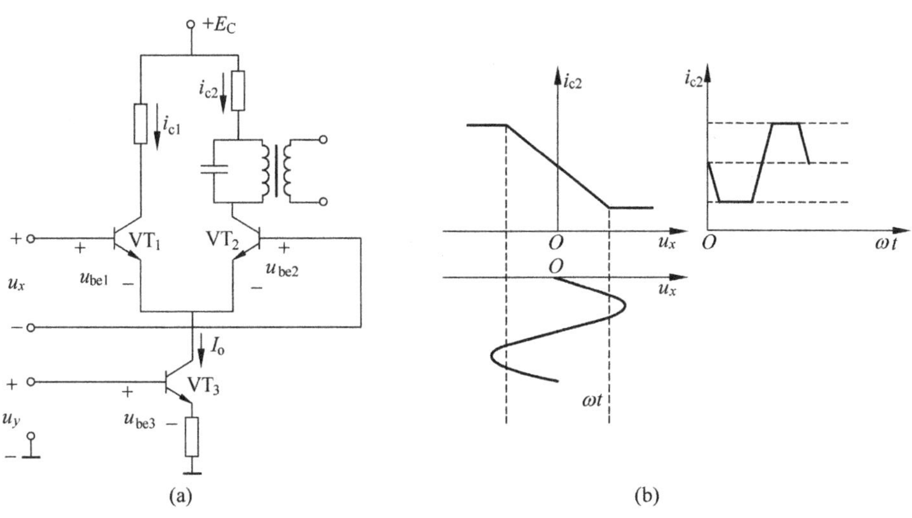

图 8.6.9 差分对管限幅器电路

(a) 限幅电路；(b) 限幅特性曲线

当输入信号的振幅大于阈值电压 V_{th} 时，输出电流波形的上下端被削平，此后 V_{sm} 继续增大，i_{c2} 则趋近于恒定幅度的方波，因而其中包含的基波分量振幅也基本恒定。将 LC 并联谐振回路谐振在基频处，可在输出端得到已限幅的调频波。

8.6.3 振幅检波器

1. 失谐回路斜率检波器

如图 8.6.10 所示为单失谐回路斜率检波器电路，由 LC 并联回路构成线性频幅转换网络，二极管 VD 与 RC 构成包络检波器。下面定性讨论 LC 并联回路的幅频转换特性。

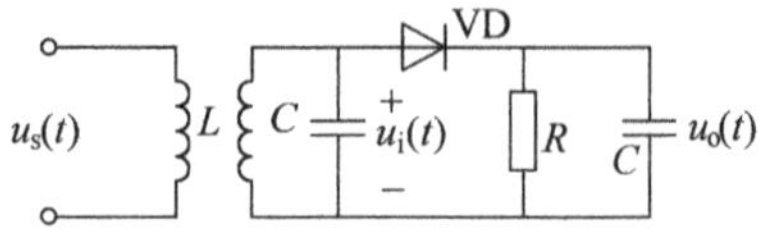

图 8.6.10 单失谐回路斜率检波器电路

令 $\boldsymbol{i}_{\text{s}}=I_{\text{sm}}\cos\omega_{\text{c}}t$，$\boldsymbol{I}_{\text{s}}=I_{\text{s}}\text{e}^{\text{j}\varphi}$，则

$$\boldsymbol{V}_{\text{i}}(\omega)=\boldsymbol{I}_{\text{s}}Z(\text{j}\omega)=\boldsymbol{I}_{\text{s}}\frac{R_{\text{e}}}{1+\text{j}Q_{\text{e}}\dfrac{2(\omega-\omega_0)}{\omega_0}}=\frac{R_{\text{e}}}{\sqrt{1+Q_{\text{e}}^2\dfrac{4(\omega-\omega_0)^2}{\omega_0^2}}}\text{e}^{\text{j}\varphi(\omega)}=V_{\text{i}}(\omega)\text{e}^{\text{j}\varphi(\omega)} \tag{8.6.1}$$

式中，$\varphi(\omega)=-\arctan\dfrac{2Q_{\text{e}}(\omega-\omega_0)}{\omega_0}$，$\boldsymbol{V}_{\text{i}}(\omega)$为频率的函数。图 8.6.11 为单失谐回路的波形变换与幅频特性曲线，谐振回路两端的信号电压 $u_{\text{i}}(t)$的包络反映了瞬时频率的变化规律。单失谐回路斜率幅频特性不是理想的直线，因此，在频率-幅度变换中会造成非线性失真，即线性检波范围很小。

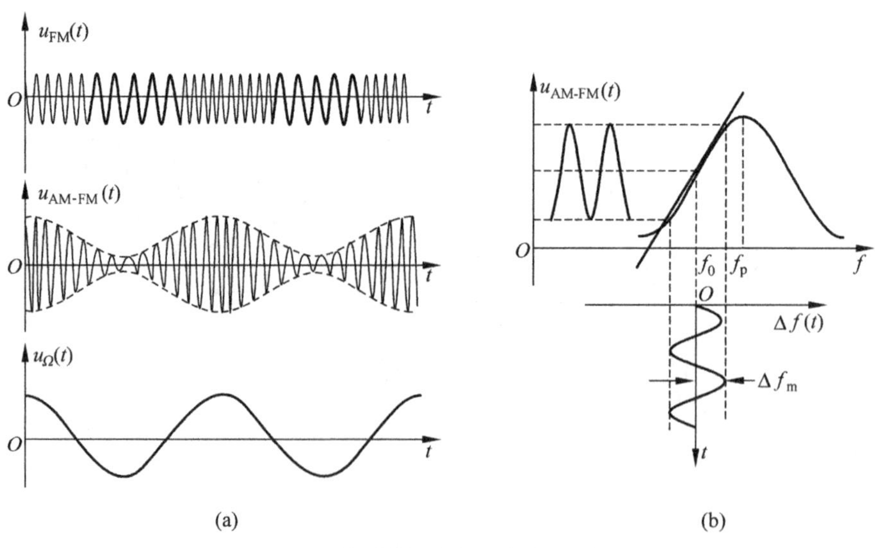

图 8.6.11 单失谐回路振幅检波器幅频特性

(a) 波形变换图；(b) 幅频特性曲线

当 $i_s = I_{sm}\cos(\omega_c t + m_f \sin\Omega t)$ 为调频波时，且 $f_c = \frac{\omega}{2\pi} = f_0 = \frac{1}{\sqrt{LC}}$，回路谐振。此时 $f(t)$ 对 $V_i(f)$ 影响不大。

当 $f_c = f_0 \pm \delta$ 时，取 $f_c = f_0 - \delta$，此时 $V_{im}(t) = S_d(f_c + \Delta f_m \cos\Omega t) = V_{m0} + S_d \Delta f_m \cos\Omega t$，式中 S_d 为 LC 并联回路幅频传输特性中上升段的斜率，即检波灵敏度。所以

$$v_i(t) = V_{im}(t)\cos(\omega_c t + m_f \sin\Omega t) = V_{m0} + S_d \Delta f_m \cos\Omega t \tag{8.6.2}$$

显然，$v_i(t)$ 为调频-调幅(FM-AM)波。

2. 双失谐回路斜率检波器

双失谐回路斜率检波器又称为平衡斜率检波器。为了扩大线性检波范围，用两个特性完全相同的单失谐回路斜率检波器检波构成双失谐回路斜率检波器，如图 8.6.12 所示。其中，上、下两个回路各自谐振在 f_{01}、f_{02} 上。它们各自失谐在调频波中心频率(载波)f_c 的两侧，并且与 f_c 的间隔相等，均为 δf，即

$$f_{01} = f_c \pm \delta f, \quad f_{02} = f_c \mp \delta f \tag{8.6.3}$$

设上、下两回路的幅频特性分别为 $A_1(f)$ 和 $A_2(f)$，并认为上、下两包络检波器的检波电压传输系数均为 η_d，则双失谐回路斜率检波器的输出电压为

$$u_o(t) = u_{o1} - u_{o2} = \eta_d[V_{i1m}(t) - V_{i2m}(t)] = \eta_d V_{sm}[A_1(f) - A_2(f)] \tag{8.6.4}$$

$u_o(t)$ 随频率 f(或 ω)的变化特性就是将两个失谐回路的幅频特性相减后的合成特性，如图 8.6.13 所示。$u_o(t)$ 的变化特性除与合成检波特性曲线形状有关外，还取决于 f_{01}、f_{02} 的配置。f_{01}、f_{02} 的配置恰当，两回路幅频特性曲线中的弯曲部分就可互相补偿，合成一条线性范围较大的检波特性曲线。否则，δf 过大时，合成的检波特性曲线就会在附近出现弯曲；过小时，合成的检波特性曲线线性范围就不能有效扩展。

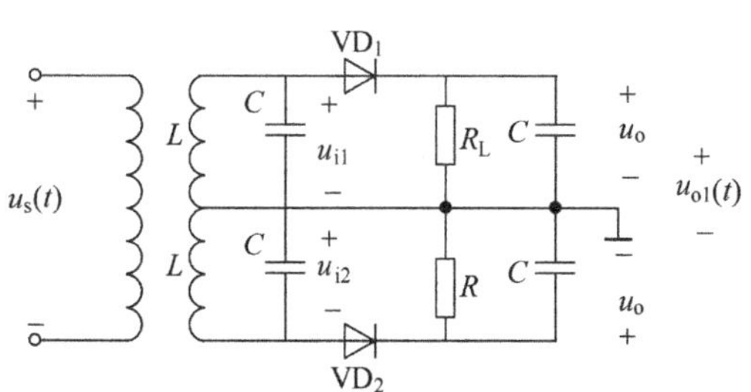

图 8.6.12 双失谐回路振幅检波器

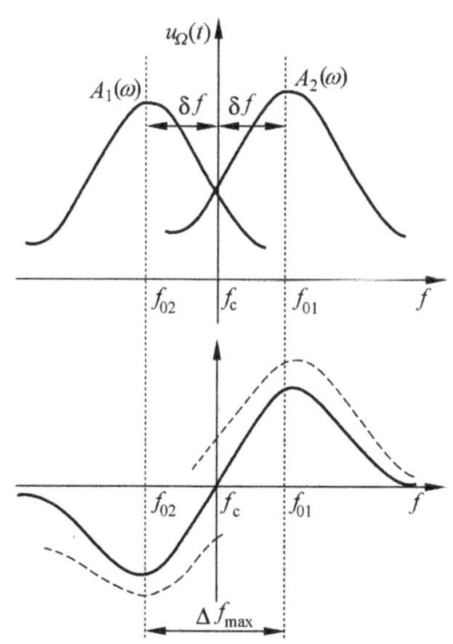

图 8.6.13 双失谐回路斜率振幅鉴频器检波特性曲线

图 8.6.14 是微波通信接收机平衡检波器电路原理图。电路中有三个谐振回路，回路Ⅰ调谐于输入调频信号的载波频率 35MHz，回路Ⅱ和Ⅲ分别调谐于 30MHz 和 40MHz。由于三个回路的谐振频率互不相同，为了减小相互之间的影响，便于调整，该电路没有采用互感耦合的方式，而是由两个共基放大器连接，两个共基放大器不仅可使三个回路相互隔离，而且不影响信号的传输。

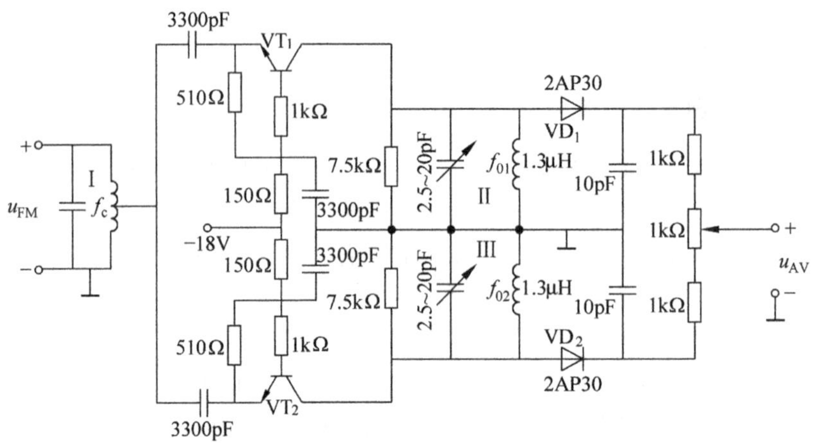

图 8.6.14 微波通信接收机平衡检波器电路原理

3. 差分峰值斜率检波器

在集成电路中，广泛采用的斜率检波器电路是如图 8.6.15 所示的差分峰值检波器。图中 L_1C_1 与 C_2 为实现幅频转换的线性网络。将输入调频波电压 $u_{FM}(t)$ 转换为两个幅度按瞬时频率变化的调频调幅波电压 u_1 和 u_2。u_1 和 u_2 分别通过射极跟随器 VT_1、VT_2 再分别加到由 VT_3、C_3 和 VT_4、C_4 组成的三极管射极包络检波器上，检波器的输出解调电压由差分

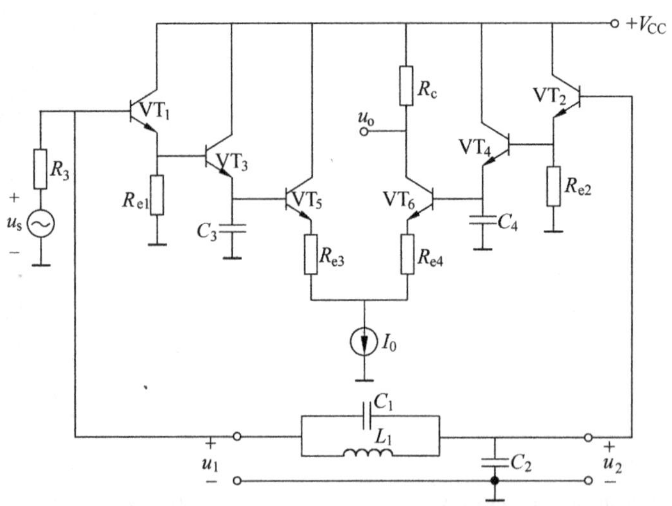

图 8.6.15 差分峰值斜率检波器

放大器 VT_5、VT_6 放大后作为检波器的输出电压 $u_o(t)$。显然，其值与 u_1 和 u_2 的振幅差值 $(V_{1m}-V_{2m})$ 成正比。

图 8.6.16 表示差分峰值斜率检波器中 $X_1(L_1C_1)$ 与 $X_2(C_2)$ 组成幅频转换网络功能的高频等效电路。

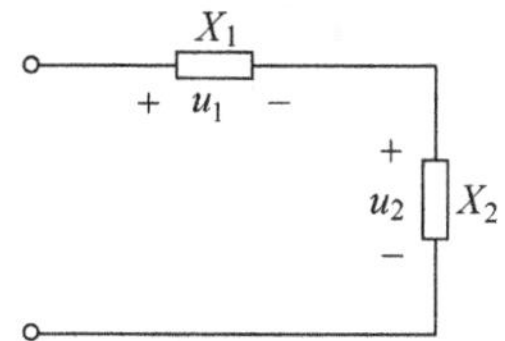

图 8.6.16 包络检波部分高频等效电路

设 $X_1=\mathrm{j}\omega L_1/\!/\dfrac{1}{\mathrm{j}\omega C_1}=\dfrac{\omega L_1}{1-\omega^2 L_1C_1}$ 为 L_1C_1 回路的电抗，$X_2=-\dfrac{1}{\omega C_2}$ 为 C_2 回路的电抗，X_1+X_2 为 L_1C_1 与 C_2 串联后的电抗，$X_1/\!/X_2$ 为 L_1C_1 与 C_2 并联后的电抗。L_1C_1 回路的谐振角频率为 $\omega_1=\dfrac{1}{\sqrt{L_1C_1}}$，$\omega_2=\dfrac{1}{\sqrt{L_1(C_1+C_2)}}$ 为 L_1C_1 与 C_2 串(并)联后的谐振角频率。由于 VT_1、VT_2 的基极输入电阻很大，所以 u_s 在负载上产生的电压 u_1 的振幅主要由 X_1+X_2 决定。①当 $\omega=\omega_2$ 时，L_1C_1 与 C_2 串谐，阻抗最小，V_{1m} 最小。②当 $\omega=\omega_1$ 时，L_1C_1 与 C_2 并谐，阻抗最大，V_{1m} 最大。又因为 R_s 很小，C_2 上的电压 u_2 的振幅 V_{2m} 主要由 $X_1/\!/X_2$ 决定。③当 $\omega=\omega_2$ 时，L_1C_1 与 C_2 并谐，V_{2m} 最大。④当 $\omega=\omega_1$ 时，L_1C_1 与 C_2 等效阻抗下降很小，V_{2m} 很小，如图 8.6.17 所示。

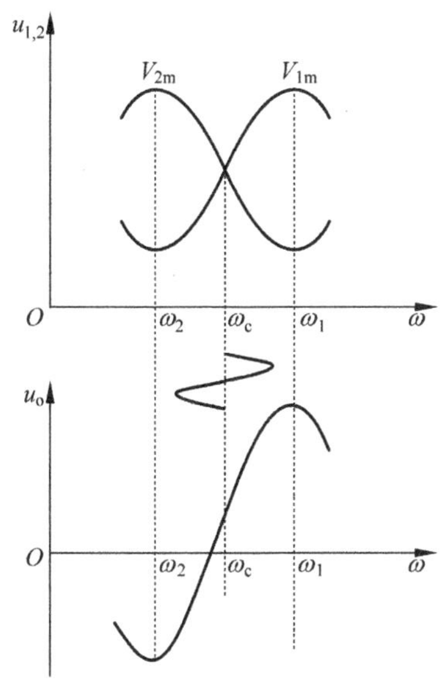

图 8.6.17 检波特性曲线

综上所述，V_{1m}、V_{2m} 随 ω 变化，使 u_1、u_2 均为调频-调幅波，分别经包络检波器 VT_3、VT_4（三极管射极检波）检波后，经 VT_5、VT_6 放大，在 VT_6 集电极输出。

当输入信号 u_s 与瞬时频率满足线性关系时，解调输出电压与调频信号瞬时频移之间存在下列关系：

$$u_o(t)=k(V_{1m}-V_{2m})\propto\Delta\omega(t) \qquad (8.6.5)$$

式中，k 为差分峰值检波器的增益。

所以，调整 L_1C_1 与 C_2 可改变检波器特性曲线的检波灵敏度、线性范围、中心频率以及上下曲线的对称性等，一般固定 C_1、C_2，调整 L。

差分峰值斜率检波器具有良好的检波特性，检波线性范围可达 300kHz，因此在集成电路中得到广泛应用。

8.6.4 相位检波器

由图 8.6.3 可知，构成相位鉴相器的框图中包含两部分，鉴相器和能够实现频率-相位变换的线性网络。

1. 鉴相器

鉴相器即相位检波器，其功能是检测出两个信号之间的相位差，并将该相位差转换为相应的电压。鉴相器有乘积型和叠加型两种电路形式，分别如图 8.6.18 和 8.6.19 所示。

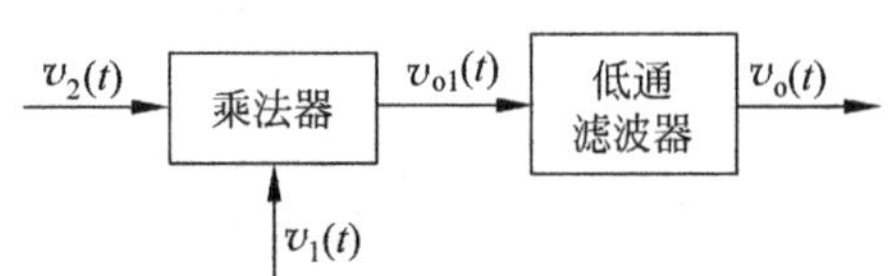

图 8.6.18 乘积型鉴相电路模型

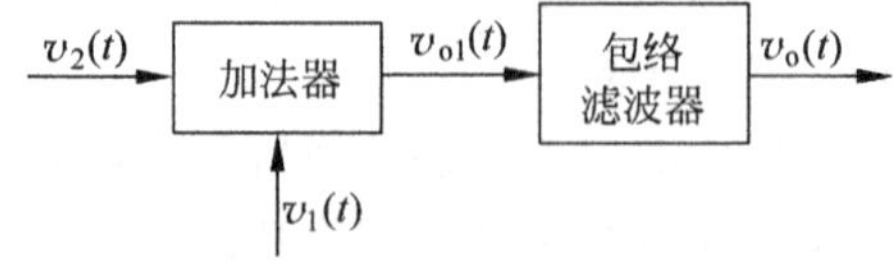

图 8.6.19 叠加型鉴相电路模型

1) 乘积型鉴相器

乘积型鉴相器由模拟相乘器和低通滤波器构成，如图 8.6.18 所示。设鉴相器的两个输入信号分别为

$$v_1 = V_{1m}\cos\omega_c t \tag{8.6.6}$$

$$v_2 = V_{2m}\cos\left(\omega_c t - \frac{\pi}{2} + \Delta\varphi\right) = V_{2m}\sin(\omega_c t + \Delta\varphi) \tag{8.6.7}$$

v_2 与 v_1 之间除了有相位差 $\Delta\varphi$ 外，还有 $\pi/2$ 的固定相移。根据乘法器，两个输入信号 v_2 和 v_1 幅度的大小不同，鉴相器的工作特点各不相同。当两个输入信号 v_2 与 v_1 的幅度均较小，为小信号时，乘法器的输出电压为

$$\begin{aligned} v_{o1} &= A_m v_1 v_2 = A_m V_{1m} V_{2m}\sin(\omega_c t + \Delta\varphi)\cos\omega_c t \\ &= A_m \frac{V_{1m}V_{2m}}{2}[\sin\Delta\varphi - \sin(2\omega_c t + \Delta\varphi)] \end{aligned} \tag{8.6.8}$$

经过低通滤波器，滤除 v_{o1} 中的高频部分，得到的输出电压为

$$v_o = \frac{A_m V_{1m} V_{2m}}{2}\sin\Delta\varphi = A_d\sin\Delta\varphi \tag{8.6.9}$$

式中，A_d 为鉴相特性直线段的斜率，称为鉴相灵敏度，单位为 V/rad。输出电压与两个输入信号的相位差的正弦值成正比，所对应的关系曲线即鉴相器的鉴相特性曲线。如图 8.6.20 所示，这是一条正弦曲线，称为正弦鉴相特性。当 $|\Delta\varphi| \leqslant \frac{\pi}{6}$ 时，$\sin\Delta\varphi \approx \Delta\varphi$，所以

$$v_o = \frac{A_m V_{1m} V_{2m}}{2}\sin\Delta\varphi = A_d\sin\Delta\varphi \approx A_d\Delta\varphi \tag{8.6.10}$$

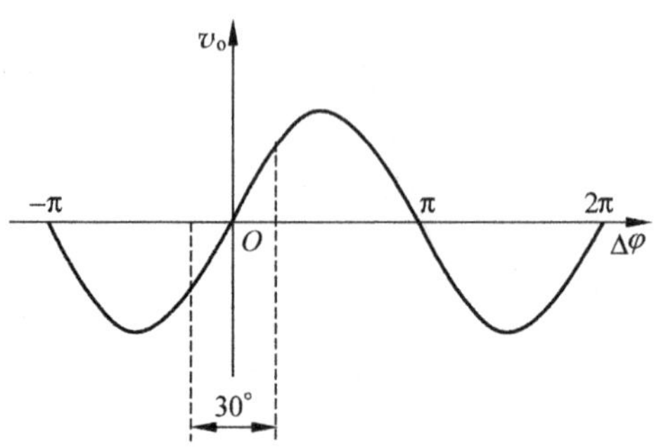

图 8.6.20 正弦鉴相特性

乘积型鉴相器在输入信号均为小信号的情况下，只有当 $|\Delta\varphi| \leqslant \frac{\pi}{6}$ 时，才能够实现鉴相。此时，当鉴相器的输入为调相信号，即

$$v_2 = V_{2m}\cos\left(\omega_c t + \Delta\varphi - \frac{\pi}{2}\right) = V_{2m}\cos\left(\omega_c t + k_p v_\Omega(t) - \frac{\pi}{2}\right) \tag{8.6.11}$$

时，得到的鉴相器的解调输出电压 $v_o = \frac{A_m V_{1m} V_{2m}}{2} k_p v_\Omega(t) \propto v_\Omega(t)$，实现了对调相波的线性解调。

当 v_2 的幅度很小，为小信号，v_1 为大信号时，控制乘法器使之工作在开关状态，输出电压为

$$v_{o1}=A_m v_2 k_2(\omega_c t)=A_m V_{2m}\sin(\omega_c t+\Delta\varphi)\left(\frac{4}{\pi}\sin\omega_c t-\frac{4}{3\pi}\sin 3\omega_c t+\cdots\right) \tag{8.6.12}$$

通过低通滤波器滤除高频分量得到的输出为

$$v_{o1}=\frac{2}{\pi}A_m V_{2m}\sin\Delta\varphi=A_d\sin\Delta\varphi \tag{8.6.13}$$

鉴相特性仍为正弦特性。

当两个输入信号 v_1 与 v_2 均为大信号时，

$$v_{o1}=A_m k_2\left(\omega_c t+\Delta\varphi-\frac{\pi}{2}\right)k_2(\omega_c t) \tag{8.6.14}$$

图 8.6.21 显示了两个开关信号相乘后的波形。由图可见，当 $\Delta\varphi=0$ 时，相乘后的波形为上下等宽的双向脉冲，且频率加倍，如图 8.6.21(a)所示，因而相应的平均分量为零。

当 $\Delta\varphi\neq 0$ 时，设 $\Delta\varphi>0$，相乘后的波形为上下不等宽的双向脉冲，如图 8.6.21(b)所示，因而在 $|\Delta\varphi|<\frac{\pi}{2}$ 范围内，经过低通滤波器，取出的平均分量(即解调输出)为

$$v_o(t)=A_m\frac{1}{\pi}\int_0^{\pi}v_c\,\mathrm{d}\omega t=\frac{A_m}{\pi}\left(\int_0^{\pi}\mathrm{d}\omega t-\int_{\frac{\pi}{2}}^{\pi-\Delta\varphi}\mathrm{d}\omega t+\int_{\pi-\Delta\varphi}^{\pi}\mathrm{d}\omega t\right)=\frac{2A_m}{\pi}\Delta\varphi \tag{8.6.15}$$

相应的鉴相特性曲线如图 8.6.22 所示，在 $|\Delta\varphi|<\frac{\pi}{2}$ 范围内为一条通过原点的直线，并向两侧周期性重复。这种鉴相器是通过比较两个开关波形的相位差而获得所需的鉴相电压，因而又称为符合门鉴相器。

2) 叠加型鉴相器

将两个输入信号叠加后加到包络检波器而构成的鉴相器称为叠加型鉴相器，其电路模型如图 8.6.19 所示。为了扩展线性鉴相范围，一般采用两个包络检波器组成的平衡电路，如图 8.6.23 所示。由图可见，加到上下两包络检波器的输入信号分别为

$$v_{i1}=v_1+v_2,\quad v_{i1}=v_1-v_2 \tag{8.6.16}$$

假设 $v_2(t)=V_{2m}\cos\left(\omega t+\Delta\varphi-\frac{\pi}{2}\right)$，$v_1(t)=V_{1m}\cos\omega t$，$v_2(t)$ 超前 $v_1(t)$ 一个 $\Delta\varphi-\frac{\pi}{2}$ 的相角。此时可用矢量表示为 $\boldsymbol{V}_{i1}=\boldsymbol{V}_1+\boldsymbol{V}_2$，$\boldsymbol{V}_{i2}=-\boldsymbol{V}_2+\boldsymbol{V}_1$。$v_{i1}(t)$ 和 $v_{i2}(t)$ 可分别表示为 $v_{i1}(t)=V_{i1m}(t)\cos[\omega t-\theta_1(t)]$，$v_{i2}(t)=V_{i2m}(t)\cos[\omega t+\theta_2(t)]$。式中，$V_{i1m}(t)$ 和 $V_{i2m}(t)$ 分别为合成矢量 $\boldsymbol{V}_{i1}$ 和 $\boldsymbol{V}_{i2}$ 的长度。根据矢量合成原理，可得到如图 8.6.24 所示的矢量图。

(1) 当 $\Delta\varphi=0$ 时，合成矢量长度 $V_{i1m}(t)=V_{i2m}(t)$；

(2) 当 $\Delta\varphi>0$ 时，合成矢量长度 $V_{i1m}(t)<V_{i2m}(t)$；

(3) 当 $\Delta\varphi<0$ 时，合成矢量长度 $V_{i1m}(t)>V_{i2m}(t)$。

$v_{i1}(t)$ 和 $v_{i2}(t)$ 经包络检波器检波后，若包络检波器的检波电压传输系数为 η_d，则鉴相器的输出电压为

$$v_o(t)=v_{o1}(t)-v_{o2}(t)=\eta_d[V_{i1m}(t)-V_{i2m}(t)] \tag{8.6.17}$$

所以，当 $\Delta\varphi=0$ 时，鉴相器输出电压为

$$v_o(t)=v_{o1}(t)-v_{o2}(t)=\eta_d[V_{i1m}(t)-V_{i2m}(t)]=0 \tag{8.6.18}$$

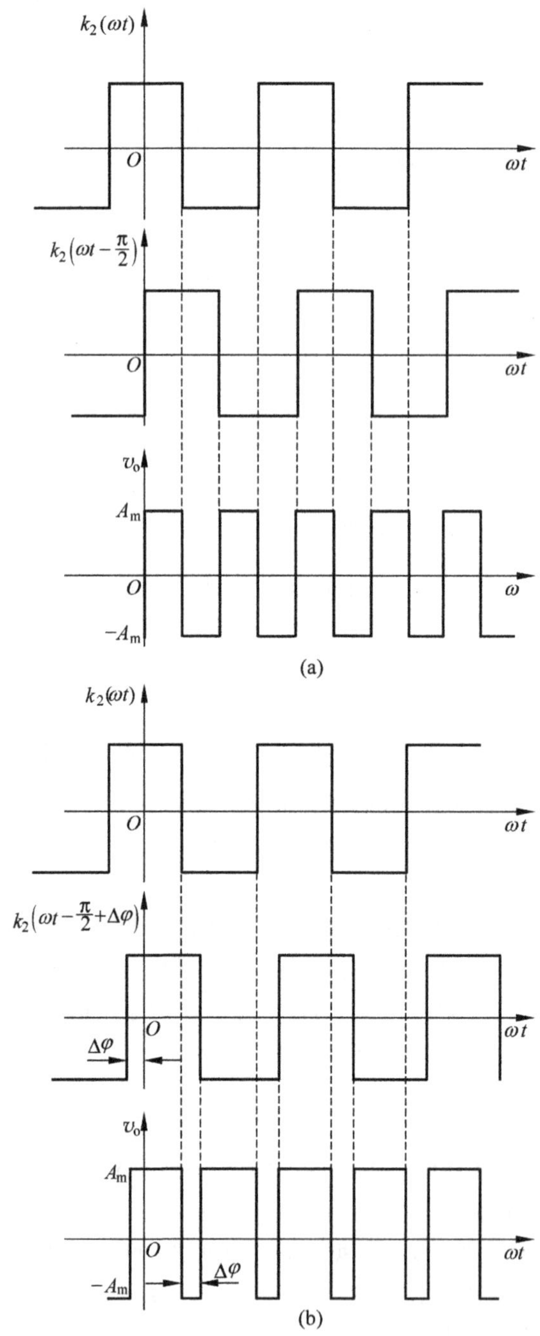

图 8.6.21　开关信号相乘后的波形变化

(a) $\Delta\varphi=0$；(b) $\Delta\varphi>0$

当 $\Delta\varphi>0$ 时，鉴相器输出电压为

$$v_{\mathrm{o}}(t)=v_{\mathrm{o1}}(t)-v_{\mathrm{o2}}(t)=\eta_{\mathrm{d}}[V_{\mathrm{i1m}}(t)-V_{\mathrm{i2m}}(t)]>0 \tag{8.6.19}$$

且 $\Delta\varphi$ 越大，输出电压 $v_{\mathrm{o}}(t)$ 就越大。

当 $\Delta\varphi>0$ 时，鉴相器输出电压为

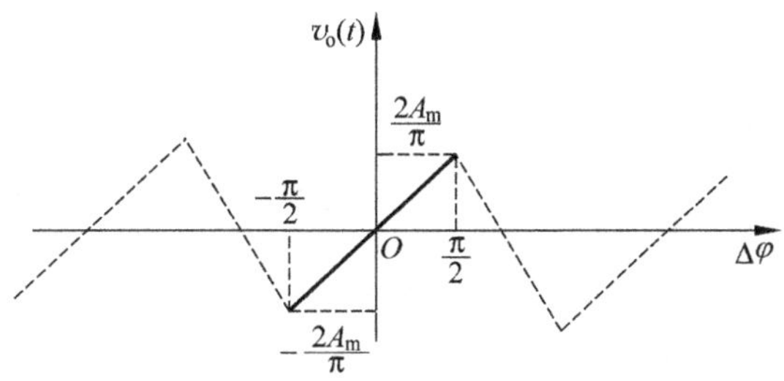

图 8.6.22 鉴相特性曲线

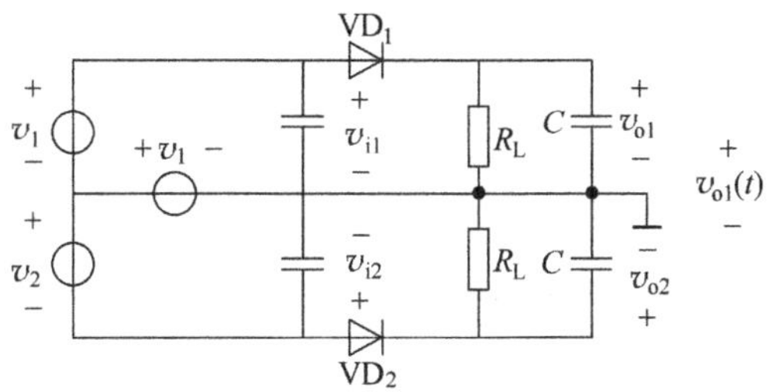

图 8.6.23 双失谐回路振幅检波器

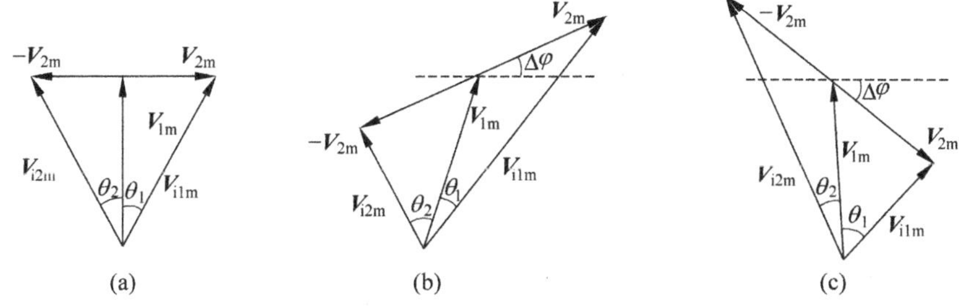

图 8.6.24 $v_{i1}(t)$和 $v_{i2}(t)$矢量图

(a) $\Delta\varphi=0$；(b) $\Delta\varphi>0$；(c) $\Delta\varphi<0$

$$v_o(t)=v_{o1}(t)-v_{o2}(t)=\eta_d[V_{i1m}(t)-V_{i2m}(t)]<0 \tag{8.6.20}$$

且 $\Delta\varphi$ 负值越大，输出电压 $v_o(t)$负值就越大。

综上可知，叠加型平衡鉴相器能将两个输入信号的相位差变换为输出电压 $v_o(t)$的变化，实现鉴相功能。可以证明，其鉴相特性也具有正弦鉴相特性，只有当 $\Delta\varphi$ 比较小时，才具有线性鉴相特性。

2. 频率-相位变换网络

目前经常采用的是 C_1 和 RLC 单谐振回路或耦合构成的频率-相位转换网络。这种电路设计比较简单，容易实现。

1) C_1 和 RLC 单谐振回路频相转换特性如图 8.6.25 所示，设输入电压为 $\boldsymbol{V}_1$，RLC 回路两端的输出电压为 $\boldsymbol{V}_2$，则回路的电压传输特性为

$$H(j\omega)=\frac{\boldsymbol{V}_2}{\boldsymbol{V}_1}=\frac{Z_p}{Z_p+\dfrac{1}{j\omega C_1}} \tag{8.6.21}$$

式中，$Z_p=\dfrac{1}{\dfrac{1}{R}+j\left(\omega C-\dfrac{1}{\omega L}\right)}$，代入上式并整理得到

$$H(j\omega)=\frac{j\omega C_1}{\dfrac{1}{R}+j\omega(C_1+C)+\dfrac{1}{j\omega L}} \tag{8.6.22}$$

令 $\omega_0=\dfrac{1}{\sqrt{L(C_1+C)}}$，$Q_e=\dfrac{R}{\omega_0 L}\approx\dfrac{R}{\omega L}=\omega(C_1+C)R$，在不失谐情况下，上式表示为

$$H(j\omega)=\frac{j\omega C_1 R}{1+j\xi}=H(\omega)e^{j\varphi_H(\omega)} \tag{8.6.23}$$

式中，$\xi=Q_e\dfrac{2(\omega-\omega_0)}{\omega_0}$为广义失谐量，$H(\omega)=\dfrac{\omega C_1 R}{\sqrt{1+\xi^2}}$为幅频特性，相位-频率关系为

$$\begin{aligned}\varphi_H(\omega)&=\frac{\pi}{2}-\arctan\xi=\frac{\pi}{2}-\arctan\frac{2Q_e(\omega-\omega_0)}{\omega_0}\\&=\frac{\pi}{2}-\arctan\frac{2Q_e\Delta\omega(t)}{\omega_0}=\frac{\pi}{2}-\Delta\varphi(t)\end{aligned} \tag{8.6.24}$$

该电路幅频特性和相频特性曲线如图 8.6.26 所示。若$|\Delta\varphi(t)|\leqslant\dfrac{\pi}{2}$，则有 $\Delta\varphi(t)\approx\dfrac{2Q_e\Delta\omega(t)}{\omega_0}$，于是 $\varphi_H(\omega)\approx\dfrac{\pi}{2}-\Delta\varphi(t)$，可近似认为 $\varphi_H(\omega)$在$\dfrac{\pi}{2}$上下随 $\Delta\omega(t)$线性变化，在 $H(\omega)$近似为常量。由于 $\Delta\varphi(t)\approx\dfrac{2Q_e\Delta\omega(t)}{\omega_0}\propto\Delta\omega(t)$，实现了不失真频率-相位变换功能。

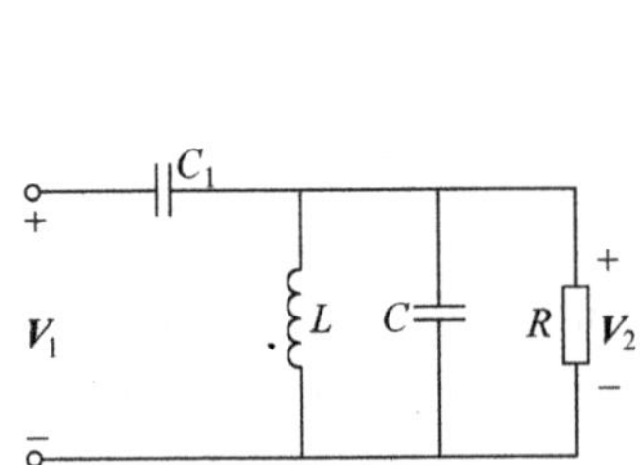

图 8.6.25　C_1 和 RLC 单谐振回路频相转换网络

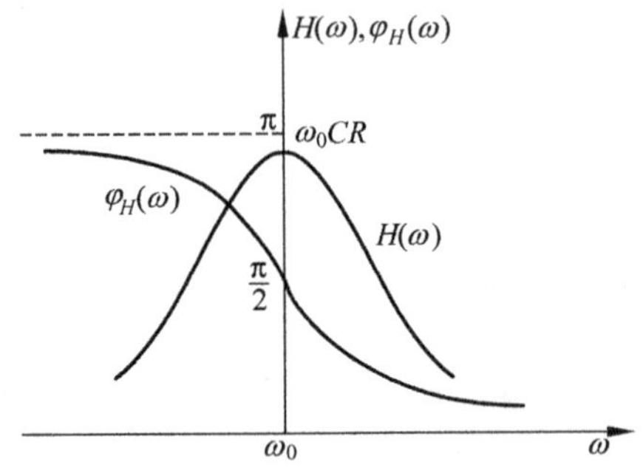

图 8.6.26　C_1 和 RLC 单谐振回路频率特性

由于频率调制的调频信号 $v_1=V_{1m}\cos(\omega_c t+m_f\sin\Omega t)$，其瞬时相位为

$$\varphi_i(t)=\omega_c t+k_f\int_0^t v_\Omega(t)dt=\omega_c t+m_f\sin\Omega t \tag{8.6.25}$$

当 $\omega_0=\omega_c$ 时，$\Delta\varphi(t)\approx\dfrac{2Q_e\Delta\omega(t)}{\omega_0}$。输出信号的相位为

$$\varphi_0=\varphi_i+\varphi_H=\omega_c t+m_f\sin\Omega t+\frac{\pi}{2}-\Delta\varphi$$

$$=\omega_c t+m_f\sin\Omega t+\frac{\pi}{2}-\frac{2Q_e\Delta\omega(t)}{\omega_c}$$

$$=\omega_c t+m_f\sin\Omega t+\frac{\pi}{2}-\frac{2Q_e k_f v_\Omega(t)}{\omega_c} \tag{8.6.26}$$

所以，$v_2(t)=V_{2m}\cos\varphi_0=V_{1m}H(\omega)\cos\left[\omega_c t+m_f\sin\Omega t+\frac{\pi}{2}-\frac{2Q_e k_f v_\Omega(t)}{\omega_c}\right]$，振幅 V_{2m} 的变化可由限幅器控制，得到 v_2 为调频-调相信号。

2）耦合回路频相变换网络

耦合回路频相变换网络有互感耦合回路和电容耦合回路两种形式，这里介绍互感耦合回路的频率相位变化特性。

图 8.6.27(a)为互感耦合回路频相转换网络，设初级与次级回路参数相同，即 $C_1=C_2=C, L_1=L_2=L$。设两回路的损耗相同，耦合系数 $k=M/L$，初级与次级回路的中心频率均为 $f_{01}=f_{02}=f_c$。为使分析简单，作如下假定：①初级与次级回路的品质因数均较高；②初级与次级回路之间的互感耦合比较弱；③在耦合回路通频带范围内，当 V_{12} 保持恒定，V_{ab} 也保持恒定。

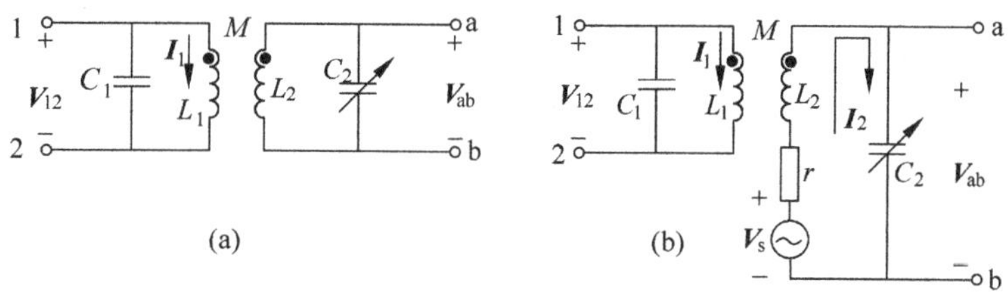

图 8.6.27 互感耦合回路频相转换网络

这样可近似绘出如图 8.6.27(b)所示的等效电路，图中 $\boldsymbol{I}_1=\frac{\boldsymbol{V}_{12}}{\mathrm{j}\omega L_1}$，初级电流在次级回路中产生的感应串联电动势为 $\boldsymbol{V}_s=\pm\mathrm{j}\omega M\boldsymbol{I}_1$，正负取决于初级与次级线圈的绕向。假设线圈的绕向使该式取负号，即 $\boldsymbol{V}_s=-\mathrm{j}\omega M\frac{\boldsymbol{V}_{12}}{\mathrm{j}\omega L_1}=-\frac{M}{L_1}\boldsymbol{V}_{12}$。串联电动势 $\boldsymbol{V}_s$ 在次级回路中产生的电流为

$$\boldsymbol{I}_2=\frac{\boldsymbol{V}_s}{r+\mathrm{j}\left(\omega L-\frac{1}{\omega C}\right)}\approx\frac{\frac{\boldsymbol{V}_s}{r}}{1+\mathrm{j}Q_e\frac{2\Delta\omega}{\omega_0}}=\frac{\frac{\boldsymbol{V}_s}{r}}{1+\mathrm{j}\xi} \tag{8.6.27}$$

式中，$\omega_0=\frac{1}{\sqrt{LC}}=\omega_c$，$Q_e=\frac{\omega_0 L}{r}\approx\frac{\omega L}{r}=\frac{1}{\omega Cr}$，$\xi=Q_e\frac{2\Delta\omega}{\omega_0}$。

因此，$\boldsymbol{I}_2$ 在次级回路两端产生的电压为

$$\boldsymbol{V}_{ab}=\boldsymbol{I}_2\frac{1}{\mathrm{j}\omega C}=\mathrm{j}\frac{kQ_e\boldsymbol{V}_{12}}{1+\mathrm{j}\xi}=\boldsymbol{V}_{12}\frac{kQ_e}{\sqrt{1+\xi^2}}\mathrm{e}^{\mathrm{j}\left(\frac{\pi}{2}-\Delta\varphi\right)} \tag{8.6.28}$$

由此可得耦合回路的电压传输函数为

$$H(\mathrm{j}\omega)=\frac{\boldsymbol{V}_{ab}}{\boldsymbol{V}_{12}}=\frac{kQ_e}{\sqrt{1+\xi^2}}\mathrm{e}^{\mathrm{j}\left(\frac{\pi}{2}-\Delta\varphi\right)}=H(\omega)\mathrm{e}^{\mathrm{j}\varphi(\omega)} \tag{8.6.29}$$

式中，$H(\omega)=\dfrac{kQ_e}{\sqrt{1+\xi^2}}$，为幅频特性，$\varphi(\omega)=\dfrac{\pi}{2}-\Delta\varphi(\omega)=\dfrac{\pi}{2}-\arctan\xi$，为相频特性。由电压传输函数可知，当回路输入电压 $\boldsymbol{V}_{12}$ 的角频率 ω 变化时，次级回路电压 $\boldsymbol{V}_{ab}$ 超前 $\boldsymbol{V}_{12}$ 的相位为$\dfrac{\pi}{2}-\Delta\varphi$，其中 $\Delta\varphi$ 由次级回路对信号角频率 ω_c 的失谐量决定，即 $\Delta\varphi=\arctan\xi=\arctan\left(Q_e\dfrac{2\Delta\omega(t)}{\omega_0}\right)$，当 $|\Delta\varphi(t)|\leqslant\dfrac{\pi}{2}$时，

$$\Delta\varphi=\arctan\left(Q_e\frac{2\Delta\omega(t)}{\omega_0}\right)\approx Q_e\frac{2\Delta\omega(t)}{\omega_0}\propto\Delta\omega(t) \tag{8.6.30}$$

即 $\Delta\varphi$ 与输入调频波的瞬时频移成正比，回路实现了频相频率-相位互相转换的功能。实际上，$\boldsymbol{V}_{ab}$ 的幅值也将随输入调频波的瞬时频率变化，这种变化也将被限幅器抑制。

3. 相位检波电路

根据检波器的不同，相位检波器分为乘积型和叠加型两种。下面分别阐述它们的电路。

1）乘积型相位检波器

乘积型相位检波器又称为集成差分峰值检波器，或正交移相型检波器。例如，电视接收机伴音的集成电路是采用双差分对乘法器实现检波的，乘积型相位检波器的实现电路如图 8.6.28 所示。

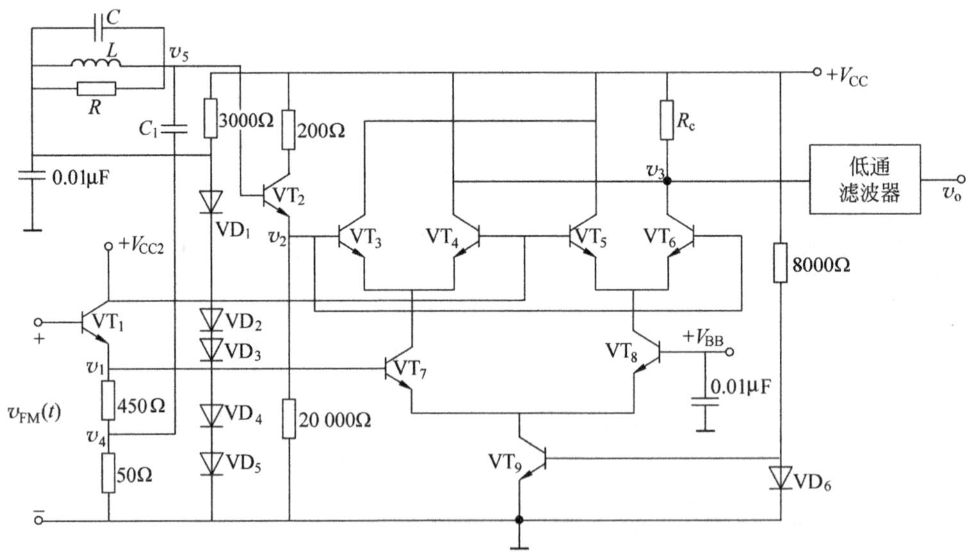

图 8.6.28 乘积型相位检波器

设 $v_{FM}=V_{1m}\cos\left(\omega_c t+k_f\int_0^t v_\Omega(t)\mathrm{d}t\right)$，经 VT_1 后，得到输出电压

$$v_1\approx v_{FM}=V_{1m}\cos\left(\omega_c t+k_f\int_0^t v_\Omega(t)\mathrm{d}t\right) \tag{8.6.31}$$

$$v_4 = \frac{50v_1}{450+50} = \frac{1}{10}v_1 = 0.1V_{1m}\cos\left(\omega_c t + k_f\int_0^t v_\Omega(t)\mathrm{d}t\right) \tag{8.6.32}$$

v_4 经 C_1、RLC 频相转移网络，输出 v_5 为调频调相信号，即

$$v_5 = V_{5m}\cos\left[\omega_c t + k_f\int_0^t v_\Omega(t)\mathrm{d}t + \frac{\pi}{2} - \Delta\varphi_1(t)\right] \tag{8.6.33}$$

v_5 经 VT_2 射极跟随器后得到

$$\begin{aligned} v_2 &= V_{2m}\cos\left[\omega_c t + k_f\int_0^t v_\Omega(t)\mathrm{d}t + \frac{\pi}{2} - \Delta\varphi_1(t)\right] \\ &= -V_{2m}\sin\left[\omega_c t + k_f\int_0^t v_\Omega(t)\mathrm{d}t - \Delta\varphi_1(t)\right] \end{aligned} \tag{8.6.34}$$

v_1、v_2 分别送入由 VT_3VT_4、VT_5VT_6 及 $VT_7VT_8VT_9$ 组成的双差分对电路中，在满足线性输入条件下，其单端输出电流为

$$\begin{aligned} i &= \frac{I_0}{2}\frac{v_2}{2V_T}\tanh\left(\frac{V_1}{2_T}\right) = -\frac{I_0}{4V_T}V_{2m}\sin[\omega t - \Delta\varphi(t)]k_2(\omega t) \\ &= -\frac{I_0}{4V_T}V_{2m}\sin[\omega t - \Delta\varphi(t)]\left(\frac{4}{\pi}\cos\omega t - \frac{4}{3\pi}\cos 3\omega t + \cdots\right) \end{aligned} \tag{8.6.35}$$

得到输出电压为

$$\begin{aligned} v_3 &= \frac{I_0}{4V_T}R_c V_{2m}\sin[\omega t - \Delta\varphi(t)]\left(\frac{4}{\pi}\cos\omega t - \frac{4}{3\pi}\cos 3\omega t + \cdots\right) \\ &= \frac{I_0 R_c V_{2m}}{2\pi V_T}\{\sin[-\Delta\varphi(t)] + 2\sin[\omega t - \Delta\varphi(t)] + \cdots\} \end{aligned} \tag{8.6.36}$$

式中，I_0 是恒流源 VT_9 为差分对 VT_7VT_8 提供的电流。经过低通滤波器后，设低通滤波器增益为 1，则输出为

$$v_o = -\frac{I_0 R_c V_{2m}}{2\pi V_T}\sin\Delta\varphi(t) = A_d\sin\Delta\varphi(t) \tag{8.6.37}$$

式中，$\Delta\varphi = Q_e\dfrac{2\Delta\omega(t)}{\omega_c}$，$A_d = -\dfrac{I_0 R_c V_{2m}}{2\pi V_T}$。

当 $|\Delta\varphi(t)| \leqslant \dfrac{\pi}{12}$ 时，$\sin\Delta\varphi(t) \approx \Delta\varphi(t)$，输出电压为

$$v_o = A_d\Delta\varphi(t) = -\frac{I_0 R_c V_{2m}}{\pi V_T}\frac{Q_e}{\omega_c}\Delta\omega(t) \tag{8.6.38}$$

式中，$V_{2m} = \dfrac{H(\omega)}{10}V_{1m}$，$H(\omega)$ 为 C_1、RLC 频相转移网络的幅频特性。而对调频波，$\Delta\omega(t) = k_f v_\Omega(t)$，实现了线性调频。

如图 8.6.29 所示为单片集成模拟乘法器 BG314 构成的相位检波电路。电路中晶体管 T 是射极跟随器作为隔离极，C_1、RLC 构成线性移相网络作为负载。运算放大器 A 作为双端输出转单端输出电路。R_{11}、C_3 组成低通滤波器。

2）叠加型相位检波器

图 8.6.30 为常用的叠加型相位检波器电路，称为互感耦合相位检波器。图中 L_1、C_1 和 L_2、C_2 均在调谐信号的中心频率 f_c 上，并构成互感耦合双调谐回路，实现频相转换。

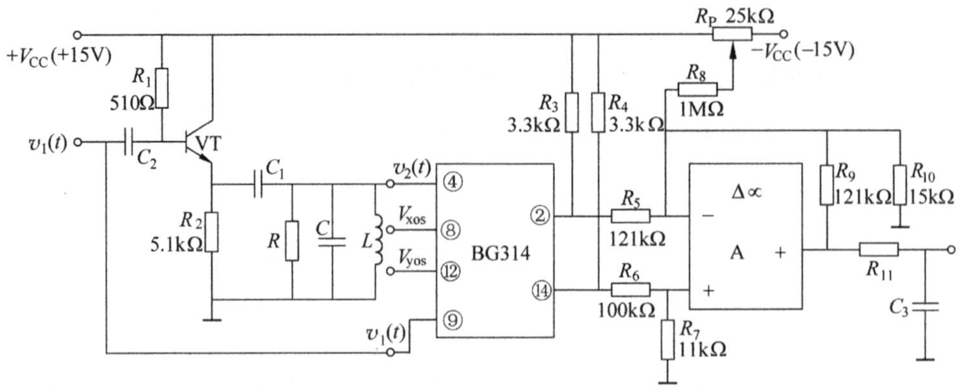

图 8.6.29 单片集成模拟乘法器 BG314 构成的相位检波电路

C_C 为隔直耦合电容，它对输入信号频率呈短路；L_3 为高频扼流圈，它在输入信号频率上的阻抗很大，近似开路，但对低频信号阻抗很小，近似短路。初级回路电压 $v_{12}(t)$ 通过 C_C 加到 L_3 上，由于 C_C 的高频容抗小于 L_3 的感抗，所以 L_3 上的压降近似等于 $v_{12}(t)$。D_1、C_3、R_1 及 D_2、C_4、R_2 构成两个包络检波电路。加到两个包络检波器上的输入电压为

$$v_{i1}(t)=\frac{v_{ab}}{2}+v_{12},\quad v_{i2}(t)=-\frac{v_{ab}}{2}+v_{12} \tag{8.6.39}$$

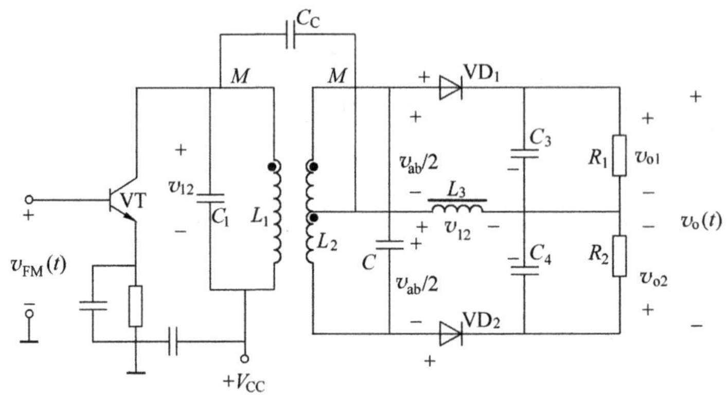

图 8.6.30 叠加型相位检波电路

如图 8.6.30 所示为叠加型相位检波器的等效电路可用图 8.6.31 表示。

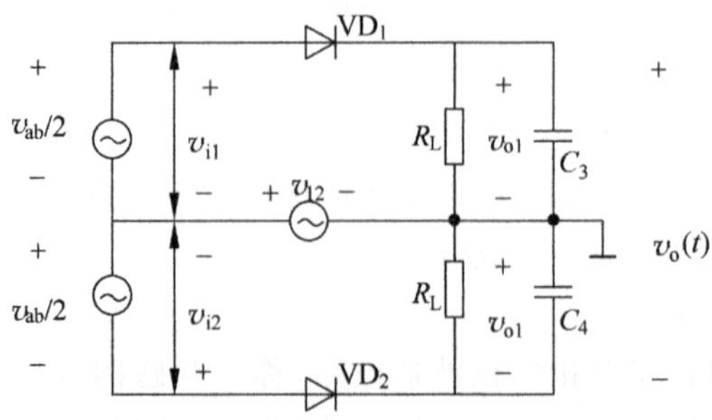

图 8.6.31 图 8.6.30 的等效电路

集成电路中广泛采用乘法器作为检波和鉴相电路。乘法器实现两信号的理想相乘，输出端只出现两信号的和、差频分量。因此，乘法器检波、鉴相等频谱非线性变换电路中是有局限条件的，即相移量较小，只能不失真地解调相移变化量小的调频波和调相波。调频波的解调电路有许多种，本章介绍了斜率检波器、相位检波器、比例检波器、移相乘积检波器及脉冲计数式检波器。在实际应用中可根据具体情况选择。

参考文献

[1] 高吉祥. 高频电子线路[M]. 北京：电子工业出版社，2003.

[2] 曾兴雯，刘乃安，陈健. 高频电路原理与分析[M]. 3版. 西安：西安电子科技大学出版社，2001.

[3] 王卫东，傅佑麟. 高频电子线路[M]. 北京：电子工业出版社，2004.

[4] 高如云，陆曼茹，张企民，等. 通信电子线路[M]. 2版. 西安：西安电子科技大学出版社，2002.

[5] 张肃文. 高频电子线路[M]. 北京：高等教育出版社，2009.

[6] JOSEPH J C. 射频电路设计[M]. 3版. 北京：电子工业出版社，2001.

[7] RAZAVI B. 射频微电子[M]. 余正平，周德润，译. 北京：清华大学出版社，2003.

[8] HOROWITZ P，HILL W. The art of electronic[M]. 2nd ed. New York：Cambridge University Press，1989.

[9] SAYRE C W. 完整无线设计[M]. 影印版. 北京：清华大学出版社，2004.

[10] 刘长军，黄卡玛，闫丽萍. 射频通信电路设计[M]. 北京：科学出版社，2005.

[11] HAGAN J B. 射频电子学——电路及其应用[M]. 北京：机械工业出版社，2005.

[12] 铃木宪次. 高频电路设计与制作[M]. 何中庸，译. 北京：科学出版社，2005.

思考题和习题

8.1 设载波振荡的频率为 $f_0=25\text{MHz}$，振幅为 $V_0=4\text{V}$；调制信号为单频正弦波，频率为 $F=400\text{Hz}$；最大频移为 $\Delta f=10\text{kHz}$。(1)试分别写出调频波和调相波的数学表达式；(2)若调制频率为 2kHz，所有其他参数不变，试写出调频波和调相波的数学表达式。

8.2 调频波的中心频率为 $f_0=10\text{MHz}$，最大频移为 $\Delta f=50\text{kHz}$，调制信号为正弦波，其调制频率为 F_Ω。试求调频波在以下三种情况下的频带宽度(按 10%的规定计算带宽)：(1)$F_\Omega=500\text{kHz}$；(2)$F_\Omega=500\text{Hz}$；(3)$F_\Omega=20\text{kHz}$。

8.3 调相波 $v_i=V_0\cos(\omega_0 t+m\sin\Omega t)$，加在 RC 高通滤波器上。若在 v_i 频带内下式成立：$RC\ll\frac{1}{\omega_0}$。这里 ω_0 为 v_i 的瞬时频率。试证明 R 上的电压 v_R 是一个调角-调相波，并求其调制幅度。

8.4 已知调制信号为 $v_\Omega(t)=U_\Omega\cos(2\pi\times10^4 t)+3\cos(3\pi\times10^4 t)$，载波为 $v_c(t)=5\cos(2\pi\times10^7 t)$，调频灵敏度 $k_f=3\text{kHz/V}$。试写出调频波信号的表达式。

8.5 若调频波调制器的调制指数 $m_f=1$，调制信号 $v_\Omega(t)=U_\Omega\cos(2\pi\times1000t)$，载波为 $v_c(t)=10\cos(10\pi\times10^5 t)$，(1)根据第一类贝塞尔函数数值表，求振幅明显的边频分量的振幅；(2)画出频谱，并标出振幅的相对大小。

8.6 变容二极管调相电路如图所示。图中 C_1、C_2 为耦合电容，C_3、C_4 为隔直电容；调制信号为 $u_\Omega(t)=u_\Omega\cos\Omega t$，变容二极管 $\gamma=2$，$V_D=1V$，回路等效品质因数 $Q_L=20$。试求下列情况时的调相指数 m_p 和最大频移 Δf_m：

(1)$u_\Omega(t)=0.1V$，$\Omega=2\pi\times10^3 rad/s$；(2)$u_\Omega(t)=0.2V$，$\Omega=4\pi\times10^3 rad/s$；(3)$u_\Omega(t)=0.05V$，$\Omega=2\pi\times10^3 rad/s$。

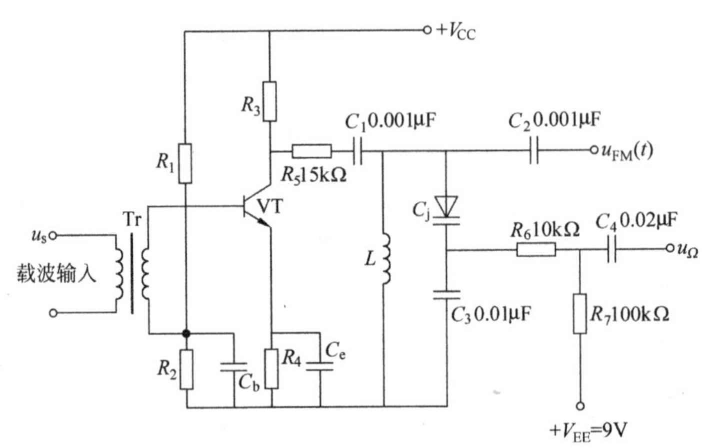

思考题和习题 8.6 图

8.7 调频振荡回路由电感 L 和变容二极管组成，$L=2\mu H$，变容二极管的参数为 $C_0=225pF$，$\gamma=1/2$，$V_D=0.6V$，静态电压 $V_0=-6V$。调制信号为 $u_\Omega(t)=5\sin10^4t$，求输出调频波时，(1)载波 f_0；(2)由调制信号引起的载频漂移 Δf_0；(3)调频灵敏度 k_f；(4)最大频移 Δf_m；(5)二阶失真系数 k_2。

8.8 已知某检波器的输入信号为 $v_{FM}(t)=3\sin(\omega_c t+10\sin2\pi\times10^3t)$ (V)，检波跨导为 $S_d=-5mV/kHz$，线性检波范围为 $2\Delta f_m$。求输出电压 v_o 的表示式。

8.9 调频振荡器回路的电容为变容二极管，其压控特性为 $C_j=C_{j0}/(1+2u)1/2$，$C_j=\dfrac{C_{j0}}{\sqrt{1+2u}}$为变容二极管反向电压的绝对值。反向偏压 $E_Q=4V$，振荡中心频率为 10MHz，调制电压为 $v(t)=\cos\Omega t$ (V)。(1)求在中心频率附近的线性调制灵敏度；(2)当要求 $K_{f2}<1\%$时，求允许的最大频移值。

8.10 振幅检波器必须有哪几个组成部分？各部分作用如何？下列各图能否检波？图中 R、C 为正常值，二极管为折线特性。

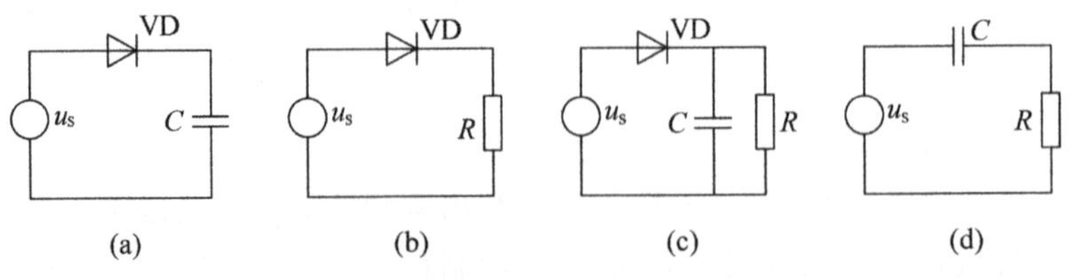

思考题和习题 8.10 图

第9章 反馈控制电路

内 容 提 要

本章从反馈控制系统的基本原理和数学模型出发，探讨反馈控制的基本方法，以及实现反馈控制的几种基本类型的电路（主要是自动增益控制电路、自动频率控制电路和锁相环路）组成、工作原理、性能分析及其应用。由于锁相环技术在现代集成电子电路及通信设备中的广泛应用，重点介绍锁相环和自动功率控制电路的工作原理及其应用。本章的教学需要5～7学时。

9.1 概述

前面章节所介绍的高功率放大器、谐振放大电路、振荡电路、混频电路、调制电路和解调电路等功能性电路，可以组成一个完整的通信系统。但是这些系统的组成却未必是完善的。比如，天线感应的信号由于传输距离、天气变化、空气传输介质的影响，以及通信设备的增加、传输速度的提升、容量的扩展等原因，会造成信号衰减、涨落（信号时强时弱），或者通信拥挤、堵塞等情况发生；当通信系统收发两地的载频没有保持严格一致时，输出的中频很难稳定，使得系统不能同步，这样就会造成无法正确解调原始信号，特别是在航空航天领域，由于收发设备装载在不同的运载体上，两者之间存在相对运动（即多普勒效应），随机频差时有发生。这些都会造成通信系统不能高质量收发信号。因此，为了提高通信或电子系统的性能指标，必须采取自动控制方式，这样就出现了各种类型的反馈控制电路。在各种通信、雷达等电子系统中，广泛采用各种类型的反馈控制电路。

根据控制对象参量的不同，反馈控制电路分为以下三类：自动增益控制电路、自动频率控制电路和自动相位控制电路。

自动增益控制电路,需要比较的量为电压或电流,误差元件多为电压比较器,执行元件一般为可控增益放大器,通过改变放大器的增益来稳定放大器的输出。作用是使放大器的输出信号幅度稳定。自动增益控制电路又称为自动电平控制电路。

自动频率控制电路,需要比较的量为频率,误差元件多为检波器,执行元件一般为受控振荡器,通过改变振荡器电抗参数来稳定振荡器输出信号的频率。作用是使振荡器输出信号的频率稳定。自动频率控制电路是一种有频率误差控制电路。

自动相位控制电路,需要比较的量为相位,误差元件多为鉴相器,执行元件也是受控振荡器,通过改变振荡器电抗参数来锁定振荡器输出信号的相位。作用是使振荡器输出信号的相位稳定。自动相位控制电路可以实现无频率误差跟踪。自动相位控制电路又称为锁相环路(PLL),是一种应用很广的反馈控制电路,利用锁相环路可以实现许多功能,例如,实现无误差频率跟踪、频率合成器等。

本章主要介绍自动增益控制电路(自动功率控制电路)、自动频率控制电路、锁相环路和频率合成器。

9.2 反馈控制电路的基本原理、数学模型及分析方法

9.2.1 基本工作原理

反馈控制是现实物理过程中的一个基本现象。反馈控制方法是为了准确地调整某一个系统或单元的某些状态参数,满足实时需求。例如,采用反馈控制方法稳定放大器增益、谐振器的振荡频率和检波器的相位,是反馈控制在电子线路领域最典型的应用。为稳定系统状态而采用的反馈控制系统是一个负反馈系统。整个系统的功能就是使输出状态跟踪输入信号(基准)或它的平均值的变化。控制过程总是使调整后的误差以与起始误差相反的方向变化,结果逐渐减小绝对误差,最终趋向于一个极限值。

反馈控制电路由如图 9.2.1 所示的比较器、控制器、执行器和反馈网络四部分组成一个负反馈闭合环路。比较器的作用是将外加参考信号 $x_r(t)$和反馈信号 $x_f(t)$进行比较,输出二者的差值即误差信号 $x_e(t)$,再经过控制器送出控制信号 $x_c(t)$,对执行器的某一特性或某个参量进行控制。对于执行器,输入信号 $x_i(t)$或输出信号 $x_o(t)$受控制信号 $x_c(t)$的控制(如可控增益放大器),或者是在不加输入信号的情况下,输出信号 $x_o(t)$的某一参量受控制信号 $x_c(t)$的控制(如压控振荡器)。反馈网络的作用是从输出信号 $x_o(t)$中提取所需要比较的分量作为反馈信号 $x_f(t)$,并反馈回比较器。

值得注意的是,上述图中的各物理参量不一定是同一类型的参量,所以每个物理量的量纲不一定相同。根据输入比较器参量的不同,图中的比较器可以是电压比较器、检波器或鉴相器,所对应的 $x_r(t)$和 $x_f(t)$可以是电压、频率或相位等参量。误差信号 $x_e(t)$和控制信号 $x_c(t)$一般是电压,当然也可以是其他的物理量。输出信号 $x_o(t)$的量纲可以是电压、频率或相位等参量。

如果参考信号不变,也就是电路趋于稳定状态,输出信号也会趋于原稳定状态,也就是

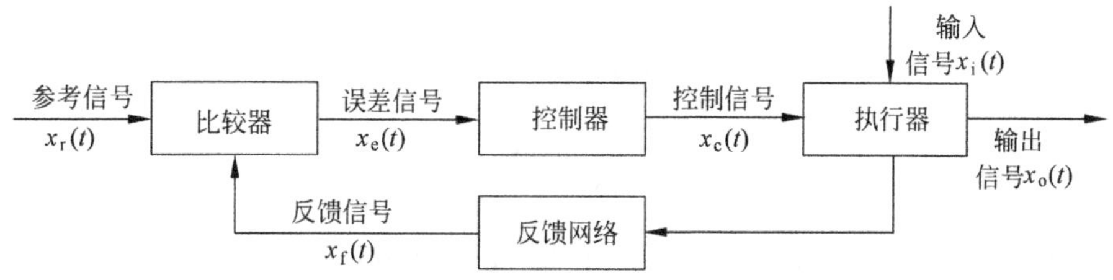

图 9.2.1 反馈控制电路基本组成

预先规定的某个参量上。如果参考信号变化,无论输入信号或执行器本身特性有无变化,输出信号一般都会发生变化。因此,反馈控制电路中输出信号会实时跟踪参考信号的变化。

9.2.2 数学模型建立方法

反馈控制电路与负反馈放大器都是闭环控制系统,但二者的构成有区别。在模拟电子技术中,我们学过负反馈放大器一般是线性器件。在反馈控制电路中,比较器不一定是线性器件,很多情况下是非线性器件,其中锁相环中的鉴相器是非线性器件,当输入信号相位差较小时,可以把鉴相器作为线性器件处理。

由于反馈控制电路在某些条件下近似为一个线性系统,直接采用时域分析法比较复杂,所以,采用复频域分析方法,利用拉普拉斯变换与傅里叶变换求出频率响应,或利用拉普拉斯逆变换求出其频率响应。图 9.2.2 为反馈控制电路用拉普拉斯变换表达的数学模型。

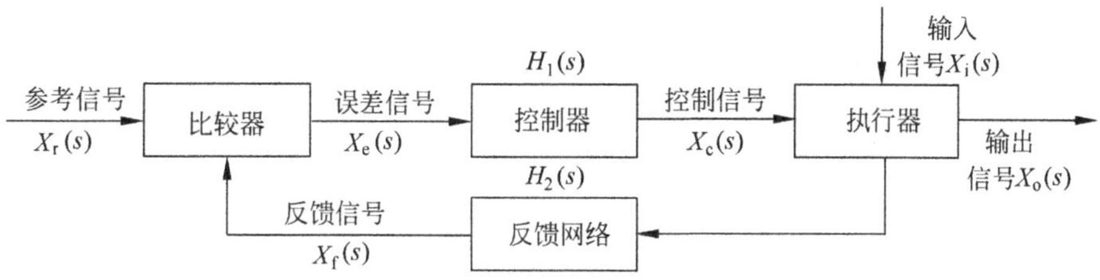

图 9.2.2 反馈控制电路的数学模型

图中 $X_r(s)$、$X_e(s)$、$X_c(s)$、$X_i(s)$、$X_o(s)$和 $X_f(s)$分别是 $x_r(t)$、$x_e(t)$、$x_c(t)$、$x_i(t)$、$x_o(t)$和 $x_f(t)$的拉普拉斯变换。比较器输出的误差信号 $x_e(t)$通常与 $x_r(t)$和 $x_f(t)$的差值成正比,比例系数为 k_p,则

$$x_e(t)=k_p(x_r(t)-x_f(t)) \tag{9.2.1}$$

对上式进行拉普拉斯变换,则

$$X_e(s)=k_p(X_r(s)-X_f(s)) \tag{9.2.2}$$

将执行器作为线性器件处理,则

$$x_o(t)=k_c x_c(t) \tag{9.2.3}$$

式中,k_c 为比例系数,同样将上式进行拉普拉斯变换,则

$$X_o(s)=k_c X_c(s) \tag{9.2.4}$$

实际电路中都有滤波器,包含在控制信号或反馈网络中,将这两个环节看成线性网络,

其传输函数分别为

$$H_1(s)=\frac{X_c(s)}{X_e(s)} \tag{9.2.5}$$

$$H_2(s)=\frac{X_f(s)}{X_o(s)} \tag{9.2.6}$$

通过以上各式可以求出整个系统的两个重要传递函数，即闭环传输函数

$$H_T(s)=\frac{X_o(s)}{X_r(s)}=\frac{k_p k_c H_1(s)}{1+k_p k_c H_1(s)H_2(s)} \tag{9.2.7}$$

误差传输函数

$$H_e(s)=\frac{X_e(s)}{X_r(s)}=\frac{k_p H_1(s)}{1+k_p k_c H_1(s)H_2(s)} \tag{9.2.8}$$

9.2.3 反馈控制系统特性分析

将反馈控制电路近似为一个线性系统，按照上述构建闭环传输函数和误差传输函数的基本方法，可以进一步分析反馈控制电路的基本特性。

1）瞬态和稳态特性

利用闭环传输函数 $H_T(s)$，在给定参考信号 $X_r(s)$的作用下，求出其输出函数 $X_o(s)$，再进行拉普拉斯变换，即可求出系统时域响应函数 $x_o(t)$，其中包括瞬态响应和稳态响应两部分。

2）跟踪特性

利用误差传输函数 $H_e(s)$，在给定参考信号 $X_r(s)$的作用下，求出其误差函数 $X_e(s)$，再进行拉普拉斯变换，即可求出误差信号 $x_e(t)$，这就是跟踪特性。稳态误差值可利用拉普拉斯变换求得

$$x_{eo}=\lim_{t\to\infty}x_e(t)=\lim_{s\to 0}sX_e(s) \tag{9.2.9}$$

3）频率特性

利用拉普拉斯变换与傅里叶变换的关系，将闭环传输函数 $H_T(s)$与误差传输函数 $H_e(s)$变换为 $H_T(j\omega)$和 $H_e(j\omega)$，即闭环频率响应特性和误差频率响应特性。

4）稳定性

根据线性系统稳定性理论，若闭环传输函数 $H_T(s)$中的全部极点都位于复平面的左半平面内，则环路是稳定的。若其中一个或一个以上极点位于复平面的右半平面或虚轴上，则环路是不稳定的。

5）动态范围

组成反馈控制电路的各个环节均不可能具有无限宽的线性范围，当其中某个环节的工作状态进入非线性区后，系统的自动调节功能可能会被破坏，因此，每一实际的反馈控制电路都有实际的应用范畴，称为控制范围或动态范围，其大小主要由各环节器件的非线性特性决定，一般用 $x_r(t)$、$x_i(t)$和 $x_o(t)$的取值范围表示。

9.3 自动增益控制电路

在通信、航空航天、导航、遥控遥测等系统中，由于受发射功率大小、传输距离远近、电磁波传播衰减、周围介质等的影响，接收机能够接收到的信号变化起伏会比较大，微弱时只有几微伏或几十微伏，强时可达几百毫伏，因此，接收机的最强信号和最弱信号电压相差几十分贝，这种变化范围称为接收机的动态范围。在此，必须设计可以控制电压增益大小的电路，使得接收机在弱信号下增益增强，强信号下增益降低，不至于系统因为输入信号过强而使得接收机发生饱和或堵塞。这就是自动增益控制(AGC)电路所要达成的目标。

图 9.3.1 是具有 AGC 电路的接收机组成框图，通过检波器检测到中频信号电压大小，与参考电压进行比较，然后依据具体情况对直流放大器的电压放大增益进行控制，再利用输出电压进一步控制接收端的高频放大器和中频放大器的输出电压幅值，维持输出信号电平的稳定性。这种 AGC 辅助电路在接收机中是必不可少的。

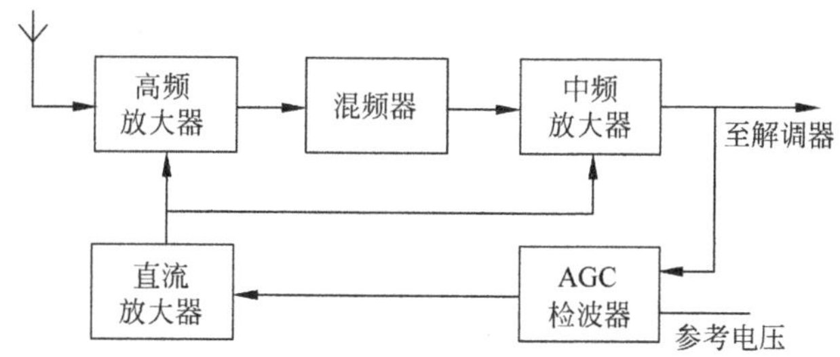

图 9.3.1　具有 AGC 电路的接收机组成框图

9.3.1 AGC 基本工作原理

自动增益控制是用负反馈控制的方法动态地调整放大器的增益，使得输入电压幅度在相当大的范围内变化时，放大器输出电压振幅的平均值能基本保持恒定。

设输入信号振幅为 U_i，输出信号振幅为 U_o，可控增益放大器增益为 $A_g(u_c)$，它是控制电压 u_c 的函数，则有

$$U_o = A_g(u_c)U_i \tag{9.3.1}$$

AGC 电路框图如图 9.3.2 所示。

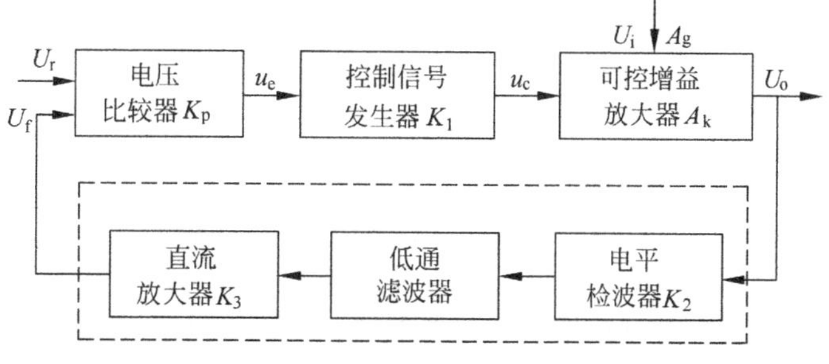

图 9.3.2　AGC 电路框图

1）电压比较机制

图 9.3.2 的 AGC 反馈电路中的参考信号 $x_r(t)$ 用信号电压 U_r 表示，比较器所用的是电压比较器。反馈网络由电平检测器、低通滤波器和直流放大器组成。检测输出信号的振幅电平，滤除不需要的高频分量，进行适量放大后与恒定的参考电平 U_r 进行比较，产生一个误差信号 u_e，控制信号发生器在这里可看作是一个比例环节，其增益为 k_1，输出 $u_c=k_1u_e$。若减小输入信号 U_i 致使 U_o 减小时，环路产生的控制信号 u_c 将使可控放大器增益 A_g 增大，从而使 U_o 增大；若增大输入信号 U_i 致使 U_o 增大时，环路产生的控制信号 u_c 将使可控放大器增益 A_g 减小，从而使 U_o 减小。经过多次循环往复，输出信号振幅 U_o 保持基本恒定不变或者变化极小。

2）低通滤波器的作用

环路中的低通滤波器是非常重要的。由于发射功率、距离远近和电磁波传播衰落等变化引起的信号强度变化比较缓慢，所以整个环路应具有低通传输特性，这样才能保证对信号电平的缓慢变化具有控制作用。为了使调幅波的有用幅值变化不会被 AGC 电路的控制作用所抵消，必须恰当选择环路的频率响应特性，也就是低通滤波器的截止频率，使对高于某一频率的调制信号的变化无响应，而对低于这一频率的缓慢变化才有控制作用，从而使输出信号质量得到提高。

3）控制过程的数学描述

设输出信号电压振幅 U_o 与控制电压 u_c 的关系为线性控制

$$U_o=U_{o1}+k_cu_c=U_{o1}+\Delta U_o \tag{9.3.2}$$

$$U_{o1}=A_g(u_c)U_i=(A_g(0)+k_cu_c)U_i=U_{o1}+k_cU_c \tag{9.3.3}$$

式中，$A_g(u_c)=(A_g(0)+k_cu_c)U_i=U_{o1}+k_cU_c$，反映了控制信号 u_c 对可控增益放大器增益的线性控制作用；k_c 为常数，表示线性控制；U_{o1} 代表误差信号与控制信号皆为零时对应的输出信号振幅，且

$$U_{o1}=A_g(0)U_{io} \tag{9.3.4}$$

U_{io} 和 $A_g(0)$ 是相应的输入信号振幅和放大器的增益。若低通滤波器对于直流信号的传输函数 $H_f(0)=1$，当 $u_e=0$ 时，由图 9.3.2 写出 U_r 和 U_{o1}、U_{io} 之间的关系为

$$U_r=k_2k_3U_{o1}=k_2k_3A_g(0)U_{io} \tag{9.3.5}$$

4）主要性能指标

AGC 电路的主要性能指标有两个：动态范围和响应时间。设 m_o 是 AGC 电路限定的输出信号振幅最大值与最小值之比，即

$$m_o=U_{omax}/U_{omin} \tag{9.3.6}$$

m_i 是 AGC 电路限定的输入信号振幅最大值与最小值之比，即

$$m_i=U_{imax}/U_{imin} \tag{9.3.7}$$

则有

$$\frac{m_i}{m_o}=\frac{U_{imax}/U_{imin}}{U_{omax}/U_{omin}}=\frac{U_{omin}/U_{imin}}{U_{omax}/U_{imax}}=\frac{A_{gmax}}{A_{gmin}}=n_g \tag{9.3.8}$$

式中，A_{gmax} 是输入信号振幅最小时可控增益放大器的增益，表示 AGC 电路的最大增益；A_{gmin} 是输入信号振幅最大时可控增益放大器的增益，表示 AGC 电路的最小增益；$n_g=m_i/m_o$，代表可控增益放大器的控制倍数，表示控制电路增益动态范围，通常用分贝来表示。

AGC 电路通过可控增益放大器的控制实现对输出信号振幅变化的限制，而增益的变化取决于输入信号振幅的变化。因此，要求 AGC 电路的反应要能跟上输入信号振幅的变化速度，又不会出现反调制现象，这就是响应时间特性。AGC 电路的响应时间主要是由环路带宽决定的。

例题 9.3.1 某接收机输入信号振幅的动态范围是 47dB，输出信号振幅限定的变化范围为 30%。若单级放大器的增益控制倍数为 20dB，问：需要多少级 AGC 电路才能满足要求？

解 $20\lg m_o = 20\lg(U_{omax}/U_{omin}) = 20\lg\left(1+\dfrac{U_{omax}-U_{omin}}{U_{omin}}\right) = 20\lg(1+0.3)\text{dB} \approx 2.28\text{dB}$

接收机 AGC 系统的增益控制倍数为

$$n_g = 20\lg\frac{m_i}{m_o} = 20\lg m_i - 20\lg m_o = 47 - 2.28\text{dB} = 44.72\text{dB}$$

AGC 电路的级数 $n = 44.72/20 \approx 2$。

9.3.2 AGC 电路

在延迟 AGC 电路里有一个启控阈值，即比较器参考电压 U_r，它对应的是输入信号振幅 U_{imin}，图 9.3.3 为延迟 AGC 特性曲线。当输入信号 U_i 小于 U_{imin} 时，反馈环路断开，AGC 不起作用，放大器 K_v 不变，输出信号 U_o 与输入信号 U_i 呈线性关系。当 U_i 大于 U_{imin} 后，反馈环路接通，AGC 电路才开始产生误差信号和控制信号，使放大器增益 K_v 有所减小，保持输出信号 U_o 基本恒定或仅有微小变化。这种 AGC 电路由于需要延迟到 $U_i > U_{imin}$ 之后才开始起控制作用，故称为延迟 AGC。但应注意的是，这里“延迟”二字不是指时间上的延迟。图 9.3.4 是一延迟 AGC 电路。二极管 VD 和负载 R_1C_1 组成 AGC 检波器，检波后的电压经 RC 低通滤波器，供给 AGC 直流电压。另外，在二极管 VD 上加有一负电压（由负电源分压获得），称为延迟电压。当输入信号 U_i 很小时，AGC 检波器的输入电压也比较小，由于延迟电压的存在，AGC 检波器的二极管 VD 一直不导通，没有 AGC 电压输出，因此没有 AGC 作用。只有当输入电压 U_i 大到一定程度（$U_i > U_{imin}$），使检波器输入电压的幅值大于延迟电压后，AGC 检波器才工作，产生 AGC 作用。调节延迟电压可改变 U_{imin} 的数值，以满足不同的要求。由于延迟电压的存在，信号检波器必然要与 AGC 检波器分开，否则延迟电压会加到信号检波器上，使外来信号小时不能检波，而信号大时又产生非线性失真。

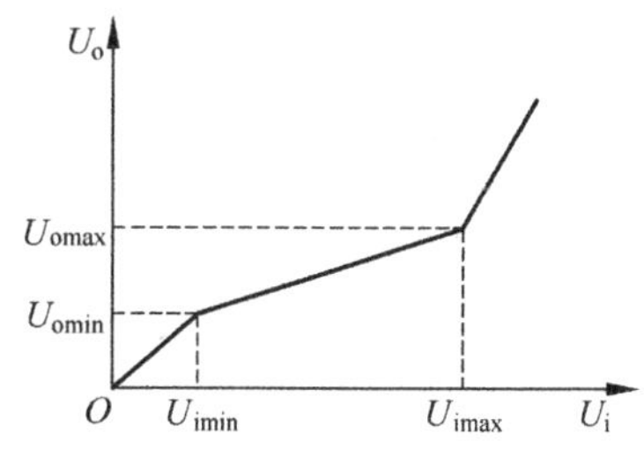

图 9.3.3 延迟 AGC 特性曲线

AGC 分为前置 AGC、后置 AGC 与基带 AGC 三种。前置 AGC 是指 AGC 处于解调以前，由高频（或中频）信号中提取检测信号，通过检波和直流放大，控制高频（或中频）放大器的增益。前置 AGC 的动态范围与可变增益单元的级数、每级的增益和控制信号电平有关，通常可以做得很大。后置 AGC 是从解调后提取检测信号来控制高频（或中频）放大器的增益。由于信号解调后信噪比较高，AGC 就可以对信号电平进行有效控制。基带 AGC 是

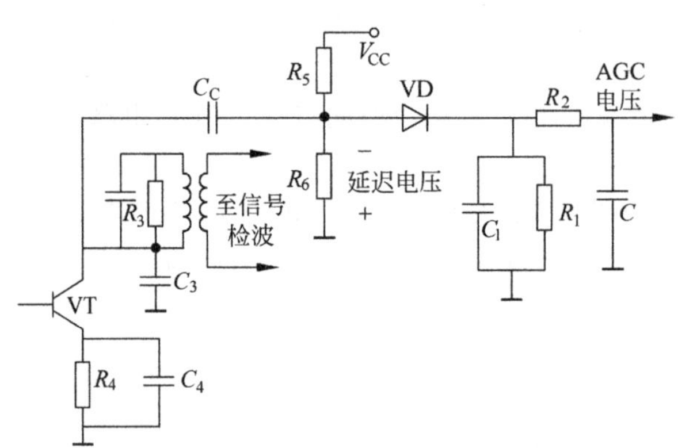

图 9.3.4 延迟式 AGC 电路组成框图

整个 AGC 电路均在解调后的基带进行处理。基带 AGC 可以用数字处理的方法完成，这将成为 AGC 电路的一种发展方向。除此之外，还有利用对数放大、限幅放大-带通滤波等方式完成系统的 AGC。

9.3.3 AGC 电路性能指标

AGC 电路的主要性能指标有三个：一是动态范围，二是响应时间，三是增益控制。

1）动态范围

AGC 电路是利用电压误差信号消除输出信号振幅与要求输出信号振幅之间电压误差的自动控制电路。因此，当电路达到平衡状态后，仍会有电压误差存在。从对 AGC 电路的实际要求考虑，一方面希望输出信号振幅的变化越小越好，即要求输出电压振幅的误差越小越好；另一方面也希望容许输入信号振幅的变化范围越大越好。因此，AGC 的动态范围是在给定输出信号振幅变化范围内，允许输入信号振幅的变化范围。输出信号振幅变化越小，AGC 电路性能越好。例如，收音机的 AGC 指标为输入信号强度变化 26dB 时，输出电压的变化不超过 5dB。在高级通信机中，AGC 指标为输入信号强度变化 60dB 时，输出电压的变化不超过 6dB；输入信号在 10μV 以下时，AGC 不起作用。

2）响应时间

AGC 电路是通过对可控增益放大器增益的控制实现对输出信号振幅变化的限制，而增益变化又取决于输入信号振幅的变化，所以要求 AGC 电路的反应既要能跟得上输入信号振幅的变化速度，又不会出现反调制现象，这就是响应时间特性。对 AGC 电路的响应时间长短的要求，取决于输入信号的类型和特点。根据响应时间的长短，分为慢速 AGC 和快速 AGC。而响应时间长短的调节由环路带宽决定，主要是低通滤波器的带宽。低通滤波器带宽越宽，响应时间越短，但容易出现反调制现象。所谓的反调制是指当输入调幅信号时，调幅波的有用幅值变化被 AGC 电路的控制作用所抵消。

3）增益控制

根据第 3 章的讨论可知，高频放大器的谐振增益为

$$A_{u0}=\frac{p_1 p_2 |Y_{fe}|}{g_{\Sigma}} \tag{9.3.9}$$

上式说明，放大器的增益 A_{u0} 与晶体管的正向传输导纳 $|Y_{fe}|$ 成正比，而 $|Y_{fe}|$ 的大小与晶体管的工作点电流 I_Q 有关。因此，通过改变晶体管发射极电流 I_E，可以改变 $|Y_{fe}|$，从而改变放大器的电压增益 A_{u0}。晶体管的 $|Y_{fe}|$-I_E 特性曲线如图 9.3.5 所示。从图中可知，AGC 分正向 AGC 和反向 AGC，相应的电路中 AGC 控制电压应分别加在晶体管的基极和发射极，即可实现放大器的增益控制。

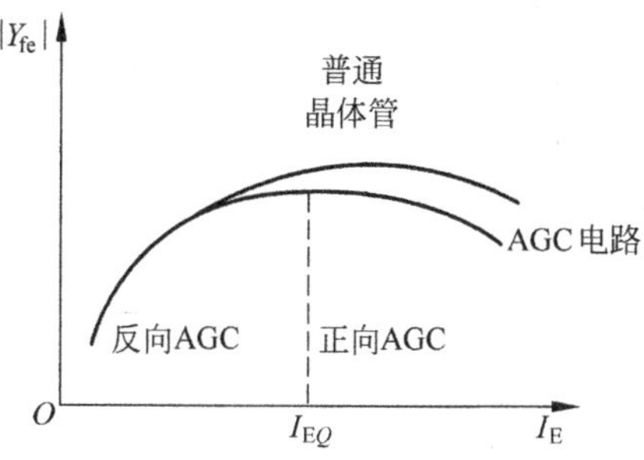

图 9.3.5 晶体管 $|Y_{fe}|$-I_E 特性曲线

9.4 自动频率控制电路

频率源是通信和电子系统的“心脏”，频率源的频率经常受各种因素的影响而发生变化，偏离了标称的数值。频率源性能的好坏，直接影响到通信的质量和各项性能指标，使系统性能恶化，信号失真，更严重的情况是引起整个通信系统瘫痪。第 5 章已经讨论了引起频率不稳定的各种因素，以及稳定频率的各种措施，本节讨论采用自动频率控制方法达到稳频的效果，这种方法可以使频率源的频率自动锁定到近似等于预期的标准频率上。

9.4.1 工作原理

自动频率控制(AFC)电路由频率比较器、低通滤波器和可控频率器件三部分组成，如图 9.4.1 所示。

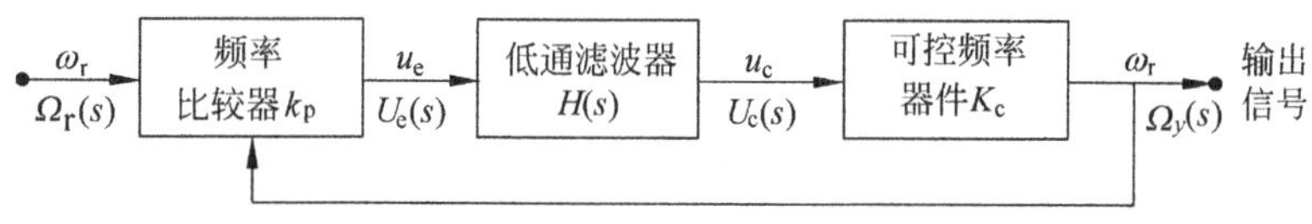

图 9.4.1 AFC 电路组成框图

1) 频率比较器

加到频率比较器上的信号，一个是参考信号，另一个是反馈信号。它的输出电压 u_c 与这两个信号的频率差有关，而与它们的幅度无关。即误差信号为

$$u_e = k_p(\omega_r - \omega_y) \tag{9.4.1}$$

k_p 在一定频率范围内为常数，实际上就是检波跨导。能检测出信号频率差并转换成电压的电路都可构成频率比较器。通常是检波器，无需外加信号，参考频率 ω_r 与检波器的中心角频率 ω_0 相等。另一种是混频-检波型，其原理框图如图 9.4.2 所示，常用于参考频率不变的情况。检波器的中心频率为 ω_0，当 ω_r 与 ω_y 之差等于 ω_0 时，输出为零，否则就有误差信号输出。其检波特性如图 9.4.3 所示。

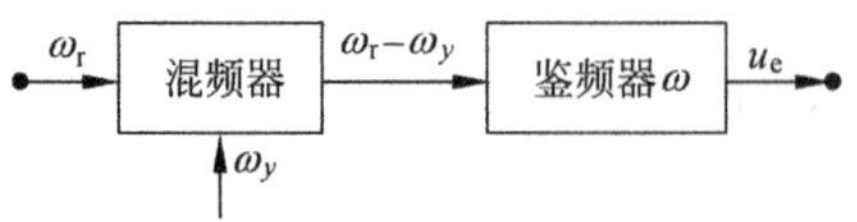

图 9.4.2　混频-检波型比较器

2）可控频率电路

可控频率器件通常是压控振荡器（VCO）在控制信号 u_c 的作用下，可以改变输出信号频率的电路。其典型特性曲线如图 9.4.4 所示，其电压-频率一般是非线性，但在一定范围内，其输出振荡角频率可写成

$$\omega_y=\omega_{y0}+k_c u_c \tag{9.4.2}$$

式中，ω_{y0} 是控制电压 $u_c=0$ 时压控振荡器固有频率；k_c 为常数，实际就是压控灵敏度，这一特性称为可控频率电路的控制特性。

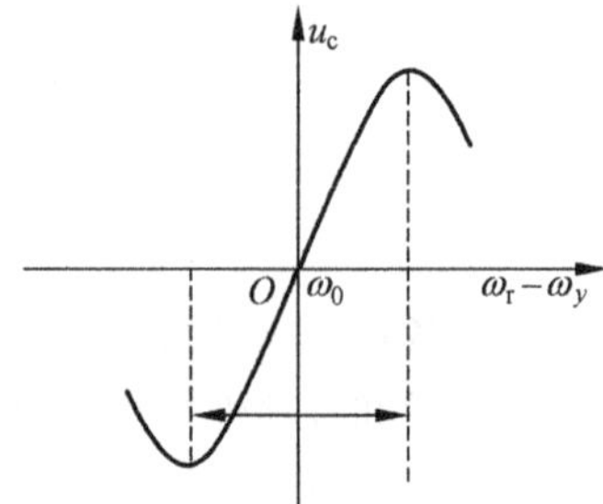

图 9.4.3　混频-检波特性曲线

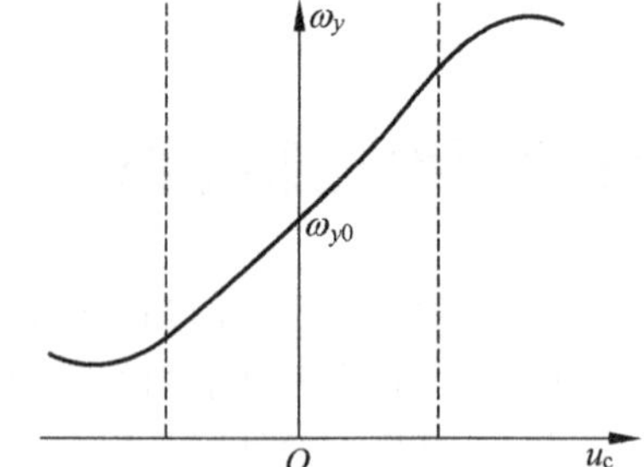

图 9.4.4　可控频率电路的控制特性曲线

3）滤波器

AFC 电路中的滤波器同样也是低通滤波器，由频率比较器的基本原理可以得出，误差信号 u_e 的大小与极性反映了 $\Delta\omega=\omega_r-\omega_y$ 的大小与极性，而 u_e 的频率反映了频率差 $\Delta\omega$ 随时间变化的快慢。滤波器的作用是限制反馈环路中流通的频率差的变化频率，只允许频率变化较慢的信号通过，并实施反馈控制，而滤除频率变化较快的信号，使它不产生反馈作用。设图 9.4.1 中滤波器的传递函数为

$$H(s)=\frac{U_c(s)}{U_e(s)} \tag{9.4.3}$$

如果滤波器是单节积分电路，则上式变为

$$H(s)=\frac{1}{1+sRC} \tag{9.4.4}$$

当为慢变化的电压时，滤波器的传递函数可认为是 1。频率比较器和可控频率电路是惯性器件，即误差信号的输出相对于频率信号的输入有一定的延时，输出频率的改变相对于误差信号也有延时，在设计滤波器时应考虑这些延时效应。

9.4.2　主要性能指标

AFC 电路中的暂态和稳态响应，以及频率跟踪特性都是非常重要的指标。

1）暂态和稳态响应

AFC 的闭环传递函数为

$$H_{\mathrm{T}}(s)=\frac{\Omega_y(s)}{\Omega_{\mathrm{r}}(s)}=\frac{k_{\mathrm{p}}k_{\mathrm{c}}H(s)}{1+k_{\mathrm{p}}k_{\mathrm{c}}H(s)} \tag{9.4.5}$$

式中，$\Omega_y(s)$及$\Omega_{\mathrm{r}}(s)$分别为ω_y与ω_{r}的拉普拉斯变换。输出频率拉普拉斯变换为

$$\Omega_y(s)=\frac{k_{\mathrm{p}}k_{\mathrm{c}}H(s)}{1+k_{\mathrm{p}}k_{\mathrm{c}}H(s)}\Omega_{\mathrm{r}}(s) \tag{9.4.6}$$

对上式求拉普拉斯变换，即可得到 AFC 电路的暂态和稳态的时域响应。

2）跟踪特性

AFC 的误差传递函数为

$$H_{\mathrm{e}}(s)=\frac{\Omega_{\mathrm{e}}(s)}{\Omega_{\mathrm{r}}(s)}=\frac{1}{1+k_{\mathrm{p}}k_{\mathrm{c}}H(s)} \tag{9.4.7}$$

式中，$\Omega_{\mathrm{r}}(s)$为ω_{r}的拉普拉斯变换；$H_{\mathrm{e}}(s)$是误差角频率$\Omega_{\mathrm{e}}(s)$与参考角频率$\Omega_{\mathrm{r}}(s)$之比，不是鉴相器输出的误差电压之比，AFC 电路主要关心的是角频率。AFC 电路中误差角频率ω_{e}的时域稳态误差值为

$$\omega_{\mathrm{e0}}=\lim_{s\to 0}s\Omega_{\mathrm{e}}(s)=\lim_{s\to 0}\frac{s}{1+k_{\mathrm{p}}k_{\mathrm{c}}H(s)}\Omega_{\mathrm{r}}(s) \tag{9.4.8}$$

在稳态情况下，滤波器的传递函数假定为 1，ω_{r}的变化量为$\Delta\omega$，其拉普拉斯变换为$\Omega_{\mathrm{r}}(s)=\Delta\omega/s$，据上式得到

$$\omega_{\mathrm{e0}}=\frac{\Delta\omega}{1+k_{\mathrm{p}}k_{\mathrm{c}}} \tag{9.4.9}$$

当参考信号的频率变化量为$\Delta\omega$时，输出信号的角频率即使稳定，但也有误差$\omega_{\mathrm{e0}}=\frac{\Delta\omega}{1+k_{\mathrm{p}}k_{\mathrm{c}}}$。所以，AFC 电路是有频率误差的频率控制电路。另外，增大检波器和压控振荡器的控制特性斜率值k_{p}和k_{c}，是提高检波系数和压控灵敏度，减小稳态误差及改善跟踪性能的重要途径。而检波系数和压控灵敏度受器件性能的影响，除了选好器件以外，在低通滤波器和压控振荡器之间加直流放大器，或选择电压增益大于 1 的有源低通滤波器，可达到减小稳态误差的目的。

9.4.3　自动频率微调电路

图 9.4.5 是一个调频通信机的自动频率微调（AFMC）电路系统的框图。这里是以固定中频f_{I}作为检波器的中心频率，亦作为 AFMC 系统的标准频率。

当混频器输出差频$f_{\mathrm{I}}=f_{\mathrm{s}}-f_0$不等于$f_{\mathrm{I}}$时，检波器即有误差电压输出，通过低通滤波器得到直流电压输出，用来控制本振f_0（压控振荡器），从而使f_0改变，直到$f_{\mathrm{I}}'-f_{\mathrm{I}}$减小

到等于剩余频差为止。固定的剩余频差称为剩余失谐。

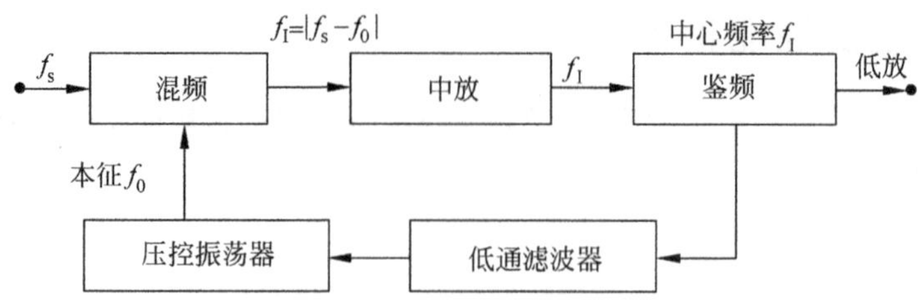

图 9.4.5 调频通信机 AFMC 电路组成框图

由于中频频率信号电压变化比较慢，而调频解调信号电压变化比较快，因此在检波器和压控振荡器之间，必须加入低通滤波器，以便取出反映中频频率变化的慢变化信号控制压控振荡器。

如果进一步提高接收机灵敏度，可采用调频负反馈解调电路，通过解调器降低解调阈值。如图 9.4.6 所示，该解调电路与普通调频接收机相比，不同之处在于它将低通滤波器取出的解调信号又反馈给压控振荡器，作为控制电压，使压控振荡器的振荡角频率按调制信号变化。要求低通滤波器的带宽足够宽，以便调制信号不失真通过。设混频器输入调频信号的瞬时角频率为 $\omega_r(t)=\omega_{r0}+\Delta\omega_r\cos\Omega t$，压控振荡器在控制电压 u_c 作用下，产生调频振荡瞬时角频率 $\omega_y(t)=\omega_{y0}+\Delta\omega_y\cos\Omega t$，则混频器输出中频信号瞬时角频率 $\omega_I(t)=(\omega_{r0}-\omega_{y0})+(\Delta\omega_r-\Delta\omega_y)\cos\Omega t$，该电路产生角频移比较小，需要的阈值电压比较小。这种自动频率控制电路输入输出有一定的剩余频差。但要求频率完全相同时，此系统无法工作，必须采用锁相环路才能满足要求。

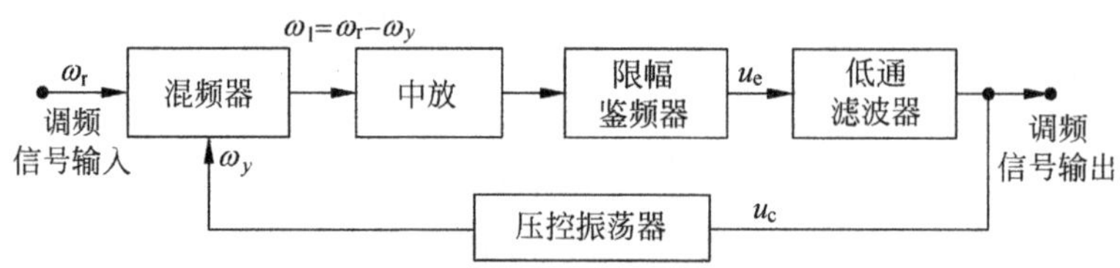

图 9.4.6 调频负反馈解调电路框图

9.5 锁相环路性能分析

9.5.1 基本环路方程

若因某种因素（如温度、开启电源等变化）使压控振荡器的振荡频率 f_o 偏离输入频率 f_i，这时输入到鉴相器的电压 $u_i(t)$和 $u_o(t)$之间势必产生相位误差，鉴相器将输出一个与相位误差成比例的误差电压 u_e(t)。经环路滤波器后输出的误差控制电压 $u_c(t)$控制压控振荡器输出信号的频率和相位，使得 $u_i(t)$和 $u_o(t)$之间的相位误差减小，直到压控振荡器输出信号的频率等于输入信号频率，相位误差等于常数，锁相环路进入锁定状态为止。自动相位控制电路是一种无误差的频率跟踪系统(存在相位误差)。图 9.5.1 采用旋转矢量法描述锁相环路的控制过程,当输入信号与输出信号频率不一致时,两者相位变化不能同步,造成环路失锁;当输入信号与输出信号频率严格保持一致时,相位变化时刻同步,环路得到锁定。

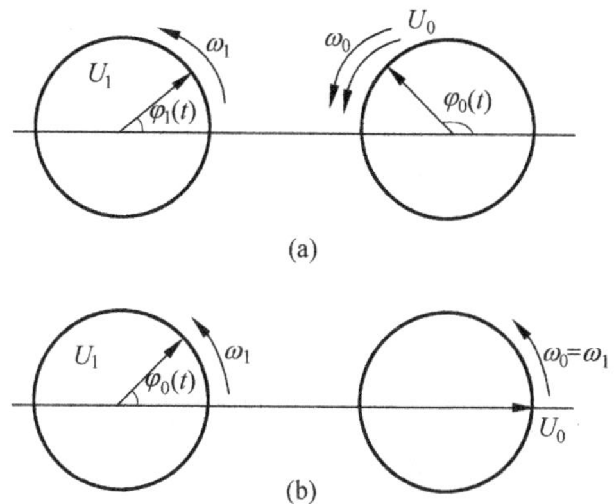

图 9.5.1 用旋转矢量说明锁相环路的控制过程

(a) 环路失锁情况 $\omega_0>\omega_1$;(b) 环路锁定情况 $\omega_0=\omega_1$

1. 鉴相器

鉴相器的作用是检测出两个输入电压之间的瞬时相位差,产生相应的输出电压 $u_d(t)$。图 9.5.2 表示鉴相器及其数学模型。

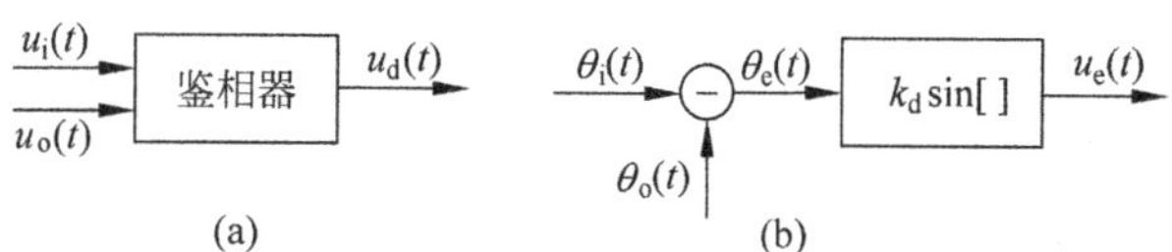

图 9.5.2 鉴相器及其数学模型

(a) 鉴相器;(b) 数学模型

鉴相器的输出信号 $u_e(t)$是两个输入信号 $u_r(t)$与 $u_o(t)$的相位差 $\theta_e(t)$的函数,即

$$u_e(t)=f(\theta_e(t))=f(\theta_r(t)-\theta_0(t)) \qquad (9.5.1)$$

一个理想的模拟乘法器和低通滤波器就可构成鉴相器,通常鉴相器特性有几种,如正弦特性、三角波特性及锯齿波特性等。

如果鉴相器的输入参考信号电压 $u_r(t)$和压控振荡电压 $u_o(t)$分别为

$$u_r(t)=U_m\sin(\omega_r t+\theta_r(t)) \qquad (9.5.2)$$

$$u_o(t)=U_{om}\sin\left(\omega_0 t+\theta_0(t)+\frac{\pi}{2}\right)=U_{om}\cos(\omega_0 t+\theta_0(t)) \qquad (9.5.3)$$

式中,ω_r 为输入参考信号的角频率,$\theta_r(t)$为输入信号 $u_r(t)$以其载波相位 $\omega_r t$ 为参考的瞬时频率相位,ω_0 为压控振荡器输出信号的中心角频率,$\theta_0(t)$为压控振荡器输出信号以其相位 $\omega_0 t$ 为参考的瞬时频率相位。

通常两个信号频率不相等,为了便于比较两个信号的相位差,通常以控制电压 $u_c(t)=0$

时的振荡角频率 ω_0 所确定的相位 $\omega_0 t$ 作为参考相位。式(9.5.2)可写成

$$\begin{aligned} u_r(t) &= U_m \sin(\omega_0 t + (\omega_r - \omega_0)t + \theta_r(t)) \\ &= U_m \sin(\omega_0 t + \Delta\omega_0 t + \theta_r(t)) = U_m \sin(\omega_0 t + \theta_1(t)) \end{aligned} \tag{9.5.4}$$

式中,$\theta_1(t)=(\omega_r-\omega_0)t+\theta_r(t)$,称为输入信号相对于参考相位 $\omega_0 t$ 的瞬时相位。

$u_r(t)$与 $u_o(t)$相乘后,经低通滤波器滤除和频分量,可得输出电压为

$$u_e(t) = \frac{1}{2} K U_m U_{om} \sin(\omega_0 t + \theta_1(t) - \omega_0 t - \theta_0(t)) = k_d \sin\theta_e \tag{9.5.5}$$

式中,$k_d=\frac{1}{2}KU_mU_{om}$,$\theta_e=\theta_1(t)-\theta_0(t)$为输入信号瞬时相位差。乘法器作为鉴相器时的输出特性是正弦特性。

2. 压控振荡器

压控振荡器的作用是产生频率随控制电压变化的振荡电压,是一种电压-频率变换器。不论以何种振荡电路和何种控制方式构成的振荡器,其控制特性总可以用角频率与电压的关系特性描述,压控振荡器的频率-电压关系($\omega_c(t)$-$u_c(t)$)在一定范围内可近似表述为

$$\omega_c(t) = \omega_0 + k_c u_c(t) \tag{9.5.6}$$

式中:ω_0 是压控振荡器的固有振荡频率;k_c 是压控振荡器控制特性曲线线性部分的斜率,表示单位控制电压产生的压控振荡器角频率变化的大小,通常用压控灵敏度(rad/(s·V))表示。锁相环路中,压控振荡器的输出电压作用于鉴相器,其作用的直接对象是瞬时相位的变化,就整个锁相环路来说,压控振荡器以它输出信号的瞬时相位为输出量,对式(9.5.6)积分得到

$$\int_0^t \omega_c(t)\mathrm{d}t = \omega_0 t + k_c \int_0^t u_c(t)\mathrm{d}t \tag{9.5.7}$$

压控振荡器输出信号以 $\omega_0 t$ 为参考相位的瞬时相位为

$$\theta_0(t) = k_c \int_0^t u_c(t)\mathrm{d}t \tag{9.5.8}$$

$\theta_0(t)$正比于控制电压 $u_c(t)$的积分。压控振荡器在锁相环路中的作用是积分环节,若用微分算子 $p=\mathrm{d}/\mathrm{d}t$ 表示,则上式变化为

$$\theta_0(t) = \frac{k_c}{p} u_c(t) \tag{9.5.9}$$

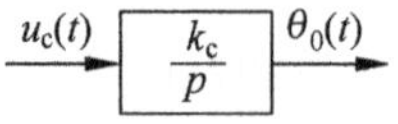

其数学模型可用图 9.5.3 表示。

$u_c(t)$ → $\frac{k_c}{p}$ → $\theta_0(t)$

图 9.5.3 压控振荡器的数学模型

3. 环路低通滤波器

环路低通滤波器(LPF)的作用是滤除鉴相器输出电流中的无用组合频率分量及其他干扰分量,以保证环路所要求的性能,提高环路的稳定性。锁相环路中常用的滤波器有 RC 积分滤波器、无源比例积分滤波器和有源比例积分滤波器。图 9.5.4 是常用的环路滤波器电路图。

1) RC 积分滤波器

图 9.5.4(a)是一阶 RC 积分滤波器,其传输函数为

$$K_F(S)=\frac{u_c(S)}{u_e(S)}=\frac{\dfrac{1}{SC}}{R+\dfrac{1}{SC}}=\frac{1}{1+S\tau} \tag{9.5.10}$$

式中，$\tau=RC$。

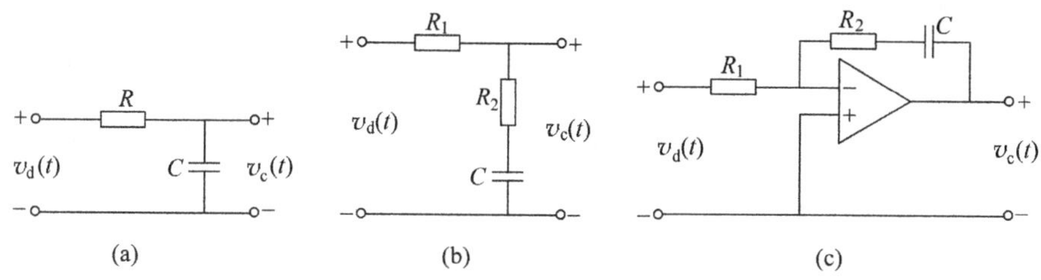

图 9.5.4 常用的环路滤波器电路

(a) 一阶 RC 滤波器；(b) 无源比例积分滤波器；(c) 有源比例积分滤波器

2) 无源比例积分滤波器

图 9.5.4(b)是无源比例积分滤波器，其传输函数为

$$K_F(S)=\frac{R_2+\dfrac{1}{SC}}{R_1+R_2+\dfrac{1}{SC}}=\frac{1+S\tau_2}{1+S(\tau_1+\tau_2)} \tag{9.5.11}$$

式中，$\tau_1=R_1C$，$\tau_2=R_2C$。

3) 有源比例积分滤波器

图 9.5.4(c)是有源比例积分滤波器，运算放大器是理想运放，其传输函数为

$$K_F(S)=-\frac{R_2+\dfrac{1}{SC}}{R_1}=-\frac{1+S\tau_2}{S\tau_1} \tag{9.5.12}$$

式中，$\tau_1=R_1C$，$\tau_2=R_2C$。

如果将 $K_F(S)$中的 S 算子用微分算子 p 替代，得到滤波器的输出电压 $u_c(t)$与输入信号 $u_e(t)$之间的微分方程为

$$u_c(t)=K_F(p)u_e(t) \tag{9.5.13}$$

式中，$p=\dfrac{\mathrm{d}}{\mathrm{d}t}$为微分算子。环路滤波器的数学模型如图 9.5.5 所示。

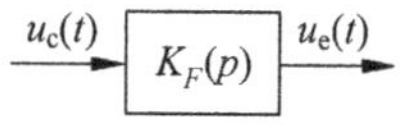

$u_c(t)$ → $K_F(p)$ → $u_e(t)$

图 9.5.5 环路滤波器的数学模型

9.5.2 锁相环路的相位模型和基本方程

将鉴相器、环路滤波器和压控振荡器的数学模型按如图 9.5.6 所示的框图连接起来，能得到锁相环路的相位模型。

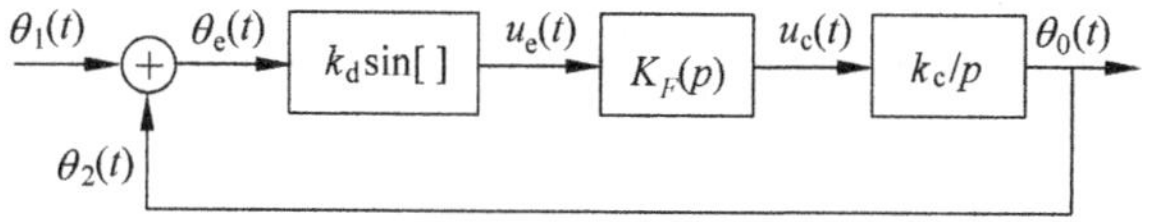

图 9.5.6 锁相环路的相位模型

根据图 9.5.6,可直接得到锁相环路的基本方程

$$\theta_e(t)=\theta_1(t)-\theta_2(t)=\theta_1(t)-k_c\frac{u_c(t)}{p}$$

$$=\theta_1(t)-\frac{1}{p}k_ck_dK_F(p)\sin\theta_e(t) \tag{9.5.14}$$

式(9.5.14)的物理意义如下。

(1) $\theta_e(t)$是鉴相器的输入信号与压控振荡器输出信号之间的相位差。

(2) $\frac{1}{p}k_ck_dK_F(p)\sin\theta_e(t)$称为控制相位差,它是 $\theta_e(t)$通过鉴相器、环路滤波器等逐级处理后得到的相位控制量。

(3) 相位控制方程描述了环路相位的动态平衡关系。即在任何时刻,环路的瞬时相位差和控制相位差的代数和等于输入信号以相位 ω_0t 为参考的瞬时相位。式(9.5.14)对时间求微分,可得锁相环路的频率动态平衡关系。因为 $p=\mathrm{d}/\mathrm{d}t$ 是微分算子,所以

$$p\theta_e(t)=p\theta_1(t)-k_ck_dK_F(p)\sin\theta_e(t) \tag{9.5.15}$$

$$p\theta_e(t)+k_ck_dK_F(p)\sin\theta_e(t)=p\theta_1(t) \tag{9.5.16}$$

式中,$p\theta_e(t)$是压控振荡器振荡角频率偏离输入信号角频率的数值,称为环路的瞬时角频差;$k_ck_dK_F(p)\sin\theta_e(t)$是压控振荡器在 $u_c(t)=k_dK_F(p)\sin\theta_e(t)$作用下,振荡角频率 $\omega_c(t)$偏离 ω_0 的数值,称为控制角频率 ω_0;$p\theta_1(t)$是输入信号角频率偏离 ω_0 的数值,称为输入固有角频率。式(9.5.16)表明:闭合环路在任何时刻,瞬时角频率和控制角频率之代数和恒等于输入固有角频差。

9.5.3 环路锁定原理

当环路输入一个频率和相位不变的信号时,即

$$u_r(t)=U_m\sin(\omega_{r0}t+\theta_{r0}) \tag{9.5.17}$$

式中,ω_{r0} 和 θ_{r0} 为不随时间变化的量。根据

$$\theta_1(t)=(\omega_r-\omega_0)t+\theta_r(t) \tag{9.5.18}$$

上述条件下输入信号以相位 ω_0t 为参考的瞬时相位为

$$\theta_1(t)=(\omega_r-\omega_0)t+\theta_{r0} \tag{9.5.19}$$

$$p\theta_1(t)=(\omega_{r0}-\omega_0)t=\Delta\omega_0 \tag{9.5.20}$$

式中,ω_0 为没有控制电压的压控振荡器的固有振荡频率,$\Delta\omega_0$ 为环路的固有角频率。

将式(9.5.20)代入式(9.5.17),得到环路方程为

$$p\theta_e(t)+k_ck_dK_F(p)\sin\theta_e(t)=\Delta\omega_0 \tag{9.5.21}$$

对应的各角频率关系为

$$(\omega_{r0}-\omega_c(t))+(\omega_c(t)-\omega_0)=\omega_{r0}-\omega_0 \tag{9.5.22}$$

式中,$\omega_{r0}-\omega_c(t)$为瞬时角频差,$\omega_c(t)-\omega_0$ 为控制角频差,$\omega_{r0}-\omega_0$ 为输入角频差,$\omega_c(t)$为压控振荡器在控制电压作用下信号的角频率。假定通过环路的作用,使瞬时角频差为零,即

$$\lim p\theta_e(t\to\infty)=0 \tag{9.5.23}$$

这时候 $\theta_e(t)$不再随时间变化,是一固定的值,且能一直保持下去,这时候锁相环路进入锁

定状态。此时,锁相环路的特点如下。

(1) 压控振荡器受环路的控制,其振荡频率从固有角频率 ω_0 变为

$$\omega_c(t)=\omega_0+k_c k_d K_F(p)\sin\theta_e(t)=\omega_0+\Delta\omega_0=\omega_{r0} \tag{9.5.24}$$

即压控振荡器输出信号的角频率 $\omega_c(t)$ 能跟踪输入信号角频率 ω_{r0}。

(2) 环路进入锁频状态后,没有剩余的频差。

(3) 此时,鉴相器的输出电压为直流,即 $u_e(t)=k_d\sin\theta_{e\infty}$。

(4) 环路进入锁频状态后,由式(9.5.21)可求出 $\Delta\omega_0=k_c k_d K_F(p)\sin\theta_{e\infty}$。因 $u_e(t)$ 是直流,对于环路滤波器来说,对应直流状态下的传递函数 $K_F(0)$,则有

$$\Delta\omega_0=k_c k_d K_F(0)\sin\theta_{e\infty} \tag{9.5.25}$$

$$\theta_{e\infty}=\arcsin\frac{\Delta\omega_0}{k_c k_d K_F(0)}=\arcsin\frac{\Delta\omega_0}{K_p} \tag{9.5.26}$$

式中,$K_p=k_c k_d K_F(0)$ 为环路直流总增益,单位为 rad/s。锁相环路的同步带(跟踪带)$\Delta\omega=\pm K_p$。所以,增大环路直流总增益能增大锁相环路的同步带。

9.5.4 锁相环路捕捉过程的定性分析

由于环路方程为非线性微分方程,定量求解困难,仅进行定性分析锁相环路未加输入信号,压控振荡器无控制信号,振荡角频率为 ω_r,锁相环路加输入信号 ω_i,鉴相器输出角频率为 $\Delta\omega_i=\omega_i-\omega_r$,锁相环瞬时相位为

$$\theta(t)=\int_0^t\Delta\omega_i\mathrm{d}t=\Delta\omega_i t \tag{9.5.27}$$

鉴相器输出角频率为 $\Delta\omega_i$ 的正弦控制电压 $u_d(t)=k_d\sin\Delta\omega_i t=k_d\sin\theta_e(t)$。锁相环路的捕获过程如图 9.5.7 所示。

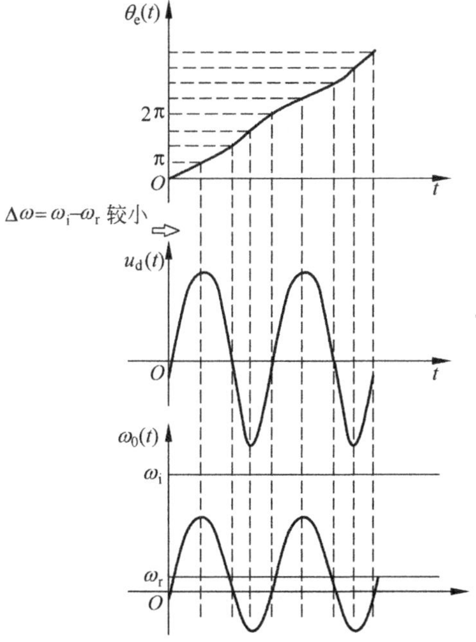

图 9.5.7　锁相环路捕获过程示意图

9.5.5 锁相环路的基本应用

1. 锁相调频电路

用锁相环调频，能够得到中心频率高度稳定的调频信号，图 9.5.8 是这种方法的框图。

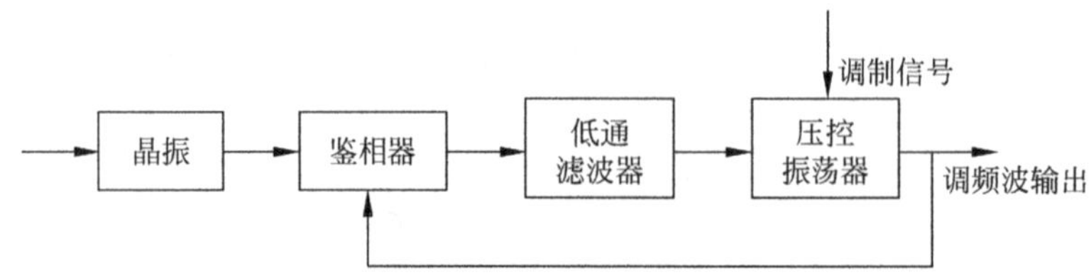

图 9.5.8 锁相调频电路组成框图

实现锁相调频的条件是：①调制信号的频谱要处于低通滤波器通频带之外，并且调频指数不能太大。其目的是使调制信号不能通过低通滤波器，在环路内不能形成交流反馈，调制信号的频率对环路无影响，即环路对调制信号的频率变化不灵敏，几乎不起作用。但调制信号却能使压控振荡器的振荡频率受调制，从而输出调频波。②利用满足上述调制条件的调制信号去线性控制压控振荡器输出信号的瞬时频率，同时其中心频率通过窄带滤波器精确锁定于晶振的频率，而不受调制信号的影响，从而在压控振荡器的输出端可以得到中心频率高度稳定的调频信号。

2. 锁相调频解调电路

调制跟踪锁相环本身就是一个调频解调器。将环路滤波器带宽设计成调制信号带宽，利用锁相环路良好的调制跟踪特性，使锁相环路跟踪输入调频信号瞬时相位的变化，即跟踪调频信号中反映调制规律变化的瞬时频移，从而使压控振荡器控制端获得解调输出。锁相调频解调电路的组成框图如图 9.5.9 所示。

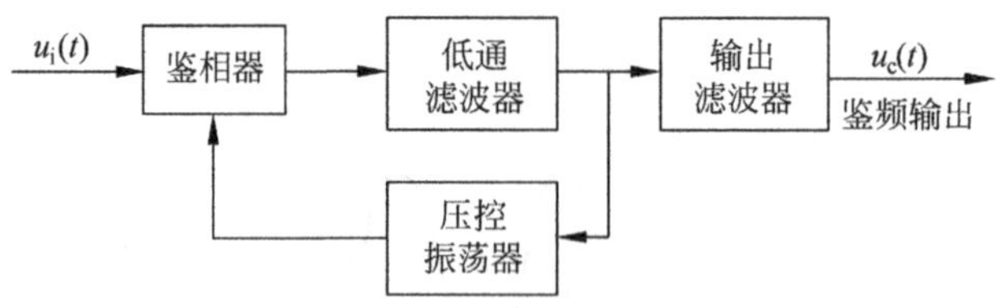

图 9.5.9 锁相调频解调电路组成框图

3. 锁相分频

在锁相环路中插入倍频器就可构成锁相分频电路，如图 9.5.10 所示。当环路锁定时，$\omega_i = N\omega_0$，即 $\omega_0 = \dfrac{\omega_i}{N}$，$N$ 为倍频器的倍频次数。

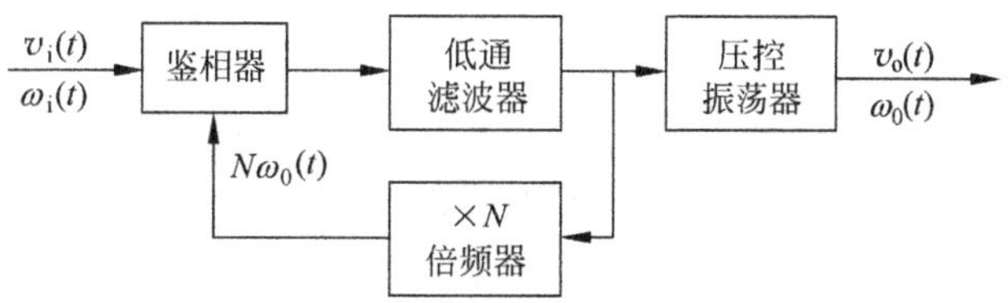

图 9.5.10 锁相分频电路组成框图

4. 锁相倍频

在锁相环路中插入分频器就可构成锁相倍频电路，如图 9.5.11 所示。当环路锁定时，$\omega_i=\omega_0/N$，即 $\omega_0(t)=N\omega_i(t)$，N 为分频器的分频次数。

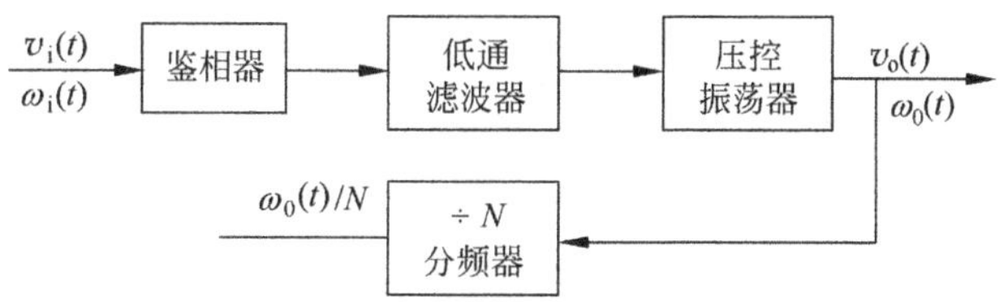

图 9.5.11 锁相倍频电路组成框图

锁相倍频器与普通倍频器相比，优势在于：①锁相倍频具有良好的滤波特性，容易得到高纯度的频率输出，而普通倍频器的输出中，经常出现谐波干扰；②锁相环路具有良好的跟踪特性和滤波特性，锁相倍频器特别适合于输入信号频率在较大范围内漂移，并同时伴有噪声的情况，这样的环路兼有倍频和跟踪滤波的双重作用。

5. 锁相混频器

图 9.5.12 为锁相混频电路组成框图。

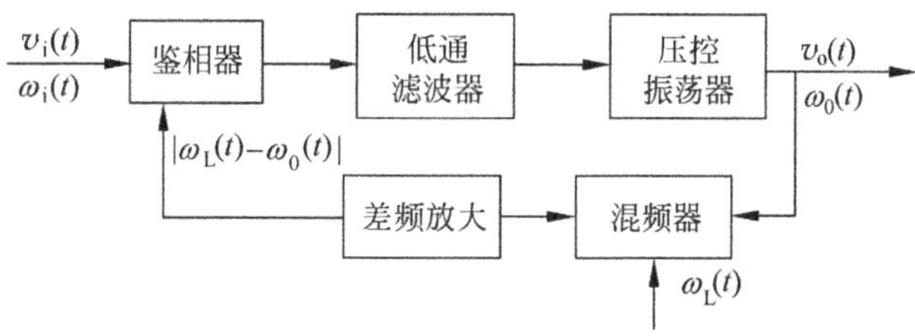

图 9.5.12 锁相混频电路组成框图

设输入鉴相器和混频器的信号角频率分别为 $\omega_i(t)$ 和 $\omega_L(t)$，混频器的本地振荡信号由压控振荡器输出角频率 $\omega_0(t)$ 提供，若混频器中的输出取差频，则为 $|\omega_L(t)-\omega_0(t)|$，若锁相环锁定后无剩余频差，即

$$\omega_i(t)=|\omega_L(t)-\omega_0(t)| \tag{9.5.28}$$

当 $\omega_0(t)>\omega_L(t)$ 时，$\omega_0(t)=\omega_L(t)+\omega_i(t)$；当 $\omega_0(t)<\omega_L(t)$ 时，$\omega_0(t)=\omega_L(t)-\omega_i(t)$。即压控振荡器输出的是和频还是差频，仅由 $\omega_0(t)>\omega_L(t)$ 或 $\omega_0(t)<\omega_L(t)$ 决定。

6. 锁相同步检波电路

假定锁相环路的输入信号是调幅波，由于锁相环路只能跟踪相位变化，环路输出端只能得到等幅波。用锁相环路对调幅波进行解调，实际上是给锁相环路一个稳定度高的载波信号电压，与输入调幅信号共同加到同步检波器上，就可得到所需要的载波信号电压。采用同步检波器解调调幅信号或带有导频的单边带信号时，必须从输入信号中恢复出同频同相的载波信号，作为同步检波器的同步信号。采用锁相环路可以从所接收的信号中获得同步信号，实现调幅波的同步检波。图 9.5.13 是锁相同步检波电路的框图，鉴于压控振荡器输出信号与输入参考信号（已调幅波）的载波分量之间有固定的 90°的相移，必须经过移相器将其变成与已调波载波分量同相的信号，并与已调波共同加到同步检波器上，才能得到所需的解调信号。

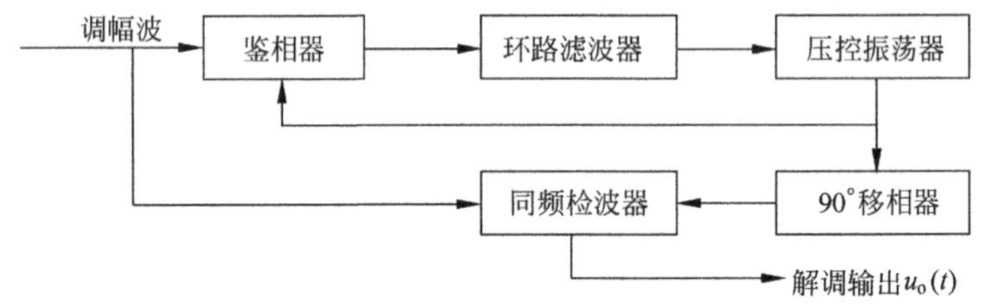

图 9.5.13　锁相同步检波电路框图

7. 锁相接收机——窄带跟踪接收机

在卫星通信中，测速与测距是极其重要的任务。由于卫星距离地面很远，且发射功率有限，地面接收机能捕获的信号比较微弱。同时，卫星在环绕地球运行过程中，存在多普勒效应，频率将频移原来的发射信号，假设接收机本身只有几十赫兹到几百赫兹，而它的频率频移可以达到几千赫兹到几万赫兹，如果采用普通的外差式接收机，中频放大器的带宽就要大于这一变化范围，宽频带会引起大的噪声功率，导致接收机的输出信噪比严重下降，无法接收有用信号。锁相接收机又称为窄带跟踪接收机，带宽很窄，但能准确跟踪信号，比普通接收机信噪比提高 30～40dB。

图 9.5.14 为锁相接收机简化后的框图。设环路输入信号频率为 $f_i \pm f_d$，其中 f_d 为多普勒频移，参考信号 u_r 的频率为 f_r，可由晶振产生。当环路锁定后，混频器输出的中频信号的频率 f_I 应与参考信号的频率 f_r 相等，即 $f_I = f_r$。因此，不论输入信号频率如何变化，混频器输出的中频总是自动地维持在 f_r 上。这样，中频放大器的通频带就可以做得很窄，从而保证鉴相器输入端有足够的信噪比，提高了接收机的灵敏度。但对于中心频率变化较大的输入信号，单靠环路自行捕捉是比较困难的。因此，通常在锁相接收机中加上频率捕捉电路，当环路失锁时，频率捕捉装置会锯齿扫描电压加到环路滤波器产生控制电压，控制压控振荡器频率在较大范围内变化，只要它的频率接近输入信号频率，环路将扫描电压自动切断，进入正常状态。

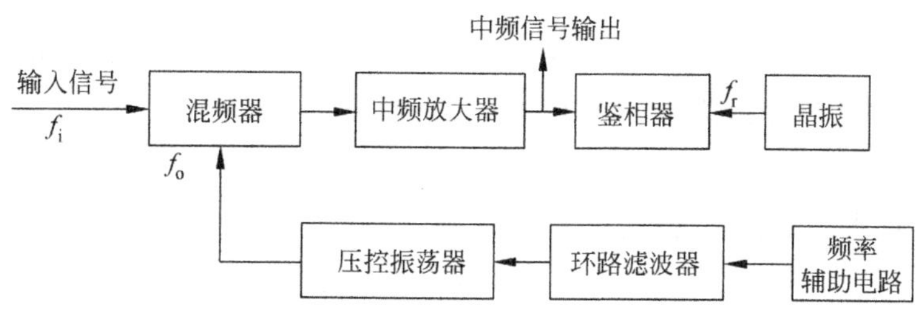

图 9.5.14　锁相接收机简化后的框图

8. 频率合成器

频率合成器(频率综合器)是利用一个或几个标准信号源的频率产生一系列所需频率的技术。锁相环路加上一些辅助电路后,就可以实现对一个标准频率进行加、减、乘、除运算以产生所需的频率信号,可以用混频、倍频和分频等电路来实现。而且,合成后的信号频率与标准信号频率具有相同的长期频率稳定度和较好的频率纯度,结合单片机技术,可实现自动选频和频率扫描。锁相式单环频率合成器的基本组成如图 9.5.15 所示。

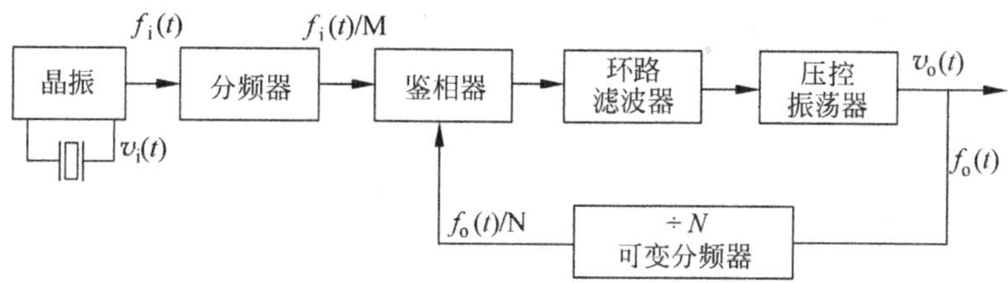

图 9.5.15　频率合成器组成框图

在环路反馈支路中,加入具有高分频比的可变分频器,通过控制它的分频比就可得到若干标准频率输出。频率合成器的电路构成和锁相倍频电路是一致的。频率合成器的主要技术指标如下。

(1) 频率范围,是指频率合成器输出的最低频率 f_{omin} 和最高频率 f_{omax} 之间的变化范围,也可用覆盖系数 $k=f_{\text{omax}}/f_{\text{omin}}$ 表示(k 又称为波段系数)。如果覆盖系数 $k>2\sim3$ 时,整个频段可以划分为几个分波段,分波段的覆盖系数一般取决于压控振荡器的特性。而且,频率合成器在指定的频率点上都能正常工作,能满足质量指标的要求。

(2) 频率间隔。频率合成器的输出是不连续的,两个相邻频率之间的最小间隔,就是频率间隔。频率间隔又称为频率分辨率。不同用途的频率合成器,对频率间隔的要求是不相同的。对短波单边带通信来说,现在多取频率间隔为 100Hz,有的甚至取 10Hz、1Hz,乃至 0.1Hz。对超短波通信来说,频率间隔多取 50kHz、25kHz 和 10kHz 等。在一些测量仪器中,其频率间隔可达兆赫兹量级。

当环路锁定后,鉴相器两路输入频率相等,即

$$\frac{f_i}{M}=\frac{f_o}{N}\Rightarrow f_o=\frac{N}{M}f_i$$

当 N 改变时,输出信号频率相应为 f_i 的整数倍变化。

例 9.5.1 图 9.5.16 为三环式频率合成器组成框图，已知 $f_i=100\text{kHz}$，$300\leqslant N_A\leqslant 399$，$351\leqslant N_B\leqslant 397$。求输出信号频率范围及频率间隔。其中 PD 代表鉴相器，LF 代表低通滤波器，VCO 代表压控振荡器，N_A 和 N_B 分别代表环 1 和环 2 的分频比。

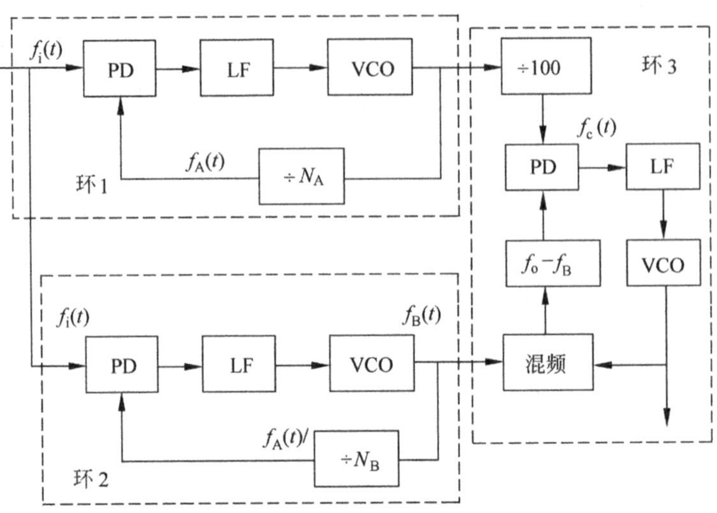

图 9.5.16 三环式频率合成器组成框图

解 因为 $f_o=f_c+f_B=\left(\dfrac{N_A}{100}+N_B\right)f_i$，所以当 $N_A=399$，$N_B=397$ 时输出频率最高，

$$f_{omax}=\left(\frac{399}{100}+397\right)\times 100\text{Hz}=40\ 099\text{Hz}$$

当 $N_A=301$，$N_B=351$ 时输出频率最低，

$$f_{omin}=\left(\frac{301}{100}+351\right)\times 100\text{Hz}=35\ 400\text{Hz}$$

所以，合成器的频率范围为 35 400～40 099Hz，合成频率间隔为 $\Delta f=f_o-f_{omin}=1000\text{Hz}$。

9.6 单片集成锁相环路典型电路

利用线性电路集成技术，可方便地把锁相环路制成单片形式，集成式锁相环体积小、重量轻、调整方便，且能提高锁相环路的标准性、可靠性和多用途性。按其组成部件的电路形式可分为模拟锁相环路和数字锁相环路。模拟锁相环路大多是双极型的，国外主要产品有 NE560、NE561、NE562、NE565 等，国内产品有 L562、L564、SL565、KD801、KD802、KD8041 等。数字锁相环路大部分采用 TTL(transistor transistor logic)逻辑电路或 ECL(emitter coupled logic)逻辑电路，并发展了 CMOS(complementary metal oxide semiconductor)锁相环路，如国内的 J961、5G4046 和 CC4046，国外的有 BG322、X38、CD4046、MC14046。

9.6.1 NE562

NE562(国内同类产品有 L562、KD801、KD8041)是目前广泛应用的一种多功能单片锁相环路，是最高工作频率可达 30MHz 的通用型集成锁相环。它可以构成数据同步器、调频调制与解调器、FSK 全称为(frequency shift keying)解调器、遥测解调器、音质解调器及频率合成器。NE562 组成如图 9.6.1(a)所示，图(b)是 NE562 的引脚图。NE562 的极限参数为：最高电源电压 30V(通常用 18V)，最大电源电流 14mA，最低工作频率 0.1Hz，最高工作频率 30MHz，输入电压 3V(第 11、12 引脚间的均方值)，跟踪范围±15%(输入 200mV 方波)，允许功率损耗 300mV(25℃)，工作温度 0～70℃。

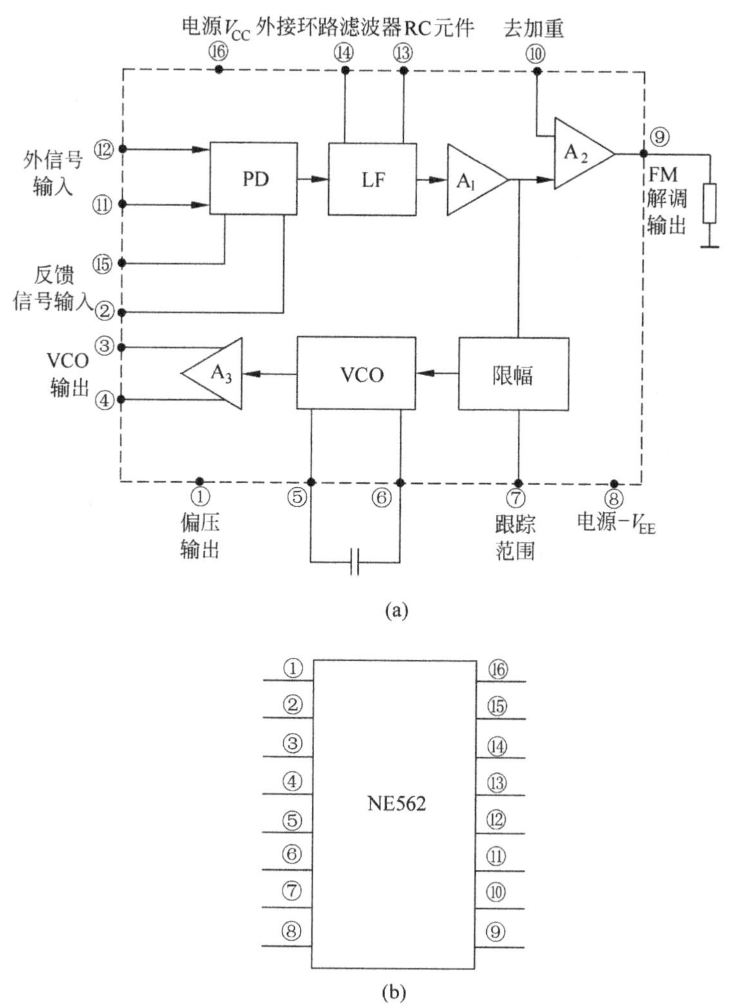

图 9.6.1　NE562 的组成框图(a)及引脚图(b)

1. NE562 的组成

NE562 内部包含有鉴相器(PD)、环路滤波器(LF)、压控振荡器(VCO)，以及三个放大器 A_1～A_3、限幅器、稳压、偏置和温度补偿等辅助电路。

(1) PD 采用双平衡模拟乘法器，外输入信号从第 11、12 引脚引入，由 VCO 产生的方波从第 3、4 引脚输出，经过外电路后从第 2、15 引脚重新输入，作为 PD 的比较信号；PD 输出的误差从第 13、14 引脚间差分输出，经 LF 滤波后，再经放大器 A_1 隔离、缓冲放大，最后经限幅后送到 VCO。

(2) LF 由 NE562 内部双平衡差分电路集电极电阻 $R_C(2\times 6\text{k}\Omega)$ 和第 13、14 引脚外接 RC 元件构成。

(3) VCO 采用射极定时的压控多谐振荡器，第 5、6 引脚外接定时电容 C_T。放大器 A_3 既可以保证 VCO 的频率稳定度，又放大了 VCO 的输出电压，使第 3、4 引脚输出的电压幅度增大到约 4.5V，以满足 PD 对 VCO 信号电压幅度的要求。VCO 经 A_3 放大输出，可外接其他部件以发挥多功能作用。

(4) 限幅器与 VCO 串接构成一级控制电路。NE562 内部限幅器的集电极电流受第 7 引脚外接电路的控制，一般第 7 引脚注入电流增大，则内部限幅器集电流减小，VCO 跟踪范围变小；反之，跟踪范围变大。当第 7 引脚注入电流大于 0.7mA 时，内部限幅器截止，VCO 的控制被截断，VCO 处于失控的自由振荡工作状态（系统失锁）。

(5) 当 NE562 用作调频信号的解调时，解调信号由第 9 引脚输出，此时第 9 引脚需外接一个电阻到地（或负电源）作为 NE562 内部电路的射极负载，电阻数值要合适（常取 15kΩ）以确保内部射极输出电流不超过 5mA，另外第 10 引脚应外接去加重电容。

2. NE562 的调整方法

(1) 输入信号 $v_i(t)$ 从第 11、12 引脚输入时，应采用电容耦合，以避免影响输入端的直流电位，要求容抗为 2kΩ，即 $1/\omega C \ll$ 输入电阻（2kΩ）。$v_i(t)$ 可以双端输入，也可单端输入。单端输入时，另一端应交流接地，以提高 PD 增益。

(2) 环路滤波的设计。LF 由 NE562 内部双平衡差分电路集电极电阻 $R_c(2\times 6\ \text{k}\Omega)$ 第 13、14 引脚的外接电路，以及 NE562 内部的 PD 负载电阻 R_c 共同构成积分滤波器。图 9.6.2 为 NE562 常用环路滤波器。

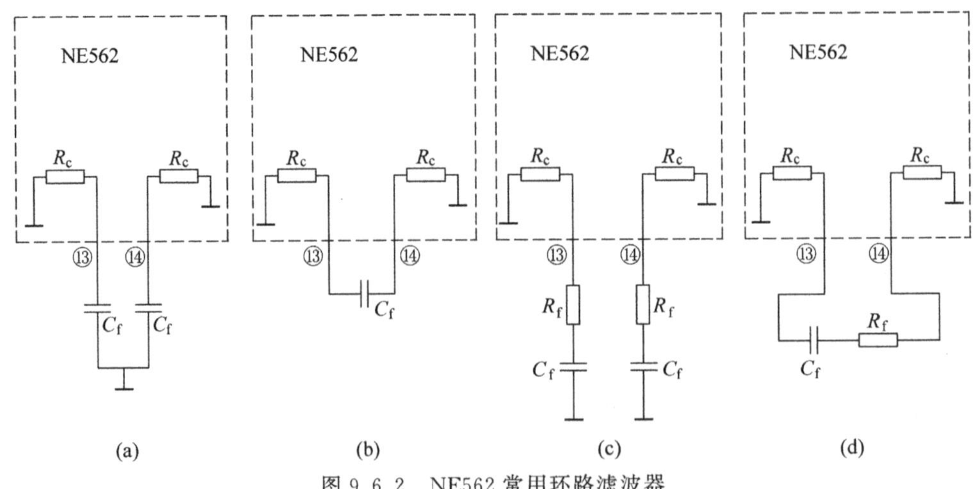

图 9.6.2　NE562 常用环路滤波器

对应于图 9.6.2(a)～(d)中的传递函数 $H_{F1}(s)$、$H_{F2}(s)$、$H_{F3}(s)$和 $H_{F4}(s)$分别为

$$H_{F1}(s)=\frac{1}{sR_cC_f+1},\quad H_{F2}(s)=\frac{1}{s(2R_cC_f)+1} \tag{9.6.1}$$

$$H_{F3}(s)=\frac{1+sR_fC_f}{s(R_c+R_f)C_f+1},\quad H_{F4}(s)=\frac{1+sR_fC_f}{s(2R_c+R_f)C_f+1} \tag{9.6.2}$$

一般已知 $R_c=6\text{k}\Omega$,R_f 通常选 50～200Ω,根据所要求设计的 LF 截止频率 ω_c 可分别计算出图 9.6.2(a)～(d)中的 C_f 值:

$$C_f=\frac{1}{\omega_c R_c}=\frac{1}{2\pi f_c R_c} \tag{9.6.3}$$

$$C_f=\frac{1}{2\omega_c R_c}=\frac{1}{4\pi f_c R_c} \tag{9.6.4}$$

$$C_f=\frac{1}{\omega_c(R_c+R_f)}=\frac{1}{2\pi f_c(R_c+R_f)} \tag{9.6.5}$$

$$C_f=\frac{1}{\omega_0(2R_c+R_f)}=\frac{1}{2\pi f_c(2R_c+R_f)} \tag{9.6.6}$$

当 VCO 的固有振荡频率 $f_0<5\text{MHz}$ 时,可选用如图 9.6.2(a)和(b)所示的电路,当 VCO 的固有振荡频率 $f_0\geqslant5\text{MHz}$ 时,可选用如图 9.6.2(c)和(d)所示的电路

3. VCO 的输出方式与频率调整

(1) VOC 信号输出端第 3、4 引脚与地之间应当接上数值相等的射极电阻,阻值一般为 2000～12 000Ω,使内部射极输出器的平均电流不超过 4mA。

(2) 当 VCO 输出需与逻辑电路连接时,必须外接电平移动电路,使 VCO 输出端 12V 的直流电平移到某一低电平值上,并使输出方波符合逻辑电路。图 9.6.3(a)为实用的单端输出的电平移动电路;图(b)为双端驱动的电平移动电路,其工作频率可达 20MHz。

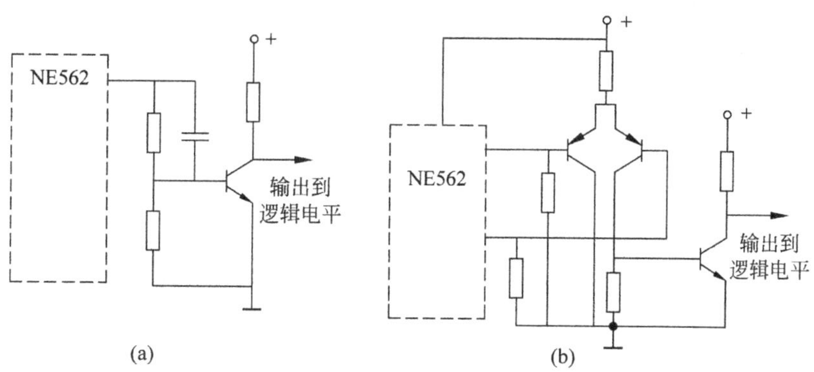

图 9.6.3 NE562 VCO 输出端逻辑接口电路

(a) 单端;(b) 双端

(3) VCO 的频率及其跟踪范围能调整与控制。VCO 频率的调整,除采用直接调节与定时电容并联的微变电容外,还有如图 9.6.4 所示的三种方法。

图 9.6.4(a)电路中 VCO 的工作频率为

$$f_0'=f_0\left(1+\frac{E_A-6.4}{1.3R}\right) \tag{9.6.7}$$

式中,f_0 为 $E_A=6.4\text{V}$ 时,VCO 的振荡频率相对变化。改变 E_A,振荡频率相对变化为

$$\Delta f=\frac{f'_0-f_0}{f_0}=\frac{E_A-6.4}{1.3R} \tag{9.6.8}$$

图 9.6.4(b)和(c),可将 VCO 频率扩展到 30MHz 以上,图 9.6.4(c)可用外接电位器 R_p 微调频率。

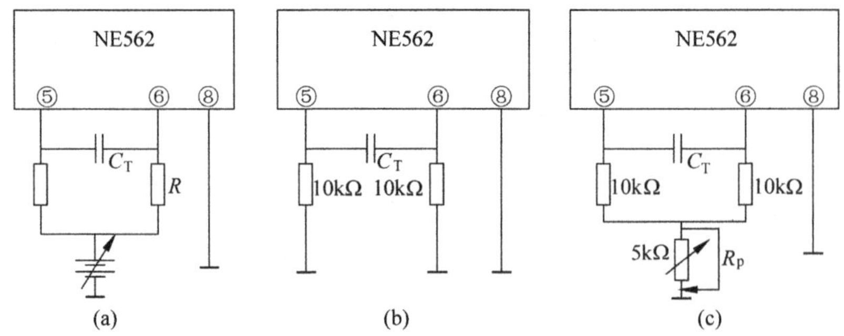

图 9.6.4 NE562 VCO 频率调整电路

4. PD 的反馈输入与环路增益控制方式

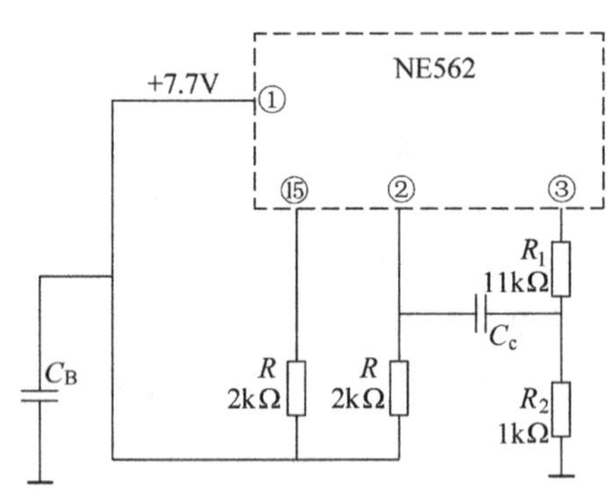

图 9.6.5 NE562 反馈输入方式

PD 的反馈输入方式一般采用单端输入工作方式,如图 9.6.5 所示,其中第 1 引脚的输出为+7.7V,偏置电压经 R(2kΩ)分别加到反馈输入端第 2、15 引脚作为 IC 内部电路基极的偏压,而且第 1 引脚到地接旁路电容 C_B,反馈信号从 VCO 的第 3 引脚输出,并经分压电阻取样后,通过耦合电容 C_c 加到第 2 引脚构成闭环系统。对环路总增益 G_L 的控制,还普遍采用在第 13、14 引脚并接电阻 R_f 的方式,以抵消因 f_0 上升而使 G_L 过大造成的工作不稳定性。此时的环路总增益降低为

$$G_{LF}=G_L\frac{R_f}{1200+R_f}=G_L\alpha \tag{9.6.9}$$

R_f 的单位为 Ω,$\alpha=R_f/(1200+R_f)$,称为增益减小系数。

5. NE562 的应用

集成锁相环路已经应用于现代电子技术各个领域。按照功能划分,主要在以下几个方面:①稳频——输入一个高稳定度的标准频率,通过锁相环路实现分频、倍频与频率合成;②调制——利用锁相环路控制电压对 VCO 振荡频率的控制特性;③解调——利用锁相环路对载波调制跟踪的控制特性,实现对调频或 FSK 输入信号的解调;④利用锁相环路实现载波同步和位同步,实现相干解调和构成数字滤波器;⑤利用锁相环路实现对电机转速控制、自动频率校正、天线调谐及相位自校等功能;⑥测量——利用锁相环路可实现对两信号频差及相差测量的特点,实现卫星测距和相位噪声测试。

下面简单介绍 NE562 在解调及倍频等方面的基本应用电路。

1) NE562 解调电路

图 9.6.6 为 NE562 构成的宽频移解调电路。C_s 为调频信号输入耦合电容,要求其容

抗远小于 PD 的差模输入阻抗(4kΩX),以减小 C_s 对调频信号的相移。定时电容 C_T 应确保 VCO 的中心频率 f_0 等于调频信号的载频。C_C 为 VCO 信号耦合电容,对载频的容抗尽可能小,以减小对载频信号的相移。R_f、C_f 组成比例积分式 LF,其带宽应根据环路对调制信号跟踪的要求,即根据调频信号的最大频移合理设计。C_D 为去加重电容,解调信号由第 9 引脚输出。内部限幅器集电极电流受第 7 引脚外接电路的控制,一般第 7 引脚注入电流增加,则内部限幅器集电流减少,VCO 跟踪范围小;反之则跟踪范围增大。当第 7 引脚注入电流大于 0.7mA 时,内部限幅器截止,VCO 的控制被截断,VCO 处于失控自由振荡工作状态(系统失锁)。

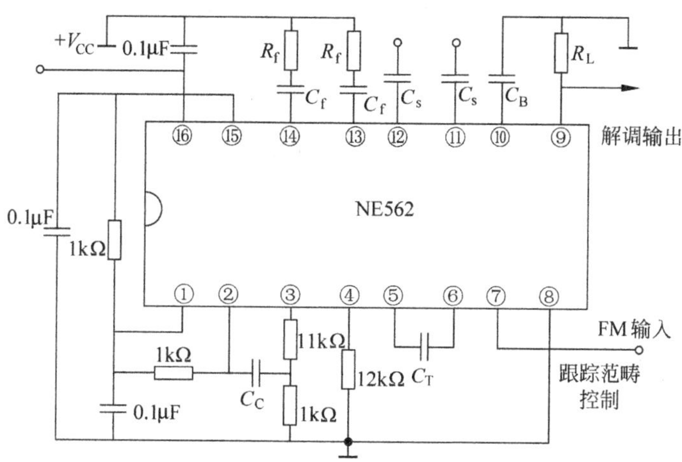

图 9.6.6 NE562 FM 解调电路

2) NE562 倍频器电路

在锁相环路的反馈通路中接入分频器,可构成锁相倍频器。

图 9.6.7 是通用型单片集成锁相环 NE562(L562)和国产 T216 可编程除 N 分频器构成的单环锁相环频率合成器,它可完成 10 以内的锁相倍频,即可得到 1～10 倍的输入信号频率输出。定时电容 C_r 决定 NE562 的振荡频率 f_0,C_f 与芯片内部电阻构成环路滤波器。

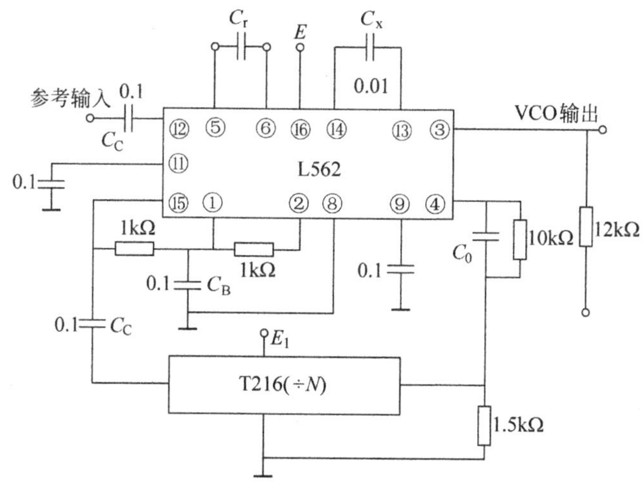

图 9.6.7 NE562 和分频器 T216FM 构成的倍频器

频率为 f_i 的参考信号经耦合电容 C_C 送到第 12 引脚单端输入，第 11 引脚及第 1 引脚和第 9 引脚均经电容高频接地。VCO 信号由第 4 引脚经电阻(10kΩ、1.5kΩ)、电容(0.1μF)耦合电路送到分频器 T216 的输入端，经 $1/N$ 分频以后通过耦合电容(0.1μF)单端输入第 15 引脚，与外输入参考信号进行相位比较。当电路锁定时，VCO 输入信号的频率为 $f_0=Nf_i$，即实现了 N 倍频。

9.6.2 模拟集成锁相环 SL565

SL565 的组成如图 9.6.8 所示。它的主要组成部分仍是 PD 和 VCO。PD 都是采用双差分对乘法器的乘积型鉴相器。SL565 的工作频率可达 500kHz，VCO 采用积分——施密特触发型多谐振荡器，它由压控电流源 I_0、施密特触发器、开关转换电路、电压跟随器 A_1 和放大器 A_2 组成。其中，压控电流源 I_0 轮流地向外接电容 C 进行正向和反向充电，产生对称的三角波电压，施密特触发器将它变换为对称方波电压，通过 A_1 和 A_2 去控制开关 S，实现 I_0 对 C 轮流充电。

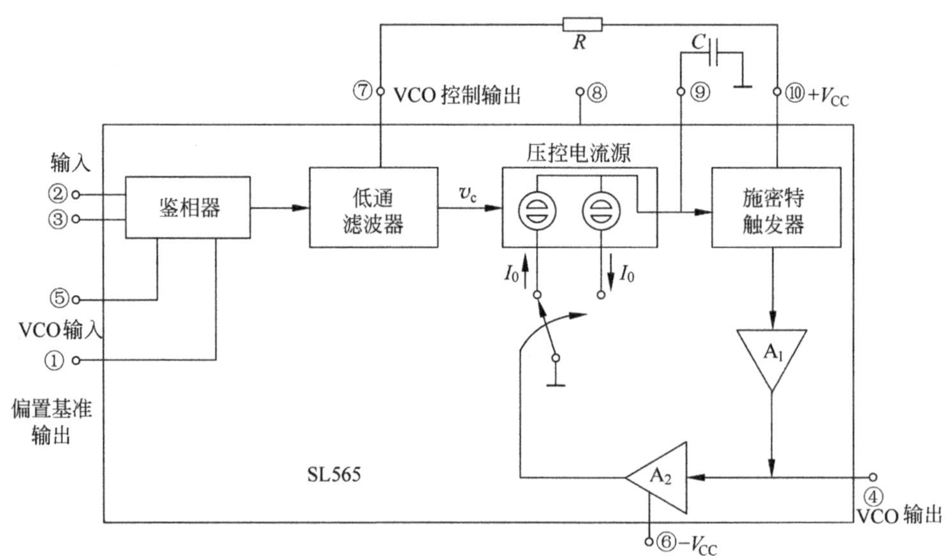

图 9.6.8 SL565 模拟集成锁相环原理框图

9.6.3 模拟集成锁相环 NE564

NE564 的工作频率可达 50MHz，其压控振荡器 VCO 采用的是射极多谐振荡器。NE564 更适合用作调频信号和移频键控信号解调器的通用器件，如图 9.6.9 所示，在输入端增加了振幅限幅器，以消除输入信号中的寄生调幅，输出端增加了直流恢复和施密特触发电路，用来对 FSK 信号进行整形。为便于使用，VCO 的输出通过电平变换电路产生 TTL 和 ECL 兼容的电平。

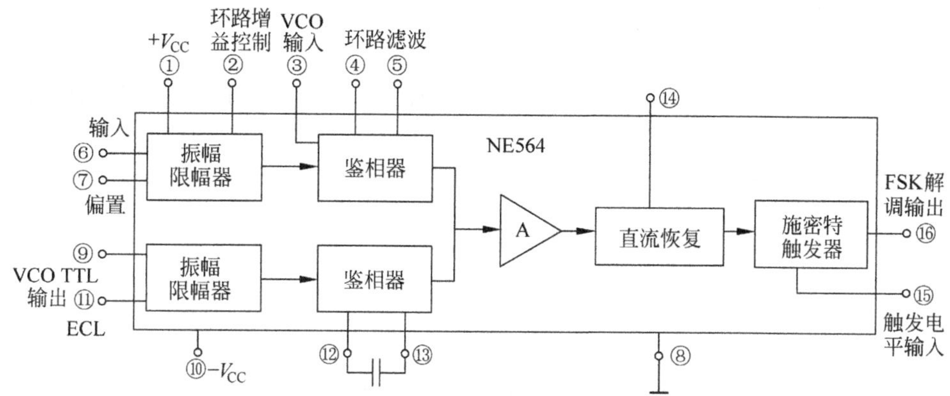

图 9.6.9 NE564 模拟集成锁相环原理框图

参考文献

[1] 杜武林，李纪澄，曾兴雯. 高频电路原理与分析[M]. 2 版. 西安：西安电子科技大学出版社，1994.
[2] 谢嘉奎，宣月清，冯军. 电子线路(非线性部分)[M]. 3 版. 北京：高等教育出版社，1988.
[3] 张肃文，陆兆熊. 高频电子电路[M]. 北京：高等教育出版社，1993.
[4] 郑继禹. 锁相技术[M]. 西安：西安电子科技大学出版社，1993.
[5] 万心平，张厥盛. 集成锁相环路原理、特性、应用[M]. 北京：人民邮电出版社，1993.
[6] 张厥盛，曹丽娜. 锁相与频率合成技术[M]. 成都：电子科技大学出版社，1995.
[7] 沈伟慈. 高频电路[M]. 西安：西安电子科技大学出版社，2000.
[8] 戴逸民. 频率合成与锁相技术[M]. 合肥：中国科学技术大学出版社，1995.
[9] 万心平，张厥盛. 锁相技术[M]. 北京：科学出版社，1971.

思考题和习题

9.1 如图所示的频率合成器中，两个固定分频器的 $M=10$，若可变分频器的分频比 $N=900\sim1000$，试求输出频率 f_o 的范围及相邻频率的间隔。

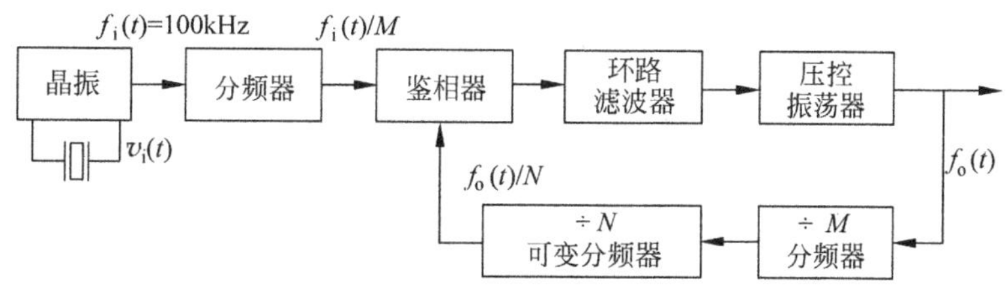

思考题和习题 9.1 图

9.2 锁相环路如图所示，环路参数为 $k_d=1\text{V/rad}$，$k_c=5\times10^4\text{rad/(s·V)}$。LF 采用本章图 9.5.4(c)的有源比例积分滤波器，其参数为 $R_1=125\text{k}\Omega$，$R_2=1\text{k}\Omega$，$C=10\mu\text{F}$。设参

考电压 $v_R(t)=V_{Rm}\sin(10^6t+0.5\sin 2\omega t)$，VCO 的初始角频率为 1.005×10^6 rad/s，PD 具有正弦鉴相特性。

试求：(1)环路锁定后的 $u_c(t)$的表达式；(2)捕捉带 $\Delta\omega_p$、快捕带 $\Delta\omega_L$ 和快捕时间 τ。

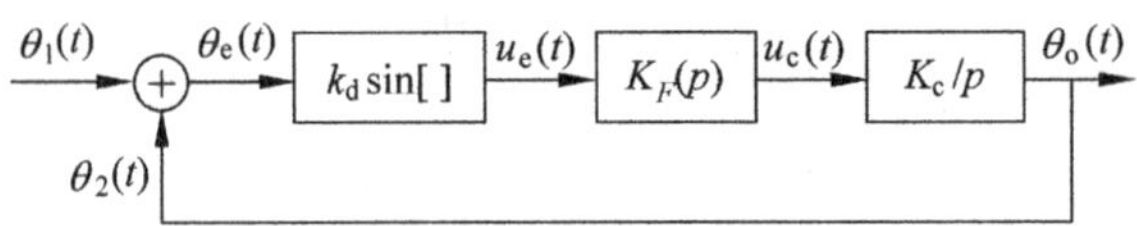

思考题和习题 9.2 图

9.3 三环式频率合成器框图如图所示，已知 $f_i=150$kHz，$400\leqslant N_A\leqslant499$，$450\leqslant N_B\leqslant490$。求输出信号频率范围及频率间隔。其中 PD 代表鉴相器，LF 代表低通滤波器，VCO 代表压控振荡器，N_A、N_B 分别代表环 A 和环 B 的分频比。

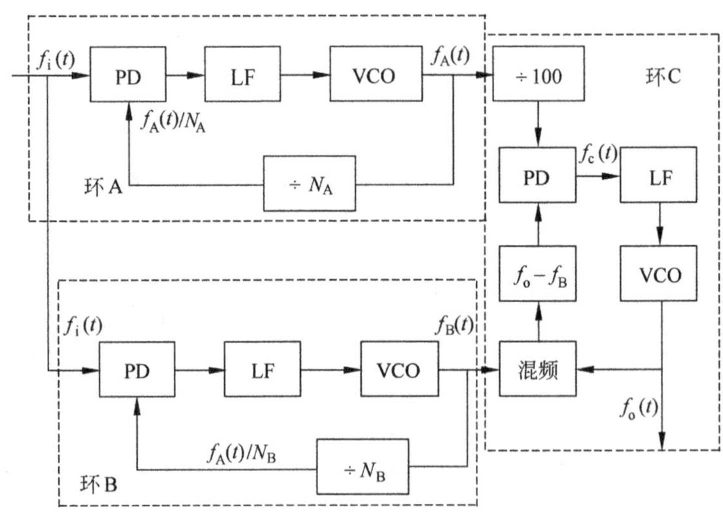

思考题和习题 9.3 图

9.4 锁相环路稳频与自动频率微调在工作原理上有哪些相同点和不同点？

9.5 试从物理上解释为什么锁相环路传输特性 $H(s)$具有低通特性，而误差函数 $H_e(s)=1-H(s)$具有高通特性。

9.6 如图所示调频负反馈解调电路，已知低通滤波器增益为 1，当环路输入单音调制的调频波 $u_i(t)=U_m\cos(\omega_i t+m_f\sin\Omega t)$，要求加到中频放大器输入端调频波的调频指数为 $m_f=0.1$。试求乘积 k_dk_0 的值。

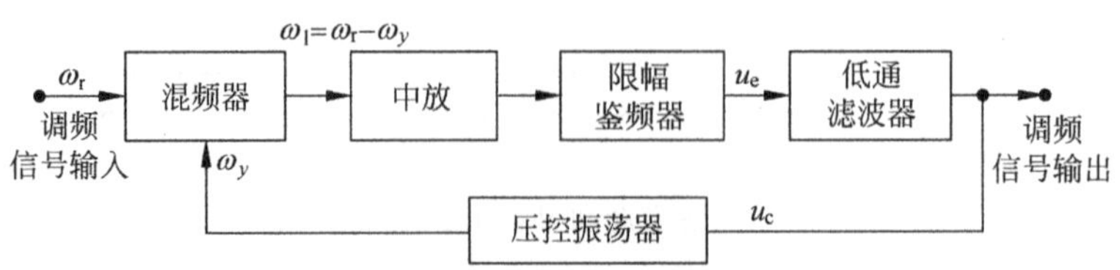

思考题和习题 9.6 图

第10章　高频电路新技术简介

内容提要

随着无线电通信系统基本带宽的变化、物理层技术的更新，以及电子设备实现技术的特点和通信新技术，高频电路正朝着宽带化、集成化、单片化、模块化和软件化等方向发展。集成电路(IC)是整个电子信息产业的基础。随着微电子技术和计算机技术的进步，高频电路的集成化已经成为高频电路发展的一个重要方向。本章简要阐述高频电路与系统设计技术的要点及设计方法，旨在抛砖引玉，激发读者对集成电路设计的兴趣。本章的教学需要2～4学时。

10.1　概述

前面章节介绍的都是单元电路，本章将对电子线路集成化技术和软件无线电技术作简要介绍。随着电子系统集成化技术的发展，通信系统的基本带宽需求从数十千赫兹扩展到数兆赫兹；工作频率已经从数百兆赫兹提高到数吉赫兹(GHz)。物理层的新技术主要包括以正交频分复用技术(OFDM)为代表的高效抗衰落调制技术，以多进多出(MIMO)为代表的分集与合作技术，低密度校验码(LDPC)、Turbo等接近香农极限的信道编码技术，射频和基带智能天线技术、认知无线电技术和软件无线电(SDR)、中频可编程，滤波与调制解调可以通过软件算法实现。新技术下的电子设备具有如下几个特点：不仅朝着智能化与自动化方向发展，同时也朝着集成化与微型化方向发展。通信电路呈现新特点：一般是由宽带低噪声放大器(LNA)、低噪声混频器、宽带线性功率放大器、直接数字频率合成器(DDS)、高速高分辨模数转换器(ADC)和数模转换器(DAC)、数字上变频器(DUC)和数字下变频器

(DDC)集成的。随着高频集成电路技术和数字信号处理(DSP)技术的发展,高频电路甚至高频系统都可以实现软件化。高频电路的集成设计、高频电路的仿真、软件无线电技术等是高频电子线路课程未来关注点之一。

10.2 高频电路集成化技术简介

10.2.1 高频集成电路分类

如果把电子元器件比作人体中的细胞,为了完成信号采集、传输、处理和计算等功能,通过一定的线路连接方式构成各种不同的功能器件。随着微电子技术的发展,以特定的工艺在单独的基片上或基片内形成并互连有关元器件,从而构成的微型电子电路,能够完成特定功能。集成电路是微电子技术的一个方面,也是它的一个发展阶段,并也在按照自己的规律发展着。高频集成电路就是集成电路技术高度发展的产物。近年来,随着高频固态器件技术和微电子技术的发展,各种高频集成电路层出不穷。但不论如何,这些高频集成电路都可以归纳为以下几种类型。

(1) 按照频率来划分,有高频集成电路、甚高频(VHF)集成电路和微波集成电路(MIC)等几种。当然,根据频段的详细程度划分,高频集成电路也可以分得更细致。对于微波集成电路,又可以分为集中参数集成电路和分布参数集成电路两种。

(2) 高频集成电路可分为单片高频集成电路(MHIC)和混合高频集成电路(HHIC)。HHIC是将多种不同类型的集成电路(如单片电路、普通集成电路,甚至分立元件等)混合而成的高频集成电路,其集成技术简单、制作容易,因此,初期的高频集成电路多为HHIC。MHIC则是将所有的有源器件(如晶体三极管或场效应管等)和无源元件(如电阻、电容和电感等)都沉积或生长在同一块半导体基片上或基片内。MHIC在初期主要是单元高频集成电路(如高频单片集成放大器、高频单片集成混频器、高频单片集成振荡器等)。随着技术的进步,MHIC的发展十分迅速,逐渐形成了各种不同功能的高频单片集成电路、单片集成前端,甚至单片集成系统(包含高频前端)。

(3) 从功能或用途上来分,高频集成电路有高频通用集成电路和高频专用集成电路(HFASIC)两种。高频通用集成电路主要有高频集成放大器(包括宽带放大器、功率放大器、低噪声放大器(LNA)、对数放大器和可控增益放大器等)、高频集成混频器(mixer)、高频集成乘法器、高频集成振荡器、高频开关电路、分频与倍频器、锁相环与频率合成器等,以及上述集成电路的相互组合。高频专用集成电路是用于专门用途的高频集成电路或系统,如正交调制解调器、单片调幅/调频接收机等。实际上,通用与专用并不一定有严格的界限。

应当指出的是,有些电路,如高频变压器、高频滤波器、平衡/双平衡混频器等,严格来讲不是高频集成电路(而是高频组件),但不论从内部功能上还是从外部封装上来看,它们都与高频集成电路有相同的特点,因此,也可以把它们归入高频集成电路之列。

10.2.2　高频集成电路发展趋势

20 世纪 60 年代出现的集成电路是电子技术发展史上的里程碑。从集成电路诞生之日到现在，在大约 60 年的时间里，经历了电路集成(CI)、功能集成(FI)、技术集成(TI)和知识集成(KI)四个阶段。每个阶段都有其本身的标志和特征。现在正处在技术集成和知识集成时期，但并不是现在所有的集成电路都具有这一特征。也就是说，目前的集成电路是各个阶段、各种类型并存。

1. 高集成度

集成电路发展的核心是集成度的提高。从电路集成开始，IC 的发展基本上是按照摩尔(Moore)定律(每 3 年芯片集成度提高 4 倍，特征尺寸减小 30%)进行的，芯片的集成度由十几万个晶体管到几十万个、几百万个，甚至达到上千万个晶体管；封装的引线脚多达几百个，集成在一块芯片上的功能也越来越多，甚至于 IC 的设计与制造模式也发生了很大的变化，出现了设计、制造、封装、测试等相对独立的技术。集成度的提高依赖于工艺技术的提高和新的制造方法。21 世纪的 IC 将冲破来自工艺技术和物理因素等方面的限制继续高速发展。

(1) (超)微细加工工艺。微细加工的关键是形成图形的曝光方式和光刻方法。当前主流技术仍然是光学曝光，光刻方法已从接触式、接近式、反射投影式、步进投影式发展到步进扫描投影式。采用减少光源波长(由 436nm 和 365nm 的汞弧灯缩短到 248nm 的 KrF 准分子激光源，再到 193nm 的 ArF 准分子激光源)的方法可以将微细加工工艺从 1μm、0.8μm 发展到 0.5μm、0.35μm、0.25μm，再提高到 0.18μm、0.15μm，甚至 0.13μm 的水平。采用 157nm 的氟气(F_2)准分子激光光源进一步结合离轴照明以及移相掩膜(PSM)等技术，将使光学的曝光方法扩展到 0.1μm 分辨率。对于小于 0.1μm 的光刻将采用新的方法，如极紫外线(EUV)光学曝光法、X 射线曝光法、电子投影曝光(EPL)法、离子投影曝光(IPL)法、电子束直写光刻(EBDW)等。

(2) 铜互连技术。长期以来，芯片互连金属化层主要采用铝。器件与互连线的尺寸和间距不断缩小，互连线的电阻和电容急剧增加，对于 0.18μm 宽 43μm 长的铝和二氧化硅介质的互连延迟(大于 10ps)已超过了 0.18μm 晶体管的栅延迟(5ps)。除了时间延迟以外，还产生了噪声容限、功率耗散和电迁移等问题。因此研究导电性能好、抗电迁移能力强的金属和低介电常数($K<3$)的绝缘介质一直是一个重要的课题。1997 年 9 月，IBM 公司和摩托罗拉(Motorola)公司相继宣布开发成功以铜代替铝制造 IC 的新技术，即用电镀方法把铜沉积在硅圆片上预先腐蚀的沟槽里，然后用化学机械抛光(CMP)使之平坦化。1998 年末，两公司先后生产出铜布线的商用高速 PC 芯片。铜互连的优点为电阻率较铝低 40%，在保持同样的 RC 时间延迟下，可以减少金属布线的层数，而且芯片面积可缩小 20%～30%，其性能和可靠性均获得提高。铜互连还存在一些问题，如铜易扩散入硅和大多数电介质中，因此需要引入适当的阻挡层等。

(3) 低 K 介电材料技术。由于 IC 互连金属层之间的绝缘介质采用 SiO_2 或氮化硅，其介电常数分别接近 4 和 7，造成互连线间较大的电容。因此，研究与硅工艺兼容的低 K 介质也是重要的课题之一。

2. 更大规模和单片化

集成工艺的改进和集成度的提高直接导致集成电路规模的扩大。实际上，改进集成工艺和提高集成度也正是为了制作更大规模的集成电路。20 世纪 90 年代的硅工艺技术发展到现在的深亚微米工艺，芯片的集成度已大大超过 1000 万，已经足以将各种功能电路（模/数（A/D）、数/模（D/A）和射频电路等）甚至整个电子系统集成到单一芯片上，成为单片集成的片上系统（system on chip，SoC）。当前，单片化大规模集成电路的热点之一就是高频电路或射频电路的单片集成化。而这些集成电路在过去大多是用双极工艺或砷化镓工艺制作、以薄/厚膜技术实现的，现在基本上可以用 CMOS 工艺来实现，如用 0.5μm 的标准 CMOS 工艺可以为 GPS 接收机和全球移动通信（GSM）手机提供性价比优于砷化镓的射频器件，工作频率可达 1.8GHz。当然，在集成电路向单片化发展的同时，并不妨碍独立的高频集成电路的发展。

3. 更高频率

随着无线通信频段向高端的扩展，势必也会开发出频率更高的高频集成电路。举几个实例说明我国通信系统频率划分波段。

（1）中波调幅广播设备标准频率范围：535～1606.5kHz。

（2）调频广播发射机标准频率范围：87～108MHz。

（3）电视发射设备标准频率范围。VHF 频段：48.5～72.5MHz、76～84MHz、167～223MHz；超高频（UHF）频段：470～566MHz、606～806MHz。

（4）调频收发信机标准频率范围：31～35MHz、138～167MHz、358～361MHz、361～368MHz、372～379MHz、379～382MHz、382～389MHz、403～420MHz、450～470MHz。

（5）模拟集群基站和移动台标准频率范围。移动台：351～358MHz、372～379MHz、806～821MHz；基站：361～368MHz、382～389MHz、851～866MHz。

（6）点对点扩频通信设备标准频率范围：336～344MHz、2.4～2.4835MHz、5.725～5.850MHz。

（7）多点传输服务（local multipoint distribution services，LMDS）宽带无线接入通信设备标准频率范围：上行 25.757～26.765GHz，下行 24.507～25.515GHz。

4. 数字化与智能化

随着数字技术和数字信号处理技术的发展，越来越多的高频信号处理电路可以用数字和数字信号处理技术来实现，如数字上/下变频器、数字调制/解调器等。这种趋势也表现在高频集成电路中。从无线通信的角度来讲，高频集成电路数字化的趋势将越来越向天线端靠近，这与软件无线电的发展趋势是一致的。所谓软件无线电，就是用软件来控制无线电通信系统各个模块（放大器、调制/解调器、数控振荡器、滤波器等）的不同参数（频率、增益、功率、带宽、调制解调方式、阻抗等），以实现不同的功能。片上系统或大规模的单片集成电路中通常不仅有高频集成电路的成分，而且包含大量的其他数字型和模拟型电路，使整个集成电路的“硬件”很难区分出高频集成电路和其他集成电路。在此片上系统或大规模的单片集

成电路中还经常嵌入有系统运行涉及的算法、指令、驱动模式等“软件”，配合“硬件”中的数字信号处理器、微处理器(MPU)、各种存储器(如 ROM、RAM、E^2ROM、Flash ROM)等单元或模块，可以实现智能化。

高频电路集成化存在的主要问题是，除了一般集成电路都存在的工艺、成本和功率损耗、体积问题之外，电感、大电容、选择性滤波器等很难集成。对于无线通信，理想的集成化收发信机，应该是除天线、收发和频道开关/音量电位器、终端设备及选择性滤波器之外，其他电路都由集成电路或单片集成电路来完成。当然，目前要做到这一点还是有一定困难的。但是，随着技术的发展，收发信机的完全集成化不是不能实现的。

10.2.3　几种典型的高频集成电路

高频单元集成电路，是指完成某单一功能的高频集成电路，如集成高频放大器(低噪声放大器、宽带高频放大器、高频功率放大器)、高频集成乘法器(可用作混频器、调制解调器等)、高频混频器、高频集成振荡器等，其功能和性能通常具有一定的通用性。

高频组合集成电路是集成了某几个高频单元集成电路和其他电路而完成某种特定功能的集成电路。比如 MC13155 是一种宽带调频中频集成电路，是为卫星电视、宽带数据和模拟调频应用而设计的调频解调器，具有很高的中频增益(典型值为 46dB 功率增益)，12MHz 的视频/基带解调器，同时具有接收信号强度指示(RSSI)功能(动态范围约 35dB)。MC13155 的内部电路框图如图 10.2.1 所示，图 10.2.2 是芯片引脚接法。其他还有 ML13156、MC13155DR2、MC14008BF 等系列芯片，想了解更多请查看网站 https://pdf.114ic.com/mc13155.html。

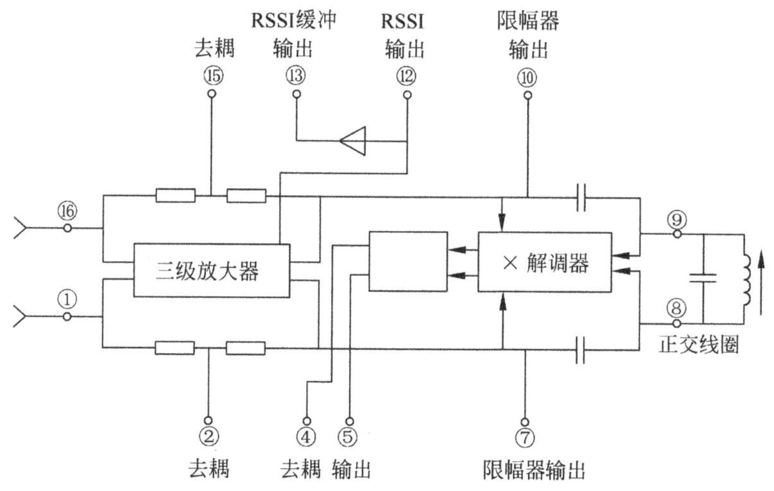

图 10.2.1　MC13155 内部电路框图

另一款用于接收机中频子系统的芯片是 AD607，其引脚如图 10.2.3 所示。AD607 的内部功能框图如图 10.2.4 所示。各引脚参数物理含义见表 10.2.1。

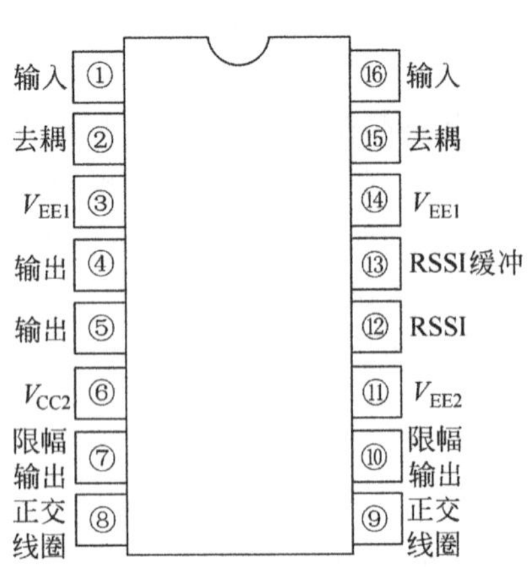

图 10.2.2　MC13155 芯片引脚接法

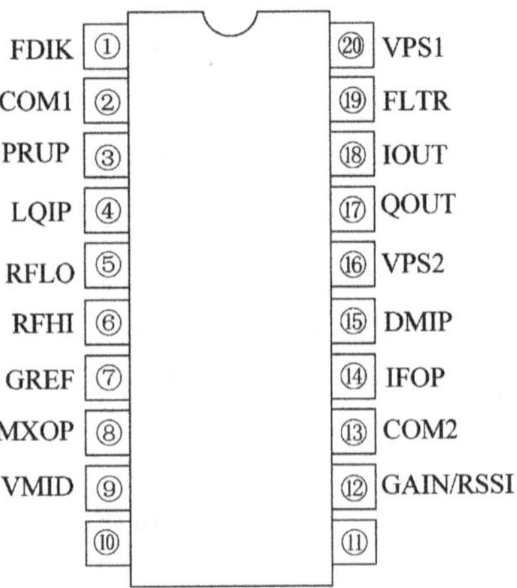

图 10.2.3　AD607 芯片引脚接法

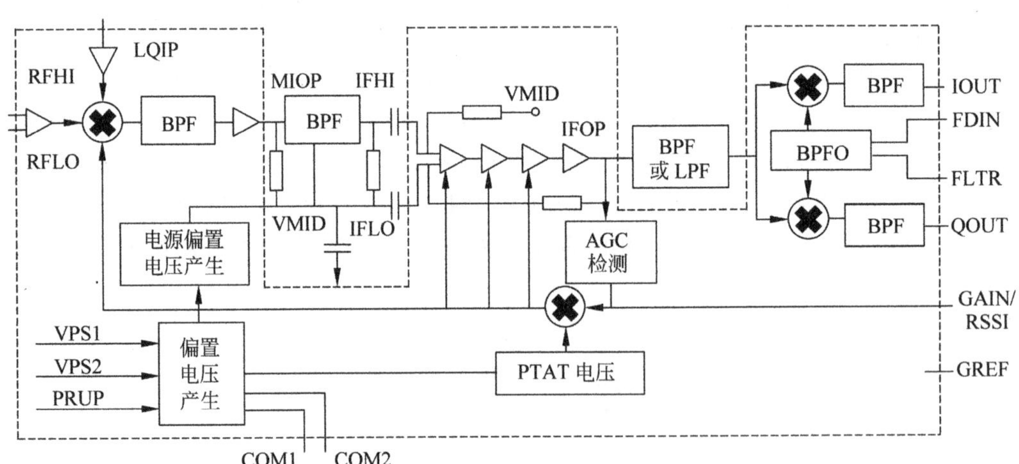

图 10.2.4　AD607 芯片内部功能框图

表 10.2.1　中频子系统芯片 AD607 引脚描述

引脚	名称缩写	名　称	描　述
①	FDIN	频率检测器输入	I/Q 解调器正交振荡器的 PLL 输入端，为来自外部振荡器的±400mV 电平，偏置为 $V_p/2$
②	COM1	公共端 1 号	射频前端和主偏置的电源公共端
③	PRUP	Power-up 控制输入	3V/5V 兼容的功率损耗控制端，逻辑 1 对应高功率损耗，最大输入电平＝VPS1＝VPS2
④	LQIP	本振输入	交流耦合本振输入
⑤	RFLO	RF 低输入端	通常连接到交流地
⑥	RFHI	RF 高输入端	交流耦合的射频输入，最大电平±54mV
⑦	GREF	增益参考输入	高阻抗输入，通常为 1.5V，用于设定增益

续表

引脚	名称缩写	名 称	描 述
⑧	MXOP	混频器输出	高阻抗，单边电流输出，最大输出电流为±6mA（最大输出电压±1.3V）
⑨	VMID	电源中点偏置电压	电源中点偏置产生器的输出端（VMID=CPOS/2）
⑩	IFHI	IF 高输入	交流耦合中频输入，最大电平±54mV
⑪	IFLO	IF 低输入	IF 输入的参考点
⑫	GAIN/RSSI	增益控制输入/RSSI 输出	高阻抗输出，使用 3V 电源时输出为 0～2V，使用内部的 AGC 检测器时可提供 RSSI 输出，RSSI 电压为连接该端的 AGC 电容两端电压
⑬	COM2	公共端 2 号	IF 级和解调器的电源公共端
⑭	IFOP	IF 输出	低阻抗单边电压输出，最大+5dBm
⑮	DMIP	解调器输入	到 I 和 Q 解调器的输入，在 IF>3MHz 时，最大输入为±150mV，在 IF<3MHz 时，最大输入为±75mV
⑯	VPS2	VOPS 电源 2 号	高电平 IF，PLL 和解调器的电源
⑰	QOUT	正交输出	低阻抗 Q 路基带输出，采用交流耦合，20kΩ 负载时的满幅输出为±1.23V
⑱	IOUT	同相输出	低阻抗 I 路基带输出，采用交流耦合，20kΩ 负载时的满幅输出为±1.23V
⑲	FLTR	PLL 环路滤波	串联 RC PLL 环路滤波，连接到地
⑳	VPS1	VPOS 电源 1 号	混频器，低电平 IF、PLL 和增益控制的电源

AD607 为一种 3V 低功率损耗的接收机中频子系统芯片，带有自动增益控制（AGC）的接收信号强度指示功能，可广泛应用于全球移动通信、码分多址（CDMA）、时分多址（TDMA）和泛欧集群无线电（TETRA）等通信系统的接收机、卫星终端和便携式通信设备中。它提供了实现完整的低功率损耗、单变频接收机或双变频接收机所需的大部分电路，其输入频率最大为 500MHz，中频输入为 400kHz～12MHz。它包含了一个可变增益超高频混频器和线性四级带负载的功率或电压（IF）放大器，可提供的电压控制增益范围大于 90dB。混频级后是双解调器，各包含一个乘法器，后接一个双极点 2MHz 的低通滤波器，由一锁相环路驱动，该锁相环路同时提供同相和正交时钟。内部 I/Q 解调器和相应的锁相环路可提供载波恢复，并支持多种调制模式，包括 n-PSK，n-QAM 和 AM。在中等增益时，使用 3V 的单电源（最小 2.7V，最大 5.5V）的典型电流消耗为 8.5mA。

UHF 混频器采用改进型的吉尔伯特类型单元设计，可在低频到 500MHz 的频率范围内工作。混频器输入端动态范围的高端由 RFHI 和 RFLO 间的最大输入信号电平确定，而低端则由噪声电平确定。混频器的射频输入端是差分的，因此 RFLO 端和 RFHI 端在功能上是完全相同的，这些节点在内部予以偏置，一般假定 RFLO 交流耦合到地。RF 端口可建模为并联 RC 电路。

MXOP 端的最大可能电平由电压和电流限制共同决定。使用 3V 的电源和 VMID=1.5V 时，最大摆幅为±1.3V。负载为 165Ω 的标准滤波器中得到±1V 的电压摆幅，需要的峰值驱动电流是±6mA。但是电压和电流的下限不应与混频器增益相混淆。在实际系统中，AGC 电压将决定混频增益，从而决定 IF 输入端 IFHI 引脚的信号电平，它总是小于

±56mV,这是 IF 放大器的线性范围限制的结果。

RSSI 的增益定标。AD607 的总增益以分贝表示时,相对于 GAIN/RSSI 端的 AGC 电压 V_G 是线性的。当 V_G 为零时,所有单元的增益为零。各级的增益是并行变化的。AD607 内含增益定标的温度补偿电路。当增益由外部控制时,GAIN/RSSI 端是 MGC 输入;当使用内部的 AGC 检测器时,GAIN/RSSI 端是 RSSI 输出。增益控制定标因子正比于施加在引脚 GREF 端的参考电压。当该引脚连接到电源的中点时,标度是 20mV/dB(V_P=3V)。在这些条件下,增益的低 80dB 对应的控制电压为 0.4V<V_G<2.0V。另外,GREF 端还可连接到外部参考电压 V_R 上,使用 AD1582 或 AD1580 作电压参考可以提供与电源无关的增益标度,当使用 AD7013 和 AD7015 基带转换器时,外部参考也可由基带转换器的参考输出提供。

MRFIC1502 是一个用于 GPS 接收机的下变换器,内部不仅集成有混频器,还集成有压控振荡器、分频器、锁相环和环路滤波器,如图 10.2.5 所示。MRFIC1502 具有 65dB 变换增益,功能强大。

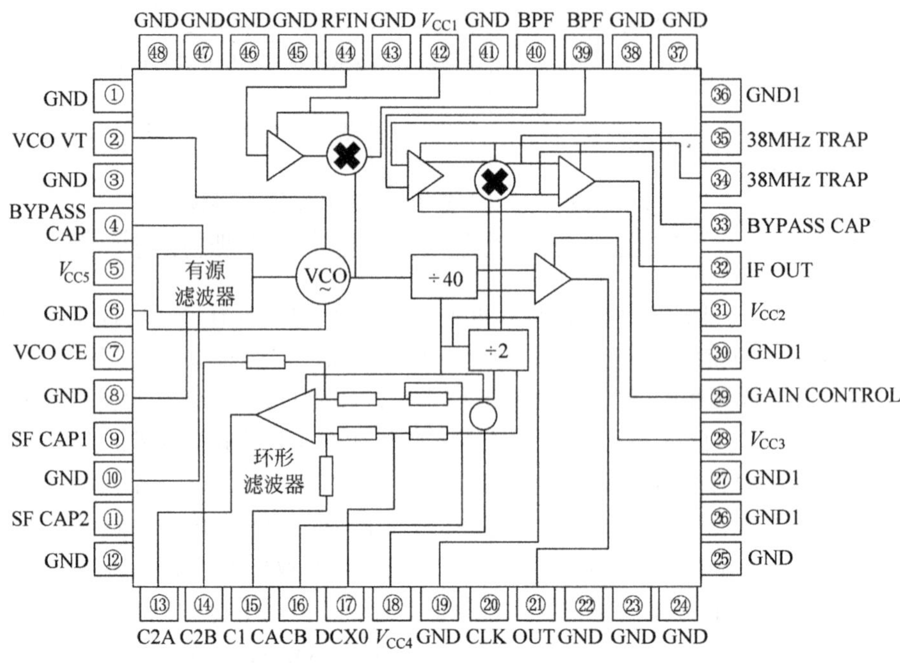

图 10.2.5　MRFIC1502 内部框图

初期的调频接收机的集成化,主要是单元电路的集成化。接收机分低放、中放限幅及检波、本振及前端电路三大部分。低放集成块已有很多,如国内产品有 5G31、X73 等。中放集成块也不少,如 5G3Z、X723、6520 等。它们主要是供调频广播接收机、电视伴音中放、高质量调频接收机及电台应用。为了减少外接元件及由本振、混频带来的不便,通信机集成中放一般采取一次变频方案。常用的中频数值为 10.7MHz。在集成电路中,放大部分都采用差分电路,用射极跟随器实现级间直接耦合。这种放大兼有限幅功能,在限幅电平以上,输出电压极其平稳。调频广播及电视伴音都属宽带调频,其检波器回路 Q 值要求较低。但对于窄带调频接收机,回路 Q 值应较高,且应有较高的标准性,并采取温度补偿,如能采用晶体检波器或锁相解调更好。

10.3 软件无线电技术简介

10.3.1 软件无线电概述

(1) 定义：软件无线电(software defined radio，SDR)是一种无线电广播通信技术，它基于软件定义的无线通信协议而非通过硬连线实现。频带、空中接口协议和功能可通过软件下载和更新来升级，而不用完全更换硬件。新的无线技术的涌现迫使人们使用多标准多频段无线电，因此软件无线电将在未来无线电结构中起到关键的作用。软件无线电只采用一个硬件前置端，但可以通过调用不同的软件算法来改变它的工作频率、所占据的带宽，以及所遵守的不同的无线标准。这种方案能够实现现有标准与频段之间经济高效的互操作性。

(2) 关键思想：是构造一个具有开放性、标准化、模块化的通用硬件平台。在尽可能靠近天线处采用宽带 A/D 和 D/A 转换器，各种功能如工作频段、调制解调类型、数据格式、加密模式、通信协议等尽可能用软件来完成，设计具有高度灵活性、开放性的新一代无线通信系统。可以说这种平台是可用软件控制和再定义的平台，选用不同软件模块就可以实现不同的功能，通过算法可以升级更新软件。其硬件也可以像计算机一样不断地更新模块和升级换代。由于它能形成各种调制波形和通信协议，这样的无线电台既可以与现有的其他无线电台进行通信，兼容旧体制的各种电台通信，延长电台的使用周期，也可节约成本和开支。由于软件无线电的各种功能是用软件实现的，如果要实现新的业务或调制方式只需增加一个新的软件模块即可。它还能在不同的无线电系统之间起到"无线电网关"的作用，保证各种无线通信业务的无缝集成。

(3) 特点：可编程性、模块化结构、可重构性、分层性和开放性。

(4) 主要研究内容：系统软件设计技术、高速数字信号处理技术、多信道数据交换技术、高速数字信号处理技术、多信道数字交换技术、高速 A/D 和 D/A 技术、宽带射频和模块化技术、嵌入式开放系统控制技术等。

(5) 发展目标：根据无线电环境变化而自适应地配置收/发信机的数据速率、信道编写和译码方式，调制、解调方式，甚至调整信道频率、带宽以及无线接入方式的智能化高品质无线通信系统，并更充分利用频谱资源。

10.3.2 软件无线电体系结构

软件无线电的体系结构由天线、射频前端、A/D 和 D/A 转换器、高速数字信号处理以及各种软件构成。软件无线电系统包括射频处理部分、中频基带处理部分以及支持部分。图 10.3.1 代表传统的硬件无线电接收机的框图，其中 RF 处理器、IF 滤波器、振荡器(OSC)都是依靠硬件电路单元。图 10.3.2 代表软件无线电体系基本结构，主要由射频前端、高速 A/D 和 D/A，以及 DSP 等软件处理为基础的处理单元组成。

图 10.3.3 为标准软件无线电台的结构，包括电源(未画出)、天线、宽频段射频(RF)转

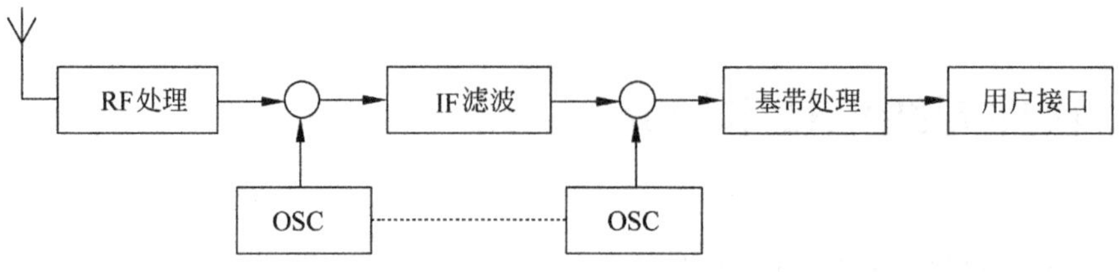

图 10.3.1 传统的硬件无线电接收机

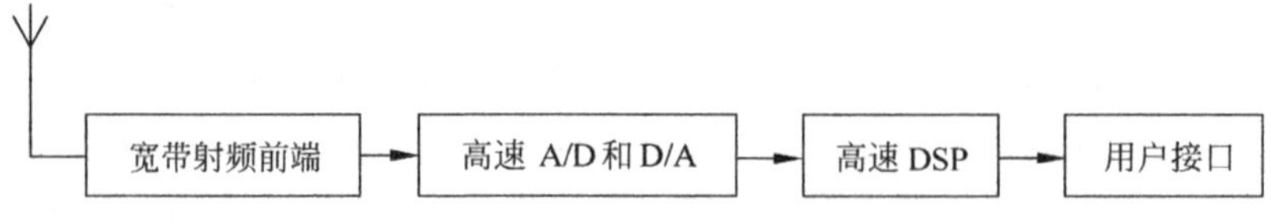

图 10.3.2 软件无线电体系基本结构

换器、模拟/数字/模拟(A/D/A)转换器、可编程处理高速数字处理(DSP)及通用处理器、VME 主机板和用户接口板,主机板可完成无线电台的多种功能。软件无线电 A/D/A 转换器已相当靠近天线,从而可对高频信号进行数字化处理,这是它与常用的数字通信系统的区别。它的硬件平台相对简单且通用,可用不同软件定义无线电系统的各种功能。软件无线电可编程性较宽,包括可编程的射(高)频段,信道访问模式及信道调制解调方式等。软件无线电台覆盖的频段为 2MHz～2GHz。

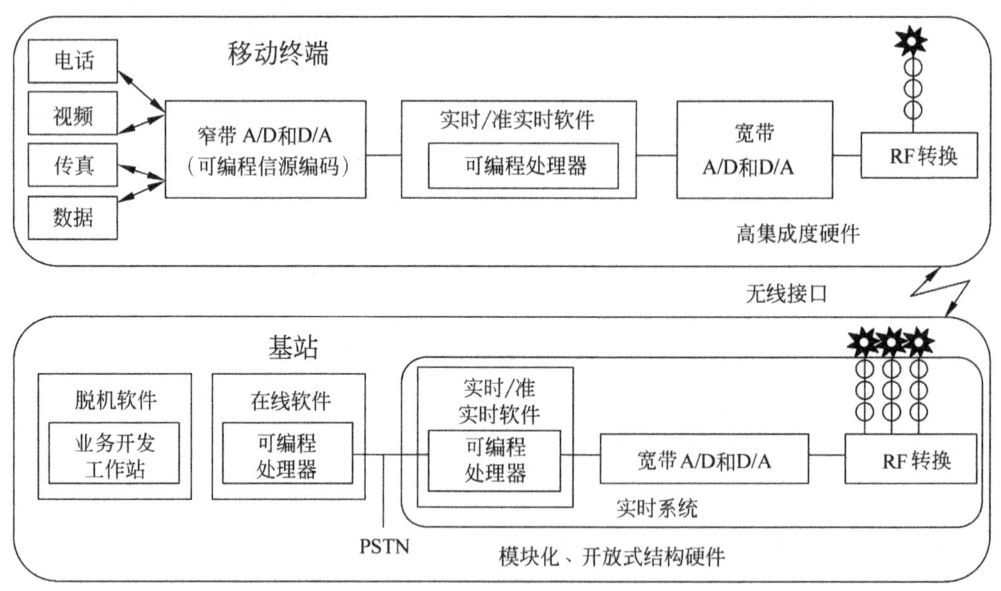

图 10.3.3 标准软件无线电台的结构

从图 10.3.4 可看出,软件无线电具有模块化结构、可重构性、分层性和开放性的特点。纵观这几年的发展势头,未来软件无线电发展必然朝着软件无线电结构数学分析化,面向对象化,以及认知化、智能化、计算机化、网络化、信息安全化方向发展。

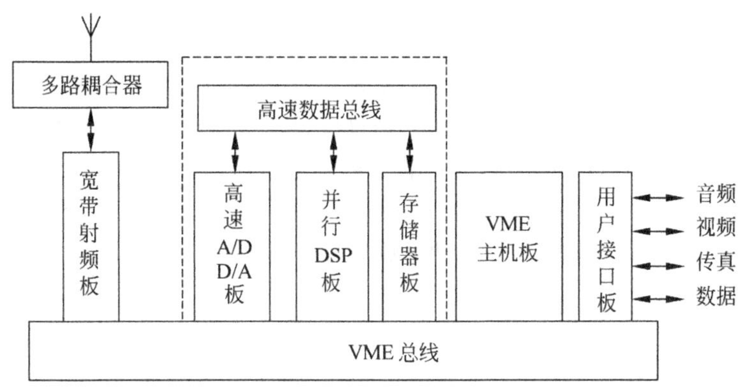

图 10.3.4 软件无线电台开放式结构

10.3.3 软件无线电关键技术

(1) 宽带/多频段天线技术。理想的软件无线电系统的天线部分应该能够覆盖全部无线通信频段。由于内部阻抗不匹配,不同频段电台的天线是不能混用的。软件无线电台覆盖的频段为 2～2000MHz,研制一种全频段天线就目前技术而言尚做不到,大多数系统只能覆盖不同频段的几个窗口,不能覆盖全部频段,采用组合式多频段天线即可。

(2) 高速宽带 A/D、D/A 转换技术。数字化是软件无线电的基础。在软件无线电通信系统中,要达到尽可能多的以数字形式处理无线信号,必须把 A/D 转换尽可能地向天线端推移,要求 A/D 转换器性能指标更高。A/D、D/A 转换器件技术特性的一些参数包括:量化信噪比(signal noise ratio,SNR)、无杂散动态范围(spurious free dynamic range,SFDR)、噪声功率比(noise power ratio,NPR)和全功率模拟输入带宽等。A/D、D/A 位置越来越接近天线,最终达到理想软件无线电的目标。

(3) 高速数字信号处理技术。理想的软件无线电中 DSP 要处理直接对射频信号的 A/D 转换数据,并完成通信所要求的各种功能。这对 DSP 的性能要求非常高,即使采用中频软件无线电结构,要完成包括数字滤波、调制解调、信道编码、同步、通信协议等功能,对 DSP 性能的要求也是非常高的。研制速度更快、功能更强大的 DSP 芯片已经成为影响软件无线电发展的关键。

(4) 关键算法技术。用软件实现设备的各种功能,首先把对设备的各功能的物理描述转化为对各功能的数学描述,即建立系统及各功能模块的数学模型;其次把数学模型转换为用计算机语言描述的算法;最后把算法转换成用计算机语言编制成的程序,使计算机可以完成相应的功能。为了实现软件接收系统的多种多样的功能,各种软件算法成为软件无线电的关键。主要算法包括数字信道处理、全数字同步算法、一些基本信号的调制解调算法。各种准确、高效的算法将被逐步提出,这将提升软件无线电的发展。

10.3.4 软件无线电的设计和测试

下面简单介绍软件无线电技术中几种接收机和发射机可能的实现方法,以及这类器件的测量和表征方法。软件无线电通常是同时工作在模拟和数字域中的,因此有必要采用混合域的设备来进行测量。

图 10.3.5 为软件无线电系统常见实现方案图。在接收链路,天线接收到的信号经环行器按规定路线送至低噪声放大器(LNA),再经过模数转换器(ADC)将该信号转化为数字信号。采用数字信号处理器(DSP)可以完成若干种调制格式和介入模式的解调和编码。而发射链路则采用相反的过程:基带信号是在 DSP 模块中产生和向上变频的,经数模转换器(DAC)转化为模拟波形,该模拟信号经功率放大器(PA)及带通滤波送到环行器,最后通过天线发射。

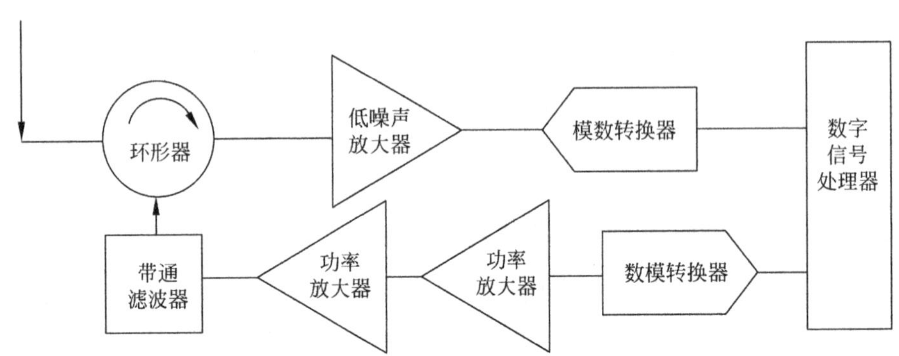

图 10.3.5 软件无线电系统常见实现方案图

软件无线电前置端由在大多数接收发射机中所使用的标准子系统组成:调制器和解调器、频率转换器、功率放大器以及低噪声放大器。然而,调制和编码以及工作频率则是由软件控制的。这样的无线电一般都是依赖于数字信号处理器实现其灵活性的。软件无线电可以根据传输的条件进行自我调节,从而将空气界面中存在的其他信号产生的干扰减到最小。这种系统的实施要求能够用软件从低频到高频进行频谱扫描。软件无线电通过优化载波频率、选择调制方案和无线电标准进行自我调节以适应所处的空气界面条件,从而在给定的条件下将干扰减到最小并且保持通信畅通。

软件无线电技术还可以提高频谱占有率,无线电软件通过频谱分析和算法处理能够全面了解在特定时刻下所处环境完整的频谱或通信状态,并有效利用未被其他无线电系统所占用的频谱。软件无线电可使前置端调制模式、信道带宽或载波频率具有高度灵活性,通过使用全数字系统还可节省成本。

1. 软件无线电接收机的结构设计

第一种结构是如图 10.3.6(a)所示的超外差接收机。其中,天线接收到的信号被两个下变频混频器转换到基带,进行带通滤波及放大。基带信号被转化到可以进行处理的数字域内。由于从射频到中频是第一个混频过程,在混频器前必须使用镜像抑制滤波器。目前,这种结构大多数用在较高的射频频段和毫米波频段的设计中,如点对点的无线链接。实际上,超外差式接收机在用于软件无线电时存在许多实质性的问题。由于制造技术的限制,很难实现这种结构全部元件的片上集成。另外一点是,这种方法通常被限制在一个特定的信道(或特定的无线标准中),阻止了接收频段的扩展,因而不能适应具有不同调制格式和带宽

占据的通信系统。超外差式结构由于在多频段接收时的扩展很复杂，难以得到实际应用。

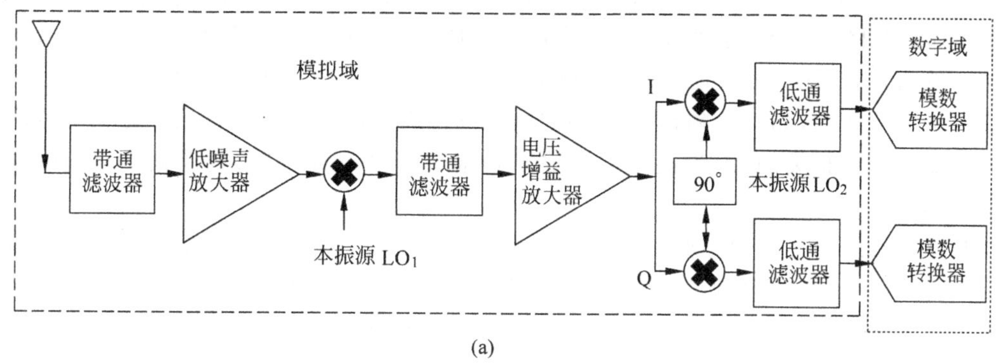

(a)

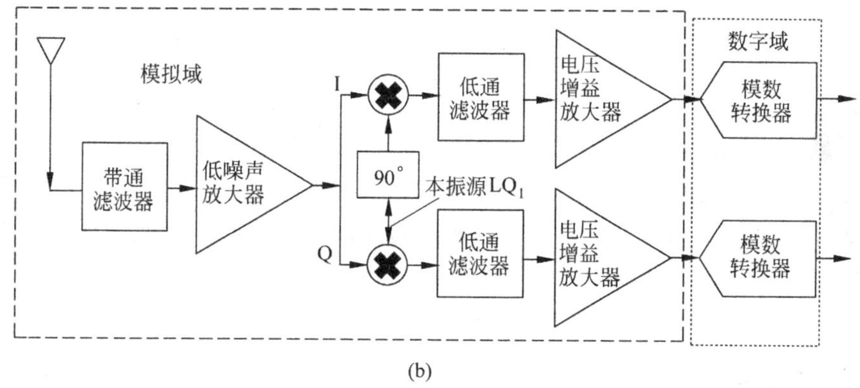

(b)

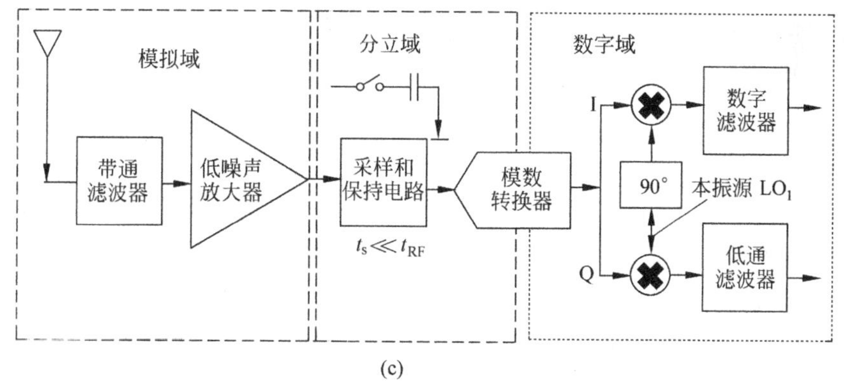

(c)

图 10.3.6 三种不同结构的接收机

(a) 超外差接收机结构，其中射频信号通过接收、滤波、放大，向下变频到中频频率，再次滤波和放大。然后，信号由正交解调器转换到基带，在每个路径(I 和 Q)进行滤波、放大，随后转换到数字域。(b) 零中频接收机结构。其中射频信号通过滤波、放大，由正交解调器直接转换到基带。随后，信号被滤波、放大以及进行数字化转换。(c) 带通采样接收机结构。信号通过滤波、放大，由采样和保持电路进行采样，而采样和保持电路通常是模数转换器的一部分。信号被向下混频到第一个奈奎斯特区，由模数转换器进行数字化转换，并在数字域进行处理

第二种结构是如图 10.3.6(b)所示的零中频接收机，是一个简化版超外差结构。与超外差接收机结构一样，整个接收机的射频频段由带通滤波器选择，并且由低噪声放大器放

大。随后与混频器直接向下变频到直流，并且由模数转换器转换到数字域。与外差结构相比，这种方法明显减少了模拟元件的数量，并且其允许使用的滤波器没有像镜像抑制滤波器要求得那么严格。因此，这种结构可以有高的集成度，这种结构是多频段接收机中常用的结构。然而，由于元件的性能要求，有些元件很难设计出来。同样，将信号直接转换到直流会产生一些问题，如直流频移(offset)问题难以解决。还有其他一些问题是与直流附近的二阶交调产物相关的，因为混频器的输出是基带信号，很容易遭到混频器大的闪烁噪声的破坏。

与零中频结构类似的是低中频接收机。所不同的是，这种接收机中没有直接把射频信号变为直流，而是将射频信号向下变频到非零的、较低的或中等的中频信号。射频信号经带通滤波器处理后，再放大，由性能比较强健的模数转换器转换到数字域，最后经数字信号处理器数字滤波以选通信道并消除正交解调器中同相正交(I/Q)失衡的问题。这个结构仍然允许有较高的集成度，由于所需要的信号不在直流附近，所以不存在零中频结构所存在的困扰。但是带来了镜像频率问题，因较高的转换速率，提高了模数转换器的功率损耗。

第三种结构是带通采样接收机，如图 10.3.6(c)所示。在这个结构中，接收到的信号由射频带通滤波器进行滤波，这个滤波器可以是调谐滤波器或一个滤波器组。信号经过宽带低噪声放大器进行放大，由一个高采样率的模数转换器对信号进行采样，并将其转换到数字域，然后进行数字处理。这种结构利用采样和保持电路的优点，无需进行任何向下变频，就能将模数转换器中的采样电路和保持电路频率落入第一个奈奎斯特区$[0,f_s/2]$。由下列关系式可以准确推断中频频率 F_{IF}。

图 10.3.6 中，I 为同相分量，Q 为正交分量。I 和 Q 是两个相互正交的解调分量。

$$\begin{cases}\text{偶数} \quad f_{IF}=\text{rem}(f_c,f_s)\\ \text{奇数} \quad f_{IF}=f_s-\text{rem}(f_c,f_s)'\end{cases} \tag{10.3.1}$$

式中，f_c 是载波频率，f_s 是采样频率，$f_{IF}(\text{a})$是截取参数 a 和参数 b 的小数部分后所得到的值，$\text{rem}(a,b)$是 a 除以 b 的余数。

在这种情况下，射频带通信号滤波器起着重要的作用，因为它必须将所期望频段的奈奎斯特区以外所有的信号能量(基本上是噪声)降低，否则，它们会与信号相混叠。如果不进行滤波，在所要求的奈奎斯特区外的信号能量(噪声)将与所期望的信号一起被折回进入第一个奈奎斯特区，从而产生信噪比的劣化。这种方法的好处是所需的采样频率和随后的处理速度与信号带宽而不是与载波频率成正比，这将减少元件的数量。但还存在一些关键性的要求。例如，采样和保持电路(通常在模数转换器内)的模拟输入信号的带宽必须要将射频载波频率包含在内，也就是提高模数转换器的采样率；另外，还要关注时钟抖动的问题。基于离散时间模拟信号处理的射频信号直接采用射频带通滤波以避免信号的交叠，在可重构接收机中具有潜在的效率，还是值得深入研究的。

下面讨论两种软件无线电系统的发射机结构。一个发射机并不仅仅是功率放大器，而是还有其他各种不同的电路元件，统称为前置端。功率放大器的设计是发射机设计中最具有挑战性的，它对无线系统的覆盖面积、产品成本和功率损耗有很大的影响，是与软件无线电密切相关的。

图 10.3.7 中,I 为同相分量,Q 为正交分量。图 10.3.7(a)是通用超外差发射机结构,它是图 10.3.6(a)所示的超外差接收机的对偶系统。该发射机信号是在数字域内产生的,随后由简单的采样数模转换器转换到模拟域。信号在中频下进行调制,此时进行放大和滤波以消除在调制过程中所生成的谐波。最后,采用本振源(LO_2)将信号向上变频为射频信号,通过滤波剔除不期望出现的镜像边带,由射频放大器进行放大并馈入发射天线。I/Q 调制是在中频下进行的,这意味着硬件元件的设计比起采用射频调制要容易一些。最后,整体增益是在中频波段控制的,此时,比较容易制作高质量可变增益放大器。此种发射机和接收机一样有类似的问题,适用于微波点对点无线链接,由于较多的电路单元和低的集成度,以及功率放大器所要求的良好线性度,且多模式操作比较困难,通常会阻碍超外差发射机在软件无线电中的应用。

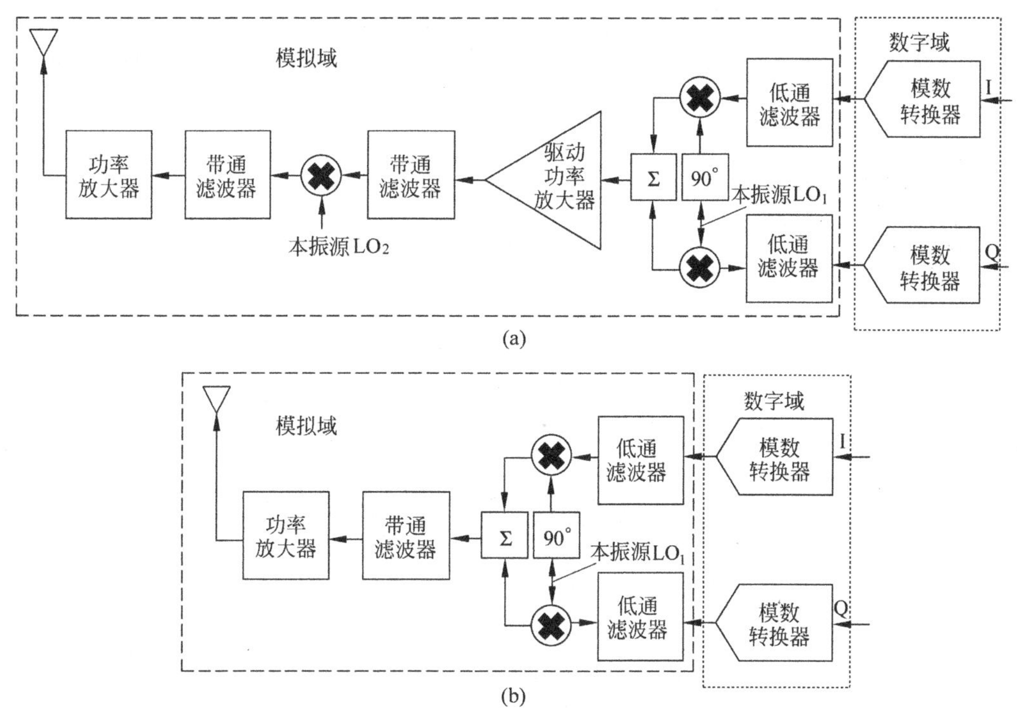

图 10.3.7　两种不同结构的接收机

(a) 通用超外差发射机结构,其中 I/Q 数字信号被转换到模拟域,经过低通滤波,在中频上进行调制。信号经放大、滤波及向上变频到射频频率,最后在发射之前再进行滤波和放大。(b) 直接转换发射机结构,其中 I/Q 数字信号经数模转换器传递到模拟域,滤波后直接在所要求的射频频率上进行调制。射频信号经过滤波,并由功率放大器放大

图 10.3.7(b)是直接转换发射机结构,其中 I/Q 数字信号经由数模转换器传递到模拟域,经过滤波,然后直接在所要求的射频频率上进行调制。在这之后,射频信号经过滤波,并且由功率放大器放大。这种结构减少了所要求电路的数量,可以高度集成,并减少了可能的载波泄漏、相位与增益的失配等问题。在射频频段也需要进行增益控制,这种结构同样要求功率放大器具有好的线性度。通过精心设计,直接转换发射机结构可以用于软件无线电。

接下来讨论功率放大器部分。射频功率放大器(功率放大器模块)包括 A 类、AB 类或 B 类。采用卡恩(Kahn)技术有效地发射一个高峰均功率比(PAPR)信号,并将其运用于新

的发射机结构中。由卡恩所建议的包络分离和恢复(EER)技术是对极度非线性化、极高效率的发射机进行线性化处理的一种方法。在这些系统中,通过对射频输出功率放大器的电源电压进行动态调节以使信号的幅值恢复到相位调制信号表征状态。

图 10.3.8 展示了卡恩功率放大器包络分离和恢复结构。其中射频输入信号被分配到两个支路,一个分支经过延迟的带有相位信息的恒定包络射频载波(是由一个限制器和一条延迟线组成的);另一个分支承载着要进行放大的信号包络幅值信息,即偏置电压支路,并且随后馈入射频功率放大器的漏极电压端。实际上,设计一条完美的延迟线、一个准确的限制器、一个允许高 PAPR 和宽带偏置电路,以及包含相位调制信号所能覆盖的带宽是非常具有挑战性的。随着数字信号处理器容量的极大提高,采用数字方法实施包络检测器、限制器和延迟线是非常有利的。比较好的解决方案是采用脉宽调制生成全数字式发射机。它具有极高的发射效率,并且可使直流功率损耗变得很低。为了开发全数字化发射机,研究数字信号处理器在射频频率提供射频信号智能算法(特别是对开关放大器来说,它的输入是数字脉宽调制信号,输出是射频调制信号)非常重要。

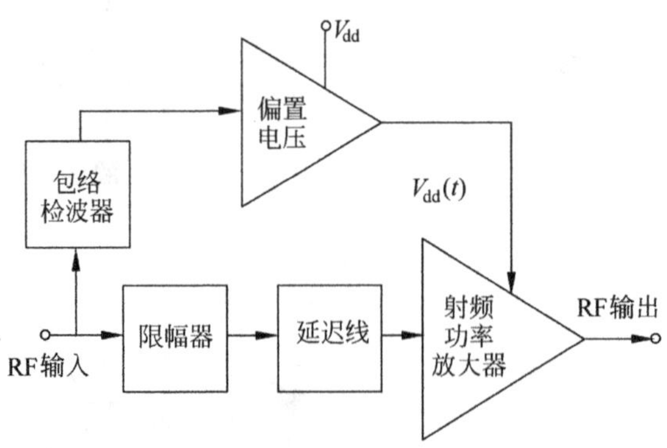

图 10.3.8 卡恩功率放大器部分的框图

图 10.3.9 是一个 S 类功率放大器简化电路,它是一个纯粹的开关放大器,后面再跟一个低通滤波器(产生包络信号)或一个带通滤波器(产生射频信号)。通过数字方式产生的脉宽调制信号施加到功率放大器的输入端。这个电路经过低通或带通滤波后将会产生一个基带信号或一个射频信号。这种理想化的放大器没有直流功率损耗,这是因为输出电压和电流交替为零,因此,在理想状态下,效率可以达到 100%。实际上,S 类功率放大器在进行信号过渡时,将会消耗一些功率。这是因为在实际器件中,互连元件和寄生电容会产生一些损耗,从而会产生有限的开关时间。输入脉宽调制信号可以由数字信号处理器产生,不再需要宽带数模转换器,从而降低成本。

目前,设计 S 类功率放大器有很大难度,可以尝试采用 $\Sigma\sigma$ 调制器实现相关功能。在新结构中广泛使用的开关放大器便是基于极坐标发射机架构设计的。脉宽调制包络信号由 S 类调制器进行放大,随后经过低通滤波产生模拟信号包络,并为射频功率放大器提供偏置电压 $V_{dd}(t)$。S 类放大器仅仅是放大了输入信号的包络,它是由数字信号处理器在数字域中检测后输出,仅被用来改变射频高功率放大器的偏置电压 $V_{dd}(t)$。

图 10.3.10 是极坐标发射机的框图。数字信号处理器产生两路信号分量,一支是包络分量,另一支是恒定包络相位调制分量。在相位路径上,恒定包络相位调制信号也是在数字

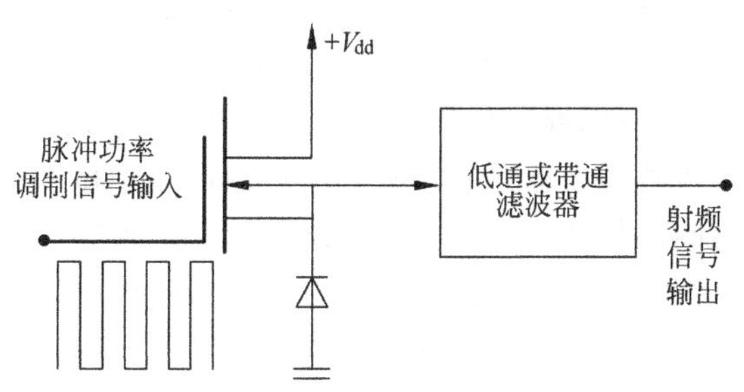

图 10.3.9 S类功率放大器简化电路

信号处理器中产生的，恒定包络相位调制分量由混合器向上变频到射频频率，并由射频功率放大器进行放大。随后向上变频到射频频率，并馈入射频功率放大器。这个射频功率放大器总是饱和的，从而具有很高的效率。尽管如此，这种设计的主要关注点是基带包络路径和射频路径的时间对准问题。这可以在数字域中通过使用数字信号处理器进行补偿。

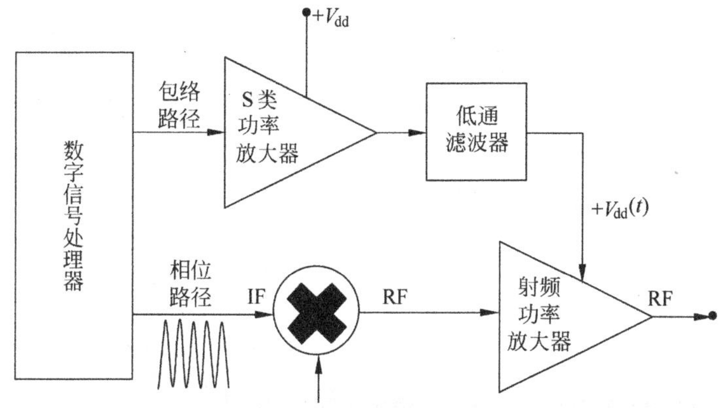

图 10.3.10 极坐标发射机框图

还有其他结构的放大器，包括基于多尔蒂(Doherty)和异相技术的放大器。多尔蒂结构通过 1/4 波长线段或网络，由两个相同容量的功率放大器组合而成，一个是偏置在 B 类的载波功率放大器，另一个是偏置在 C 类的峰值功率放大器。数字信号处理器可以控制施加到两个功率放大器的驱动和偏置改善多尔蒂放大器的性能。对于理想的 B 类放大器，在高 PAPR 信号下的平均效率可以高达 70%。采用异相技术设计放大器的方法，或者被称为采用非线性元件进行线性放大(LINC)的方法是通过将两个由不同相位随时间而变化的信号驱动功率放大器，合成为一个幅度调制信号的方法。通过采用理想的 B 类放大器，对于与前一种情况下的 PAPR 相同的信号，平均效率为 50%。

2. 软件无线电实施方案的测试

软件无线电系统测试技术实际上是一个混合域测试技术，因为软件无线电系统一个是模拟域的输入，另一个是数字逻辑域。软件无线电设计的主要思想是将模数/数模转换器尽可能地推向靠近天线的地方。因此，较少的信号存在于模拟域，大部分位于数字域。数字信号测试的重要程度在传统射频系统表征中是无法体现的。数字信号测试在软件无线电系统中就是非常重要的环节。这样就要开发同时工作在模拟域和数字域的混合信号示波器，使得模拟信号和数字信号在同一台仪器上实现时间同步。混合信号示波器仅能提供非同步采样功能，与传统采样示波器一样，混合信号示波器是使用其内置时钟对数据进行采样的。当对软件无线电器件(包括模数转换器)进行测试时，传输函数相位和幅值的精准估测要求在输入、输出和时钟信号之间进行相关采样。如果这些信号是通过非同步方式进行采样的话，那么就会产生足以完全劣化来自于软件无线电的任何幅值和相位信息的频谱泄漏。频谱泄漏的出现是在进行傅里叶变换(DFT 或 FFT)时，两个信号不是共享同一个时域网格，因此，它们彼此之间是互不相关的。混合信号示波器可能存在内存空间不够的问题。为了解决这些问题，可采用逻辑分析仪、示波器、矢量信号分析仪或实时信号分析仪联合测试。为了对一个软件无线电发射机结构进行测试，这些仪器可以按照类似于图 10.3.11 中的配置进行搭建。通过使用参考信号、触发信号和标记，可以在数字域和模拟域以及时域和频域之间进行同步测量，评估软件无线电中的发射链路和接收链路，包括信号链中的误差向量幅度(EVM)以及邻道功率比(ACPR)。

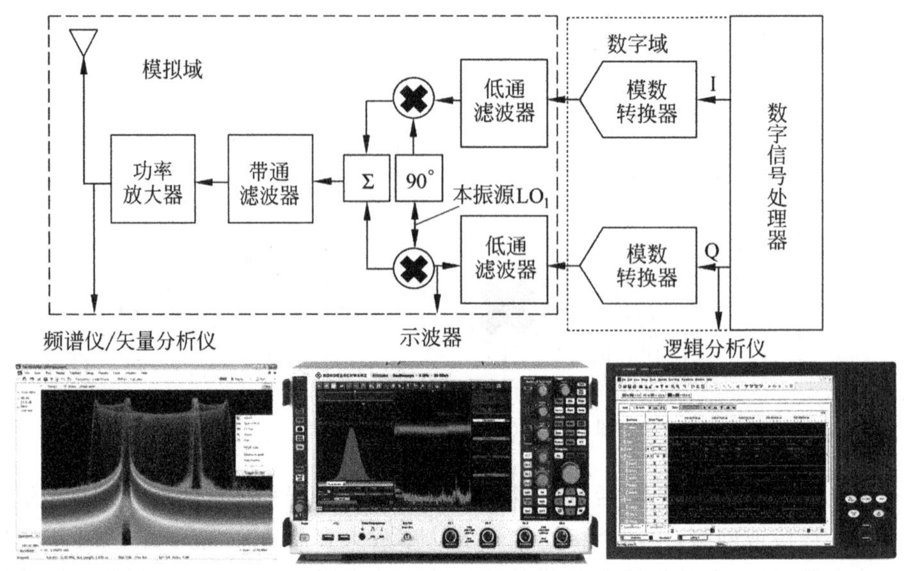

图 10.3.11 软件无线电发射机测试框图

图 10.3.11 给出了用于测试软件无线电发射机的设备。逻辑分析仪在数字信号处理器的输出端采集数字逻辑比特，在数/模转换和低通滤波器的信号重建之后，采用一台示波器对模拟信号进行分析，一台频谱分析仪或矢量信号分析仪在正交调制器后或在信号放大之后获取模拟射频信号。混合信号仪器中的模拟信道应测量输入端口的反射系数。测试时必须注意信号配时和同步化的要求。对于混合信号仪器的校准过程，考虑采用定向耦合器对入射到被测元件的射频信号提供一个基于基波信号的阻抗失配校准表征。这样就将模拟输入和数字输出联系起来，找到软件无线电系统的传输函数，甚至找到系统的完整行为模型，采用现成的元件和算法，如失配校正算法，就可以搭建完整的测试设备。通过这种混合信号测试设备，可以测量品质因数、误码率、峰均功率比、邻道功率比等指标。在此不再阐述这些概念，读者可以参考相关通信原理和数字信号处理方面的资料。

下面举一个测试实例。为了说明软件无线电接收机的测试，采用混合域测量装置对接收机信号进行测试。图 10.3.12 是测试装置图。

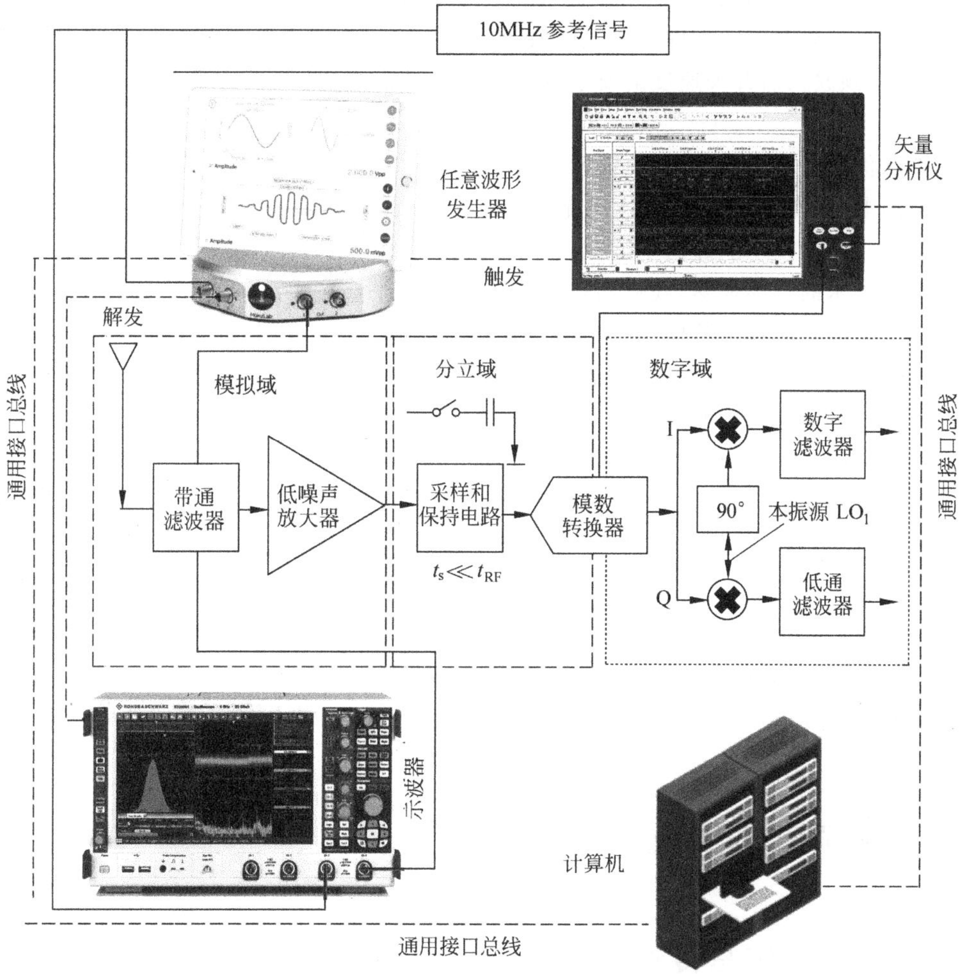

10MHz 参考信号
任意波形发生器
矢量分析仪
触发
解发
模拟域
分立域
数字域
通用接口总线
带通滤波器
低噪声放大器
采样和保持电路
$t_s \ll t_{RF}$
模数转换器
I
Q
90°
本振源 LO_1
数字滤波器
低通滤波器
示波器
计算机
通用接口总线
通用接口总线

图 10.3.12 软件无线电接收机测试框图

测试装置是按照软件无线电前端测试构建的。被测器件由任意一个波形发生器激励，示波器对被测器件的模拟输入信号进行采样。逻辑分析仪对被测器件的数字输出端进行采样。采用参考信号和触发信号实现输入和输出测量的同步。这些设备由通用接口总线(GPIB)连接计算机进行控制。被测器件用带宽为 3MHz、采用 64QAM(3/4)调制的处于频分双工模式的单用户 WiMAX 信号激励。采用逻辑分析仪在软件无线电接收机的输出端口进行测试。图 10.3.12 展示了混合模式对软件无线电进行测试的本质，模拟输出的品质因数通过数字输出信号和模拟输入信号得到重建。

一个良好的包含多频段多模式接收机，设计结构应当可以最佳地分享现有的硬件资源，并且可采用软件编程器件。但并不是每一个接收机的结构都具有这种特性。从这个意义上讲，基于零/低中频结构或带通采样设计基础之上的软件无线电接收机前置端设计将会更加成熟。

对于发射机来说,EER 及其改进技术是软件无线电应用中很有前途的选择,因为它们的效率很大程度上与 PAPR 无关。因此,它们可以很容易地应用到多标准和多频段操作中。这种软件无线电和认知无线电(cognitive radio,CR)发射机结构不仅需要高效放大器,而且还需要宽带放大器。软件无线电领域在信号传输方面正在从模拟向数字方向转移,因此,对提高射频放大器开关速度的要求将变得更为明显、更加严格,从而在未来引领 S 类发射机。

表征软件无线电的测试设备,通常采用混合域设备,它具备同时对模拟波形和数字波形进行表征的混 合模式,只有这样才能充分论证软件无线电元件的特性。不同调制类型的误差向量幅度和不同技术的邻道功率比,能够实现对多标准多频段无线电结构的测试。随着软件无线电技术的日臻成熟,我们期待着在市面上看到这些类型的仪器。

软件无线电要实现多波段、多制式电台的互通互连,必然要引入多天线技术。软件无线电技术与数字多波束形成(DBF)相结合的完美产物就是智能天线技术。实际上,智能天线技术已经成为下一代移动通信系统的关键技术。

目前,软件无线电比较成熟的产品有 Spectrum Ware、SDR-3000 数字收发机子系统、联合战术无线电系统、适于互操作通信的可变高级无线电系统(CHARIOT)、无线信息传输系统(WITS)。

软件无线电是建立在一个具有高速处理能力的通用平台上,因此数字信号处理成为软件无线电的核心。从采样理论、多速率信号处理,到通信信号理论、波形生成算法和信号处理算法,许多新概念、理论和算法都是软件无线电处理问题的基石。软件无线电数学模型的建立、算法设计、性能指标的评估等请查看相关参考书籍,因限于篇幅,本书不再予以介绍。

10.4 高频电路集成化设计

10.4.1 系统总传输损耗

一个点对点无线通信系统链路损耗如图 10.4.1 所示。其中,发送链路从发射机经馈线(损耗为 L_t)至发射天线,接收链路从接收天线经馈线(损耗为 L_r)至接收机。发送设备以一定频率、带宽和功率发射无线电信号(天线辐射功率为 P_{tt}),接收设备以一定频率、带宽和接收灵敏度(MDS)接收无线电信号(天线接收到的功率为 P_r,接收机接收到的功率为 P_{rr}),无线电信号经过信道产生衰减和衰落,并引入噪声与干扰。如果天线是无方向性(全向)天线,通常认为天线增益为 0dBi,在系统设计时可以不考虑;如果天线是方向性天线,在系统设计时就要考虑天线的增益,一般假设发射和接收天线的增益分别为 G_t 和 G_r。综合考虑发送功率和天线增益联合效果的参数是有效全向辐射功率(effective isotropic radiated power,EIRP)。

以模拟通信为例,在对无线通信链路进行系统设计时,最重要的技术指标有工作频率 f(载波频率或频带的几何中心频率)、带宽(注意区分信号带宽、信道带宽和噪声带宽三种不同的带宽概念,通常信道带宽不小于信号带宽,在多级级联系统中,为了估算方便,一般认为

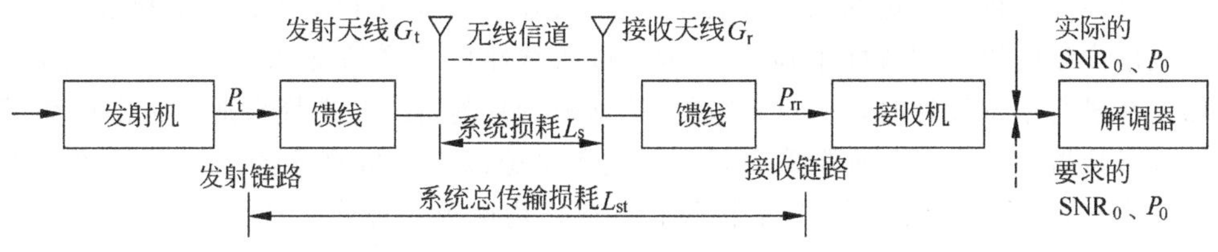

图 10.4.1　点对点无线通信系统链路损耗

三者相等)、传输距离 d、发射机的发射功率 P_t、接收设备的输出信噪比 SNR_0(解调器的输入信噪比)和信号电平(常用功率 P_0 表示)。

1) 传输损耗

传输损耗主要指自由空间传播损耗 L_{bf}。自由空间是一个理想的空间,在自由空间中,电波按直线传播而不被吸收,也没有反射、折射、绕射和散射等现象发生,电波的能量只因距离的增加而自然扩散,这样引起的衰减称为自由空间的传播损耗。假设辐射源的辐射功率为 P_t,当天线发射信号后,信号会向各个方向传播,在距离发射天线半径为 d 的球面上,信号强度密度等于发射的总信号强度除以球的面积,则接收功率 P_r 为

$$P_r = P_t G_t G_r \left(\frac{\lambda}{4\pi d}\right)^2 \tag{10.4.1}$$

式中:G_t 和 G_r 分别为从发射机到接收机方向上的发射天线增益和接收天线增益;d 为发射天线和接收天线之间的距离;载波波长为 $\lambda=c/f$,这里,c 为自由空间中的光速,f 为无线载波频率。若把 P_r 作为第一米每米($d=1\text{m}$)接收信号强度,式(10.4.1)变为

$$P_r = \frac{P_0}{d^2} \tag{10.4.2}$$

上式用分贝表示,为

$$10\lg P_r = 10\lg P_0 - 20\lg d \tag{10.4.3}$$

对于理想的各向同性天线($G_t = G_r = 1$),自由空间的衰耗称为自由空间的基本传输损耗 L_{bf},用公式表示为

$$L_{bf} = \frac{P_t}{P_r} = \left(\frac{4\pi d}{\lambda}\right)^2 \tag{10.4.4}$$

$$L_{bf}(\text{dB}) = 32.45 + 20\lg f\ (\text{MHz}) + 20\lg d\ (\text{km}) \tag{10.4.5}$$

考虑实际介质(如大气)各向同性天线的传输损耗称为基本传输损耗 L_b。上面分析表明,在自由空间中,接收信号功率与距离的平方成反比,这里的 2 次幂称为距离功率斜率(distance power gradient)、路径损耗斜率或路径损耗指数。作为距离函数的信号强度每 10 倍距离的损耗为 20dB,或者每 2 倍频程的损耗为 6dB。需要说明的是,前面的关系式不能用于任意小的路径长度,因为接收天线必须位于发射天线的远场中。对于物理尺寸超过几个波长的天线,通用的远场准则是 $d \geqslant 2l^2/\lambda$,式中,l 为天线主尺寸。介质传输损耗指的是传输介质及障碍物等对电磁波的吸收、反射、散射或绕射等作用而引起的衰减。

2) 衰落

衰落是由阴影、多径或移动等引起的信号幅度的随机变化,这种信号幅度的随机变化可能在时间、频率和空间上表现出来,分别称为时间选择性衰落、频率选择性衰落和空间选择

性衰落。衰落是一种不确定的损耗或衰减，影响传输的可靠性和稳定性。对抗衰落的方法要根据衰落产生的原因和特性来确定，主要从改善线路的传播情况和提高系统的抗衰落能力着眼。在进行系统设计时，一方面要尽可能地减少衰落，比如，选择合适的工作频率、部署适当的设备位置等；另一方面要采取系列的技术措施以提高抗衰落能力。比如，针对快衰落可采用合适的调制解调方式、分集接收和自适应均衡等一种或多种措施；针对慢衰落和介质传输损耗以及设备老化与损伤，通常采用适当增加功率储备或衰落裕量 F_σ(fade margin)。衰落裕量是指在一定的时间内，为了确保通信的可靠性，链路预算中需要考虑的发射功率、增益和接收机噪声系数的安全容限。

3) 系统总传输损耗

从发送链路到接收链路的所有损耗称为系统总传输损耗 L_{st}，主要包括传播损耗 L_p 和两端收发信机至天线的馈线损耗(发射馈线损耗为 L_t，接收馈线损耗为 L_r)。在进行系统设计时，通常将衰落裕量 F_σ 也计入系统总传输损耗，即

$$L_{st}(\mathrm{dB}) = L_p(\mathrm{dB}) + L_t(\mathrm{dB}) + L_r(\mathrm{dB}) + F_\sigma(\mathrm{dB}) \tag{10.4.6}$$

系统总传输损耗与工作频率、传输距离、传播方式、介质特性和收发天线增益等因素有关，一般为几十分贝至200分贝。

10.4.2 链路预算与系统指标设计

根据系统要求，在确定了工作频率、带宽、传输距离和调制解调方式等系统指标后，在进行硬件设计之前，还必须进行链路预算分析。通过分析，可以预知或计算出在特定的误码率或信噪比下，为了达到系统设计要求，接收机所需要的噪声系数、增益和发射机的输出功率等参数，以及接收机输出的信号强度和信噪比等技术指标。链路预算的过程实际上是反复计算和参数调整的过程。

1) 链路预算

链路预算就是估算系统总增益能否补偿系统总损耗，或者接收机接收到的信号强度能否超过接收机灵敏度，以达到解调器输入端所需的信号电平 P_0 和信噪比 SNR_0 要求。下面介绍链路预算过程。

(1) 计算链路总损耗 L_{st}。

根据系统给定的通信距离 d、工作频率 f 和工作环境，选择相应的路径损耗模型，计算相应的传输损耗(简单估算时常用自由空间传播损耗 L_{bf} 代替)，在考虑收发两端馈线损耗和衰落裕量后，按照式(10.4.6)计算链路总损耗。

(2) 计算系统总增益 G_s。

设接收机的总增益为 $G_{RX}(\mathrm{dB})$，则系统总增益 G_s 为

$$G_s(\mathrm{dB}) = G_t(\mathrm{dB}) + G_r(\mathrm{dB}) + G_{RX}(\mathrm{dB}) \tag{10.4.7}$$

(3) 计算接收机的灵敏度 M_{DS} 和 S_{imin}。

按照噪声系数与灵敏度的关系计算接收机的最小可检测信号 M_{DS} 和接收机灵敏度 S_{imin}。实际上，在不考虑解调器要求的信噪比(或要求的信噪比为0dB)时，最小可检测信号 M_{DS} 和接收机灵敏度 S_{imin} 是相同的，两者计算公式为

$$M_{DS}(\mathrm{dBm}) = -171(\mathrm{dBm}) + 10\lg B\ (\mathrm{Hz}) + N_F(\mathrm{dB}) \tag{10.4.8}$$

$$S_{imin}(\mathrm{dBm}) = M_{DS} + \mathrm{SNR}_0 = -171(\mathrm{dBm}) + 10\lg B(\mathrm{Hz}) + N_F(\mathrm{dB}) + \mathrm{SNR}_0(\mathrm{dB}) \tag{10.4.9}$$

式中，N_F 代表噪声系数。

(4) 计算接收机接收到的信号功率 P_{rr}、输出功率 P_{out} 和信噪比 SNR_0。

$$P_{rr}(\mathrm{dBm}) = P_t(\mathrm{dBm}) + G_t(\mathrm{dB}) + G_r(\mathrm{dB}) - L_{st}(\mathrm{dB}) \tag{10.4.10}$$

在确保发射机输出功率能克服系统总损耗，并提供足够的衰落裕量，同时保证接收机具有低的噪声系数以满足所需的信噪比时，接收机输出功率：

$$P_0(\mathrm{dBm}) = P_t(\mathrm{dBm}) + G_s(\mathrm{dB}) - L_{st}(\mathrm{dB}) \tag{10.4.11}$$

如果已知接收天线上的信号电平为 P_s，也可以按照下式计算接收机输出功率：

$$P_0(\mathrm{dBm}) = P_s(\mathrm{dBm}) + G_r(\mathrm{dB}) - L_r(\mathrm{dB}) + G_{RX}(\mathrm{dB}) \tag{10.4.12}$$

根据 P_0 和噪声功率可以计算出接收机输出端的信噪比 SNR 为

$$\mathrm{SNR}(\mathrm{dB}) = P_0(\mathrm{dBm}) - (M_{DS}(\mathrm{dBm}) + L_r(\mathrm{dB}) + G_{RX}(\mathrm{dB})) \tag{10.4.13}$$

接收机设计的输出信噪比 SNR 与要求的信噪比 SNR_0 之差称为链路裕量 M。链路裕量 M 为正值是所希望的结果，但这并不一定说明该链路就不会出现差错，而是表明其出错的概率较低。M 的正值越大，链路出错的概率越低，但付出的代价也越大；反之，M 为负值并不表示该通信链路就一定无法通信，只是其通信出错的概率较高而已。综合各种因素去推算链路裕量的过程就是链路预算。

(5) 判断与调整。

判断接收机输出功率 P_0 是否不低于系统设计要求的输出功率，或者链路裕量 M 是否为正值，若满足，则链路预算合理，否则需要调整发射机输出功率 P_t、G_s 中的收发天线增益与接收机总增益 3 个参数，以及降低 L_{st} 中可降低的损耗。

判断接收机接收到的信号功率 P_{rr} 是否不低于接收机最小可检测信号 M_{DS} 和接收灵敏度 S_{imin}。如果接收机接收到的信号功率 P_{rr} 低于接收机最小可检测信号 M_{DS}，则系统很难正常工作，需要对技术体制和系统参数作较大调整；如果接收机接收到的信号功率 P_{rr} 大于接收机最小可检测信号 M_{DS} 而低于接收灵敏度 S_{imin}，则除了调整 P_t、G_s、L_{st} 和接收机噪声系数 N_F 等参数之外，也可以考虑改变对解调性能的要求或者改变调制解调方式；如果接收机接收到的信号功率 P_{rr} 大于接收机的接收灵敏度 S_{imin}，则系统可以正常工作，不需调整。

2) 系统指标设计

系统指标设计就是根据系统要求和链路预算情况，确定通信链路的系统结构和其中各单元的系统指标。

首先，是确定发射机的发射功率 P_t、收发天线的增益、收发两端馈线的损耗和接收机的总增益等功率和增益(损耗)指标；其次，根据最小可检测信号 M_{DS} 和接收灵敏度 S_{imin} 计算接收机的噪声系数；最后，根据通信距离和环境的变化以及衰落裕量确定接收机的动态范围。

在系统指标设计时，如果发射机的 EIRP 或发射功率已定，为了达到接收机输出端所要求的误码率或信噪比，必须在发射机的输出功率或收发两端的馈线损耗、接收机的噪声系数、系统增益和互调失真之间进行调整与折中。

3) 收发信机设计与指标分配

接收机设计是无线通信系统设计中最复杂、最困难，也是最重要的环节。接收机设计的主要内容就是根据接收机的系统指标要求，选定合适的接收机结构，进行频率规划，确定合适的中频频率，并从实现的方便性等方面考虑将接收机的指标分配到各个模块。

无论采用何种发射机方案，发射机的主要功能仍然是将基带信号调制搬移到所需频段，按照要求的频谱模板以足够的功率发射，因此，其结构总是呈从调制器、上变频，到功率放大和滤波的链状形式，主要技术指标有输出功率和载波频率稳定度、工作频率、带宽、杂散辐射等频谱指标。

(1) 接收机的主要指标分析。

增益，接收机增益是接收机中各单元电路增益的乘积，是系统增益的重要组成部分，用于克服各种损耗(衰减)和衰落。为了获得稳定的增益，并减小非线性失真，通常将接收机的总增益分配到各级单元电路，分配过程中甚至还要采取不同的工作频率和滤波器。

噪声系数，这里主要讨论接收机的噪声系数及其指标分配方法。接收机的噪声系数可认为是系统的噪声系数。级联网络噪声系数的计算可以认为是从后往前，即知道各个单元电路的噪声系数和增益，就可以计算出整个接收机的噪声系数。因此，为了降低接收机的噪声系数，可以采用减少接收天线馈线长度、提高天线增益等方法。

对于已经确定的接收机的噪声系数，将其分配到各个单元中，可采用从前往后的方法。如图 10.4.2 所示，设某级电路的噪声系数为 N_{Fi}，功率增益为 K_{Pmi}，其前端和后端(可简单认为是输入和输出)噪声系数分别为 N_{Fin} 和 N_{Fout}，则按照级联网络噪声系数的计算公式可得

N_{Fin} → [N_{Fi} K_{Pmi}] → N_{Fout}

图 10.4.2　噪声系数分配方法

$$N_{Fin}=N_{Fi}+\frac{N_{Fout}-1}{K_{Pmi}} \tag{10.4.14}$$

可推导出噪声系数分配公式为 $N_{Fout}=K_{Pmi}(N_{Fin}-N_{Fi})+1$。

(2) 频率规划。

频率规划是根据系统参数和链路预算结果选定收发机结构以后，对收发信机内部的频率做出的安排，其目的是减小非线性，避免或抑制假响应和干扰，达到要求的频谱特性。对于常用的外差结构收发信机，频率规划主要是确定频率变换的次数和位置，合理选择射频、中频和载频或本振的频率及带宽。

(3) 关键指标分配。

接收机最重要的性能指标是增益、灵敏度和动态范围，后两者通常用噪声系数 N_F 和互调三阶截点两个参数衡量。发射机最重要的性能指标是输出功率，通过对各级合理分配增益来实现。实际中通常利用电平图(level diagram)的方法来对这些关键指标进行分配，以达到实现代价与所需指标的平衡。具体电平图以及分配原理请查看相关资料，因篇幅限制，不再赘述。

参考文献

[1]　姜宇柏，游思晴．软件无线电原理与工程应用[M]．北京：机械工业出版社，2007.

[2]　贾欣，许希斌．软件无线电原理与技术[M]．北京：人民出版社，2010.

[3] 张欣. VLSI 数字信号处理设计与实现[M]. 北京：科学出版社，2003.
[4] 张公礼. 全数字化接收机理论与技术[M]. 北京：科学出版社，2005.

思考题和习题

10.1 调频信号的解调流程如图所示，信号带宽 20kHz，输入时钟 40MHz，数字控制振荡器(digital controlled oscillator numerically controlled oscillator，DCNCO)设置$f_0=10.7$MHz，载波相位频移为 0。其中级联积分器-梳状滤波器(cascade integrator-comb filter，CICF)：2 级级联，抽取因子 $D_1=5$，增益补偿值为 4；半带滤波器(half band filter，HBF)：11 阶、4 级级联，抽取因子 $D_2=16$；有限长冲激单位响应(finite impulse response filter，FIRF)：采样频率 500kHz，通带 30kHz，过渡带 20kHz，128 阶，抽取因子 $D_3=5$；检波 FIR：采样频率 100kHz，通带 20kHz，过渡带 10kHz，64 阶。(1)给出 CICF、HBF 的传递函数 $H(z)$的结构、频率响应曲线，并分析其性能；(2)设计 FIRF、检波 FIR 滤波器，给出其频率响应曲线，并分析其性能；(3)如果仿真信号为 $S_{FM}(n)=A\cos(2\pi f_0 n+\phi(n))+N(n)$，其中 $N(n)$为高斯白噪声，瞬时相位为 $\varphi(n)=0.7\pi\sin(2\pi f_1 nT_s+\pi/6)+0.5\pi\sin(2\pi f_2 nT_s+\pi/3)$，$f_1=1000$Hz，$f_2=2500$Hz，SNR=20dB。推导图中每级处理后输出信号的表达式(不考虑噪声)，并画出每级处理后输出信号的时域波形(AGC=2)。

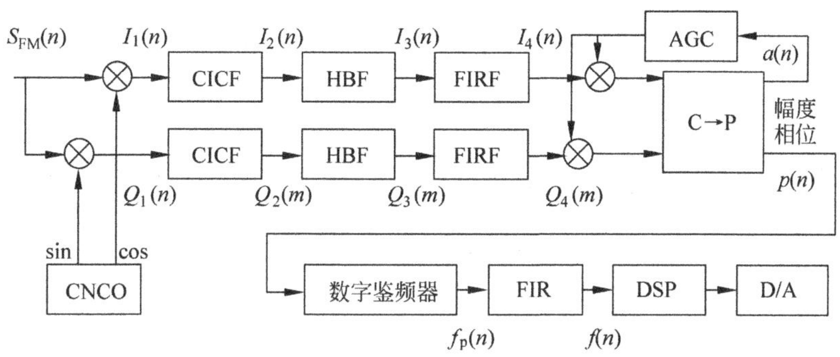

思考题和习题 10.1 图

10.2 现有一雷达系统，工作频率范围为 220～305MHz，现需对整个工作带宽内的回波进行信道化处理以检测有无目标。

(1) 假定信号的中心频率 $f_0=262.5$MHz，在欠采样下，问：A/D 的采样频率 f_s 应选多大才能满足中频数字正交化处理的要求？

(2) 假定回波中包含两个 LFM 信号$\left(s(t)=\cos\left(2\pi f_0 t+\frac{1}{2}\pi\mu t^2\right)\right)$，其参数见表，信噪比 SNR=10dB，产生回波信号，并利用信道化处理方法对 LFM 信号进行检测(每个信道的带宽 $B_s=3$MHz)。要求：(1)给出信道划分示意图，并计算 LFM 信号所处的信道位置；(2)画出有回波的信道信号及其频谱；(3)对分离后的回波信号进行脉压，画出脉压结果进行分析。

思考题和习题 10.2 表　线性调频信号参数

LFM 信号	中心频率/MHz	带宽/kHz	脉宽/μs
chirp1	242.5	600	100
chirp2	268.5	300	100

10.3　对一圆形阵列的波束形成进行仿真，假设发射信号载频为 0.8GHz，圆形阵列半径为 0.8m，在圆周上均匀布置 28 个阵元。(1)画出指向 10°的方向图；(2)如果目标在 0°，有一不相干的干扰信号在−20°，干扰噪声功率比为 35dB，请用自适应波束形成方法画出方向图；(3)采用旁瓣对消的方法(选取两个阵元作为辅助天线)，计算对消比。

附录　余弦脉冲系数表

$\theta_c/(°)$	$\cos\theta_c$	α_0	α_1	α_2	g_1	$\theta_c/(°)$	$\cos\theta_c$	α_0	α_1	α_2	g_1
0	1.000	0.000	0.000	0.000	2.00	25	0.906	0.093	0.181	0.171	1.95
1	1.000	0.004	0.007	0.007	2.00	26	0.899	0.097	0.188	0.177	1.95
2	0.999	0.007	0.015	0.015	2.00	27	0.891	0.100	0.195	0.182	1.95
3	0.999	0.011	0.022	0.022	2.00	28	0.883	0.104	0.202	0.188	1.94
4	0.998	0.014	0.030	0.030	2.00	29	0.875	0.107	0.209	0.193	1.94
5	0.996	0.018	0.037	0.037	2.00	30	0.866	0.111	0.215	0.198	1.94
6	0.994	0.022	0.044	0.044	2.00	31	0.857	0.115	0.222	0.203	1.93
7	0.993	0.025	0.052	0.052	2.00	32	0.848	0.118	0.229	0.208	1.93
8	0.990	0.029	0.059	0.059	2.00	33	0.839	0.122	0.235	0.213	1.93
9	0.988	0.032	0.066	0.066	2.00	34	0.829	0.125	0.241	0.217	1.93
10	0.985	0.036	0.073	0.073	2.00	35	0.819	0.129	0.248	0.221	1.92
11	0.982	0.040	0.080	0.080	2.00	36	0.809	0.133	0.255	0.266	1.92
12	0.978	0.044	0.088	0.087	2.00	37	0.799	0.136	0.261	0.230	1.92
13	0.974	0.047	0.095	0.094	2.00	38	0.788	0.140	0.268	0.234	1.91
14	0.970	0.051	0.102	0.101	2.00	39	0.777	0.143	0.274	0.237	1.91
15	0.966	0.055	0.110	0.108	2.00	40	0.766	0.147	0.280	0.241	1.90
16	0.961	0.059	0.117	0.115	1.98	41	0.755	0.151	0.286	0.244	1.90
17	0.956	0.063	0.124	0.121	1.98	42	0.743	0.154	0.292	0.248	1.90
18	0.951	0.066	0.131	0.128	1.98	43	0.731	0.158	0.298	0.251	1.89
19	0.945	0.070	0.138	0.134	1.97	44	0.719	0.162	0.304	0.253	1.89
20	0.940	0.074	0.146	0.142	1.97	45	0.707	0.165	0.311	0.256	1.88
21	0.934	0.078	0.153	0.147	1.97	46	0.695	0.169	0.316	0.259	1.87
22	0.927	0.082	0.160	0.153	1.97	47	0.682	0.172	0.322	0.261	1.87
23	0.920	0.085	0.167	0.159	1.97	48	0.669	0.176	0.327	0.263	1.86
24	0.914	0.089	0.174	0.165	1.96	49	0.656	0.179	0.333	0.265	1.85

续表

$\theta_c/(°)$	$\cos\theta_c$	α_0	α_1	α_2	g_1	$\theta_c/(°)$	$\cos\theta_c$	α_0	α_1	α_2	g_1
50	0.643	0.183	0.339	0.267	1.85	92	−0.035	0.325	0.504	0.205	1.55
51	0.629	0.187	0.344	0.269	1.84	93	−0.052	0.328	0.506	0.201	1.54
52	0.616	0.190	0.350	0.270	1.84	94	−0.070	0.331	0.508	0.197	1.53
53	0.602	0.194	0.355	0.271	1.83	95	−0.870	0.334	0.510	0.193	1.53
54	0.588	0.197	0.360	0.272	1.82	96	−0.105	0.337	0.512	0.189	1.52
55	0.574	0.201	0.366	0.273	1.82	97	−0.122	0.340	0.514	0.185	1.51
56	0.559	0.204	0.371	0.274	1.82	98	−0.139	0.343	0.516	0.181	1.50
57	0.545	0.208	0.376	0.275	1.81	99	−0.156	0.347	0.518	0.177	0.19
58	0.530	0.211	0.381	0.275	1.81	100	−0.174	0.350	0.520	0.172	1.49
59	0.515	0.215	0.386	0.275	1.80	101	−0.191	0.353	0.521	0.168	1.48
60	0.500	0.218	0.391	0.276	1.80	102	−0.208	0.355	0.522	0.164	1.47
61	0.485	0.222	0.396	0.276	1.80	103	−0.225	0.358	0.524	0.160	1.46
62	0.469	0.225	0.400	0.275	1.78	104	−0.242	0.361	0.525	0.156	1.45
63	0.454	0.229	0.405	0.275	1.78	105	−0.259	0.364	0.526	0.152	1.45
64	0.438	0.232	0.410	0.274	1.77	106	−0.276	0.366	0.527	0.147	1.44
65	0.423	0.236	0.414	0.274	1.77	107	−0.292	0.369	0.528	0.143	1.43
66	0.407	0.239	0.419	0.273	1.76	108	−0.309	0.373	0.529	0.139	1.42
67	0.319	0.243	0.423	0.272	1.75	109	−0.326	0.376	0.530	0.135	1.41
68	0.375	0.246	0.427	0.270	1.74	110	−0.342	0.379	0.531	0.131	1.40
69	0.358	0.249	0.432	0.269	1.74	111	−0.358	0.382	0.532	0.127	1.39
70	0.342	0.253	0.436	0.267	1.74	112	−0.375	0.384	0.532	0.123	1.38
71	0.326	0.256	0.440	0.266	1.73	113	−0.391	0.387	0.533	0.119	1.38
72	0.309	0.259	0.444	0.264	1.72	114	−0.407	0.39	0.534	0.115	1.37
73	0.292	0.263	0.448	0.262	1.71	115	−0.423	0.392	0.534	0.111	1.36
74	0.276	0.266	0.452	0.260	1.70	116	−0.438	0.395	0.535	0.107	1.35
75	0.259	0.269	0.455	0.258	1.70	117	−0.454	0.398	0.535	0.103	1.34
76	0.242	0.273	0.459	0.256	1.69	118	−0.469	0.401	0.535	0.099	1.33
77	0.225	0.276	0.463	0.253	1.68	119	−0.485	0.404	0.536	0.096	1.33
78	0.208	0.279	0.466	0.251	1.68	120	−0.500	0.406	0.536	0.992	1.32
79	0.191	0.283	0.469	0.248	1.67	121	−0.515	0.408	0.536	0.088	1.31
80	0.174	0.286	0.472	0.245	1.66	122	−0.530	0.411	0.536	0.084	1.30
81	0.156	0.289	0.475	0.242	1.65	123	−0.545	0.413	0.536	0.081	1.30
82	0.139	0.293	0.478	0.239	1.63	124	−0.559	0.416	0.536	0.078	1.29
83	0.122	0.296	0.481	0.236	1.62	125	−0.574	0.419	0.536	0.074	1.28
84	0.105	0.299	0.484	0.233	1.61	126	−0.588	0.422	0.536	0.071	1.27
85	0.087	0.302	0.487	0.230	1.61	127	−0.602	0.424	0.535	0.068	1.26
86	0.070	0.305	0.490	0.226	1.61	128	−0.616	0.426	0.535	0.064	1.25
87	0.052	0.308	0.493	0.223	1.60	129	−0.629	0.428	0.535	0.061	1.25
88	0.035	0.312	0.496	0.219	1.59	130	−0.643	0.431	0.534	0.058	1.24
89	0.107	0.315	0.498	0.216	1.58	131	−0.656	0.433	0.534	0.055	1.23
90	0.000	0.319	0.500	0.212	1.57	132	−0.669	0.436	0.533	0.052	1.22
91	−0.017	0.322	0.502	0.208	1.56	133	−0.682	0.438	0.533	0.049	1.22

续表

$\theta_c/(°)$	$\cos\theta_c$	α_0	α_1	α_2	g_1	$\theta_c/(°)$	$\cos\theta_c$	α_0	α_1	α_2	g_1
134	−0.695	0.440	0.532	0.047	1.21	158	−0.927	0.485	0.512	0.005	1.06
135	−0.707	0.443	0.532	0.044	1.20	159	−0.934	0.486	0.511	0.004	1.05
136	−0.719	0.445	0.531	0.041	1.19	160	−0.940	0.487	0.510	0.004	1.05
137	−0.731	0.447	0.530	0.039	1.19	161	−0.946	0.488	0.509	0.003	1.04
138	−0.743	0.449	0.530	0.037	1.18	162	−0.951	0.489	0.509	0.003	1.04
139	−0.755	0.451	0.529	0.034	1.17	163	−0.956	0.490	0.508	0.002	1.04
140	−0.766	0.453	0.528	0.032	1.17	164	−0.961	0.491	0.507	0.002	1.03
141	−0.777	0.455	0.527	0.030	1.16	165	−0.966	0.492	0.506	0.002	1.03
142	−0.788	0.457	0.527	0.028	1.15	166	−0.970	0.493	0.506	0.001	1.03
143	−0.799	0.459	0.526	0.026	1.15	167	−0.974	0.494	0.505	0.001	1.02
144	−0.809	0.461	0.526	0.024	1.14	168	−0.978	0.495	0.504	0.001	1.02
145	−0.819	0.463	0.526	0.022	1.13	169	−0.982	0.496	0.503	0.000	1.01
146	−0.829	0.465	0.524	0.020	1.13	170	−0.985	0.496	0.502	0.000	0.01
147	−0.839	0.467	0.523	0.019	1.12	171	−0.988	0.497	0.502	0.000	1.01
148	−0.848	0.468	0.522	0.017	1.12	172	−0.990	0.498	0.501	0.000	1.01
149	−0.857	0.470	0.521	0.015	1.11	173	−0.993	0.498	0.501	0.000	1.01
150	−0.866	0.472	0.520	0.014	1.10	174	−0.994	0.499	0.501	0.000	1.01
151	−0.875	0.474	0.519	0.013	1.09	175	−0.996	0.499	0.500	0.000	1.01
152	−0.883	0.475	0.517	0.012	1.09	176	−0.998	0.499	0.500	0.000	1.00
153	−0.891	0.477	0.517	0.010	1.08	177	−0.999	0.500	0.500	0.000	1.00
154	−0.899	0.479	0.516	0.009	1.08	178	−0.999	0.500	0.500	0.000	1.00
155	−0.906	0.480	0.515	0.008	1.07	179	−1.000	0.500	0.500	0.000	1.00
156	−0.914	0.481	0.514	0.007	1.07	180	−1.000	0.500	0.500	0.000	1.00
157	−0.920	0.483	0.513	0.006	1.07						

部分思考题和习题答案（仅供参考）

第 1 章

1.1 如图所示为一个语音无线电广播通信系统的基本组成框图，它由发射部分、音频放大器、接收部分及无线信道三大部分组成。发射部分由话筒、音频放大器、调制器、变频器、功率放大器和发射天线组成。低频音频信号经放大后，首先进行调制变成一个高频已调波，然后通过变频达到所需的发射频率，经高频功率放大后，由天线发射出去。接收设备由接收天线、高频小信号放大器、混频器、中频放大器、解调器、音频放大器、扬声器等组成。由天线接收来的信号，经放大后，再经过混频器，变成一中频已调波，然后检波，恢复出原来的信息，经低频放大后，驱动扬声器。

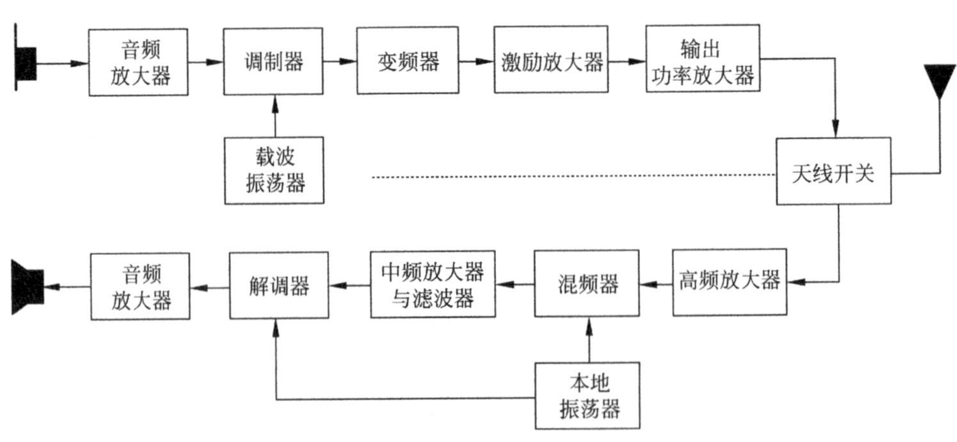

思考题和习题答案 1.1 图

1.2 高频信号指的是适合天线发射、传播和接收的射频信号。采用高频信号的主要原因是：①频率越高，可利用的频带宽度就越宽，信道容量就越大，可减小或避免频道间的干扰；②高频信号更适合电线辐射和接收，因为只有当天线尺寸大小可以与信号波长比拟时，才有较高的辐射效率和接收效率，这样就可以采用较小的信号功率，传播较远的距离，也可获得较高的接收灵敏度。

1.3 因为基带调制信号都是频率比较低的信号，为了达到较高的发射效率和接收效率，减小天线的尺寸，可以通过调制，把调制信号的频谱搬移到高频载波附近；另外，由于调制后的信号是高频信号，所以也提高了信道利用率，实现了信道复用。调制方式有模拟调制和数字调制两种。在模拟调制中，用调制信号去控制高频载波的某个参数，调制方式有 AM 普通调幅、抑制载波的双边带调幅(DSB)、单边带调幅(SSB)、残留边带调幅(VSSB)，在调频方式中，有调频(FM)和调相(PM)。在数字调制中，一般有频移键控(FSK)、振幅键控(ASK)和相移键控(PSK)等调制方法。

1.4 无线电信号的频段或波段是根据传输介质、频率范围、波长范围、传播特性以及应用情况进行划分的。10～30kHz 的甚低频主要用在高功率、长距离、点到点间的通信，连续工作。30～300kHz 的低频主要在长距离点到点间的通信，船舶助航。300～3000kHz 的中波依靠电离层反射传播，主要用在广播、飞行通信和船港电话。3～30MHz 的高频短波也是依靠电离层反射传播，主要用在中距离及远距离的各种通信与广播。30～300MHz 的天波，适用于短距离通信、电视、调频、雷达和导航。300～3000MHz 的超高频依靠电离层散射传播信号，适用于短距离通信和散射通信。3000～30 000MHz 的特高频依靠电离层传输信号，主要用在波导通信、雷达和卫星通信等。

第 2 章

2.1 有载品质因数 $Q_L=\dfrac{f_0}{B_{0.707}}=\dfrac{465}{8}=58.1$，$Q_L=\dfrac{\omega_0 C}{g_L}=\dfrac{2\pi f_0 C}{g_L}$，

总电导 $g_L=\dfrac{\omega_0 C}{Q_L}=\dfrac{2\pi f_0 C}{Q_L}=\dfrac{2\times 3.14\times 465\times 10^3\times 200\times 10^{-12}}{58.1}=10.05\times 10^{-5}\mathrm{S}$，

空载时固有品质因数 $Q_0=\dfrac{\omega_0 C}{g}=\dfrac{2\pi f_0 C}{g}=100$，所以 $g=5.84\times 10^{-6}\mathrm{S}$，

$g_r=10.05\times 10^{-6}-5.84\times 10^{-6}\mathrm{S}=4.21\times 10^{-6}\mathrm{S}$，因此并联电阻值为 $r=\dfrac{1}{g_r}=237\mathrm{k\Omega}$。

2.2 $\dfrac{1}{2\pi\sqrt{LC_1}}=\dfrac{1}{2\pi\sqrt{L(C_{max}+C_{ce})}}=535\times 10^3\,\mathrm{Hz}$

$\dfrac{1}{2\pi\sqrt{LC_2}}=\dfrac{1}{2\pi\sqrt{L(C_{min}+C_{ce})}}=1605\times 10^3\,\mathrm{Hz}$

计算得到 $C_{ce}=18.7\times 10^{-12}\mathrm{F}$。代入以上两式得到 $L=0.32\mathrm{mH}$。

第 3 章

3.1 高频小信号放大器中要考虑阻抗匹配问题是为了获得最大的功率增益。晶体管高频小信号放大器采用共发射极电路是为了获得较大的电压增益和电流增益。高频小信

号放大器的主要质量指标为增益、通频带、选择性、工作稳定性、噪声系数；遇到的问题有工作稳定性与噪声；解决的办法是为了使放大器稳定，设计和工艺方面使放大器远离自激。

3.2 $f=1\text{MHz}$ 时，$\beta=49$；$f=20\text{MHz}$ 时，$\beta=12.1$；$f=50\text{MHz}$ 时，$\beta=5$。

3.3 提示：$T_i=(F_n-1)T$，$F_n=1+\dfrac{T_i}{T}=1+\dfrac{290}{800}=1.36$。

3.4 $10\lg P'_{si}=10\lg F_n+10\lg F_{电}+10\lg(kT\Delta f_n)+10\lg\left(\dfrac{P'_{so}}{P'_{no}}\right)$

$$=6+4+10\lg(1.38\times10^{-23}\times290\times3000)+10\text{dB}$$
$$=-129.2\text{dB},$$

所以得出 $P'_{si}=1.2\times10^{-13}\text{W}$(灵敏度)。

由 $P'_{si}=\dfrac{V_s^2}{4R_s}=1.2\times10^{-13}\text{W}$，此时 $R_s=50\Omega$，得出 $V_s\approx4.90\mu\text{V}$，最小输入信号是 $4.90\mu\text{V}$。

3.5 $C=\dfrac{C_1C_2}{C_1+C_2}=\dfrac{40\,000}{500}\text{pF}=80\text{pF}$，$L=\dfrac{1}{(2\pi f_0)^2C}=\dfrac{1}{(2\pi\times10^6)^2\times80\times10^{-12}}\text{H}\approx0.317\text{mH}$，

负载 R_L 接入系数为 $p=\dfrac{C_1}{C_1+C_2}=\dfrac{400}{500}=0.8$，

折合到回路两端的负载电阻为 $R'_L=\dfrac{R_L}{p^2}=\dfrac{2}{0.64}\text{k}\Omega=3.125\text{k}\Omega$，

回路固有谐振阻抗为 $R_0=\dfrac{Q_0}{2\pi f_0C}=\dfrac{100}{6.28\times10^6\times80\times10^{-12}}\text{k}\Omega\approx199\text{k}\Omega$，

有载品质因数 $Q_L=\dfrac{Q_0}{1+\dfrac{R_0}{R'_L}}=\dfrac{100}{1+\dfrac{199}{3.125}}\approx1.546$，

回路电感为 0.317mH，有载品质因数为 1.546。

3.6 主要噪声来自二极管的散粒噪声，流过二极管的电流为

$I_0=\dfrac{E-V_D}{R}=\dfrac{9.3}{20\,000}\text{mA}=0.465\text{mA}$，

二极管电阻为 $R_D=\dfrac{26\text{mV}}{I_0}\approx56\Omega$，

网络传输函数为 $H(j\omega)=\dfrac{1}{\dfrac{1}{R/\!/R_D}+j\omega C}\approx\dfrac{1}{\dfrac{1}{R_D}+j\omega C}=\dfrac{R_D}{1+j\omega CR_D}$，$H_0=R_D$，

等效噪声带宽为

$$B_n=\frac{\int_0^{\infty}|H(j\omega)|^2\text{d}f}{H_0^2}=\int_0^{\infty}\frac{1}{1+(\omega CR_D)^2}\text{d}f=\int_0^{\infty}\frac{1}{1+(2\pi CR_D)^2}\text{d}f$$
$$=\frac{1}{2\pi CR_D}\arctan(2\pi fCR_D)\Big|_0^{\infty}=\frac{1}{4CR_D}$$

$$=\frac{1}{4\times 100\times 10^{-12}\times 56}\text{Hz}=\frac{10^{10}}{224}\text{Hz}\approx 44.64\text{MHz},$$

$$U_n^2=2I_0qB_nH_0^2=2\times 0.465\times 10^{-3}\times 1.6\times 10^{-19}\times 44.64\times 10^6\times 56^2\text{V}^2$$

$$\approx 2.083\times 10^{-9}\text{V}^2$$

3.7 接收机等效噪声带宽近似为信号带宽，可以得到

$$10\lg\frac{S_0}{N_0}=12,\quad \frac{S_0}{N_0}=10^{1.2}=15.85,$$

根据噪声系数的定义，得到

$$F_n=\frac{\frac{S_i}{N_i}}{\frac{S_0}{N_0}}=\frac{\frac{10^{-12}}{kT_B}}{15.85}=\frac{10^{-12}}{15.85\times 1.38\times 10^{-23}\times 290\times 10^4}\approx 1588,$$

$\lg F_n\approx 3.2\text{dB}$，

接收机的噪声系数为 3.2dB。

3.9 接收机的输出不能得到满意的结果，应用前置放大器。前置放大器的 $F_n'\leqslant 7.56$。

第 4 章

4.1 $P_o=I_k^2\times R=2^2\times 1\text{W}=4\text{W}$，

$P_D=P_o/\eta_C=4/0.7\text{W}=5.7\text{W}$，

$P_C=P_D-P_o=1.7\text{W}$；

$I_{co}=P_D/V_{CC}=5.7/12\text{A}=0.475\text{A}$，

$g_1(\theta_C)=2\eta_C\times\frac{V_{CC}}{V_{cm}}=2\times 0.7\times\frac{12}{10.8}=1.56, \theta_C=91^\circ$；

$I_{cm1}=2P_o/V_{cm}=2\times 4/10.8\text{A}=0.74\text{A}$。

4.2 设 $X_L=\omega L$，则有载 Q 值 $Q_L=\frac{X_L}{R+R_L}$，无载 Q 值 $Q_0=\frac{X_L}{R}$，从以上两式消去 R，得到 X_L 与 R_L 的关系：$X_L=\frac{R_LQ_LQ_0}{Q_0-Q_L}$。已知 $2\Delta f_{0.707}=30-2\text{MHz}=28\text{MHz}, f_0=14\text{MHz}$。

(1) $V_{cm}=V_{CC}-v_{ce}=42-1\text{V}=41\text{V}$，

$R_P=\frac{V_{cm}^2}{2P_0}=\frac{41^2}{2\times 4}\Omega=210.1\Omega, I_{cm1}=\frac{V_{cm}}{R_P}=\frac{41}{210}\text{A}=195.2\text{mA}$；

(2) $\alpha_0(70^\circ)=0.253, \alpha_1(70^\circ)=0.436$；

(3) $Q_L=\frac{2\Delta f_{0.707}}{f_0}=2, R_{总}=\frac{1}{\frac{1}{50}+\frac{1}{210}}\Omega=18.2\Omega$，

$\frac{Q_0}{Q_L}=\frac{210.1}{18.2}=11.54, Q_0=23$，

$X_L=\frac{R_LQ_LQ_0}{Q_0-Q_L}=\frac{50\times 2\times 23}{23-2}\Omega=109.5\Omega$，

$L=\dfrac{X_L}{2\pi f_0}=\dfrac{109.5}{2\times3.14\times14\times10^6}\text{H}=1.25\mu\text{H}$，

$C=\dfrac{1}{\omega^2 L}=\dfrac{1}{(2\pi f_0)^2 L}=\dfrac{1}{(2\times3.14\times14\times10^6)^2\times1.25\times10^{-6}}\text{F}=960\text{nF}$；

(4) $I_{CC}=\dfrac{I_{cm}}{\pi}\beta=0.933\text{A}$，

直流输入功率 $P_E=V_{CC}\times I_{CC}=42\times0.933\text{W}=39\text{W}$，

交流输出功率 $P_o=4\text{W}$，

总效率为 $\eta=\dfrac{P_o}{P_E}=\dfrac{4}{39}=10.3\%$。

4.3 $P_D=V_{CC}I_{co}=6\text{W}, P_C=P_D-P_o=2\text{W}$，

$\eta_C=P_D/P_o=4/6=66.7\%$；

$R_P=\dfrac{V_{cm}^2}{2P_o}=\dfrac{(\xi V_{CC})^2}{2P_o}=\dfrac{24^2}{8}\Omega=72\Omega$；

$I_{cm1}=\dfrac{V_{cm}}{R_P}=\dfrac{24}{72}\text{A}=\dfrac{24^2}{8}\text{A}=333\text{mA}$；

$g_1(\theta_C)=2\eta_C\times\dfrac{V_{CC}}{U_{cm}}=2\times0.667\times\dfrac{12}{12}=1.334, \theta_C=119°$，

$I_{co}=I_{cm1}/g_1(\theta_C)=0.333/1.334\text{A}=0.250\text{A}$。

4.4 否。还受功率管工作状态的影响，在极限参数中，P_{CM}还受功率管所处环境温度、散热条件等影响。

4.5 当 $\eta_{C1}=40\%$ 时，$P_{D1}=P_o/\eta_C=2500\text{W}, P_{C1}=P_{D1}-P_o=1500\text{W}$；

当 $\eta_{C2}=70\%$ 时，$P_{D2}=P_o/\eta_C=1428.57\text{W}, P_{C2}=P_{D2}, P_o=428.57\text{W}$。

可见，随着效率升高，P_D 下降，$(P_{D1}, P_{D2})=1071.43\text{W}$，$P_C$ 下降，$(P_{C1}, P_{C2})=1071.43\text{W}$。

4.6 (1) 当 $R_L=10\Omega$ 时，作负载线(由 $V_{CE}=V_{CC}-I_CR_L$)，取 Q 在放大区负载线中点，充分激励，由图得 $V_{CEQ1}=2.6\text{V}, I_{CQ1}=220\text{mA}, I_{BQ1}=I_{bm}=2.4\text{mA}$；

因为 $V_{cm}=V_{CEQ1}-V_{CE(sat)}=2.6-0.2\text{V}=2.4\text{V}, I_{cm}=I_{CQ1}=220\text{mA}$；

所以 $P_L=\dfrac{1}{2}V_{cm}I_{cm}=264\text{mW}, P_D=V_{CC}\ I_{CQ1}=1.1\text{W}, \eta_C=P_L/P_D=24\%$。

(2) 当 $R_L=5\Omega$ 时，由 $V_{CE}=V_{CC}, I_CR_L$ 作负载线，I_{BQ} 同(1)值，即 $I_{BQ2}=2.4\text{mA}$，得 Q_2 点，$V_{CEQ2}=3.8\text{V}, I_{CQ2}=260\text{mA}$，

这时，$V_{cm}=V_{CC}, V_{CEQ2}=1.2\text{V}, I_{cm}=I_{CQ2}=260\text{mA}$，

所以 $P_L=\dfrac{1}{2}V_{cm}I_{cm}=156\text{mW}, P_D=V_{CC}\ I_{CQ2}=1.3\text{W}, \eta_C=P_L/P_D=12\%$。

(3) 当 $R_L=5\Omega$，Q 在放大区内的中点，激励同(1)，

由图中 Q_3 点，$V_{CEQ3}=2.75\text{V}, I_{CQ3}=460\text{mA}, I_{BQ3}=4.6\text{mA}, I_{bm}=2.4\text{mA}$，

相应地，$v_{CEmin}=1.55\text{V}, i_{Cmax}=700\text{mA}$。

因为 $V_{cm}=V_{CEQ3}$；$v_{CEmin}=1.2\text{V}, I_{cm}=i_{Cmax}$；$I_{CQ3}=240\text{mA}$；

所以 $P_L=\dfrac{1}{2}V_{cm}I_{cm}=144\text{mW}, P_D=V_{CC}\ I_{CQ3}=2.3\text{W}, \eta_C=P_L/P_D=6.26\%$。

(4) 当 $R_L=5\Omega$，充分激励时，$I_{cm}=I_{CQ3}=460\text{mA}$，$V_{cm}=V_{CC}$；$V_{CEQ3}=2.25\text{V}$；

所以 $P_L=\frac{1}{2}V_{cm}I_{cm}=517.5\text{mW}$，$P_D=V_{CC}\ I_{CQ3}=2.3\text{W}$，$\eta_C=P_L/P_D=22.5\%$。

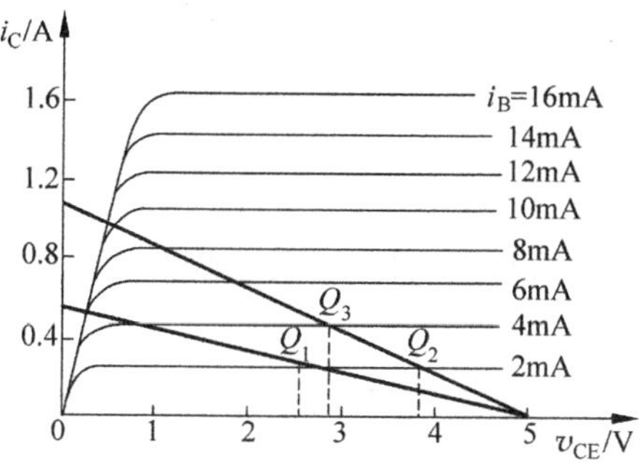

思考题和习题答案 4.6 图

4.7 (1) 因为 $V_{CC}=15\text{V}$，$R_L'=50\Omega$，负载匹配时，$I_{CQ1}=I_{cm}=\frac{V_{CC}}{R_L'}=0.3\text{A}$，由此得知 Q_1 的坐标为 $Q_1(15\text{V},0.3\text{A})$，$Q_1$ 点处于交流负载线 AB 的中点，其在坐标轴上的截距为 $A(32\text{V},0)$，$B(0,0.6\text{A})$。由图可见 $I_{cm}=I_{CQ1}=0.3\text{A}$，$V_{cm}=V_{CC}=15\text{V}$；

此时，$P_{L\max}=\frac{1}{2}V_{cm}I_{cm}=2.25\text{W}$，$P_D=V_{CC}I_{CQ}=4.5\text{W}$，$\eta_C=\frac{P_{L\max}}{P_D}=\frac{2.25}{4.5}=50\%$，

$n=\sqrt{\frac{R_L'}{R_L}}=\sqrt{\frac{50}{8}}=2.5$。

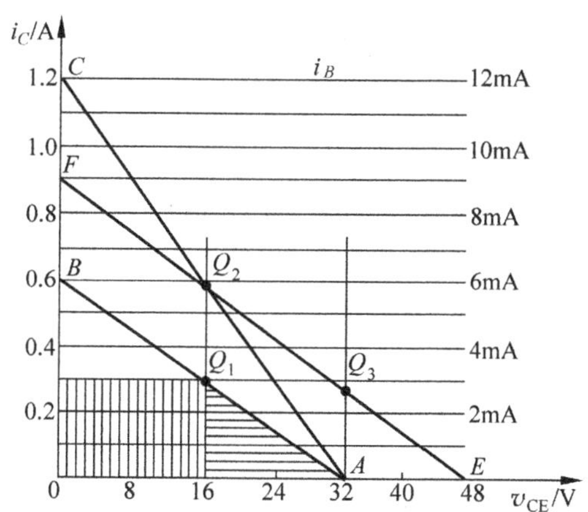

思考题和习题答案 4.7 图

(2) R_L' 是否变化没说明，故分两种情况讨论。

(a) 当 R_L' 不变时，因为 I_{CQ} 增加一倍，因此，R_L' 已不是匹配值，其交流负载线平行移动，为一条过 Q_2 点的直线 EF（R_L' 不变，斜率不变，I_{CQ} 增加，Q 点升高）。

此时，由于 V_{CC}、I_{bm}、R_L' 都不变，其 $P_{L\max}$ 亦不变，为 2.25W（I_{bm} 不变，I_{cm} 不变，V_{cm} 不变）。但 $P_D=V_{CC}\times I_{CQ}=9\text{W}$；$\eta_C=P_{L\max}/P_D=25\%$。

(b) 当 R'_L 改变时，且 $R'_L<50\Omega$，交流负载线以 Q_2 为中心顺时针转动，但由于 V_{CC}、I_{bm}、I_{cm} 不变，因而 $R'_L\downarrow\rightarrow P_L\downarrow\eta_C\downarrow$。

当 $R'_L>50\Omega$，交流负载线以 Q_2 为中心逆时针转动，但由于激励不变，输出将出现饱和失真。

(3) $V_{CC}=30\text{V}$，交流负载线平移到 EF，静态工作点为 Q_3，因为 I_{bm} 不变，所以 V_{cm} 不变，I_{cm} 不变，因此 P_L 不变，$P_L=2.25\text{W}$，但 $V_{CC}=30\text{V}$，所以，$P_D=V_{CC}\times I_{CQ}=9\text{W}$，$\eta_C=P_L/P_D=25\%$。

(4) $I_{bm}=6\text{mA}$，以 Q_3 点为静态工作点，出现截止失真。

4.8 (1) 见表。

	甲 类	乙 类
交流负载线	i_C/A；2；0　30　60 v_{CE}/V	i_C/A；2；0　30　60 v_{CE}/V
P_{omax}	$\frac{1}{2}V_{cm}I_{cm}=\frac{1}{2}V_{CC}\ \frac{1}{2}i_{Cmax}=15\text{W}$	$\frac{1}{2}V_{cm}I_{cm}=\frac{1}{2}V_{CC}\ \frac{1}{2}i_{Cmax}=30\text{W}$
P_{Cmax}	$2\text{P}_{omax}=30\text{W}$	$0.2P_{omax}=6\text{W}$(单管)
η_C	50%	78.5%
R'_L	$V^2_{CC}/2P_{omax}=30\Omega$	$V^2_{cm}/2P_{omax}=15\Omega$
n	$\sqrt{\frac{R'_L}{R_L}}=\sqrt{\frac{30}{8}}=1.94$	$\sqrt{\frac{R'_L}{R_L}}=\sqrt{\frac{15}{8}}=1.37$

(2) 见表。

	甲 类	乙 类
P_{omax}	$P'_{omax}\leqslant\frac{1}{2}P_{cm}=\frac{1}{2}\times30\text{W}=15\text{W}$ $P''_{omax}\leqslant\frac{1}{8}V_{(BR)CEO}I_{cm}$ $=\frac{1}{8}\times60\text{V}\times3\text{A}=22.5\text{W}$ 所以 $P_{omax}=P'_{omax}=15\text{W}$	$P'_{omax}\leqslant\frac{1}{4}V_{(BR)CEO}I_{cm}$ $=\frac{1}{4}\times60\text{V}\times3\text{A}=45\text{W}$ $P''_{omax}\leqslant5P_{cm}=5\times30\text{W}=150\text{W}$ 所以 $P_{omax}=P'_{omax}=45\text{W}$

4.9 按要求画出的单电源互补推挽功率放大器电路如图所示。图中，VT_1 为推动级，VT_2、VT_3、VT_4、VT_5 为准互补推挽功率级，VD_1、VD_2 为末级偏置电路，VT_6、VT_7 为过流保护电路，C_2 为自举电容。

4.10 VT_4、R_2、R_3 组成具有直流电压并联负反馈的恒压源，给 VT_1、VT_2 互补管提供克服交越失真的直流正偏压。

(1) $P_L=\frac{1}{2}I^2_{cm}R_L=16\text{W}$；

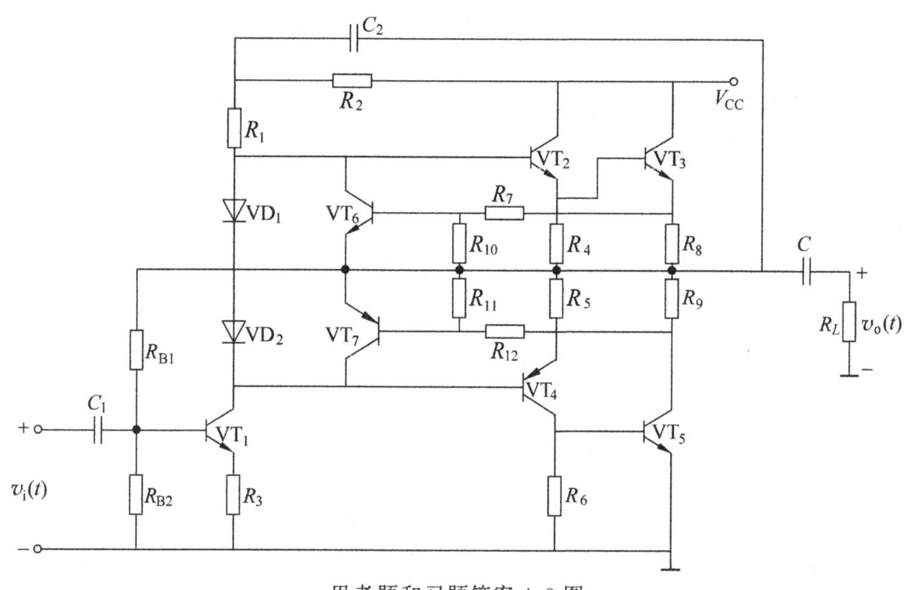

思考题和习题答案 4.9 图

(2) 因为 $P_D=\dfrac{V_{CC}I_{cm}}{\pi}=25.47\text{W}$，所以 $P_C=P_D-P_L=9.47\text{W}$；

(3) $\eta_C=\dfrac{P_L}{P_D}=\dfrac{16}{25.47}=62.8\%$。

第 5 章

5.1 (1)振荡器的起振条件。相位起振条件：$\varphi_{AF}=\varphi_A\varphi_F=2n\pi(\text{rad}),n\in\mathbf{Z}$；振幅起振条件：$A_0F>1$。(2)振荡器的平衡条件。相位平衡条件：$\varphi_{AF}=\varphi_A\varphi_F=2n\pi(\text{rad}),n\in\mathbf{Z}$；振幅平衡条件：$A_0F=1$。(3)振荡器的稳定条件。相位稳定条件：$\dfrac{\partial\varphi}{\partial\omega}\approx\dfrac{\partial\varphi_z}{\partial\omega}<0$；振幅稳定条件：$\dfrac{\partial A}{\partial V_{om}}\Big|_{V_{om}=V_{omQ}}$。振荡器的起振条件是指接通电源时，经过一定的时间，振荡器从无到有，最后建立起一个稳定的正弦波输出信号，其频率等于选频网络的谐振频率。振荡器的平衡条件是指输出信号的振幅要稳定到某一个值，在某点处于平衡状态。振荡器的稳定平衡是指因某些外因或内因变化，振荡器的原平衡条件遭到破坏，振荡器能在新的条件下建立新的平衡，当外因或内因恢复时，振荡器能自动返回原平衡状态。

5.2 实际电路如图所示。

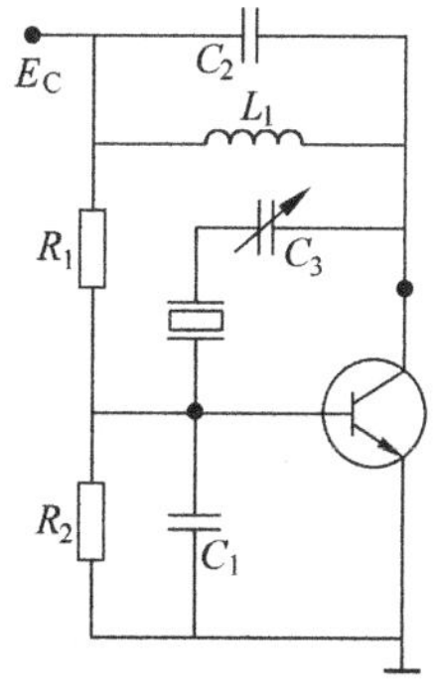

思考题和习题答案 5.2 图

5.3 所谓泛音，就是石英晶体振动的机械谐波位于基频的奇数倍附近，且两者不能同时存在。在振荡器电路中，如果要振荡在某个泛音频率上，那么就必须设法抑制基频和其他泛音频率。而因为石英晶体的带宽很窄，所以在基频振荡时，肯定会抑制泛音频率。当需要获得较高的工作频率时，如果不想使用倍频电路，则可采用泛音振荡器直接产生较高的频率信号。

5.4 如果将振荡器的频率为 f_1 的输出信号送入一 n 倍频器，则倍频器输出信号频率为 nf_1。但由于倍频器是对输入频率倍频，所以如果倍频器本身是稳定的，则它的频率稳定度不会发生改变。因为倍频器输出信号的稳定度为$\frac{n\Delta\omega_1}{n\omega_1}=\frac{\Delta\omega_1}{\omega_1}$，但实际上倍频器电路同样也存在着不稳定因素，所以实际上，振荡器信号经倍频后的信号频率稳定度将会降低。

5.5 采用温度系数低的晶体切片；保证晶体和电路在恒定温度环境下工作，例如，采用恒温槽或温度补偿电路；选择高稳定性的电源；选择温度特性好的电路器件。

5.6 (1) $f_{01}<f_{02}<f_{03}$，因此，当满足 $f_{01}<f_{02}<f_0<f_{03}$，就可能振荡，此时 L_1C_1 回路和 L_2C_2 回路呈容性，而 L_3C_3 回路呈感性，构成一个电容反馈振荡器。

(2) $f_{01}>f_{02}>f_{03}$，因此，当满足 $f_{01}>f_{02}>f_0>f_{03}$，就可能振荡，此时 L_1C_1 回路和 L_2 回路呈感性，而 L_3C_3 回路呈容性，构成一个电感反馈振荡器。

(3) $f_{01}=f_{02}<f_{03}$，因此，当满足 $f_{01}=f_{02}<f_0<f_{03}$，就可能振荡，此时 L_1C_1 回路和 L_2C_2 回路呈容性，而 L_3C_3 回路呈感性，构成一个电容反馈振荡器。

(4) $f_{01}>f_{02}=f_{03}$ 不能振荡，因为在任何频率下，L_3C_3 回路和 L_2C_2 回路都呈相同性质，不可能满足相位条件。

5.7 该电路的简化交流通路如图所示，电路可以构成并联晶体振荡器。如果要产生振荡，要求晶体呈感性，L_1C_1 和 L_2C_2 呈容性。所以 $f_2>f_0>f_1$。

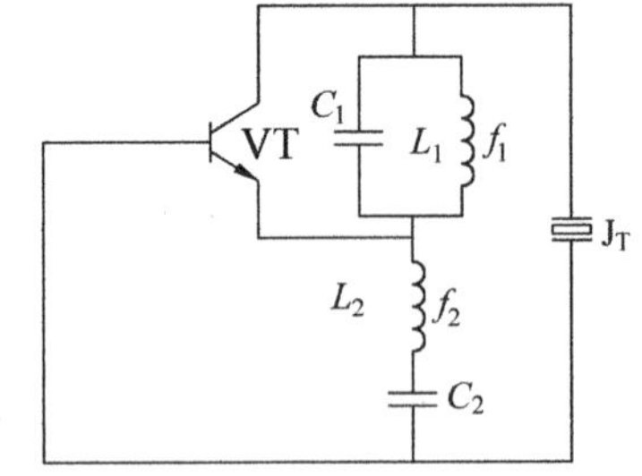

思考题和习题答案 5.7 图

5.8 (a) 交流通路如图(a)所示。

$$C=\left(\frac{1}{\frac{1}{5}+\frac{1}{10}}+25+\frac{1}{\frac{1}{5}+\frac{1}{5}}\right)\text{pF}=30.83\text{pF},$$

$$f_0=\frac{1}{2\pi\sqrt{5\times10^{-6}\times30.83\times10^{-12}}}=12.82\times10^6\,\text{Hz}=12.82\text{MHz},$$

电容三点振荡电路，采用电容分压器输出，可减小负载的影响。

(b) 交流通路如图(b)所示，为改进型电容三端式 LC 振荡电路(西勒电路)，频率稳定度高。采用电容分压器输出，可减小负载的影响。

$$C=\left(\frac{1}{\frac{1}{200}+\frac{1}{200}+\frac{1}{51}}+\frac{1}{\frac{1}{100}+\frac{1}{5.1}}\right)\text{pF}=38.625\text{pF},$$

$$f_0=\frac{1}{2\pi\sqrt{8\times10^{-6}\times38.625\times10^{-12}}}=9.06\times10^6\,\text{Hz}=9.06\text{MHz}。$$

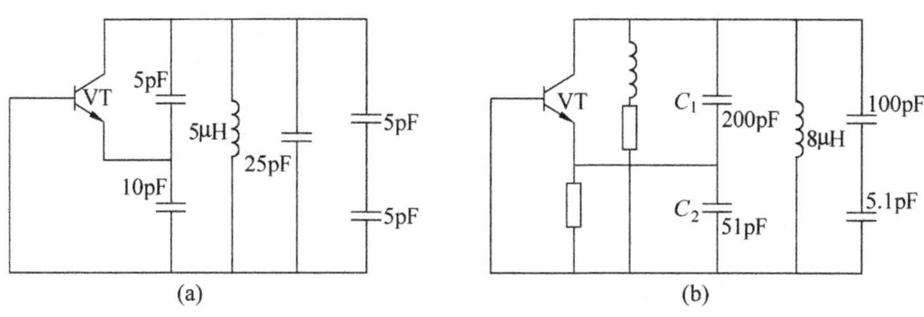

思考题和习题答案 5.8 图

5.9 由于克拉波振荡器在回路中串行接入了一个小电容，使晶体管的接入系数很小，耦合变弱，因此，晶体管本身的参数对回路的影响大幅度减小了，故频率稳定度提高，但频率的调整范围变小，所以，西勒振荡器是在克拉波振荡器的基础上，在回路两端并联一个可调电容，增大频率调节范围。由于存在外接负载，当接入系数变小时，会带来增益的下降。

5.10 (1) 因为

$B_{eb}=2\pi f\times10^{-11}-\dfrac{1}{2\pi f\times10^{-5}}=\dfrac{(2\pi f)^2\times10^{-16}-1}{2\pi f\times10^{-5}}=\dfrac{39.4384\times10^{-2}-1}{2\pi f\times10^{-5}}<0$，呈感性；所以

$B_{eb}=2\pi fC_1-\dfrac{1}{2\pi f\times3\times10^{-5}}=\dfrac{(2\pi f)^2\times3\times10^{-5}C_1-1}{2\pi f\times3\times10^{-5}}$也应呈感性；

即$\dfrac{(2\pi f)^2\times3\times10^{-5}C_1-1}{2\pi f\times3\times10^{-5}}<0$，

$C_1<\dfrac{1}{(2\pi f)^2\times3\times10^{-5}}=\dfrac{1}{4\pi^2\times10^{14}\times3\times10^{-5}}=\dfrac{10^{-9}}{12\pi^2}\approx8.5\text{pF}$，

$X_{bc}=2\pi f\times2\times10^{-5}-\dfrac{1}{2\pi f\times C_2}=\dfrac{(2\pi f)^2\times2\times10^{-5}C_2-1}{2\pi f\times C_2}$应该呈容性，及$\dfrac{(2\pi f)^2\times2\times10^{-5}C_2-1}{2\pi f\times C_2}<0$，所以$C_2<\dfrac{1}{(2\pi f)^2\times2\times10^{-5}}=\dfrac{1}{4\pi^2\times10^{14}\times2\times10^{-5}}\approx$ 12.7pF。

(2) 实际电路如图所示。

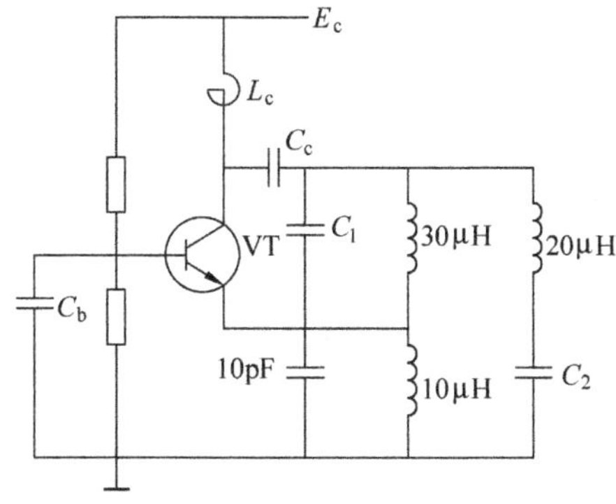

思考题和习题答案 5.10 图

5.11 串联谐振 $f_q=\frac{1}{2\pi\sqrt{L_qC_q}}=\frac{1}{2\times\pi\sqrt{4\times6.3\times10^{-3}\times10^{-12}}}\text{Hz}=1.003\text{MHz}$，

并联谐振 $f_p=f_q\sqrt{1+\frac{C_q}{C_0}}=1.003\times10^6\times\sqrt{1+\frac{6.3\times10^{-3}}{2}}\text{Hz}=1.004\,58\text{MHz}$，

所以，并联谐振和串联谐振相差 $\Delta f=f_p-f_q=1.004\,58-1.003\text{MHz}=1.58\text{kHz}$，

品质因数为 $Q_q=\frac{\omega_qL_q}{r_q}=\frac{2\pi\times1.003\times4\times10^6}{100}\approx2.52\times10^5$。

并联电阻为 $R_p=\left(\frac{C}{C_0}\right)^2\frac{L_q}{Cr_q}=\frac{C}{C_0^2}\cdot\frac{L_q}{r_q}=\frac{C_0C_q}{C_0+C_q}\cdot\frac{L_q}{C_0^2r_q}$

$$=\frac{6.3\times10^{-3}\times10^{-12}\times4}{(2+6.3\times10^{-3})\times10^{-12}\times2\times10^{-12}\times100}\Omega=63\times10^6\Omega=63\text{M}\Omega。$$

5.12 电路总电容 $C=\frac{C_1C_2}{C_1+C_2}=\frac{300\times100}{300+100}=75\text{pF}$；

振荡频率 $f\approx f_0=\frac{1}{2\pi\sqrt{LC}}=\frac{1}{2\pi\times\sqrt{50\times10^{-6}\times75\times10^{-12}}}\approx2.6\text{MHz}$，

当以 u_{ce} 为放大器输出时，反馈系数 $F=\frac{C_1}{C_2}$，要维持振荡，必须满足 $AF=1$，

$A=\frac{1}{F}=\frac{C_2}{C_1}=\frac{300}{100}=3$，所以放大器的增益至少为 3。

第 6 章

6.1 组合频率分量有：直流，ω_1，ω_2，$2\omega_1$，$2\omega_2$，$\omega_1\pm\omega_2$，$3\omega_1$，$3\omega_2$，$2\omega_1\pm\omega_2$，$\omega_1\pm2\omega_2$，$4\omega_1$，$4\omega_2$，$2\omega_1\pm2\omega_2$，$3\omega_1\pm\omega_2$，$\omega_1\pm3\omega_2$，其中 $\omega_1\pm\omega_2$ 是由 a_2u^2 和 a_4u^4 的振幅产生的。

6.2 能出现 50kHz 和 350kHz 的频率成分，因为在 u_2 项中将会出现以下 2 次谐波和组合频率分量：200kHz－150kHz＝50kHz；200kHz＋150kHz＝350kHz；2×200kHz＝400kHz；2×150kHz＝300kHz。

6.3 (1) 设变压器的变比为 1∶1，二极管为理想二极管，则开关函数

$S(\omega_2t)=\frac{1}{2}+\frac{2}{\pi}\cos\omega_2t-\frac{2}{3\pi}\cos3\omega_2t+\frac{2}{5\pi}\cos5\omega_2t+\cdots$，

根据题意，只取 ω_2 分量，则

$$u_o=2R_0g_D\frac{2}{\pi}\cos\omega_2tu_1=\frac{4R_0g_DU_1}{\pi}\cos\omega_2t\cos\omega_1t$$

$$=\frac{2R_0g_DU_1}{\pi}\cos(\omega_2+\omega_1)t+\frac{2R_0g_DU_1}{\pi}\cos(\omega_2-\omega_1)t。$$

(2) 当考虑输出的反作用的时候，反射电阻为 $R_f=n^2R_0=R_0$。此时的跨导为

$g=\frac{1}{r_D+R_f}=\frac{1}{r_D+R_0}$，

$$u_o=\frac{4R_0gU_1}{\pi}\cos\omega_2t\cos\omega_1t=\frac{2R_0gU_1}{\pi}\cos(\omega_2+\omega_1)t+\frac{2R_0gU_1}{\pi}\cos(\omega_2-\omega_1)t,$$

信号各分量的振幅降低了。

6.4 设变压器变比为 1∶1，二极管伏安特性为通过原点的理想特性，忽略负载的影响，则每个二极管的两端电压为

$$\begin{cases}u_{D1}=u_1+u_2\\u_{D2}=u_1-u_2\end{cases}$$

设负载电阻为 R_L，

$$\begin{aligned}u_o&=R_L[g_DS(\omega_2t)(u_1+u_2)-g_DS(\omega_2t-\pi)(u_1-u_2)]\\&=R_Lg_D[S(\omega_2t)-S(\omega_2t-\pi)]u_1+[S(\omega_2t)+S(\omega_2t-\pi)]u_2\\&=g_DR_L[S'(\omega_2t)u_1+u_2]\\&=g_DR_L\left[\left(\frac{4}{\pi}\cos\omega_2t-\frac{4}{3\pi}\cos3\omega_2t+\frac{4}{5\pi}\cos5\omega_2t+\cdots\right)U_1\cos\omega_1t+U_2\cos\omega_2t\right],\end{aligned}$$

这个结果和 u_1、u_2 换位输入的结果相比，输出电压中少了 ω_1 的基频分量，而多了 ω_2 的基频分量，同时其他组合频率分量的振幅提高了一倍。

$$\begin{aligned}g_m(t)&=\frac{di_D}{du_{GS}}=-\frac{2I_{DSS}}{V_P}\left(1-\frac{E_{GS}+u_2}{V_P}\right)=\frac{2I_{DSS}}{|V_P|}\left(1-\frac{E_{GS}+u_2}{V_P}\right)\\&=g_{m0}\left(1-\frac{E_{GS}}{V_P}\right)-g_{m0}\frac{U_2}{V_P}\cos\omega_2t,\end{aligned}$$

当 $U_2=|V_P-E_{GS}|$，$E_{GS}=\dfrac{V_P}{2}$ 时，

$$g_m(t)=g_{m0}\left(1-\frac{1}{2}\right)-\frac{1}{V_P}\left|\frac{V_P}{2}\right|\cos\omega_2t=\frac{g_{m0}}{2}+\frac{g_{m0}}{2}\cos\omega_2t=g_{mQ}+g_{m1}\cos\omega_2t,$$

$g_{mQ}=\dfrac{g_{m1}}{2}$，$g_{m1}=\dfrac{g_{m0}}{2}$。显然，此种情况下 $g_{m1}=g_{mQ}$。

6.5 (1) $u_{be}=u+E_b=U_1\cos\omega_1t$，先将晶体管特性在静态工作点展开为泰勒级数，静态电流 $I_0=a_0I_se^{\frac{E_b}{V_T}}$，

$$b_n=\frac{d^ni_c}{n!\ du_{be}^n}\bigg|_{u_{be}=E_b}=\frac{I_0}{n!V_T^n}\quad(n=0,1,2,3\cdots),$$

$$\begin{aligned}i_c&=b_0+b_1u+b_2u^2+b_3u^3+\cdots+b_nu^n\\&=I_0+\frac{I_0}{V_T}u+\frac{I_0}{2V_T^2}u^2+\frac{I_0}{6V_T^3}u^3+\cdots+\frac{I_0}{n!V_T^n}u^n,\end{aligned}$$

因为 $\dfrac{I_0}{2V_T^2}u^2=\dfrac{I_0}{2V_T^2}U_1^2\cos^2\omega_1t=\dfrac{I_0U_1^2}{4V_T^2}(\cos2\omega_1t+1)$，

所以 $u_o=\dfrac{I_0U_1^2R_0}{4V_T^2}\cos2\omega_1t=\dfrac{a_0I_sU_1^2R_0}{4V_T^2}e^{\frac{E_b}{V_T}}\cos2\omega_1t$。

(2) $u_{be}=u+E_b=u_c+u_\Omega+E_b=U_c\cos\omega_c t+U_\Omega\cos\omega_\Omega t+E_b$，

因为 $U_c \gg U_\Omega$ 满足线性时变条件，所以

$i_c=I_{C0}(t)+g_m(t)u_\Omega$，

显然只有时变静态电流 $I_{C0}(t)$ 才能产生 ω_c 分量，因此将其展开为级数得

$$I_{C0}(t)=a_0 I_s e^{\frac{E_b-u_c}{V_T}}=I_0 e^{\frac{u_c}{V_T}}=I_0+\frac{I_0}{V_T}u_c+\frac{I_0}{2V_T^2}u_c^2+\frac{I_0}{6V_T^3}u_c^3+\cdots+\frac{I_0}{n!V_T^n}u_c^n,$$

取出包含 ω_c 分量一次和三次项，忽略其余的高次项

$$\frac{I_0}{V_T}u_c+\frac{I_0}{6V_T^3}u_c^3=\frac{I_0}{V_T}U_c\cos\omega_c t+\frac{I_0 U_c^3}{6V_T^3}\left(\frac{1}{4}\cos3\omega_c t+\frac{3}{4}\cos\omega_c t\right),$$

$$u_o=I_0 R_0\left(\frac{U_c}{V_T}+\frac{U_c^2}{4V_T^3}\right)\cos\omega_c t=a_0 R_0 I_s e^{\frac{E_b}{V_T}}\left(\frac{U_c}{V_T}+\frac{U_c^2}{4V_T^3}\right)\cos\omega_c t。$$

(3) $u_{be}=u+E_b=u_c+u_\Omega+E_b=U_c\cos\omega_c t+U_\Omega\cos\omega_\Omega t+E_b$

因为 $U_2 \gg U_1$ 满足线性时变条件，所以

$$i_c=I_{C0}(t)+g_m(t)u_1=a_0 I_s e^{\frac{E_b+u_2}{V_T}}+\frac{a_0 I_s}{V_T}e^{\frac{E_b+u_2}{V_T}}u_1,$$

其中，线性时变静态电流 $I_{C0}(t)=a_0 I_s e^{\frac{E_b+u_2}{V_T}}$，时变跨导 $g_m(t)=\frac{a_0 I_s}{V_T}e^{\frac{E_b+u_2}{V_T}}$。

将展开为级数得到 $g_m(t)=\frac{1}{V_T}a_0 I_s e^{\frac{E_b}{V_T}}\left(1+\frac{1}{V_T}u_2+\frac{1}{2V_T^2}u_2^2+\frac{1}{6V_T^3}u_2^3+\cdots+\frac{1}{n!V_T^n}u_2^n\right)$，

取出包含 ω_2 分量一次和三次项，忽略其余的高次项得 $\frac{1}{V_T}a_0 I_s e^{\frac{E_b}{V_T}}\left(\frac{U_2}{V_T}+\frac{U_2^3}{4V_T^3}\right)\cos\omega_2 t$，

而且有如下关系式：

$\frac{1}{V_T}a_0 I_s e^{\frac{E_b}{V_T}}\left(\frac{U_2}{V_T}+\frac{U_2^3}{4V_T^3}\right)\cos\omega_2 t\cdot\cos\omega_1 t=\frac{a_0 I_s U_1 R_0}{2V_T}e^{\frac{E_b}{V_T}}\left(\frac{U_2}{V_T}+\frac{U_2^3}{4V_T^3}\right)[\cos(\omega_2-\omega_1)t+\cos(\omega_2+\omega_1)t]$，所以 $u_o=\frac{a_0 I_s U_1 R_0}{2V_T}e^{\frac{E_b}{V_T}}\left(\frac{U_2}{V_T}+\frac{U_2^3}{4V_T^3}\right)\cos(\omega_2-\omega_1)t$。

6.6 由于有两个干扰信号，而且这两个信号频率都接近并小于有用的信号频率，所以可能会产生互调干扰。因为 $f_s-f_1=20-19.6\text{MHz}=0.4\text{MHz}$，$f_1-f_2=19.6-19.2\text{MHz}=0.4\text{MHz}$，满足 $f_s-f_1=f_1-f_2$ 的条件，因此将产生 3 阶互调干扰。

6.7 (1) 接收到 1090kHz 信号时，同时可以收到 1323kHz 的信号；证明 1323kHz 是副波道干扰信号，它与本振信号混频，产生了接近中频的干扰信号。此时本振频率为 $f_1=1090+465=1555\text{kHz}$，根据 $pf_1-qf_2=\pm f_1$ 的判断条件，当 $p=2,q=2$ 时，$2f_1-2f_2=3110-2646=464\approx f_0$。因此断定这是 4 阶副波道干扰。

(2) 接收到 1080kHz 信号时，同时可以收到 540kHz 的信号；证明也是副波道干扰信号，此时本振频率为 $f_1=1080+465\text{kHz}=1545\text{kHz}$，当 $p=1,q=2$ 时，$f_1-2f_2=1545-1080=465=f_I$。因此断定这是 3 阶副波道干扰。

(3) 当接收有用台信号时，同时又接收到两个另外台的信号，但又不能单独收到一个

干扰台，而且这两个电台信号频率都接近有用信号并小于有用信号频率，根据 $f_s-f_1=f_1-f_2$ 的判断条件，930－810＝810－690kHz＝120kHz，因此可证明这是互调干扰，且在混频器中由 4 次方项产生，在放大器中由 3 次方项产生，是 3 阶互调干扰。

6.8 由于混频电路的非线性作用，有用输入信号和本振信号所产生的某些组合频率分量接近中频频率，对有用中频形成干扰，经检波后差拍出音频频率，即干扰哨声。

根据已知条件，得本振频率 $f_0=f_s-f_1=(1501-500)\text{kHz}=1001\text{kHz}$，根据 $\dfrac{f_s}{f_0}=\dfrac{p\pm1}{p-q}=\dfrac{1.501}{0.5}=3.002\approx3$，可以找出，

$p=2,q=1$ 时产生 3 阶干扰，$2f_1-f_s=(2002-1501)\text{kHz}=501\text{kHz}$；
$p=4,q=3$ 时产生 7 阶干扰，$3f_s-4f_1=(4503-4004)\text{kHz}=503\text{kHz}$；
$p=5,q=3$ 时产生 8 阶干扰，$5f_1-3f_s=(5005-4503)\text{kHz}=502\text{kHz}$；
$p=7,q=5$ 时产生 12 阶干扰，$5f_s-7f_1=(7505-7007)\text{kHz}=498\text{kHz}$；
等等，尤其是 3 阶干扰最为严重。

6.9 可以看出，因为没有其他副波道干扰信号，所以可能出现的干扰只能是干扰哨声。根据 $\dfrac{p\pm1}{q-p}=\dfrac{f_s}{f_0}\Big|f_s=0.55\sim25\text{MHz}\approx1.2\sim55$，$f_s=\dfrac{p\pm1}{q-p}f_0=0.455\dfrac{p\pm1}{q-p}$，因此出现的 6 阶以下的干扰点应满足条件 $\begin{cases}p+q\leqslant6\\1.2\leqslant\dfrac{p\pm1}{q-p}\leqslant55\end{cases}$，从而得到

(1) 当 $p=1,q=2$ 时，$\dfrac{p+1}{q-p}=2$，$f_s=2\times0.455\text{MHz}=0.91\text{MHz}$，
$f_1=f_s+f_0=1.635\text{MHz}$，组合干扰 $f_1-2f_s=0.455\text{MHz}=f_0$；

(2) 当 $p=2,q=3$ 时，$\dfrac{p+1}{q-p}=3$，$f_s=3\times0.455\text{MHz}=1.365\text{MHz}$，
$f_1=f_s+f_0=1.82\text{MHz}$，组合干扰 $3f_s-2f_1=0.455\text{MHz}=f_0$；

(3) 当 $p=2,q=4$ 时，$\dfrac{p+1}{q-p}=1.5$，$f_s=1.5\times0.455\text{MHz}=0.6825\text{MHz}$，
$f_1=f_s+f_0=1.1375\text{MHz}$，组合干扰 $4f_s-2f_1=0.455\text{MHz}=f_0$；

上述结果说明，一旦接收信号频率和中频确定后，那么形成干扰哨声的点也就确定了，而且最严重的是那些阶数较低的干扰。

6.10 (1) 设二极管的正向导通方向为它的电压和电流的正方向，则

$$\begin{cases}u_{D1}=\dfrac{u_c}{2}+u_\Omega\\u_{D1}=\dfrac{u_c}{2}-u_\Omega\end{cases},\begin{cases}i_1=a_0+a_1\left(\dfrac{u_c}{2}+u_\Omega\right)+a_2\left(\dfrac{u_c}{2}+u_\Omega\right)^2\\i_2=a_0+a_1\left(\dfrac{u_c}{2}-u_\Omega\right)+a_2\left(\dfrac{u_c}{2}-u_\Omega\right)^2\end{cases},$$

$$\begin{aligned}i_1-i_2&=a_0+a_1\left(\frac{u_c}{2}+u_\Omega\right)+a_2\left(\frac{u_c}{2}+u_\Omega\right)^2-a_0-a_1\left(\frac{u_c}{2}-u_\Omega\right)-a_2\left(\frac{u_c}{2}-u_\Omega\right)^2\\&=2a_1u_\Omega+2a_2u_cu_\Omega=2a_1U_\Omega\cos\Omega t+2a_2U_\Omega U_c\cos\omega_ct\cdot\cos\Omega t,\end{aligned}$$

$$u_o(t)=(i_1-i_2)R_L=2R_La_1U_\Omega\cos\Omega t+2R_La_1a_2U_\Omega U_c\cos\omega_ct\cdot\cos\Omega t,$$

因此,与①相比,输出信号也包含了 Ω 的基频分量和频率 $(\omega_c+\Omega)$ 分量和 $(\omega_c-\Omega)$,但多了 ω_c 的奇次谐波与 Ω 的组合频率 $(2n+1)(\omega_c\pm\Omega)$ 分量。

(2) 在考虑负载的反作用时

$$\begin{cases} i_1=\dfrac{1}{r_D+R+R_L}\cdot S(\omega_c t)u'_{D1}=\dfrac{1}{r_D+R+R_L}\cdot S(\omega_c t)\left(\dfrac{u_c}{2}+u_\Omega\right) \\ i_2=\dfrac{1}{r_D+R+R_L}\cdot S(\omega_c t)u'_{D2}=\dfrac{1}{r_D+R+R_L}\cdot S(\omega_c t)\left(\dfrac{u_c}{2}-u_\Omega\right) \end{cases},$$

$$u_o(t)=(i_1-i_2)R_L=\frac{2R_LU_\Omega}{r_D+R+R_L}\left(\frac{1}{2}+\frac{2}{\pi}\cos\omega_c t-\frac{2}{3\pi}\cos3\omega_c t+\frac{2}{5\pi}\cos5\omega_c t+\cdots\right)\cos\Omega t$$

与不考虑负载的反作用时相比,出现的频率分量相同,但每个分量的振幅降低了。

6.11 当 u_2 的正半周,二极管全部导通,电桥平衡,输出为零。当 u_2 的负半周,二极管全部截止,输出为电阻分压。所以输出电压为

$$u_o(t)=S(\omega_2 t)\frac{R_L}{R_0+R_L}u_1=\frac{R_L}{R_0+R_L}\left(\frac{1}{2}+\frac{2}{\pi}\cos\omega_2 t-\frac{2}{3\pi}\cos3\omega_2 t+\frac{2}{5\pi}\cos5\omega_2 t+\cdots\right)u_1,$$

当做 AM 调制时,u_1 应为载波信号,u_2 应为调制信号;

当做 DSB 调制时,u_1 应为调制信号,u_2 应为载波信号;

当做混频器时,u_1 应为输入信号,u_2 应为本振信号。

第 7 章

7.1 $m_1=\sqrt{2\left(\dfrac{P_0}{P_{0T}}-1\right)}=\sqrt{2\times\left(\dfrac{10.125}{9}-1\right)}=0.5$,

$P'_0=P_0+\dfrac{1}{2}m_2^2P_{0T}=10.125+\dfrac{1}{2}\times0.4^2\times9\text{kW}=10.845\text{kW}$。

7.2 (1)取 $RC\geqslant\dfrac{5}{2\pi f_c}$,可得

$C\geqslant5/(2\pi\times465\times10^3\times5\times10^3)\text{F}=342\times10^{-12}\text{F}=342\text{pF}$,

为了不产生惰性失真,根据 $RC\leqslant\dfrac{\sqrt{1-m_a^2}}{m_a\Omega}$ 可得

$$C\leqslant\frac{\sqrt{1-m_a^2}}{m_a\Omega R}=\frac{\sqrt{1-0.3^2}}{0.3\times2\pi\times3400\times5\times10^3}=30\times10^{-9}\text{F}=30\text{nF},$$

所以可得 $340\text{pF}\leqslant C\leqslant30\text{nF}$,$R_i=R/2=5\text{k}\Omega/2=2.5\text{k}\Omega$。

(2) 取 $RC\geqslant\dfrac{5}{2\pi f_c}$,可得

$C\geqslant5/(2\pi\times30\times10^6\times5\times10^3)\text{F}=5.30\times10^{-12}\text{F}=5.30\text{pF}$。

为了不产生惰性失真,根据 $RC\leqslant\dfrac{\sqrt{1-m_a^2}}{m_a\Omega}$ 可得

$$C\leqslant\frac{\sqrt{1-m_a^2}}{m_a\Omega R}=\frac{\sqrt{1-0.3^2}}{0.3\times2\pi\times0.3\times10^6\times5\times10^3}=0.45\times10^{-9}\text{F}=0.45\text{nF}。$$

所以可得 $5.30\text{pF} \leqslant C \leqslant 0.45\text{nF}$，$R_i = R/2 = 5\text{k}\Omega/2 = 2.5\text{k}\Omega$。

(3) 若 C 被开路，输入阻抗约为 5kΩ。

7.3 (1) R_2 放在最高端时，负载电阻为 $R_\Omega = R_\Omega + R_1 R_L/(R_2 + R_g) = 1335\Omega$；

直流电阻 $R_{12} = R_1 + R_2 = (510+4700)\Omega = 5210\Omega$；

$R_\Omega / R_{12} = 1335/5210 = 0.256 < m_a = 0.3$；

(2) R_{12} 放在电阻中点时，

直流电阻 $R_{12} = R_1 + R_2 = (510+4700)\Omega = 5210\Omega$，

交流电阻 $= R_1 + (R_2' /\!/ R_L) + R_2/2$，$R_2' = 2.35\text{k}\Omega$；

所以 $R_\Omega = 510 + (2.35 \times 1 \times 10^3)/(2.35+1)\Omega + 2350\Omega = 2361.5\Omega$。

$R_\Omega / R_{12} = 3561.5/5210 = 0.68 > m_a$，所以不会产生负峰切断失真。

7.4 (1) 此调幅波包含的频率分量为：10^6Hz，$(10^6 \pm 5000)\text{Hz}$，$(10^6 \pm 10\,000)\text{Hz}$；

此调幅波包含的振幅分量为：25V，8.75V，3.75V。

(2) 此调幅波的包络为

$U_\text{m}(t) = 25[1 + 0.7\cos(2\pi 5000t) - 0.3\cos(2\pi 10\,000t)] = 25(1 + 0.7\cos\theta - 0.3\cos 2\theta)$。

利用求极值的方法求解出包络的峰值与波谷值：当 $\theta = 180°$ 时，包络的波谷值为 0；当 $\theta = 54.3°$ 时，包络的峰值约为 37.6。

7.5 (1) 设调幅波载波功率为 P_c，边带功率为 $P_{(\omega_0 \pm \Omega)}$，则边频功率为

$P_{(\omega_0 + \Omega)} = \dfrac{1}{4} m_a^2 P_\text{c} = P_{(\omega_0 - \Omega)}$，边频总功率 $P_{(\omega_0 \pm \Omega)} = P_{边频} = \dfrac{1}{2} m_a^2 P_\text{c} = \dfrac{1}{2} \times 0.7^2 \times 5\text{kW} = 1.225\text{kW}$。

(2) 集电极调幅时，$\eta = \dfrac{P_0}{P_\text{E}} = \dfrac{P_\text{c}}{P_\text{E}} = 50\%$，$P_\text{E} = \dfrac{P_0}{\eta} = \dfrac{5}{0.5}\text{kW} = 10\text{kW}$。

(3) 基极调幅时，$\eta = \dfrac{P_0}{P_\text{E}} = 50\%$，而 $P_0 = P_\text{c} + P_{边频} = (5+1.225)\text{kW} = 6.225\text{kW}$，

$P_\text{E} = \dfrac{P_0}{\eta} = \dfrac{6.225}{0.5}\text{kW} = 12.45\text{kW}$。

7.6 u_o 经 R_1 和 R_2 变压后的直流分量加在 C_C 上，

由于 R_d 很小，可近似为 U_im，$U_R = U_\text{im} \times R_2(R_1 + R_2)$，

由于调幅信号的最小振幅或包络线的最小电平是 $U_\text{im}(1-m_a)$，

所以有 $U_\text{im}(1-m_a) \geqslant U_R$，解得 $R_\text{L} \geqslant 12\text{k}\Omega$。为避免惰性失真应满足：

$RC \gg 1/\omega C$，$RC \leqslant \sqrt{1-m_a^2}/m_a \Omega_\text{max}$，通常取 $RC \geqslant (5\sim10)/\omega C$，

所以电容是通过 $(R_1 + R_2)$ 放电 $R = R_1 + R_2$，有 $(1+4) \times 10^3 \times C \geqslant (5\sim10)/(2\pi \times 4.7 \times 10^6)$，

所以 $C \geqslant (5\sim10)\,6.8\text{pF}$；$(1+4) \times 10^3 \times C \leqslant 0.6/(0.8 \times 2\pi \times 5000)$，所以 $C \leqslant 4780\text{pF}$。

7.7 (1) 该输出信号是调幅信号。该信号的调制度 $m = 0.5$。

(2) 总的输出功率 $P_\text{av} = (1 + 0.5m_a^2)P_\text{c} = (1 + 0.5m_a^2)U_\text{cm}^2/2R_L = 0.09\text{W}$。

(3) 图略。带宽 $B_{0.7}=2\times\Omega/2\pi=\Omega/\pi$。

7.8 (1) $v_1=mV_{1m}\cos\Omega t\cos\omega_1 t$,

$i=kmV_1\cos\Omega t\cos\omega_1 tV_0\cos(\omega_0 t+\varphi)=\frac{1}{4}kmV_1V_0\{\cos[(\omega_1+\omega_0+\Omega)t+\varphi]+$

$\cos[(\omega_1-\omega_0+\Omega)t-\varphi]\cos[(\omega_1+\omega_0-\Omega)t+\phi]+\cos[(\omega_1-\omega_0-\Omega)t-\phi]\}$,

当 $\omega_0=\omega_1$ 时,

$v_s=\frac{1}{4}kmR_LV_1V_0[\cos(\Omega t-\phi)+\cos(\Omega t+\phi)]=\frac{1}{2}kmR_LV_1V_0\cos\phi\cos\Omega t$,

无失真,只影响输出幅度。

当 $\omega_0\neq\omega_1$ 时,$v_s=\frac{1}{2}kmR_LV_1V_0\cos[(\omega_1-\omega_0)t-\phi]\cos\Omega t$,有失真。

(2) $v_1=\frac{1}{2}mV_{1m}\cos(\Omega+\omega_1)t$,

$i=\frac{1}{2}kmV_1V_0\cos(\omega_1+\Omega)t\cos(\omega_0 t+\phi)$

$=\frac{1}{4}kmV_1V_0\{\cos[(\omega_1+\omega_0+\Omega)t+\phi]+\cos[(\omega_1-\omega_0+\Omega)t-\phi]\}$,

$v_s=\frac{1}{4}kmR_LV_1V_0[\cos(\omega_1-\omega_0+\Omega)t-\phi]$,

当 $\omega_0=\omega_1$ 时,ϕ 只产生相移;当 $\omega_0\neq\omega_1$ 时,有失真。

第 8 章

8.1 (1) $m_f=\frac{\Delta f}{F}=\frac{10\times10^3}{400}=25$,因此调频波的数学表达式为

$v_{FM}(t)=4\cos[2\pi\times25\times10^6t+25\cos(2\pi\times400t)]$。

(2) 调相波的数学表达式为

$v_{PM}(t)=4\cos[2\pi\times25\times10^6t+25\sin(2\pi\times400t)]$。

(3) 若调制指数变为 2kHz,对调频波来说,m_f 降为 5,即调频波的表达式为 $v_{FM}(t)=4\cos[2\pi\times25\times10^6t+5\cos(2\pi\times2\times10^3t)]$。

(4) 但调相指数 m_p 与 Ω 无关,仍为 25,因此调相波表达方式为

$v_{PM}(t)=4\cos[2\pi\times25\times10^6t+25\sin(2\pi\times2\times10^3t)]$。

8.2 (1) 调制指数

$m_f=\frac{\Delta f}{F_\Omega}=\frac{50\times10^3}{500\times10^3}=0.1\ll1$,

这是窄带调频,因此带宽为 $BW\approx2F_\Omega=2\times500\text{Hz}=1\text{MHz}$。

(2) 调制指数

$m_f=\frac{\Delta f}{F_\Omega}=\frac{50\times10^3}{500}=100$,

这是宽带调频,因此带宽为 $BW\approx2F_\Omega=2\times50\times10^3\text{Hz}=100\text{kHz}$。

(3) 调制指数

$m_f = \frac{\Delta f}{F_\Omega} = \frac{50\times10^3}{10\times10^3} = 5$,

此时带宽的计算为 $BW \approx 2(m_f + 1)F_\Omega = 2\times(5+1)\times10\times10^3\,\text{Hz} = 120\text{kHz}$。

8.3 可得调相波的瞬时频率为 $\omega = \omega_0 + m\Omega\cos\Omega t$。

设高通滤波器的传递函数为 $H(s) = RC_s/(RC_s + 1)$，其幅频特性为 $|H(j\omega)| = \frac{\omega/\omega_h}{\sqrt{1+(\omega/\omega_h)^2}}$，相频特性为 $\varphi(j\omega) = \frac{\pi}{2} - \arctan\frac{\omega}{\omega_h}$，其中 $\omega_h = 1/RC$ 为高通滤波器的截止频率。由 $RC \ll 1/\omega$ 可知，ω 在高通滤波器的通带外，即 $\omega \ll \omega_h$。由线性系统理论可知，V_i 通过线性系统后的输出 V_o 的相位是线性系统幅频特性的加权，所以有

$$\begin{aligned} V_o(t) &= \frac{\omega/\omega_h}{\sqrt{1+(\omega/\omega_h)^2}} V_o \cos\left(\omega_0 t + m\sin\Omega t + \frac{\pi}{2} - \arctan\frac{\omega}{\omega_0}\right) \\ &\approx \frac{\omega}{\omega_h} V_o \cos(\omega_0 t + m\sin\Omega t + \varphi_h) \\ &= \frac{\omega_0 + m\Omega\cos\Omega t}{\omega_h} V_o \cos(\omega_0 t + m\sin\Omega t + \varphi_h) \\ &= \frac{m_0 V_o}{\omega_h}\left(1 + \frac{m\Omega}{\omega_0}\cos\Omega t\right)\cos(\omega_0 t + m\sin\Omega t + \varphi_h), \end{aligned}$$

可见，输出是调幅-调角波。调幅度为 $m\Omega/\omega_0$。

8.4 $\Delta\omega(t) = 2\pi k_f u_\Omega = 2\pi\times3\times10^3\times[2\cos(2\pi\times10^3 t) + 3\cos(3\pi\times10^3 t)]$

$= 12\times10^3\pi\cos(2\pi\times10^3 t) + 18\times10^3\pi\cos(3\pi\times10^3 t)$,

$\Delta\varphi(t) = \int_0^t \Delta\omega(t)\,dt = \int_0^t [12\times10^3\pi\cos(2\pi\times10^3 t) + 18\times10^3\pi\cos(3\pi\times10^3 t)]dt$

$= 6\sin(2\pi\times10^3 t) + 6\sin(3\pi\times10^3 t)$,

$u_{FM}(t) = 5\cos(2\pi\times10^7 t + \Delta\varphi(t)) = 5\cos[2\pi\times10^7 + 6\sin(2\pi\times10^3 t) + 6\sin(3\pi\times10^3 t)]$ (V)。

8.5 (1) 由表可知，调频指数 $m_f = 1$ 时，边频振幅分别为

$J_0 U_{cm} = 0.77\times10 = 7.7$，$J_1 U_{cm} = 0.44\times10 = 4.4$，

$J_2 U_{cm} = 0.11\times10 = 1.1$，$J_3 U_{cm} = 0.02\times10 = 0.2$，

(2) 其频谱如图所示。

8.6 元件作用：C_1、C_4 为隔直电容；C_2、C_3 为耦合电容；C_b、C_e 为旁路电容。其交流等效电路如图所示。变容二极管两端的反向静态电压 $U_Q = 9\text{V}$。

瞬时相移 $\Delta\varphi(t) = -Q_L\gamma m\cos\Omega t = -Q_L\gamma\frac{U_\Omega}{U_E + U_\Omega}$,

最大相移为 $\Delta\varphi_m = Q_L\gamma\frac{U_\Omega}{U_E + U_\Omega} = m_p$,

瞬时频移 $\Delta\omega(t) = \frac{d\Delta\varphi(t)}{dt} = Q_L\gamma m\Omega\sin\Omega t = Q_L\gamma\Omega\frac{U_\Omega}{U_E + U_\Omega}\sin\Omega t$,

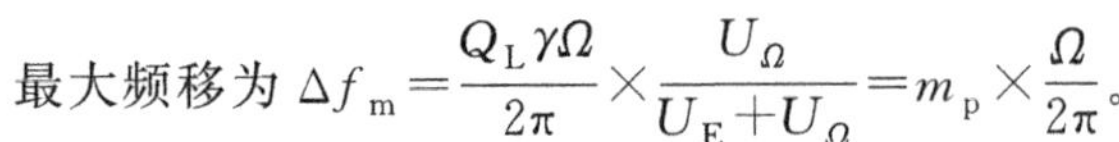

最大频移为 $\Delta f_{\mathrm{m}}=\frac{Q_{\mathrm{L}}\gamma\Omega}{2\pi}\times\frac{U_{\Omega}}{U_{\mathrm{E}}+U_{\Omega}}=m_{\mathrm{p}}\times\frac{\Omega}{2\pi}$。

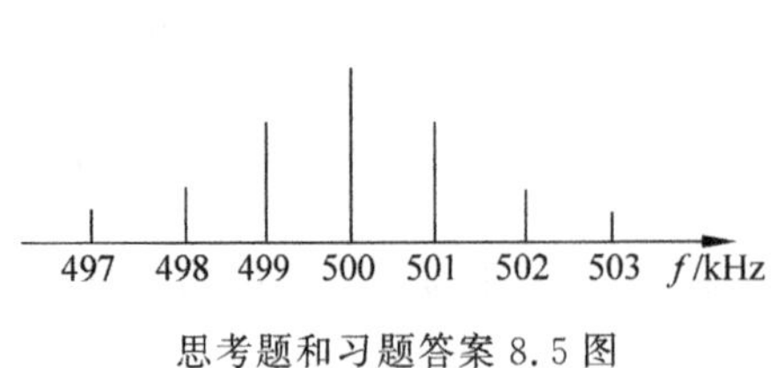

思考题和习题答案 8.5 图

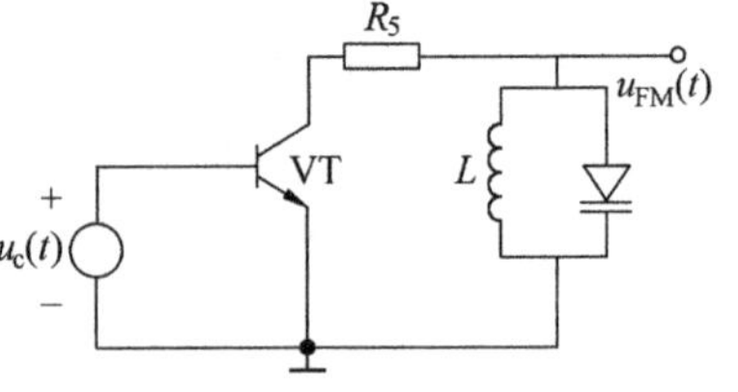

思考题和习题答案 8.6 图

上述三种情况下的调相指数和最大频移分别是：

	(1)	(2)	(3)
	$u_{\Omega}=0.1\mathrm{V}$ $\Omega=2\pi\times10^3\ \mathrm{rad/s}$	$u_{\Omega}=0.1\mathrm{V}$ $\Omega=4\pi\times10^3\ \mathrm{rad/s}$	$u_{\Omega}=0.1\mathrm{V}$ $\Omega=2\pi\times10^3\ \mathrm{rad/s}$
调制指数 m_{p}/rad	0.4	0.4	0.2
最大频移 Δf_{m}/Hz	400	800	200

8.7 (1) 求未受调制时的载波频率。当 $u_{\Omega}(t)=0$ 时，变容二极管的结电容

$$C_{\mathrm{j}Q}=\frac{C_{\mathrm{j0}}}{\left(1+\frac{U_Q}{U_a}\right)^{\gamma}}=\frac{225}{\left(1+\frac{6}{0.6}\right)^{\frac{1}{2}}}\mathrm{pF}=67.8\mathrm{pF},$$

载波频率为 $f_{\mathrm{c}}=\frac{1}{2\pi\sqrt{LC_{\mathrm{j}Q}}}=\frac{1}{2\pi\sqrt{2\times10^{-6}\times67.8\times10^{-12}}}\mathrm{Hz}=13.67\mathrm{Hz}$。

(2) 求载频的偏离值 Δf_0。

$$m_a=\frac{U_{\Omega\mathrm{m}}}{U_{\mathrm{a}}+U_Q}=\frac{3}{0.6+6}=0.454,$$

载波的偏离值为 $\Delta f_0=\frac{\gamma}{8}\left(\frac{\lambda}{2}-1\right)m_a^2 f_{\mathrm{c}}=\left[\frac{0.5}{8}\left(\frac{0.5}{2}-1\right)\times0.454^2\right]\times13.67\times10^6\ \mathrm{Hz}=-0.132\mathrm{MHz}$。

(3) 求调频波的最大频移 $\Delta f_{\mathrm{m}}=\frac{\gamma}{2}m_a f_{\mathrm{c}}=\frac{0.5}{8}\times0.454\times13.67\times10^6\ \mathrm{Hz}=1.55\mathrm{Hz}$。

(4) 求调频灵敏度 $K_f=\frac{\Delta f_{\mathrm{m}}}{U_{\Omega\mathrm{m}}}=\frac{1.55}{3}\times10^6\ \mathrm{Hz/V}=0.517\times10^6\ \mathrm{Hz/V}$。

(5) 求二阶失真系数。二阶失真系数定义为调频信号中二次谐波(2Ω)分量最大频移 Δf_{m2} 与基波分量 Ω 最大频移 Δf_{m} 的比值，即

$$k_2=\frac{\Delta f_{\mathrm{m2}}}{\Delta f_{\mathrm{m}}}=\frac{\left|\frac{\gamma}{8}\left(\frac{\gamma}{2}-1\right)m_a^2 f_{\mathrm{c}}\right|}{\frac{\gamma}{2}m_a f_{\mathrm{c}}}=\left|\frac{1}{4}\left(\frac{0.5}{2}-1\right)\times0.454\right|=0.085。$$

8.8 $\Delta\varphi(t)=10\sin(2\pi\times10^3t)$ (rad),

$$\Delta\omega(t)=\frac{d\Delta\varphi(t)}{dt}20\pi\times10^3\cos(2\pi\times10^3t)\ (\text{rad/s}),$$

$$\Delta f(t)=\frac{\Delta\omega(t)}{2\pi}=10\times10^3\cos(2\pi\times10^3t)(\text{Hz})=10\cos(2\pi\times10^3t)\ (\text{Hz}),$$

$$u_o(t)=\Delta f(t)S_d=-5\times10^{-3}\times10\cos(2\pi\times10^3t)=-50\pi\cos(2\pi\times10^3t)\ (\text{mV})。$$

8.9 (1) 变容二极管的等效电容

$$C_j(t)=\frac{C_{j0}}{\sqrt{1+2u}}=\frac{C_{j0}}{\sqrt{1+2(E_Q+u_\Omega)}}=\frac{C_{j0}}{\sqrt{(1+2E_Q)\left(1+\dfrac{2u_\Omega}{1+2E_Q}\right)}}=\frac{C_{jQ}}{\sqrt{1+m\cos\Omega t}},$$

式中，$C_j(t)=\dfrac{C_{j0}}{\sqrt{1+2E_Q}}=\dfrac{C_{j0}}{\sqrt{1+2\times4}}=\dfrac{C_{j0}}{3}$，$m=\dfrac{2U_\Omega}{1+2E_Q}=\dfrac{2}{1+2\times4}=\dfrac{2}{9}$。

$$f(t)=\frac{1}{2\pi\sqrt{LC_j}}=\frac{(1+m\cos\Omega t)^{\frac{1}{4}}}{2\pi LC_{jQ}}=f_c(1+m\cos\Omega t)^{\frac{1}{4}}$$

$$=f_c\left(1+\frac{1}{4}m\cos\Omega t-\frac{3}{32}m^2\cos^2\Omega t+\cdots\right)$$

$$\approx f_c-\frac{3}{64}f_cm^2+\frac{1}{4}f_cm\cos\Omega t-\frac{3}{64}f_cm^2\cos2\Omega t,$$

$$k_f=\frac{\Delta f_m}{U_\Omega}=\frac{1}{18}f_c\approx555\text{kHz/V},$$

$$K_{f2}=\frac{\Delta f_{2m}}{\Delta f_m}=\frac{3}{16}m=\frac{1}{24}。$$

(2) 当要求二次谐波失真系数小于 1%时，应满足 $K_{f2}=\dfrac{3m}{16}<0.01$，即 $m=\dfrac{0.16}{3}$，所以允许最大频移为

$$\frac{\Delta f_m}{U_\Omega}=\frac{1}{4}mf_c<\frac{1}{4}\times\frac{0.16}{3}\times10^7\ \text{Hz/V}\approx133.3\text{kHz/V}。$$

8.10 振幅检波器应该由检波二极管、RC 低通滤波器组成：RC 电路的作用是作为检波器的负载，在其两端产生调制电压信号，滤掉高频分量；二极管的作用是利用它的单向导电性，保证在输入信号的峰值附近导通，使输出跟随输入包络的变化。

(a) 不能作为实际的检波器，因为负载为无穷大，输出近似为直流，不反映 AM 输入信号包络。它只能用作对等幅信号的检波，即整流滤波。

(b) 不能检波，因为没有检波电容，输出为输入信号的正半周，因此是个单向整流电路。

(c) 可以检波。

(d) 不可以检波，该电路是一个高通滤波器，输出与输入几乎完全相同。

第 9 章

9.1 输入信号经分频器输出信号频率为 f_i，则有

$f_R=f_i/M, f_0'=f_0/N, f_0'=f_R$，

输出频率范围 $f_o=f_iN/M=(900\sim1000)\times100\times10^3\text{Hz}=90\sim100\text{MHz}$，

输出频率间隔为 0.1MHz。

9.2 $F(s)=\dfrac{R_2+1/sC}{R_1}=\dfrac{R_2Cs+1}{R_1Cs}=\dfrac{\tau_2s+1}{\tau_1s+1}$，

式中，$\tau_1=R_1C=125\text{k}\Omega\times10\mu\text{F}=1.25\text{s}$，$\tau_2=R_2C=1\text{k}\Omega\times10\mu\text{F}=10\text{ms}$。

$$H_{\theta v,\theta 1}(s)=\frac{k_dF(s)k_v\dfrac{1}{s}}{1+k_dF(s)k_v\dfrac{1}{s}}=\frac{\dfrac{K\tau_2s}{\tau_1}+\dfrac{K}{\tau_1}}{s^2+\dfrac{K\tau_2s}{\tau_1}+\dfrac{K}{\tau_1}}=\frac{2\zeta\omega_ns+\omega_n^2}{s^2+2\zeta\omega_ns+\omega_n^2},$$

其中，$K=k_dk_v=5\times10^4\text{s}^{-1}$，$\omega_n=\sqrt{\dfrac{K}{\tau_1}}=\sqrt{\dfrac{5\times10^4}{1.25}}=200\text{rad/s}$，$f_n\approx31.8\text{Hz}$，

$\xi=\dfrac{\tau_2}{2}\sqrt{\dfrac{K}{\tau_1}}=\dfrac{10\times10^{-3}}{2}\sqrt{\dfrac{5\times10^4}{1.25}}=1$。

(1) $v_R(t)=V_{Rm}\sin(10^6t+0.5\sin2\omega t)$，

$\theta_1(t)=10^6t+0.5\sin2\omega t$，$\omega_1(t)=\dfrac{d\theta_1}{dt}=10^6+\omega\cos2\omega t$，

$\theta_1(s)=\dfrac{10^6}{s^2}+\dfrac{\omega}{s^2+4\omega}$，$\theta_1(s)=\dfrac{10^6}{s}+\dfrac{\omega s}{s^2+4\omega}$，

$\theta_v(s)=\dfrac{2\xi\omega_ns+\omega_n^2}{s^2+2\xi\omega_ns+\omega_n^2}\theta_1(s)$，$\omega_v(s)=s\theta_v(s)=s\dfrac{2\xi\omega_ns+\omega_n^2}{s^2+2\xi\omega_ns+\omega_n^2}\theta_1(s)$，

由线性系统的叠加性和终值定理，可得锁定后输出的载频的角频率为

$$\omega_v=\lim_{s\to0}s\omega_v(s)=\lim_{s\to0}s^2\theta_v(s)=\lim_{s\to0}s^2\frac{2\xi\omega_ns+\omega_n^2}{s^2+2\xi\omega_ns+\omega_n^2}\frac{10^6}{s^2}=10^6,$$

调制信号引起的相位变化为

$\theta_{v2}(t)=|H_{\theta1,\theta v}(s)|0.5\sin(2\omega t+\arg H_{\theta1,\theta v}(s))$，

其中，$|H_{\theta1,\theta v}(s)|=\sqrt{\dfrac{1+4\left(\dfrac{\omega\xi}{\omega_n}\right)^2}{\left[1-\left(\dfrac{\omega}{\omega_n}\right)^2\right]^2+4\left(\dfrac{\omega\xi}{\omega_n}\right)^2}}$，$\arg H_{\theta1,\theta v}(s)=\arctan\dfrac{2\xi\omega}{\omega_n}-\arctan\dfrac{2\xi\omega_n\omega}{\omega_n^2-\omega^2}$。

输出电压 $u_c(t)=V_{vm}\sin[10^6t+|H_{\theta1,\theta v}(s)|0.5\sin(2\omega t+\arg H_{\theta1,\theta v}(s))]$。

(2) 捕捉带 $\Delta\omega_p=2\sqrt{\xi\omega_nK}=2\sqrt{1\times200\times5\times10^4}\text{ rad/s}\approx6325\text{rad/s}$，$\Delta f_p\approx1007\text{Hz}$，

快捕带 $\Delta\omega_L=2\xi\omega_n=2\times1\times200\text{rad/s}=400\text{rad/s}$，$\Delta f_L\approx36.7\text{Hz}$；

快捕时间 $\tau_L\approx\dfrac{1}{\omega_n}=\dfrac{1}{200}\text{s}=5\text{ms}$。

9.3 因为 $f_A=N_Af_i$，$f_B=N_Bf_i$，而 $f_C=\dfrac{f_A}{100}=\dfrac{N_A}{100}f_i$，

又环 C 为混频环，$f_C=f_0-f_B$，当环路锁定时有

$f_0=f_C+f_B=\left(\frac{N_A}{100}+N_B\right)f_i$,

所以当 $N_A=300, N_B=351$ 时,$f_{0\min}=\left(\frac{300}{100}+351\right)\times 100\text{Hz}=35\,400\text{kHz}$;

当 $N_A=301, N_B=351$ 时,$f_{01}=\left(\frac{301}{100}+351\right)\times 100\text{Hz}=35\,401\text{kHz}$;

因此频率间隔 $\Delta f=f_0-f_{0\min}=1\text{kHz}$

而当 $N_A=399, N_B=397$ 时输出频率最高 $f_{0\max}=\left(\frac{399}{100}+397\right)\times 100\text{Hz}=40\,099\text{kHz}$,

所以,合成器的频率范围为 35.4~40.099MHz。

9.4 锁相环路和自动频率微调系统(AFC)都可以实现对频率的跟踪,自动频率微调系统是利用误差减小误差,一般 AFC 技术存在固有频率误差问题,精度上没有锁相环路效果好。锁相环路是利用锁相稳频技术实现频率的锁定,可实现零偏差跟踪。因此,锁相环路稳频效果优越。

9.5 锁相环传输函数为 $H(\mathrm{j}\Omega)=\frac{\theta_2(\mathrm{j}\omega)}{\theta_1(\mathrm{j}\omega)}$,$H_e(\mathrm{j}\Omega)=\frac{\theta_e(\mathrm{j}\omega)}{\theta_1(\mathrm{j}\omega)}$,其中,$\Omega$ 代表系统频率。

当 x 比较小时(即频率较低时),$H(\mathrm{j}x)\approx 1\angle 0°$;当 x 比较大时(频率较大时),$H_e(\mathrm{j}x)\approx\angle 0°$;

这意味着环路可以保持输入相位 $\theta_1(t)$ 中的低频成分传递环路输出端,而不能把 $\theta_1(t)$ 中的高频成分传递到环路的输出端。或者说,环路可以跟踪输入相位 $\theta_1(t)$ 中的低频成分而不能跟踪高频成分。所以环路闭环频率特性具有低通特性。相反,对于误差传输函数,是跟踪其高频成分,所以误差频率特性呈高通特性。

9.6 中频载波的最大角频移,即混频后的最大角频移 $\Delta\omega_I=\frac{1}{10}m_f\Omega$,

$\Delta\omega_I=\frac{\Delta\omega_c}{1+k_dk_0}=\frac{m_f\Omega}{10}=\frac{\Delta\omega_c}{10}$,所以 $k_dk_0=9$。

第 10 章

10.1

```
% ================================================================%
%思考题和习题 10.1
%对调制信号进行正交分解、滤波、抽取、解调
% ================================================================%
clc;close all; clear all;
fs = 40e6 ;                          %信号时钟
Ts = 1/fs;
f0 = 10.7e6;                         %载频
f1 = 1000; f2 = 2000;
D1 = 10;                             %CIC 滤波抽取因子
D2 = 8;                              %3 级半带滤波抽取因子
D3 = 5;                              %低通滤波抽取因子
```

```
%==================================================================%
%CIC 滤波器设计
S1_cic = ones(1,D1);                    %一级 CIC
[H1,F1] = freqz(S1_cic,1,1024,fs);
S2_cic = conv(S1_cic,S1_cic);           %两级 CIC
[H2,F2] = freqz(S2_cic,1,1024,fs);
S3_cic = conv(S2_cic,S1_cic);           %三级 CIC
[H3,F3] = freqz(S3_cic,1,1024,fs);
figure;
plot(F1/(fs/2),20 * log10(abs(H1)) - max(20 * log10(abs(H1))),'b'),grid;hold on;
plot(F2/(fs/2),20 * log10(abs(H2)) - max(20 * log10(abs(H2))),'g');hold on;
plot(F3/(fs/2),20 * log10(abs(H3)) - max(20 * log10(abs(H3))),'m');
xlabel('\fontsize{12}\bf 归一化频率(\times\pi rad/sample)');
ylabel('\fontsize{12}\bf 幅值(dB)'),title('\fontsize{12}\bfCICF 幅频响应');
box on;
legend('\bf 单级 CIC','\bf 两级 CIC','\bf 三级 CIC','Location','SouthWest');
set(gca,'FontWeight','bold','FontSize',12);
hold off;
%==================================================================%
%HB 滤波器设计
B2 = firhalfband(8,blackman(9));        %9 阶 HBF
B2 = conv(conv(B2,B2),B2);              %三级级联
[H4,F4] = freqz(B2,1,1024,fs);
figure(2),plot(F4/(fs/2),20 * log10(abs(H4))),grid;
xlabel('\fontsize{12}\bf 归一化频率(\times\pi rad/sample)');
ylabel('\fontsize{12}\bf 幅值(dB)');
title('\fontsize{12}\bfHBF 幅频响应');
set(gca,'FontWeight','bold','FontSize',12);
%==================================================================%
%FIRF 设计
fs1 = fs/(8 * 10);
[N,Fo,Ao,W] = firpmord( [20e3 35e3], [1 0], [10^( - 100/20) 10^( - 100/20)], fs1 );
                                                                    %% 低通滤波器
b1 = firpm(127,Fo,Ao,W);
[H5,F5] = freqz(b1,1,1024,fs1);
figure(3),plot(F5/(fs1/2),20 * log10(abs(H5))),grid;
xlabel('\fontsize{12}\bf 归一化频率(\times\pi rad/sample)');
ylabel('\fontsize{12}\bf 幅值(dB)');
title('\fontsize{12}\bfFIFR 幅频响应');
set(gca,'FontWeight','bold','FontSize',12);
%==================================================================%
%检波 FIR 设计
fs2 = fs1/5;
[N,Fo,Ao,W] = firpmord( [20e3 30e3], [1 0], [10^( - 80/20) 10^( - 80/20)], fs2 );
                                                                    %% 低通滤波器
b2 = firpm(63,Fo,Ao,W);
[H6,F6] = freqz(b2,1,1024,fs2);
figure(4),plot(F6/(fs2/2),20 * log10(abs(H6))),grid;
xlabel('\fontsize{12}\bf 归一化频率(\times\pi rad/sample)');
ylabel('\fontsize{12}\bf 幅值(dB)');
title('\fontsize{12}\bf 检波 FIFR 幅频响应');
```

```
set(gca,'FontWeight','bold','FontSize',12);
% ================================================================%
%滤波器总的幅频响应
HH = 2.*H3.*H4.*H5;
figure(5),plot((1:1024)*fs/1024,20*log10(abs(HH))),grid;
xlabel('\fontsize{12}\bf 频率/Hz');
ylabel('\fontsize{12}\bf 幅值(dB)');
title('\fontsize{12}\bf 总的滤波器幅频响应');
set(gca,'FontWeight','bold','FontSize',12);
% ================================================================%
%数据处理,给出每级数据经滤波抽取后的结果
N = 400000;
n = 0:400000 - 1;
phi = 0.7*pi*sin(2*pi*f1*n*Ts + pi/6) + 0.7*pi*sin(2*pi*f2*n*Ts + pi/3);
Sn = cos(2*pi*f0*n*Ts + phi); % + 1/sqrt(20)*randn(1,N);       %%% SNR = 20dB %%%
I1 = Sn.*cos(2*pi*f0*n*Ts);Q1 = Sn.*sin(2*pi*f0*n*Ts); %正交变换
II2 = 2*filter(S3_cic,1,I1);QQ2 = 2*filter(S3_cic,1,Q1);       %CIC 滤波
I2 = II2(1:D1:N);Q2 = QQ2(1:D1:N);                             %10 倍抽取
II3 = filter(B2,1,I2);QQ3 = filter(B2,1,Q2);                   %HB 滤波
I31 = II3(1:2:N/D1);Q31 = QQ3(1:2:N/D1);                       %2 倍抽取
I32 = filter(B2,1,I31);Q32 = filter(B2,1,Q31);                 %HB 滤波
I33 = I32(1:2:N/(2*D1));Q33 = Q32(1:2:N/(2*D1));               %2 倍抽取
I34 = filter(B2,1,I33);Q34 = filter(B2,1,Q33);                 %HB 滤波
I3 = I34(1:2:N/(2*2*(D1)));Q3 = Q34(1:2:N/(2*2*(D1)));         %2 倍抽取
I41 = filter(b1,1,I3);Q41 = filter(b1,1,Q3);                   %低通滤波
I4 = I41(1:D3:N/(D1*D2));Q4 = Q41(1:D3:N/(D1*D2));             %5 倍抽取
%%%%%%% 画图显示 %%%%%%%%%
figure(6);
plot((0:Ts:1000*Ts),Sn(1:1001)),grid on;
xlabel('\fontsize{12}\bf 时间(s)'),ylabel('\fontsize{12}\bf 幅值(v)');
title('\fontsize{12}\bf 原始信号');set(gca,'FontWeight','bold','FontSize',12);
figure(7);
plot((1:40000),I1(1:40000),'r-',(1:40000),Q1(1:40000),'b-'),legend('\bfI1','\bfQ1');
title('\fontsize{12}\bfI1 与 Q1 路时域信号');set(gca,'FontWeight','bold','FontSize',12);
figure(8);plot(1:length(I2),I2,'r-',1:length(Q2),Q2,'b'),legend('\bfI2','\bfQ2');
title('\fontsize{12}\bfI2 与 Q2 路时域信号');set(gca,'FontWeight','bold','FontSize',12);
figure(9);
plot(1:length(I3),I3,'r-',1:length(Q3),Q3,'b'),legend('\bfI3','\bfQ3');
title('\fontsize{12}\bfI3 与 Q3 路时域信号');set(gca,'FontWeight','bold','FontSize',12);
figure(10);plot(1:length(I4),I4,'r-',1:length(Q4),Q4,'b'),legend('\bfI4','\bfQ4');
title('\fontsize{12}\bfI4 与 Q4 路时域信号');set(gca,'FontWeight','bold','FontSize',12);

figure(11); %画正交原图,看 IQ 通道是否正交
subplot(2,2,1),plot(I1,Q1),axis equal,grid;xlabel('\fontsize{12}\bf 同相分量 I1');
ylabel('\fontsize{12}\bf 正交分量 Q1'); title('\fontsize{12}\bfI1 与 Q1 正交圆图');
set(gca,'FontWeight','bold','FontSize',12);
subplot(2,2,2),plot(I2,Q2),axis equal,grid;xlabel('\fontsize{12}\bf 同相分量 I2');
ylabel('\fontsize{12}\bf 正交分量 Q2'); title('\fontsize{12}\bfI2 与 Q2 正交圆图');
set(gca,'FontWeight','bold','FontSize',12);
subplot(2,2,3),plot(I3,Q3),axis equal,grid;xlabel('\fontsize{12}\bf 同相分量 I3');
ylabel('\fontsize{12}\bf 正交分量 Q3'); title('\fontsize{12}\bfI3 与 Q3 正交圆图');
```

```
set(gca,'FontWeight','bold','FontSize',12);
subplot(2,2,4),plot(I4,Q4),axis equal,grid;xlabel('\fontsize{12}\bf 同相分量 I4');
ylabel('\fontsize{12}\bf 正交分量 Q4'); title('\fontsize{12}\bfI4 与 Q4 正交圆图');
set(gca,'FontWeight','bold','FontSize',12);
% ==================================================================%
%%%% 检波 %%%%
sig = 2 * I4 + j * 2 * Q4;
an = abs(sig);
Pn0 = atan2(Q4,I4);Pn = unwrap(Pn0);
B5 = [1,0,0, - 1];
Fp = filter(B5,1,Pn);
Fn = filter(b2,1,Fp);                               %检波低通滤波
ff = - diff(phi);                                   % 理论值求解
ff = ff(1:100:length(ff));
figure(12);
subplot(2,1,1),plot(Fn,'r'),title('\fontsize{12}\bf 解调结果');
set(gca,'FontWeight','bold','FontSize',12);
subplot(2,1,2),plot(ff,'g'),title('\fontsize{12}\bf 理论解调结果');
set(gca,'FontWeight','bold','FontSize',12);
```

10.2

```
% ==================================================================== %
%思考题和习题 10.2
%信道化接收
% ===============================================================%
clc;clear all;close all;
N = 1120;                                           % 低通滤波器长度
M = 70;                                             % 划分通道数
K = 16;                                             % 多相滤波器长度
fs = 210e6;                                         % 采样频率
BW = 85e6;                                          % 信号带宽 Bw = fh - fl
f0 = 262.5e6;                                       % 信号中心频率
fl = f0 - BW/2;                                     %最低工作频率
fh = f0 + BW/2;                                     %最高工作频率
T = 100e - 6;                                       %LFM 信号脉宽
Bs  =  3e6;                                         %每个信道带宽
n = 0:N - 1;
% ------------------------ 输入信号 ------------------------
f1 = 242.5e6;                                       % chirp1 中心频率
f2 = 267.5e6;                                       % chirp2 中心频率
SNR  =  10;                                         %信噪比

t = - T/2:1/fs:T/2 - 1/fs;
w1 = 2 * pi * f1;BW1 = 600e3; %chirp1 带宽
w2 = 2 * pi * f2;BW2 = 300e3; %chirp1 带宽

z1t = cos(w1 * t + BW1/T * pi * t. * t);           % chirp1
z2t = cos(w2 * t + BW2/T * pi * t. * t);           % chirp2
zt = z1t + z2t + (10.^( - 10/20)) * randn(1,length(t)); %信号 + 噪声
DFzt = fft(zt);DFz1t = fft(z1t);DFz2t = fft(z2t);   %信号的频谱
```

```
figure(1)
subplot(3,2,1);plot(0:(fs * T - 1),zt);title('时域 ');ylabel('zt = chirp1 + chirp2 + noise');
subplot(3,2,2);plot(( - 0.5:1/(fs * T):0.5 - 1/(fs * T)) * fs,abs(DFzt));title('频域');
subplot(3,2,3);plot(0:(fs * T - 1),z1t);ylabel('chirp1');
subplot(3,2,4);plot(( - 0.5:1/(fs * T):0.5 - 1/(fs * T)) * fs,abs(DFz1t));
subplot(3,2,5);plot(0:(fs * T - 1),z2t);ylabel('chirp2');
subplot(3,2,6);plot(( - 0.5:1/(fs * T):0.5 - 1/(fs * T)) * fs,abs(DFz2t));
% ---------------------------- 设计低通滤波器 --------------------------
f = [Bs,1.5 * Bs]/fs; m1 = [1,0];
Rp = 1;Rs = 40;
dat1 = (10^(Rp/20) - 1)/(10^(Rp/20) + 1);
dat2 = 10^( - Rs/20);
rip = [dat1,dat2];
[MM,ff,mm,ww] = remezord(f,m1,rip);
hh = remez(N - 1,ff,mm,ww);
figure(2)
freqz(hh);
%%%%%%%%%%%%%%%%%%%%%%%%%%%%%%%%%%%%%%%%%%%%%%%%%%%%%%%%%%%%%%%
% ---------------- 直接低通滤波 ---------------
for k = 0:M - 1
    z1h = conv(z1t,hh. * exp( - j * 2 * pi * k * n/M));
    z2h = conv(z2t,hh. * exp( - j * 2 * pi * k * n/M));
    zh = conv(zt,hh. * exp( - j * 2 * pi * k * n/M));
    m = 0:size(t) - 1;
    W = exp( - j * 2 * pi/M * m * k);
    z1w = z1h. * W;
    z2w = z2h. * W;
    zw = zh. * W;
    z1k_temp = reshape([z1w,zeros(1,M - rem(length(z1w),M))],M,[]);
    z2k_temp = reshape([z2w,zeros(1,M - rem(length(z2w),M))],M,[]);
    zk_temp = reshape([zw,zeros(1,M - rem(length(z1w),M))],M,[]);
    z1k(k + 1,:) = z1k_temp(k + 1,:);
    z2k(k + 1,:) = z2k_temp(k + 1,:);
    zk(k + 1,:) = zk_temp(k + 1,:);

    if k < M/2
        figure(3)
        subplot(7,5,k + 1);
        plot([0:length(zk_temp) - 1] * pi/length(zk_temp),real(zk(k + 1,:)));
        temp1 = ['\fontsize{12}\bf 通道' num2str(k)];
        axis([0 pi - .6 .6]);title(temp1);
        set(gca,'FontWeight','bold','FontSize',12);
        figure(4)
        subplot(7,5,k + 1);
        plot([0:length(zk_temp) - 1] * pi/length(zk_temp),abs(fft(zk(k + 1,:))));
        axis([0 pi 0 35]);title(temp1);
        set(gca,'FontWeight','bold','FontSize',12);
    end
end
figure(5)
plot(real(zk(12,:)))
```

```
title('通道 11 波形');
zk_fft = abs(fft(zk(12,:)))/max(abs(fft(zk(12,:))));
figure(6)
plot(((0:length(zk_fft) - 1) * Bs/length(zk_fft)),fftshift(zk_fft))
xlabel('频率');ylabel('归一化幅度');
title('通道 11 信号频谱');
figure(7)
plot(abs(xcorr(zk(12,:),zk(12,:))))
xlabel('通道 11 脉压结果');

figure(8)
plot(real(zk(20,:)))
title('通道 19 波形');
zk_fft = abs(fft(zk(20,:)))/max(abs(fft(zk(20,:))));
figure(9)
plot(((0:length(zk_fft) - 1) * Bs/length(zk_fft)),fftshift(zk_fft))
xlabel('频率');ylabel('归一化幅度');
title('通道 19 信号频谱');
figure(10)
plot(abs(xcorr(zk(20,:),zk(20,:))))
xlabel('通道 19 脉压结果');
```

10.3

```
% ============================================================= %
%思考题和习题 10.3
%求圆阵的 DBF 方向图
% ============================================================= %
clear all;close all;clc;
c = 3e8;                                     %光速
f0 = 1e9;                                    %发射信号载频
fs = 1000;                                   %采样频率
lambda = c/f0;                               %发射信号波长
r = 0.8;                                     %圆阵半径
N = 30;                                      %圆阵个数
n = 0:N-1;                                   %30 个圆阵编号
M = 100;                                     %快拍数
m = 1:M;
theta0 = 0;                                  %目标角度,单位为度
theta1 = 30;                                 %干扰所在角度,单位为度
SIR = 30; %dB                                %信干比
theta = -50:1:50;                            %角度扫描范围
L = length(theta);
p = zeros(1,L);
a0 = exp(j * 2 * pi * r/lambda * cos(theta0 * pi/180 - 2 * pi/N * n')); %目标导向矢量
a1 = exp(j * 2 * pi * r/lambda * cos(theta1 * pi/180 - 2 * pi/N * n')); %干扰导向矢量
for theta3 = -fix(L/2):1:fix(L/2)
  a = exp(j * 2 * pi * r/lambda * cos(theta3 * pi/180 - 2 * pi/N * n'));
  p(theta3 + fix(L/2) + 1) = a0' * a;
end
P0 = abs(p).^2./max(abs(p).^2);
```